Dans la lumière et les ombres

Du même auteur

OUVRAGES

La Sculpture du vivant.
Le suicide cellulaire ou la mort créatrice
Seuil, « Science ouverte », 1999
et « Point Sciences », 2003
Prix Jean Rostand 2000
Prix Biguet de philosophie de l'Académie française 2000

Qu'est-ce que mourir ?
(en collaboration avec Danièle Hervieu-Léger et Emmanuell Hirsch)
Le Pommier / Cité des sciences et de l'industrie, 2003

Le Corps, le sens
(en collaboration avec Françoise Héritier,
Jean-Luc Nancy, André Green, Claude Régy)
Seuil, 2007

Quand l'art rencontre la science
(en collaboration avec Yvan Brohard)
La Martinière / Inserm, 2007

Les Couleurs de l'oubli
(en collaboration avec François Arnold)
Les éditions de l'Atelier, 2008

ÉMISSION DE RADIO

Sur les épaules de Darwin
(Chaque samedi de 11 h 05 à 12 h, depuis septembre 2010)
France Inter

Jean Claude Ameisen

Dans la lumière et les ombres

Darwin et le bouleversement du monde

Fayard/Seuil

ISBN 978-2-7578-2298-2
(ISBN 1re publication, 978-2-213-63800-3)

Quelques lueurs enfin ont émergé...

Charles Darwin,
Lettre à Joseph Hooker, 1844.

Rien n'a de sens en biologie,
excepté à la lumière de l'évolution.

Theodosius Dobzhansky,
in *American Biology Teacher*, 1973.

Parle aussi toi,
parle en dernier,
dis ta Parole.

Parle –
Mais ne sépare pas le Non du Oui.
Donne à ta parole aussi le Sens :
donne-lui l'Ombre.

Regarde tout autour :
vois, comme cela devient vivant à la ronde –
Auprès de la Mort ! Vivant !
Il parle Vrai, celui qui dit l'Ombre.

Paul Celan, *Parle aussi toi*,
in *Von Schwelle zu Schwelle*, 1955.

I

L'aube

Chapitre premier

Quelques lueurs ont émergé...

C'est comme confesser un meurtre

Lettre de Charles Darwin à Joseph Hooker

Cela fait plus de quarante ans qu'il est revenu de son long voyage autour du monde. Plus de quarante ans qu'il ne parvenait pas, alors qu'il était « au milieu de la grandeur d'une forêt brésilienne », à traduire ce qui l'a soudain saisi devant cette splendeur, ce « sentiment d'émerveillement, d'admiration et de dévotion qui emplit et élève l'esprit ». Plus de quarante ans que s'est ancrée en lui, là-bas, au loin, la conviction « qu'il y a plus, dans un être humain, que le simple souffle de son corps ».

Aujourd'hui, il se consacre à son dernier livre.

« Ils ne prêtaient, écrit-il, pas la moindre attention aux notes stridentes d'un sifflet métallique, qui étaient produites de manière répétée tout près d'eux ; ni aux tonalités les plus graves et les plus puissantes d'un basson. Ils étaient indifférents aux cris, à condition que l'on prenne soin de faire en sorte que le souffle ne les atteigne pas. Lorsqu'ils étaient placés sur une table proche des touches d'un piano, dont on jouait aussi fort que possible, ils demeuraient parfaitement tranquilles. » C'est probablement sa femme, Emma, qui joue du piano, et ses enfants et petits-enfants qui jouent des autres instruments. Dans la maison qu'il a si rarement quittée depuis qu'il s'y est installé à l'âge de trente-trois ans, dans un petit village perdu au milieu de la campagne, c'est sa famille qui participe à cette exploration.

Et la conclusion est que « les vers de terre ne possèdent aucun sens de l'audition ».

« Mais bien qu'ils soient indifférents aux vibrations de l'air qui nous sont audibles, poursuit-il, [ils] sont extrêmement sensibles aux vibrations des objets solides. Quand des pots, contenant deux vers qui étaient restés indifférents aux sons du piano, ont été placés sur cet instrument, et qu'un *do* grave a été frappé, les deux vers se retirèrent sur l'instant dans leur terrier. » Et l'expérience se poursuit avec un *sol* aigu, puis un *do* aigu...

Mais là n'est pas le véritable thème du livre.

Ce n'est que l'une des nombreuses observations, parfois naïvement émerveillées (« comme ils ont de grandes forces musculaires » ; « comme ils mangent avec avidité le gras » ; « ils méritent d'être qualifiés d'intelligents »), mais toutes fruits d'expériences minutieuses, telles que l'étude de la manière dont les vers s'emparent, pour les traîner dans leur galerie, de plus de quatre cents feuilles de six espèces différentes de plantes et de plus de cent quatre-vingts triangles de papier découpés spécialement à cet effet avec des angles différents. Et ces observations tissent la toile de fond méticuleusement documentée de la révélation que propose le livre : l'accumulation, sur de très grandes périodes de temps, de petites conséquences anodines des activités d'un très grand nombre d'êtres d'une extrême simplicité, parcourant, à la recherche de leur nourriture, des trajets aléatoires sur de toutes petites distances, peut avoir des conséquences considérables, contre-intuitives, et a priori inconcevables.

Les pérégrinations incessantes des vers de terre – et leur absorption, leur digestion et leur rejet de la nourriture contenue dans les minuscules particules de terre qu'ils sont capables d'ingérer – sculptent la topographie des campagnes, aplanissent et adoucissent les reliefs, préservent en les enfouissant dans la terre les vestiges archéologiques, et rendent les sols fertiles. Des forces infimes opérant dans le présent, et dont nous ne soupçonnons pas l'importance, font émerger des propriétés globales, sans aucune commune mesure avec ce que nous observons à l'échelle de la durée de l'attention que nous leur portons.

À travers ses yeux

Le levier qui relie ces changements à leurs si petites causes, le levier qui permet ce déploiement est le temps. La profondeur du temps. Et le nombre. Le nombre des acteurs et la répétition de leurs activités. Dans l'introduction du livre, il répond à une critique, selon laquelle il serait impossible que les vers de terre exercent un effet important sur leur environnement en raison « de leur faiblesse et de leur taille ». « Ici, écrit-il, nous retrouvons un exemple de cette incapacité à imaginer la somme des effets d'une cause continuellement récurrente, [incapacité] qui a souvent retardé les progrès de la science. » Dans ce qui allait demeurer son grand œuvre, publié près d'un quart de siècle plus tôt, il écrivait déjà : « L'esprit ne peut pas appréhender la pleine signification du terme : un million d'années – il ne peut faire la somme et percevoir le plein effet de nombreuses variations minimes, accumulées durant un nombre presque infini de générations. » Et encore : « Nous ne percevons rien de ces lents changements en progression, jusqu'à ce que la main du temps ait marqué le long écoulement des âges. » Mais lorsqu'il évoquait alors cette incapacité de l'esprit « à appréhender la pleine signification du terme : un million d'années [...] », il s'agissait de « lents changements » d'une tout autre nature. « La cause principale de notre réticence naturelle à admettre qu'une espèce a donné naissance à d'autres espèces distinctes est que nous sommes toujours lents à admettre tout grand changement dont nous ne pouvons voir les étapes intermédiaires. »

Dans son dernier livre, qui paraît alors qu'il a soixante-douze ans – il lui reste moins d'une année à vivre –, les changements qu'il décrit ne concernent plus la chatoyante diversité des animaux et des plantes. Il revient à l'une des sources qui, il y a longtemps, lui ont permis de commencer à penser autrement : l'étude de la variété des paysages, des reliefs et des sols. Il revient à la géologie. *Les Principes de géologie. Une tentative pour expliquer les changements anciens de la surface de la terre en référence à des causes actuellement en train d'opérer*. Il avait lu le premier volume des *Principes* de Charles Lyell à vingt-deux ans, à bord du navire qui le conduisait au loin, et il découvrira le deuxième volume lors d'une escale à Montevideo. Le titre du traité révèle les deux principes qui le fondent : « expliquer les changements anciens » « en référence à des causes actuellement en train d'opérer ». Les causes observables dans le présent expliquent l'ensemble des modifications de la terre à travers les âges. Et le mot « anciens » signifie très anciens, beaucoup plus anciens qu'on n'avait l'habitude de le penser. Ce que propose le traité, reprenant sous une autre forme une idée développée par James Hutton près d'un demi-siècle plus tôt, et par Georges Louis Leclerc, comte de Buffon, près d'un siècle plus tôt, c'est la profondeur du temps, l'amplitude du temps qui s'est écoulé depuis la formation de la Terre. Seule la profondeur du temps, l'étirement du temps, permet d'expliquer comment des événements, dont les effets paraissent le plus souvent anodins à l'échelle d'une vie humaine et à l'échelle des siècles des civilisations, ont pu sculpter les montagnes et les îles, les volcans et les contours des lacs, et les plaines. Les temps géologiques donnent à la répétition uniforme d'événements dont chacun des effets pris un à un paraît négligeable, la possibilité de causer des bouleversements qui, rétrospectivement « après que la main du temps a marqué le long écoulement des âges », ne semblent avoir pu être provoqués que par des événements extrêmement puissants, soudains et violents, d'une tout autre nature que ceux que nous pouvons observer aujourd'hui – des catastrophes. *Les Prin-*

cipes proposent qu'il n'y a pas besoin de postuler l'existence de catastrophes inexplicables pour rendre compte du gigantisme et de l'extraordinaire diversité des reliefs de notre planète. De petites causes opérant de manière graduelle aujourd'hui comme hier, hier comme avant-hier, peuvent produire des changements gigantesques.

« J'ai le sentiment, écrira Charles Darwin, que mes livres sortaient à moitié du cerveau de Lyell [...], car j'ai toujours pensé que le grand mérite des *Principes* était qu'ils modifiaient la tonalité entière de notre esprit et que pour cette raison, lorsqu'on distingue une chose qui n'a jamais été vue par Lyell, on la voit pourtant en partie à travers ses yeux. » Il a trente-cinq ans. Son grand livre – « sans aucun doute l'œuvre principale de ma vie » – et la plupart de ses livres sont encore à écrire. Et il les écrira « en partie à travers ses yeux ». Son dernier livre, sur le lent travail des vers de terre et les bienfaits qu'ils nous procurent, est probablement plus que tous les autres écrit à travers les yeux de Charles Lyell.

Longtemps auparavant, il a découvert une explication, une cause, un mécanisme – une « loi naturelle » – qui peut rendre compte à elle seule de l'extraordinaire richesse de la diversité de l'univers vivant. Cette loi prédit l'existence d'une généalogie commune de tous les êtres vivants, à partir d'un seul ou de quelques ancêtre(s) commun(s), et y inscrit l'être humain comme l'une des émergences aveugles et tardives de la nature. Il a inséré dans cette généalogie des espèces, dans cette généalogie commune, une généalogie du « propre de l'homme », de l'émergence des émotions humaines, et de notre sens moral. Il a radicalement changé la manière dont on se représentait l'histoire de la vie, et notre place dans la nature. Il a posé les fondations de ce qui est devenu une grille de lecture d'une extraordinaire puissance, d'une extraordinaire fécondité et d'une extraordinaire longévité pour explorer les origines et pour prédire, observer et anticiper l'évolution du vivant. Les fondations d'une science tout d'abord uniquement théorique, puis de plus en plus expérimentale, qui reliera un passé à jamais disparu à un présent toujours en train de se construire. Et la biologie moderne, en se transformant, en évoluant et en étendant son champ d'exploration et de questionnement – dans le temps, toujours plus loin vers les origines, et dans l'espace, toujours plus loin dans l'invisible –, se déploiera dans le cadre conceptuel dont il a tracé les contours il y a maintenant un siècle et demi.

Darwin n'a pas, comme on le pense si souvent, « découvert » que le vivant se transforme et évolue – l'idée avait été proposée longtemps avant. Il a, beaucoup plus radicalement, découvert une « loi naturelle » qui rend possible, compréhensible, explorable, testable et falsifiable, l'idée d'une évolution du vivant « à partir d'un début si simple » – à partir d'une origine commune.

La direction dans laquelle souffle le vent

Il a désormais dépassé l'âge de soixante-sept ans. Sa passion pour l'hérédité, pour la « descendance avec modification » – ces variations minimes à chaque génération qu'il recherchera toute sa vie et dont il ne comprendra jamais les causes, et qu'un moine jardinier d'un monastère augustin d'Europe centrale, Gregor Mendel, découvrira et publiera de manière quasi confidentielle alors qu'il restait encore à Darwin plus de quinze années à vivre –, et sa fascination pour « la lutte pour l'existence » qui a joué un rôle tellement important dans l'émergence et la construction de sa théorie, se sont atténuées. Il se consacre désormais à l'étude du lent travail silencieux et répétitif de l'une des créatures les plus humbles et les plus banales qui soient, et qui peuplent les sols des campagnes qui entourent son village – les vers de terre, sourds et aveugles. Et il commence à rédiger son autobiographie, à la seule intention de sa famille.

Il écrit comme s'il était déjà ailleurs.

« Comme si j'étais un homme mort dans un autre monde, me retournant pour jeter derrière moi un regard sur ma propre vie. »

Il s'intéresse à ce dont il éprouve le manque, et qui a été au centre de sa pensée pendant si longtemps : le temps. Le pouvoir du temps. Ce qui lui a permis de voir « à travers les yeux » de Lyell, au-delà de ce que Lyell verra, acceptera de voir – ce que Lyell refusera toujours d'accepter, même si Darwin pourra toujours compter sur ses conseils et son aide –, Lyell auprès de qui il reposera à l'abbaye de Westminster aux côtés d'Isaac Newton.

Il se décrit « devenu comme un homme qui ne perçoit plus les couleurs » dans un monde où régnerait « une croyance universelle des hommes dans la couleur rouge ». « Jusqu'à l'âge de trente ans, écrit-il, ou plus tard encore, la poésie, les œuvres de Milton, Byron, Shelley [...] me procuraient un grand plaisir [...]. Les tableaux [...] et la musique me donnaient un grand bonheur. Mais depuis de nombreuses années, je ne peux plus supporter de lire une ligne de poésie. J'ai aussi presque perdu tout goût aux tableaux et à la musique. [...] C'est une curieuse et lamentable perte de tout goût esthétique. [...] Mon esprit semble être devenu une espèce de machine à moudre des lois générales à partir de larges assemblages de faits [...]. »

Vingt ans plus tôt, il confiait à sa femme : « Hier, je me suis rapidement endormi dans l'herbe, et me réveillai avec un chœur d'oiseaux chantant autour de moi, et d'écureuils grimpant aux arbres, et un pic-vert riant, et c'était la scène la plus plaisante et rurale que j'aie jamais vue, et je ne me souciai pas pour un centime de la manière dont ces animaux ou oiseaux avaient été formés. »

Mais aujourd'hui, dit-il, « mon esprit semble être devenu une espèce de machine à moudre des lois générales à partir de larges assemblages de faits, mais pourquoi cela aurait dû causer l'atrophie de cette seule partie du cerveau dont dépendent les goûts supérieurs [esthétiques], je ne peux le comprendre. [...] La perte de ces goûts est une perte de bonheur, et pourrait être délétère pour l'intellect, et plus probablement pour le caractère moral, en affaiblissant la part émotionnelle de notre nature ».

Le temps. Les ravages du temps.

« Mes livres se sont très bien vendus, poursuit-il sans transition, ont été traduits dans de nombreuses langues. [...] J'ai entendu dire que le succès d'une œuvre à l'étranger est le meilleur critère de sa valeur durable. [...] À en juger par ce critère, mon nom devrait continuer à être connu pendant quelques années. »

Les promesses du temps. Au-delà de ce qui lui reste à vivre.

Il ne croit probablement plus, depuis longtemps, à une vie après la mort. Il ne croit plus en un Dieu tout-puissant et bienveillant. Lui, l'ancien étudiant en théologie – qui écrivait un quart de siècle plus tôt : « Je ne pense pas que j'aie jamais admiré un livre plus que *La Théologie naturelle* de Paley [*La Théologie naturelle. Évidences de l'existence et des attributs de la Divinité, collectées à partir des apparences de la Nature*], je pouvais auparavant presque le réciter par cœur » –, écrit désormais : « l'ancien argument d'un dessein dans la nature, qui me semblait autrefois tellement concluant, échoue, maintenant que la loi de la sélection naturelle a été découverte ».

Et : « Il semble ne pas y avoir plus de dessein dans la variabilité des êtres organiques et dans l'action de la sélection naturelle que dans la direction dans laquelle souffle le vent. Tout dans la nature est la résultante de lois fixes. »

« Je ne peux croire qu'il y ait plus d'interférences par le Créateur dans l'émergence de chaque espèce que dans la course des planètes. »

Et encore : « Cet univers, immense et merveilleux, incluant l'homme avec sa capacité à plonger son regard loin dans le passé et loin dans l'avenir, est le résultat du hasard aveugle et de la nécessité. »

Si un Créateur existe, il l'a relégué à la « cause ultime » des choses, dont il ne sait rien. « Le mystère du début de toutes choses est insoluble pour nous ; et en ce qui me concerne, je dois me contenter de demeurer agnostique. »

CONTRE MA VOLONTÉ

Pourtant, il y a au cœur de cet agnosticisme, de cette indifférence dont il dit « se contenter », une révolte, sourde mais violente.

« Les textes du christianisme déclarent que les hommes qui ne croient pas, et cela inclut mon père, mon frère et presque tous mes bons amis, seront punis pour l'éternité. Et c'est là, écrit-il, une doctrine damnable. » Vingt ans plus tôt, il avait confié dans une lettre à l'un de ses plus proches amis : « Quel livre pourrait écrire un chapelain du diable à propos des réalisations [...] horriblement cruelles de la nature. » Et à un autre ami, plus tard, il écrira : « Je ne peux pas voir, aussi banalement que d'autres le font, une évidence de dessein et de bienveillance autour de nous. Il me semble qu'il y a trop de misère dans le monde. » Puis : « Un homme innocent et bon se tient sous un arbre et est tué par un éclair. Est-ce que vous croyez (et j'aimerais vraiment l'entendre) que Dieu a tué intentionnellement cet homme ? De nombreuses – voire toutes – les personnes le croient ; je ne peux le croire et ne le crois pas. »

Il ne croit plus, car croire ne peut que le conduire à la révolte : la damnation appelle la damnation, l'idée de Dieu, celle du diable. Mais « je ne voulais pas », écrit-il à la fin de sa vie, « abandonner ma croyance ». « Le doute rampa sur moi à un rythme très lent, mais fut à la fin complet. » Et : « J'ai été amené graduellement à perdre ma foi en [...] une révélation divine. » « Graduellement ». « Très lentement ».

« Contre ma volonté », ajoute-t-il. À l'échelle d'une vie, l'érosion des certitudes que créent l'accumulation des arguments, une théorie, une explication, et la réalisation progressive de la quantité de souffrances terribles que créent la propagation et les métamorphoses de la vie.

Il y a aussi, au cœur de cet agnosticisme, en plus de la révolte, une douleur, une tristesse intime.

« En espérant et en tentant consciencieusement et sincèrement de découvrir la vérité, lui écrivait Emma peu après leur mariage, tu ne peux avoir tort. » « Mais il y a le risque que l'habitude des entreprises scientifiques de ne croire en rien tant que ce n'est pas prouvé, n'exerce trop d'influence sur ton esprit en ce qui concerne d'autres choses qui ne peuvent être prouvées. Le danger que tu t'éloignes de l'importance de la révélation. » « Tout ce qui te cause souci me cause souci, poursuivait-elle, et je serais extrêmement malheureuse si je pensais que nous ne nous appartenons pas l'un à l'autre pour l'éternité. »

La solitude éternelle. Ils ont trente ans. La promesse d'une vie éternelle partagée se déchire.

Sur cette lettre de sa femme, qu'il a conservée tout au long de sa vie, écrits de sa main, sans date, ces mots : « Quand je serai mort, sache que bien souvent j'ai embrassé et pleuré sur ça. C. D. »

« Quand je serai mort... » « Comme si j'étais un homme mort dans un autre monde, me retournant pour jeter derrière moi un regard sur ma propre vie. » Il a désormais dépassé le sentiment exaltant et inquiétant, secret et violent, de la transgression, et le sentiment de culpabilité qui l'a accompagné – culpabilité d'avoir pensé cette transgression, de lui avoir donné une réalité. Même – et peut-être surtout – lorsqu'il était le seul à l'avoir pensée. Et qu'il n'en avait parlé à personne, à l'exception d'Emma.

À l'âge de trente-cinq ans, il développe ses idées sur la sélection naturelle et sur l'origine des espèces au long d'un manuscrit de près de deux cents pages, qu'il cache dans son bureau avec une lettre adressée à Emma, à ne lire qu'« au cas où je mourrais brutalement ». Il lui demande de trouver un éditeur pour mettre en forme et publier sa théorie, qui, si elle est exacte, « sera, dit-il, une avancée considérable de la science ».

La même année, il va exprimer ce sentiment de culpabilité dans une lettre à la première personne autre que sa femme, pour autant que l'on sache, à qui il se confiera, le botaniste Joseph Hooker, qu'il vient de rencontrer, et qui deviendra l'un de ses plus proches et fidèles amis :

« Je me suis engagé depuis mon retour [de mon voyage à travers le monde] dans un travail très présomptueux. [...] Enfin, quelques lueurs ont émergé, et je suis maintenant presque entièrement convaincu (assez à l'opposé de l'opinion initiale que j'avais en débutant) que les espèces ne sont pas (c'est comme confesser un meurtre) immuables. »

C'est comme confesser un meurtre.

Le meurtre d'une bienveillance divine, qui veille sur la nature et sur l'humanité ? Le meurtre de Dieu : le meurtre d'un fondement divin à la morale humaine ? Le meurtre de l'idée d'un projet, d'une finalité, à l'œuvre dans l'univers vivant et humain ? Le meurtre de la promesse qu'offre l'observation des *apparences de la Nature* à qui sait y voir les *évidences de l'existence et des attributs de la Divinité* ? Cette promesse que révélait William Paley dans *La Théologie naturelle*, cinq ans avant la naissance de Darwin : « Les charnières des ailes d'un perce-oreille et les articulations de ses antennes sont aussi précisément façonnées que si le Créateur n'avait rien eu d'autre à terminer. Nous ne voyons aucun signe de diminution d'attention [de Sa part] qui serait due à la multiplicité des objets [créés] ou à une distraction de [Sa] pensée qui serait due à leur variété. Nous n'avons, par conséquent, aucune raison de craindre d'être oubliés, ou ignorés, ou négligés [par le Créateur]. »

Le meurtre d'une illusion. Et l'illusion d'un meurtre.

De la tendance des variétés à s'écarter indéfiniment du type originel

Darwin ne confie pas (encore) à Hooker ce qui l'a convaincu, ce qu'est l'explication – comment il a commis *le meurtre*. En quoi consiste *le meurtre*. Mais il mentionne qu'il ne s'agit pas de l'explication habituelle, rejetée par la plupart de ses amis naturalistes, qu'ils envisagent, comme Hooker qui le lui avouera plus tard – ou au contraire qu'ils refusent, comme Lyell, dans ses *Principes* et comme beaucoup d'autres – la possibilité de l'existence d'une transmutation des espèces : « Le ciel [!] me protège, écrit Darwin à Hooker, du non-sens de Lamarck concernant une "tendance au progrès", et "des adaptations émergeant d'une lente volonté des animaux"... »

Il est le seul, depuis maintenant plus de cinq ans, à avoir découvert une « loi naturelle » qui permet de penser de manière cohérente la Création sans Créateur – une loi qui permet de se passer de la nécessité d'un créateur, d'un projet, d'une intention, d'une finalité comme cause au foisonnement de la nature – une loi qui permet de transformer la Création en émergence.

Et il sera encore le seul pendant près de quinze ans.

Avant que ne lui parvienne, au début de l'été 1858, une lettre venue de très loin. Dans cette lettre, à laquelle est joint un manuscrit, un jeune explorateur âgé de trente-cinq ans – à peine plus que l'âge auquel il a lui-même fait sa découverte – lui demande, s'il juge le manuscrit digne d'intérêt, de le communiquer à Lyell, en vue de sa publication.

Le manuscrit a pour titre : *De la tendance des variétés à s'écarter indéfiniment du type originel.*

Il expose, écrira Darwin à Lyell, « exactement ma propre théorie ».

La stupéfaction : « Je n'ai jamais vu de coïncidence plus saisissante. »

Et la peur : « Toute mon originalité, quoi qu'elle puisse valoir, va être écrasée. »

Alfred Russel Wallace proposait l'existence d'un nouveau « principe général dans la nature ». « C'est l'objet de ce présent article, écrit-il, de montrer qu'il y a un principe général dans la nature qui [...] va faire émerger des variations successives qui s'éloigneront de plus en plus du type originel. » Ce *principe général*, qu'il ne nommait pas (et auquel Darwin avait donné le nom de « sélection naturelle »), découle du fait, écrivait Wallace, « que la vie des animaux sauvages est une lutte pour l'existence ». « Lutte pour l'existence au cours de laquelle le plus faible et le moins parfaitement organisé doit toujours succomber. » « La plupart ou peut-être toutes les variations à partir de la forme typique d'une espèce [la « descendance avec modifications » pour Darwin] affecteront soit favorablement soit défavorablement le pouvoir de prolonger l'existence. » Ainsi, « une antilope avec des pattes plus courtes ou plus faibles souffrira nécessairement plus des attaques de félins carnivores ». « Même un changement de couleur [des animaux d'une espèce donnée] pourrait, en les rendant plus ou moins distinguables [par leurs prédateurs], affecter leur existence. » « Les organismes les mieux adaptés à la suite de petites différences survivront mieux et se reproduiront plus, aux dépens des autres. Le résultat sera à la fois une progression [une évolution] et une divergence continue à laquelle il ne semble y avoir aucune raison d'assigner une quelconque limite [...], les variations successives s'écartant de plus en plus du type originel. »

« Et ce principe général permet, conclut-il, d'expliquer tous les phénomènes présentés par les êtres organisés, leur extinction et succession durant les époques passées, et toutes les modifications extraordinaires de forme, d'instinct, et d'habitudes [de vie] qui les caractérisent ».

La lettre est datée de février, et a mis quatre mois à parvenir à Darwin. Elle a été expédiée d'une petite île volcanique perdue au nord de ce que l'on appelait alors l'« archipel malais » (les îles Moluques actuelles, dans l'archipel indonésien). Wallace avait écrit dans les jours qui suivaient un accès de paludisme, succession de fièvre et de frissons, au cours duquel il avait eu soudain sa révélation.

Méticuleusement, dans une atmosphère de secret, pendant plus de vingt ans Darwin s'était donné ce qui pour lui a une si grande importance, et qui maintenant, soudain, lui manque : le temps. Le temps de construire, de développer, d'explorer, d'enrichir, de tester, de vérifier l'argumentation et la solidité de sa théorie.

Depuis quelques années, il a commencé à se confier. À Lyell. À Thomas Henry Huxley, un jeune anatomiste, qui deviendra l'un de ses plus proches amis et, plus tard, l'un des plus brillants défenseurs de la théorie de l'évolution du vivant. En 1857, il a envoyé au botaniste américain Asa Gray une lettre dans laquelle il exposait brièvement sa théorie.

Et brutalement, au début de l'été 1858 – il a quarante-neuf ans –, pour la première fois il a le sentiment que le temps se retire, et qu'il est trop tard. En moins de dix-huit mois, il rédige et publie ce qu'il considérera toujours comme le *résumé* de l'immense livre – *Sélection Naturelle* – qu'il est en train d'écrire depuis si longtemps et qu'il ne terminera jamais. Le titre qu'il propose à son éditeur est : *Résumé d'un essai sur l'origine des espèces et des variétés par sélection naturelle.* Mais le *Résumé* sera publié avec un autre titre – *De l'origine des espèces par voie de sélection naturelle, ou la Préservation des races favorisées dans la lutte pour la vie.*

Une main invisible

Au soir de sa vie, lorsque paraît son dernier livre, il ne s'agit plus pour lui d'expliquer l'émergence de la longueur exubérante du cou des girafes, des défenses d'ivoire des éléphants, du vol tourbillonnant des hirondelles, de l'agencement des couleurs sur les ailes des papillons..., il s'agit simplement de montrer, à partir des activités des « êtres organisés » les plus rudimentaires, la contribution que le vivant peut apporter à la transformation des reliefs de la Terre. Le modèle de Lyell – les causes à l'œuvre dans les transformations successives de la surface de la Terre – a été, pour lui, un modèle pour découvrir les causes à l'œuvre dans les transformations successives des animaux et des plantes. Il achève de boucler la boucle. Il montre l'enchevêtrement des transformations de la matière et du vivant : des « causes opérant dans le présent » dans ce vivant, « insufflé » il y a si longtemps dans la matière, participent à leur tour, modestement, à l'évolution des reliefs de la Terre.

Il n'y a là plus rien de scandaleux. Il en a fini avec la transgression. Il révèle la puissance que le temps confère à des activités infimes et aléatoires, indéfiniment répétées.

Regardez, dit-il, les sols tremblent en permanence, comme les mers, se remodèlent continuellement, s'élèvent et retombent, redeviennent fertiles, parce qu'une infinité d'animaux minuscules et éphémères les fouillent et les digèrent. Il n'est rien d'extraordinaire que les plus petites actions des plus petits êtres vivants ne puissent produire en dehors de toute intention, de tout projet, de toute finalité, à condition qu'il y ait une part de variation aléatoire, de répétition, et de profondeur de temps.

Les variations qui comptent ici ne sont plus celles de la « descendance avec modification », les variations entre les parents et leur descendance – ce sont celles des mouvements et des activités de chaque ver. La « lutte pour l'existence » qui importe ici n'est plus celle, terrifiante, qui provoque continuellement l'hécatombe de la majeure partie de la descendance – c'est la simple recherche d'une nourriture invisible dans le sol. Il ne s'agit plus ici de la « sélection naturelle », ni de « l'origine des espèces », ni de la « généalogie de l'homme », ni de « la sélection sexuelle »...

Mais il s'agit toujours de cette « main invisible » que l'économiste Adam Smith décrivait un siècle plus tôt dans *Une recherche sur la nature et les causes de la richesse des nations* : « Il [l'être humain] n'a pour intention que son propre gain et il est, en cela comme dans de nombreux autres domaines, mené par une main invisible à promouvoir une fin qui ne faisait pas partie de ses intentions. »

Il n'est évidemment pas question d'êtres humains. Mais il s'agit de la construction, par de petits êtres sourds et aveugles, de ce qui participe à « la richesse des nations » : le renouvellement permanent de la richesse et de la fertilité des sols. Les vers de terre, dans la recherche de leur « propre gain », leur nourriture, sont – pour reprendre les termes d'Adam Smith – « menés par une main invisible à promouvoir une fin qui ne faisait pas partie de leurs intentions ». Et quoi de plus dénué de toute grandiose intention qu'un ver de terre ! La fertilité des sols n'a jamais fait partie des « intentions » des vers.

La seule chose qui semble importer à Darwin, au crépuscule de sa vie, c'est de réaffirmer une dernière fois l'idée qui a été à l'origine de sa radicale nouveauté – la puissance du temps à faire émerger, à partir de la répétition de changements minuscules, des événements d'une tout autre nature et d'une tout autre échelle. Et ainsi il achève de régler sa dette à l'auteur des *Principes* qui lui a permis, il y a bien longtemps, de voir autrement les splendeurs du monde, « en partie à travers ses yeux ».

Et, peut-être aussi, en revenant à ses débuts, achève-t-il de régler une dette plus personnelle encore à quelqu'un de beaucoup plus proche, disparu depuis longtemps et qui a joué un rôle essentiel dans sa vie – son oncle Jos, Josiah Wedgwood II, le second du nom dans la lignée de ses ancêtres. Élu du Parlement, qui lutte contre l'esclavage, qui défend, comme son père avant lui, le droit des esclaves noirs à être reconnus comme des hommes libres – et durant toute sa vie, Charles Darwin condamnera, lui aussi, l'esclavage.

Josiah Wedgwood, le frère de sa mère. Sa mère qui meurt alors qu'il a à peine plus de huit ans. Sa mère dont il dira dans son *Autobiographie* : « Il est bizarre que je ne puisse quasiment rien me souvenir d'elle, excepté son lit de mort, sa robe de velours noir, et sa table de travail curieusement construite. » « Je pense que cet oubli est dû en partie au fait que mes sœurs, en raison de leur peine, ne pouvaient jamais parler d'elle ou mentionner son nom ; et en partie au fait qu'elle [ma mère] avait longtemps été invalide. »

Josiah Wedgwood. Le frère de sa mère. Puis le père de sa femme.

Deux ans après son retour de son long voyage à travers les mers, son oncle reprendra une place centrale dans sa vie, en lui accordant la main de sa fille Emma. Et l'une des plus proches parentes de sa mère – dont il a oublié le visage –, la jeune nièce de sa mère, sera à ses côtés durant toute sa vie.

Mais il y avait d'abord le voyage autour du monde.

Sans son oncle Josiah Wedgwood, il n'y aurait probablement pas eu ces cinq années passées en mer à s'émerveiller de l'exubérance et de la diversité des continents et des îles, des animaux et des plantes, sans aucune commune mesure avec la douceur et la monotonie des paysages anglais et les formes et les couleurs des scarabées qu'il collectionne depuis l'enfance. Il a vingt-deux ans. Il vient de terminer ses études de théologie à Cambridge après avoir interrompu ses études de médecine à Édimbourg, ne supportant pas la vue des dissections et des opérations sans anesthésie, et il ne sait pas très bien quoi faire de sa vie. « Tu ne t'intéresses à rien d'autre qu'au tir, aux chiens, et à attraper les rats, lui a dit son père, tu seras un déshonneur pour toi-même et pour toute ta famille. » Mais Charles Darwin a commencé, durant ses études à Édimbourg, à s'intéresser à la zoologie. À Cambridge, il s'est lié d'amitié avec John Henslow qui lui enseigne la botanique, puis lui a permis de participer à un voyage d'étude de géologie au pays de Galles. Il lit avec passion le célèbre récit des expéditions du grand explorateur

Alexander von Humboldt. Une lettre de Henslow lui annonce qu'il est intervenu pour lui obtenir une place de naturaliste sur un navire en partance pour l'Amérique du Sud, le *Beagle*. Darwin décide de quitter l'Angleterre. Son père refuse de lui donner son autorisation. Sauf, lui dit-il, « si tu peux trouver une personne de bon sens qui te conseille de partir ». Ce sera Josiah Wedgwood, et Charles partira.

Et c'est au retour de son voyage, deux ans avant la demande en mariage, que Josiah Wedgwood, riche propriétaire d'une célèbre manufacture de céramique, qui s'intéresse à l'argile et aux sols, confiera à Charles ce qu'il a découvert des réalisations des vers de terre. Et le jeune Darwin, qui s'est plongé dans la rédaction de son journal de bord, dans l'interprétation de ses observations, et dans le classement des spécimens d'animaux et de plantes qu'il a rapportés des continents lointains, va commencer à s'intéresser à l'étude des vers de terre qui habitent les sols de la campagne anglaise.

Chapitre 2

Le tissu entier se déchire

On fit comme toujours un voyage au loin
de ce qui n'était qu'un voyage au fond de soi.

Victor Segalen

Un an après son retour en Angleterre, à l'âge de vingt-huit ans, Darwin présente quatre communications à la Société de géologie de Londres. Les trois premières concernent les conclusions qu'il a tirées des observations qu'il a réalisées au loin. La dernière n'a rien d'exotique. Elle concerne les alentours de Londres qu'il a explorés depuis son retour. Intitulée « Sur la formation de l'humus », elle sera publiée sous la forme d'un article de quatre pages, comprenant un dessin – la vue en coupe d'un sol, sur une profondeur de moins d'un mètre – dans les *Comptes rendus de la Société de géologie de Londres*.

L'article débute ainsi : « La formation de la couche supérieure de la terre, communément appelée humus végétal, présente certaines difficultés à être entièrement comprise, [difficultés] qui ont apparemment été ignorées. »

Suit une exposition claire et concise de ces « difficultés », et une explication simple « qui est apparue à Mr. Wedgwood » – son oncle Josiah Wedgwood : la production de l'humus dans les champs en jachère est due à l'activité digestive du « ver de terre commun ». Cette activité, poursuit-il, « n'est pas aussi triviale qu'on pourrait le penser au premier abord, parce que le grand nombre de vers de terre [...] compense la quantité insignifiante de travail que réalise chaque ver ». Le nombre, la répétition, voilà ce qui compte, et qui compense l'« insignifiance » des activités individuelles.

Puis : « Dans un champ abandonné depuis quinze ans, environ neuf centimètres [d'humus] ont été préparés [par les vers] ; mais il est probable que ce processus puisse se poursuivre, bien qu'à un rythme très lent, à une profondeur beaucoup plus grande. » Un rythme très lent : le temps, la puissance du temps. La répétition, le nombre et le temps, voilà les véritables acteurs.

Dans une courte note envoyée après sa communication, et qui sera adjointe à l'article, il rapporte une confirmation à cette hypothèse : « Dans un champ abandonné depuis moins de quatre-vingts ans, l'humus a atteint environ trente à trente-cinq centimètres d'épaisseur. » Ainsi, en quinze ans, les vers ont recouvert les sols d'une couche d'humus de neuf centimètres, et en moins de quatre-vingts ans (un peu plus de cinq fois plus de temps), de trente à trente-cinq centimètres (trois à quatre fois plus d'épaisseur d'humus). Le temps augmente de manière linéaire les effets de l'activité des vers.

Six ans après la publication de cet article, il publiera une lettre dans un autre journal – *La Chronique des jardiniers et la Gazette de l'agriculture* – pour « corriger une erreur ». Vérification faite, il ne s'agissait pas d'un champ abandonné depuis quatre-vingts ans, mais depuis seulement trente ans. Darwin s'en est « rendu compte en visitant l'endroit quatre ans et demi plus tard et en interrogeant le vieux locataire de la ferme ». Et il a refait des mesures. Les chiffres sont toujours de cinq centimètres d'épaisseur d'humus « tous les sept ans » pour le premier champ. Mais plus de huit centimètres « tous les sept ans » pour le second. « La vitesse est plus rapide » mais c'est peut-être dû, dit-il, au fait que le premier est « un peu marécageux » alors que le second « est sec, et consiste en un sol sableux noir, pauvre et très léger ».

Cette communication illustre déjà la minutie qui caractérisera par la suite tous ses travaux, et sa tendance à toujours faire retour pour réinterroger la validité de ses conclusions.

Les étendues de temps qu'explore ici le jeune Darwin – quelques dizaines d'années – sont insignifiantes par rapport à celles qu'il va bientôt explorer par la pensée – des millions d'années... Mais il a commencé. Il suffit désormais, selon le même principe, mais de manière vertigineuse, et sans plus pouvoir faire appel à la mémoire humaine, de continuer à augmenter, par la pensée, les profondeurs de temps dans lesquelles il va se plonger.

L'HOMME DANS SON ARROGANCE

L'avant-dernière phrase de l'article présente une forme d'argumentation dont il fera par la suite un très grand usage.

« Bien que la conclusion puisse au départ apparaître saisissante, il sera difficile de nier la probabilité que chaque particule de terre formant dans d'anciens champs [abandonnés] le lit d'où surgit l'herbe est passée à travers le tube digestif des vers ; et pour cette raison, le terme d'"humus animal" serait plus approprié que celui d'"humus végétal". »

Darwin ne dit pas qu'à la suite de son travail, *il sera difficile de nier le fait que...* Il dit qu'*il sera difficile de nier la probabilité que...* : de nier le caractère vraisemblable de l'explication qu'il propose, sa capacité à rendre compte du phénomène.

Ce qui lui importe ici, avant tout, ce n'est pas de prouver l'existence d'un fait, ou d'une cause à l'œuvre dans un effet, mais de démontrer la validité théorique de l'explication, et donc de la cause qu'il propose. Il s'agit d'une démarche à la fois modeste – je n'affirme rien, suggère-t-il, je propose une manière de prouver que ce que j'avance correspond lité – et extrêmement puissante. Si, à l'avenir, les autres explications possibles, celle que je s'avérait avoir plus de probabilité à rendre compte des observations actuelles et futures de la réalité, à avoir plus de puissance explicative et prédictive, alors, mon explication s'imposera inéluctablement comme la seule qui mérite d'être retenue. Il prend date.

Et vingt-deux ans plus tard, c'est à partir d'une même démarche qu'il construira « ce long argument », que sera, selon ses propres termes, *De l'origine des espèces*.

La dernière phrase de l'article « Sur la formation de l'humus » présente, quant à elle, une des formes de renversement de perspective qu'il opérera par la suite à une tout autre échelle, et avec de tout autres implications.

« Je pourrais conclure, écrit-il, que l'agriculteur en labourant le sol suit une méthode strictement naturelle ; il ne fait qu'imiter de manière grossière – sans être [contrairement aux vers] capable d'enterrer les cailloux ni de trier la terre fine de la terre grumeleuse – le travail que la nature accomplit quotidiennement par l'entremise des vers de terre. »

L'agriculteur imite, sans le savoir, « de manière grossière », à la surface du sol, en pleine lumière, à l'aide d'outils conçus intentionnellement à cet effet, ce que des êtres vivants parmi les plus simples accomplissent spontanément et aveuglément, chaque jour, dans la pénombre des sols, depuis si longtemps. Il ne s'agit pas d'inventions humaines. L'homme, croyant inventer, imite ce qu'il ne sait même pas qu'il est en train d'imiter – les forces invisibles de la nature.

Le jeune Darwin s'engage déjà dans ce déplacement progressif du regard qui érodera, puis bouleversera radicalement la place et le rang que l'être humain croyait occuper dans la hiérarchie, puis dans l'histoire, de la nature. « L'homme dans son arrogance », écrira-t-il dans ses carnets. Et c'est ce que suggère déjà la dernière phrase de son article au titre si discret : « Sur la formation de l'humus ».

Dans la conclusion de son dernier livre, *La Formation de l'humus végétal par l'action des vers de terre, avec observations de leur mode de vie*, Darwin reprendra son ode émerveillée à l'humble ver de terre, et ce regard distant sur l'arrogance de l'homme. « Quand nous contemplons une large étendue couverte d'humus, écrit-il, nous devrions nous souvenir que sa douceur, dont dépend une si grande partie de sa beauté, est principalement due au fait que toutes ses inégalités ont été lentement aplanies par les vers. » L'ode se poursuit : « Il est merveilleux de penser que l'ensemble de l'humus superficiel sur une telle étendue a passé, et passera encore, toutes les quelques années, à travers le corps des vers ».

Puis resurgit l'homme : « Le labourage est l'une des inventions les plus anciennes et les plus valables de l'homme, mais longtemps avant que l'homme n'existe le sol était régulièrement labouré, et continue toujours d'être labouré, par les vers. »

« Longtemps avant que l'homme n'existe... » Près d'un demi-siècle s'est écoulé depuis la publication du premier article sur les vers. L'homme est désormais inscrit dans la généalogie des espèces. L'homme n'apparaît plus seulement comme un imitateur grossier de la nature. Il apparaît aussi, désormais, comme un imitateur tardif de ce que la nature a, en d'autres, inventé, longtemps avant qu'elle ne l'ait fait émerger.

« L'homme dans son arrogance se considère lui-même comme un grand œuvre, qui mérite d'avoir été imposé par une divinité, avait écrit le jeune Darwin dans ses carnets. Plus humble, moi, je crois vrai de le considérer comme créé à partir des animaux. »

Dans le quatrième chapitre de *De l'origine des espèces*, publié vingt-deux ans après son article de jeunesse sur les vers et vingt-deux ans avant son dernier livre sur le même thème, Darwin utilisera le même type de retournement – l'homme croit inventer, alors qu'il ne fait qu'imiter grossièrement ce qui l'a précédé depuis la nuit des temps.

« Quelle que soit la lenteur que peut avoir le processus de sélection, si le faible être humain peut faire beaucoup par son pouvoir de sélection artificielle, je ne peux voir aucune limite à la quantité de changement, à la beauté et à l'infinie complexité des coadaptations entre tous les êtres organiques, les uns avec les autres et avec leurs conditions physiques de vie qui peuvent être effectuées sur le long cours du temps par le pouvoir de sélection de la nature. »

Il ne s'agit plus ici de la réappropriation par l'homme, sans le savoir, de l'ancestral travail souterrain de laboureur de la nature. Il s'agit de la réappropriation par l'homme, sans le savoir, du mécanisme originel et aveugle, dont il ne soupçonne pas qu'il l'a fait naître, parmi les innombrables incarnations de la nature, au cours d'une généalogie qui remonte à l'origine même de la vie.

Jusqu'à sa mort, Darwin poursuivra sa réflexion sur les origines et la sélection naturelle. Et il réalisera, dans sa demeure, la « maison de Down », de nombreuses expériences pour tester la validité de certains postulats, ou de certaines implications importantes de sa théorie. Il explore, chez les pigeons qu'il élève, les effets de la « sélection artificielle ». Il étudie les comportements des vers de terre. Il plonge des graines de diverses plantes dans des bocaux d'eau salée – un microcosme de la mer – et examine combien de temps ces graines peuvent persister sans perdre leur capacité à germer. Et à partir de cette durée, et de la connaissance de la vitesse des courants maritimes dans différentes régions du monde, il projette la distance – qui se révèle considérable – que les graines pourraient parcourir d'un continent à une île lointaine, ou d'une île à une autre île, pour y ensemencer des environnements différents, et y donner progressivement naissance à des espèces nouvelles.

Et il continue de correspondre avec un grand nombre de collègues ou de naturalistes amateurs, les questionnant sur leurs observations ou leurs découvertes.

Mais à la fin de son existence, même si sa théorie de la sélection naturelle continue de l'habiter, le retour que fait Darwin sur lui-même dans son dernier livre est un retour à une forme de sérénité. Ce n'est plus au récit de la Genèse qu'il se confronte. Il se consa cre à des cycles, à un éternel recommencement, à la déconstruction et la reconstruction des sols, à l'effacement des aspérités des reliefs qui l'entourent, à la préservation des vestiges archéologiques, à la fertilité des champs qui le nourrissent.

Trois de ses enfants et beaucoup de ses proches sont morts. Il s'interroge sur la question de savoir « si le monde dans sa globalité est un monde bon ou mauvais. [...] Qu'il y ait beaucoup de souffrance dans le monde, personne ne le conteste. [...] Mais, selon mon jugement, la joie prédomine, bien que cela serait très difficile à prouver ». Il recherche une forme d'innocence, une forme de « bienveillance » dans la nature. La « bienveillance », aveugle, des vers. Ce n'est plus tant la généalogie qui le fascine que la puissance du battement ininterrompu du présent au long de l'« écoulement des âges ». Et le lent labour des vers qui font vibrer la terre où bientôt il reposera.

Ce mystère des mystères

Ses rêves anciens, et ses combats anciens avec lui-même puis avec d'autres, avaient été d'une tout autre ambition, d'une tout autre ampleur et d'une tout autre intensité.

« Quand j'étais [entre l'âge de vingt-deux et vingt-sept ans] à bord du *Beagle* – navire de Sa Majesté –, j'ai été profondément marqué par certains faits... [qui] me semblaient jeter de la lumière sur l'origine des espèces – ce mystère des mystères. »

Ainsi débute *De l'origine des espèces*. Il revient d'un long tour du monde, porteur, dit-il, de lumières sur ce « mystère des mystères ». Mais ce mystère, il n'en a rien révélé pendant plus de vingt ans.

Pour toute une série de raisons. Dont l'une était que c'était « comme confesser un meurtre ».

Pourtant, il avait déjà utilisé une fois ce terme, le « mystère des mystères », quinze ans plus tôt, dans la troisième édition révisée de son *Journal des recherches concernant l'histoire naturelle et la géologie des pays visités durant le voyage autour du monde du* Beagle, *navire de Sa Majesté, sous le commandement du capitaine FitzRoy, Royal Navy.*

Le livre avait été, dès sa première édition, un grand succès, et l'avait rendu célèbre. Dans la troisième édition, il avait introduit une illustration qui est, aujourd'hui, souvent plus connue que le livre lui-même – un dessin des têtes de quatre pinsons des îles Galápagos.

Quand il avait confié, à son retour du voyage, ses nombreux spécimens de petits oiseaux prélevés dans ces îles à l'ornithologue John Gould, il était persuadé qu'il s'agissait d'oiseaux appartenant à plusieurs espèces distinctes, dont des pinsons. Il avait été stupéfait de la réponse de Gould : malgré les différences spectaculaires dans la taille et la forme de leurs becs, tous ces oiseaux étaient des pinsons.

Et une phrase du livre, qui commente la nouvelle illustration, évoque pour la première fois, de manière confuse, la possibilité de l'existence d'une transmutation des espèces.

« En voyant cette gradation et cette diversité de structure dans un petit groupe d'oiseaux intimement apparentés, on pourrait imaginer qu'à partir d'une pauvreté originelle [d'espèces] d'oiseaux dans cet archipel, une espèce a été prise et modifiée à des fins différentes. »

Et quelques paragraphes plus haut : « L'histoire naturelle de ces îles est éminemment curieuse, et mérite bien la plus grande attention. » Puis une autre phrase sibylline : « Ainsi, à la fois dans l'espace et le temps, nous semblons nous approcher quelque peu de ce grand fait – ce mystère des mystères –, la première apparition de nouveaux êtres sur cette terre. »

Mais contrairement à ce que suggèrent les deux premières phrases de *De l'origine des espèces*, Darwin n'avait encore, durant son voyage sur le *Beagle*, pas la moindre idée sur le « mystère des mystères ». « À mon retour, poursuit-il, il m'apparut, en 1837, que quelque chose pourrait peut-être être réalisé à propos de cette question par une accumulation patiente de toutes sortes de faits qui pourraient avoir une relation avec [cette question], et par une réflexion patiente [sur ces faits]. Après cinq années de travail, je me permis de spéculer sur le sujet, et rédigeai quelques courtes notes. » Mais, contrairement à ce qu'il écrit, c'est moins d'un an après son retour qu'il avait déjà commencé à rédiger.

Au retour de son long voyage, il n'avait encore rien à confesser. Juste l'idée, sulfureuse mais commune à l'époque, que les espèces évoluent et se transforment les unes dans les autres. L'élucidation du mystère viendra au sol, en Angleterre, durant les deux années qui suivront son retour.

Sois prudent

En juillet 1837, à vingt-huit ans, il commence son premier carnet secret, le carnet B (le carnet A concernait la géologie) qu'il intitule *Zoonomia – Les lois de la vie* –, le titre d'un livre publié quarante ans plus tôt par son grand-père Erasmus Darwin, médecin, botaniste et poète – quelques années avant que Lamarck ne prononce la première conférence où il présentera sa théorie du transformisme, de la transmutation des espèces –, un traité de médecine qui contient une section dans laquelle Erasmus Darwin suggèrait que « tous les animaux à sang chaud ont émergé d'un seul filament vivant, qui avait la capacité de continuer à s'améliorer par sa propre activité inhérente ». Et Mary Shelley mentionnera Erasmus Darwin dans son introduction à *Frankenstein* où elle évoque, durant les jours qui ont précédé l'écriture de son livre, les discussions entre son amant Percy Shelley et Lord Byron, auxquelles elle assiste en silence. C'est l'été 1816, en Suisse, près d'un lac. Erasmus est mort depuis quinze ans. Charles a sept ans. « Au cours de l'une de ces [nombreuses et longues conversations entre Shelley et Byron] plusieurs doctrines philosophiques furent discutées, et parmi d'autres, la nature du principe de vie, et s'il y avait une quelconque probabilité qu'il soit un jour découvert et communiqué. Ils discutèrent des expériences du Dr Darwin (je ne parle pas de ce que le docteur fit réellement, ou déclara avoir fait, mais [...] de ce que l'on disait alors avoir été fait par lui) qui conserva un bout de vermicelle dans une boîte en verre jusqu'à ce que par un fait extraordinaire il commença à bouger sous l'effet de mouvements volontaires. » *Frankenstein*, le livre où un démiurge humain prend le relais de la nature pour créer un être humain.

Il y a dans le carnet B, sous les mots « Je pense », le dessin d'un arbre avec des branches.

« L'arbre de vie ».

Il ne s'agit pas d'un arbre végétal terrestre, mais plutôt, écrit Darwin, d'une autre forme d'arbre plus complexe, animal et marin, dont il a étudié et décrit la structure au cours de son voyage.

« L'arbre de vie devrait peut-être être nommé le corail de la vie, [parce que la] base des branches [est] morte. » Parce que les espèces vivantes ont émergé d'espèces aujourd'hui disparues.

À l'extrémité de chaque branche, une lettre désigne une espèce distincte.

C'est l'ébauche du seul dessin qui illustrera, vingt-deux ans plus tard, *De l'origine des espèces* : un schéma stylisé et abstrait de l'arbre de l'évolution qui figure l'origine commune de toutes les espèces présentes et passées.

Dans son carnet B, Charles Darwin ne parle pas d'évolution des espèces mais, comme Jean-Baptiste Lamarck, de « transmutation des espèces ». Et il note : « Le ciel sait si cela correspond à la Nature : *cuidado* [littéralement, *sois prudent... attention...*]. » Dans son carnet C, commencé l'année suivante (les carnets secrets *Zoonomia* se succéderont durant un an et demi, jusqu'au carnet E), il écrit : « Si l'on considère que les espèces peuvent passer l'une dans l'autre », alors « le tissu entier se déchire et s'effondre ». Le tissu : l'immuabilité des espèces, le fondement de la théologie naturelle, l'idée de Création divine...

« Mais l'être humain – le merveilleux être humain est une exception. » Puis, trois lignes plus bas, non, « il n'est pas une exception ».

Dans le carnet D, il note : « La mienne est une théorie brutale, qui tente d'expliquer ou d'affirmer qu'est explicable chaque instinct chez l'animal. » Et : « Il doit y avoir une loi selon laquelle, quelle que soit l'organisation que possède un animal, elle tend à se propager et à s'améliorer. » Mais quelle pourrait être une telle loi ?

« Il était évident, écrira Darwin à près de soixante-dix ans, que de tels faits [les observations sur les animaux et les plantes qu'il avait réalisées en Amérique du Sud et dans les Galápagos pendant son tour du monde à bord du *Beagle*], comme de nombreux autres faits, pouvaient être expliqués en supposant que les espèces subissent des modifications graduelles, et ce sujet me hantera. Mais il était également évident que ni l'effet [direct] des conditions environnantes, ni la volonté des organismes, spécialement dans le cas des plantes [une critique de la théorie de Lamarck], ne pouvait expliquer les innombrables cas où les organismes de toutes sortes sont adaptés, de manière très belle, à leurs habitudes de vie – par exemple un pic-vert pour grimper aux arbres, une graine pour se disperser à l'aide de crochets ou de plumets. J'avais toujours été très impressionné par de telles adaptations et, jusqu'à ce qu'elles puissent être expliquées, il me semblait presque inutile de tenter de démontrer, à l'aide de preuves indirectes, que les espèces avaient été modifiées. »

Ce que Darwin appelle des *preuves indirectes*, ce sont les faits qui plaident en faveur de l'existence d'une transmutation des espèces. Ce qui constituerait une véritable preuve, une *preuve directe*, suggère-t-il implicitement, c'est un mécanisme, une cause, une « loi générale » qui permettrait d'expliquer la transmutation, de la rendre compréhensible, possible et donc probable. Le « mystère des mystères » dont il annonce, rétrospectivement, qu'il l'a entrevu lors de son tour du monde dans la splendeur et la diversité de la faune et de la flore du continent et des îles de l'Amérique du Sud, ce n'est pas la transmutation des espèces, mais une loi qui la rendrait possible.

Et c'est pourquoi il construira *De l'origine des espèces* autour de cette articulation logique : les cinq premiers chapitres visent à démontrer la vraisemblance – la réalité possible – non pas de la transmutation des espèces, mais d'une « loi naturelle » capable d'en être la cause. Le sixième chapitre concerne l'exposition et la résolution de certaines « difficultés » que présente la théorie, difficultés qui sont discutées dans les sept chapitres suivants. Mais c'est au long des six derniers chapitres qu'il accumulera une série complexe de faits et d'arguments suggérant qu'une transmutation progressive a bien eu lieu, et que cette transmutation graduelle, résultant d'une « loi générale », peut rendre compte de l'ensemble de la richesse et de la diversité présentes des espèces animales et végétales. Le « mystère des mystères », c'est le mécanisme qui rend pensable et possible l'évolution de la diversité du vivant à partir d'une généalogie et d'une origine communes.

« En octobre 1838, c'est-à-dire quinze mois après que j'aie commencé [après mon retour en Angleterre] mon enquête systématique [sur la transmutation des espèces], il m'arriva de lire par amusement Malthus sur les populations [la sixième édition de l'*Essai sur le principe de population*, dont la première, anonyme, datait de 1798], et étant moi-même bien préparé à apprécier la lutte pour l'existence qui se poursuit partout à partir d'une longue observation continue des habitudes des animaux et des plantes, cela me frappa soudain que, dans ces circonstances, des variations favorables auraient tendance à être préservées et des variations non favorables à être détruites [presque les mêmes termes qu'il découvrira avec stupéfaction, vingt ans plus tard, dans le manuscrit que lui enverra Alfred Russel Wallace]. Le résultat serait la formation d'espèces nouvelles. »

« Ici, à ce moment, j'avais enfin trouvé une théorie à partir de laquelle travailler. »

Et c'est un souvenir d'une lecture ancienne de Malthus, qui, au cours d'un accès de fièvre et de frissons, dans l'archipel malais, permettra à Wallace d'avoir, lui aussi, longtemps après, « enfin une théorie ».

Deux mois plus tard, à la fin de l'année 1838, Darwin formalise dans son carnet E sa théorie de la manière la plus elliptique qui soit :

« Trois principes vont rendre compte de tout :

(1) Petits enfants. comme. grands pères

(2) Tendance à de petits changements. spécialement en ce qui concerne les changements physiques

(3) Grande fertilité par rapport à l'aide que les parents peuvent fournir ».

Il a terminé ses carnets *Zoonomia*. Les fondements de ce qu'il appellera plus tard la sélection naturelle sont posés. Il a vingt-neuf ans. Il demande la main d'Emma. Quelques mois plus tard, ils se marient, s'installent à Londres, puis, trois ans plus tard, dans le petit village de Down, au milieu de la campagne du Kent, où ils vivront toute leur existence.

Pourtant, quelque chose lui a échappé.

« À cette époque, écrira Darwin près de quarante ans plus tard, j'avais méconnu un problème de grande importance, et c'est pour moi un sujet d'étonnement, mis à part la référence au principe de Christophe Colomb et à son œuf, que j'aie pu ne pas voir ce problème et sa solution. Ce problème est la tendance des êtres organiques, descendants de mêmes ancêtres, à diverger en caractère au fur et à mesure qu'ils sont modifiés. » Ce problème dont il est si surpris de l'avoir méconnu, c'est le titre même du manuscrit de Wallace : *De la tendance des variétés à s'écarter indéfiniment du type originel.* « Le fait, poursuit Darwin, qu'ils aient grandement divergé est évident par la manière dont les espèces de toutes sortes peuvent être classées en genres, les genres en familles, les familles en sous-ordres, et ainsi de suite ; et je peux me souvenir de l'endroit précis sur la route, alors que j'étais dans ma calèche, quand, à ma joie, la solution m'apparut, et cela longtemps après que je me fus installé à Down [il s'y était installé à l'âge de trente-trois ans]. La solution, telle que je la vois [et elle est beaucoup plus élaborée que celle que proposera Wallace, qui, lui, n'a eu aucune difficulté à "voir" le problème, puisqu'il en a fait l'un des moteurs de son "principe général dans la nature"], est que les descendants modifiés de toutes les formes dominantes qui se propagent ont tendance à devenir adaptés à de nombreux endroits très diversifiés dans l'économie de la nature. » L'occupation progressive, par différents êtres vivants appartenant initialement à une même espèce, de niches écologiques extrêmement nombreuses et diverses, est l'un des principaux mécanismes qui expliquent comment la sélection naturelle conduit à une diversification de plus en plus grande des animaux et des plantes.

Le « mystère des mystères » s'était progressivement révélé durant les deux années qui avaient suivi le retour de Darwin en Angleterre. Le jeune Darwin revient d'ailleurs – du lointain, d'un « autre monde », dira-t-il dans le récit de son voyage – avec des questions nouvelles profondément ancrées en lui. Le pays natal – l'Angleterre – est l'endroit où l'explorateur rapporte ce que le monde au loin lui a révélé : l'impression de l'existence d'un mystère enfoui depuis longtemps dont personne, avant lui, n'a imaginé l'existence.

Son pays natal, sa culture, son économie, ses penseurs, sa vision de l'univers, ses agriculteurs, ses éleveurs et ses jardiniers, tel est le lieu, le creuset – le terreau, l'humus – d'où émergera la véritable reformulation de la question, puis la réponse.

Le monde lointain est un sujet d'émerveillement. De questionnement. De remise en cause. Et de réflexion.

La réponse est chez soi. Dans la façon, au retour, à partir de sa culture familière, de repenser l'exotisme.

À PARTIR D'UN DÉBUT SI SIMPLE

Thomas Robert Malthus ; Adam Smith ; Charles Lyell ; Josiah Wedgwood... Deux économistes de la fin du XVIIIe siècle, partisans, de manière très différente, du laisser-faire ; quelques contemporains – un géologue, un oncle curieux, des amis naturalistes... Et des éleveurs et des jardiniers de son temps, avec qui il échangera une correspondance abondante. Telles seront les sources principales de l'élucidation par Darwin du « mystère des mystères » – telles seront les grilles de lecture qui lui permettront de réinterpréter de manière radicalement différente la somme et la diversité des données et les théories accumulées par les naturalistes depuis Buffon et Linné, et les observations qu'il a faites au cours de son voyage.

Quand il revient de son périple à travers le monde, l'étudiant distrait, dilettante et dissipé qui a appris à se concentrer et à se focaliser – « toutes mes observations variées, écrira-t-il, n'étaient d'aucune importance si on les comparait à l'habitude d'activité énergique et d'attention focalisée sur tout ce dans quoi j'étais engagé, habitude que j'acquerrais alors [durant mon voyage] » –, le jeune naturaliste autodidacte que les continents lointains ont intrigué et émerveillé va trouver dans le souvenir de ses lectures anciennes et dans ses lectures nouvelles, dans la culture à l'intérieur de laquelle il a été élevé, dans la fréquentation de géologues, d'anatomistes, d'ornithologues, de botanistes et d'éleveurs de pigeons la véritable formulation de la question, puis la formalisation de la réponse.

La pleine compréhension du mystère, et la réponse à ce mystère, inimaginable, au cœur de la vie : un mécanisme, une « loi » aveugle, impitoyable, sans âme, opérant sur une trame de modifications minimes, innombrables, et incessantes, au long de profondeurs de temps qui de bibliques sont devenues géologiques.

Ce qui nous éblouit, nous dit Darwin, est ce qui demeure, après « le long écoulement des âges », de ce qui chaque jour se débat et disparaît. Ce qui demeure, en pleine lumière, de la destruction et de la perte qui, dans la pénombre, lui donne naissance.

Et c'est ce que décrivent les dernières phrases de *De l'origine des espèces.*

D'abord, l'impression d'harmonie : « Il est intéressant de contempler l'enchevêtrement d'un rivage revêtu de nombreuses plantes de diverses sortes, avec des oiseaux chantant dans les buissons, avec des insectes variés qui voltigent autour, et avec des vers rampant à travers la terre humide, et de réfléchir au fait que ces formes construites de manière élaborée, si différentes les unes des autres, et dépendant les unes des autres d'une façon si complexe, ont été produites par des lois toujours à l'œuvre autour de nous. »

Puis les lois, à l'œuvre depuis les origines : la croissance ; la reproduction ; l'hérédité, « qui est une conséquence quasiment directe de la reproduction ; la variabilité ; la lutte pour l'existence »…

Puis la révélation : « ... la lutte pour l'existence, avec, comme conséquence, la sélection naturelle, conduisant à la divergence de caractère et à l'extinction des formes les moins perfectionnées ».

La « confession du meurtre » : « Ainsi, de la guerre de la nature, de la famine et de la mort, l'objet le plus exaltant que nous sommes capables de concevoir, à savoir la production des animaux supérieurs, résulte directement. »

Puis la distance, qui seule permet, malgré l'hécatombe, et par-delà l'hécatombe, de ressentir à nouveau, mais sous une tout autre forme, ce sentiment ancien d'« émerveillement qui emplit et élève l'esprit » : « Il y a de la grandeur dans cette vision de la vie, avec ses différents pouvoirs, [vie] qui a été originellement insufflée dans quelques formes ou dans une seule ; et [dans cette vision selon laquelle] pendant que cette planète a continué à tourner selon la loi fixe de la gravitation, à partir d'un début si simple, une infinité de formes les plus belles et les plus merveilleuses ont évolué, et sont en train d'évoluer. »

Dix-sept ans plus tôt, dans un manuscrit secret de trente-cinq pages qui résumait sa théorie, la même conclusion, déjà, à quelques variations près, sur « la grandeur » de « cette vision de la vie ».

« Il y a une grandeur simple dans la vision de la vie avec ses pouvoirs de croissance, d'assimilation et de reproduction, ayant déjà été insufflée dans la matière sous une ou quelques formes, et [qui] pendant que notre planète a continué de tourner selon des lois fixes, et que les terres et l'eau, dans un cycle de changements, ont continué de se remplacer, à partir d'une origine aussi simple, par le processus de sélection graduelle de changements infinitésimaux, une infinité de formes les plus belles et les plus merveilleuses ont évolué ».

Darwin ne cessera de remanier *De l'origine des espèces*. Dans la première édition, deux citations placées en exergue évoquent Dieu. L'une, qui date de deux siècles et demi, est du philosophe et scientifique Francis Bacon. Elle encourage à l'étude du Livre de la parole de Dieu et du Livre de l'œuvre de Dieu. L'autre est d'un contemporain de Darwin : « Mais en ce qui concerne le monde matériel, nous pouvons au moins aller jusque-là – nous pouvons percevoir que les événements se produisent non pas en raison d'une interposition sélective du pouvoir divin, exercé dans chaque cas particulier, mais par la mise en place de lois générales. » Cette phrase – et il y a peut-être là une part discrète d'ironie – est de William Whewell, un philosophe des sciences proche de la théologie naturelle, qui, au moment où Darwin débutait ses carnets secrets *Zoonomia*, écrivait : « Les espèces ont une existence réelle dans la nature, et une transition d'une espèce à une autre n'existe pas. » On peut concilier la théologie naturelle et la théorie de la sélection naturelle, semble suggérer Darwin par son choix de l'exergue, à condition que le rôle que l'on attribue au Créateur soit « la mise en place de lois générales ». Bien sûr, la différence essentielle entre l'exergue et la conclusion du livre est que, pour Whewell, ces « lois générales » déterminent l'immuabilité des espèces, alors que pour Darwin elles déterminent au contraire leurs transformations progressives.

Dans la deuxième édition, la dernière phrase du livre a été complétée : « la vie, avec ses nombreux pouvoirs, ayant été originellement insufflée *par le Créateur* dans quelques formes ou dans une seule ». Je ne suis pas un athée, suggère Darwin : j'ai simplement libéré le Créateur de toute responsabilité dans cette longue aventure, merveilleuse et tragique, terrifiante, absurde, et cruelle, qui nous a donné naissance.

Dans la cinquième édition, il introduira comme synonyme à « sélection naturelle » l'expression « survie du plus apte », forgée par le sociologue Herbert Spencer, qui sera source de profondes ambiguïtés et de dérives croissantes d'interprétation.

Et dans la dernière édition, il changera le titre du livre.

De l'origine des espèces devient *L'Origine des espèces.*

Il ne s'agit plus d'une contribution à la compréhension du mystère. Il s'agit de l'explication – de la seule explication.

Une loi naturelle. Dissolvant le mystère. Révélant la terrifiante puissance créatrice « du hasard aveugle et de la nécessité ». Et « la grandeur de cette vision de la vie ».

Mais *L'Origine des espèces* ne dit rien – presque rien – de la vie humaine.

Rien, presque rien, de l'origine de l'être humain.

Rien, presque rien, de nous.

« Dès que je fus convaincu, durant l'année 1837 ou 1838, que les espèces pouvaient se modifier, écrira-t-il à la fin de sa vie, je ne pus éviter l'idée que l'homme devait être soumis à la même loi. »

Et en 1837, dans son carnet C, il avait secrètement conclu, après en avoir d'abord refusé la possibilité : « L'être humain – le merveilleux être humain [...] n'est pas une exception. »

Vingt-deux ans plus tard, *De l'origine des espèces* n'y consacre qu'une phrase : « Dans le futur distant [...] la lumière sera jetée sur l'origine de l'homme et sur son histoire. »

Plus de dix ans passeront encore, et il commencera à « jeter la lumière » avec la publication de *La Généalogie de l'homme et la sélection liée au sexe*, puis de *L'Expression des émotions chez l'homme et les animaux.*

Et cette fois, nous dit Darwin, c'est bien de nous que je parle, de moi-même qui écris, de vous qui me lisez, de tous ceux qui ne m'ont pas lu, de tous ceux qui nous ont précédés, et de tous ceux qui nous suivront...

C'est en lui-même, à la fois à l'intérieur de la culture de son époque, qui l'a formé, et contre la culture de son époque, que Darwin, durant les deux années qui ont suivi son long voyage à travers le monde, a découvert, avant l'âge de trente ans, à Londres, l'explication – jusqu'alors invisible, et pourtant tellement évidente lorsque enfin elle apparaît – de la splendeur du monde que son voyage lui avait révélée.

Mais les idées qu'il a réarrangées et transformées, en leur donnant une signification radicalement nouvelle, plongeaient leurs racines dans des temps beaucoup plus anciens.

Chapitre 3

Une direction que tu ne peux pas voir

Que nous soyons et que cela soit : inexplicable et évidence.

Philip Roth

Les représentations du monde évoluent. Au cours des âges, des visions émergent, se côtoient, s'affrontent, se mêlent, se transforment, se répandent ou refluent. Certaines persisteront, un temps inchangées, isolées, vestiges abandonnés d'un flux ancien. Puis elles se mettront à nouveau en mouvement.

« Tous les fleuves vont à la mer, et la mer n'est jamais remplie », dit l'Ecclésiaste.
« Et ce qui manque ne peut être compté. »

Ces visions du monde s'écouleront, chacune un temps prédominante, préfigurant – comme de lointains ancêtres – la plupart des idées qui, après avoir été reformulées, recombinées entre elles et réinterprétées, constitueront, sous une tout autre forme, la structure de la théorie darwinienne de l'évolution du vivant. La réponse à « ce qui manque ». Ce qui a manqué à ces idées pour qu'elles deviennent partie intégrante de la structure de la science moderne. Leurs limites, parfois visibles, et parfois invisibles par le passé. Ces visions du monde dont chacune, à elle seule, propose une explication fascinante à la splendeur et à la richesse de la diversité de l'univers vivant, la science finira par s'en éloigner.

« En premier [*En tête*], créa l'Éternel les cieux et la terre. [...] Et le souffle de l'Éternel planait sur la face des eaux. »

Ainsi débute la Genèse. Le récit qui fonde les trois grandes religions monothéistes. Le récit de la Création de l'univers, du monde vivant, et de l'être humain, à partir de l'intention et de la parole divines.

Le récit littéral de la Genèse fige, une fois pour toutes, la diversité des espèces vivantes. Et sépare radicalement la création de l'être humain de la création de toutes les autres espèces. Temporellement, d'abord : Adam est la dernière étape de la Création, celle du sixième jour. Par le mode de création, ensuite : Adam est « à l'image » de l'Éternel, et naît du « souffle » de Dieu dans l'argile. Temporellement, à nouveau : les animaux sont créés d'emblée comme mâle ou femelle ; Ève, la femme, sera formée ultérieurement, à partir du côté d'Adam, durant son sommeil. Par l'émergence seconde de la mort : l'homme et la femme deviendront mortels lors de leur expulsion du « jardin à l'est d'Éden ».

La Genèse cite différents grands groupes de plantes et d'animaux à mesure de leur création, dans l'ordre de leur création. Et l'Éternel demande au premier homme de leur donner un nom.

Tels qu'ils sont, et demeureront, depuis l'origine.

Un millénaire passera.

Et dans une autre région du pourtour de la Méditerranée, une vision différente se développe, qui deviendra une autre source essentielle de la culture et de la pensée scientifique européenne.

« Πάντα ῥεῖ... », dit Héraclite, cinq siècles avant l'ère chrétienne : « Tout coule... »

« Rien ne se crée, rien ne se perd », mais « tout se transforme... », reprend Anaxagore dans Περὶ Φύσεως – *De la nature.*

« Les mêmes [éléments] qui forment le ciel, la mer, les terres, les fleuves, le soleil forment aussi les épis, les arbres, les êtres vivants, poursuit Lucrèce dans *De natura rerum*, mais les mélanges, l'ordre des combinaisons, les mouvements, voilà ce qui diffère. Réfléchis. Dans les poèmes mêmes, tu vois nombre de lettres communes à nombre de mots, et cependant ces vers, ces mots, est-ce qu'ils ne sont pas différents par le sens et par le son ? Tel est le pouvoir des lettres quand seulement l'ordre en est changé. »

Et encore : « Ce n'est certes pas par réflexion, ni sous l'emprise d'une pensée intelligente que les atomes ont su occuper leur place ; ils n'ont pas concerté entre eux leurs mouvements. Mais comme ils sont innombrables [...] et qu'ils s'abordent et s'unissent de toutes les manières possibles [...] il est arrivé qu'après avoir tenté unions et mouvements à l'infini, ils ont abouti enfin aux soudaines formations massives d'où tirèrent leur origine ces grands aspects de la vie : la Terre, le ciel, les espèces vivantes. »

De vie en vie

Aux origines de la démarche scientifique, chez les présocratiques, puis Épicure, dont Lucrèce diffusera et développera deux siècles plus tard la pensée dans le long poème qu'est *De la nature des choses*, il y a l'idée que l'ensemble de l'univers, y compris l'univers vivant qui nous entoure et nous inclut, est émergence, transformations, métamorphoses.

L'idée que la nature – « *natura* », littéralement « ce qui est en train de naître » – est en perpétuel devenir. Que la sensation d'éternel présent, d'éternel retour – le cycle des nuits et des jours, le cycle des saisons, le cycle des naissances, des croissances, des enfantements, du vieillissement et de la mort – et l'impression d'immuabilité scandée par la course des étoiles dans le ciel et les tremblements de la vie sur la terre, correspondent à une illusion.

L'idée que l'univers s'est construit, et a évolué, à partir d'interactions, de recombinaisons aléatoires entre des composants élémentaires de la matière. En dehors de tout projet, de toute intentionnalité et de toute finalité. À partir d'un mélange de contingences et de contraintes, de relations de causalité.

À partir, selon les mots attribués à Démocrite, « du hasard et de la nécessité ».

Et « Des théories de l'univers dans lesquelles la conception de l'évolution joue un rôle majeur existaient au moins six cents ans avant notre ère », rappellera Thomas Henry Huxley en commençant une conférence intitulée « Évolution et éthique », dix ans après la disparition de Darwin. Et [ces théories], dit-il, ne nous venaient pas que de la mer Égée, mais « de régions aussi distantes que la vallée du Gange ». « Pour les premiers philosophes de l'Hindoustan, poursuivait-il, autant que pour ceux [de la côte asiatique de la mer Égée], la caractéristique la plus marquante du monde des phénomènes était son caractère changeant ; le flot incessant de toute chose, à travers la naissance à l'existence visible puis au non-être, dans lequel ils ne pouvaient discerner aucun signe de début et pour lequel ils ne voyaient aucune perspective de fin. » Et il évoque la pensée brahmanique et bouddhiste...

Il évoque ce que les sages indiens nommaient « karma ». « C'est ce karma qui s'était transmis de vie en vie et les reliait à la chaîne des transmigrations ; et ils étaient convaincus qu'il est modifié durant chaque existence, non par simple confluence entre des parentés, mais par les actes. » « Ils étaient en fait, ajoute-t-il, de grands croyants en cette théorie tant débattue actuellement qu'est [la théorie de] la transmission héréditaire des caractères acquis. »

Puis il aborde la dimension éthique : « Il n'y a aucun doute que c'est à ses qualités éthiques que le bouddhisme doit son merveilleux succès. »

Puis il revient à la théorie de l'évolution : « Tournons-nous maintenant vers l'Ouest, vers l'Asie Mineure et la Grèce et l'Italie, pour considérer les débuts et les progrès d'une autre philosophie, apparemment indépendante [des premières] mais non moins traversée par le concept d'évolution. Les sages de Milet étaient des évolutionnistes ; et aussi obscures que puissent être certaines paroles d'Héraclite d'Éphèse, qui était probablement un contemporain de Gautama [fondateur du bouddhisme, le Bouddha historique], on ne peut trouver de meilleure expression de l'essence de la doctrine moderne de l'évolution que dans certains de ses aphorismes profonds et certaines de ses métaphores saisissantes. »

Puis il revient à l'éthique : « Mais quand le centre de l'activité intellectuelle se déplaça vers Athènes, les principaux penseurs se concentrèrent sur des problèmes d'éthique. Abandonnant l'étude du macrocosme pour celle du microcosme, ils perdirent les clés de la pensée du grand Éphésien, qui, j'imagine, nous est plus intelligible qu'elle ne l'était à Socrate ou à Platon... »

Il aborde ensuite la doctrine des Stoïciens, et cite un poème d'Alexander Pope qui y fait écho :

« Toute la nature n'est autre que de l'art, qui t'est inconnu
Tout hasard, une direction que tu ne peux pas voir
Toute discorde, harmonie incomprise [...]. »

Sources anciennes. Dans les fragments préservés des paroles des présocratiques. Chez Lucrèce. Chez les sages et dans les textes sacrés des Indes, dont la culture s'était répandue en Angleterre et en Europe longtemps avant la naissance de Darwin. Plus loin encore, en Chine, dans *Le Livre des mutations*, dans *Le Livre de la voie et de la vertu* du taoïsme...

Une erreur qu'il faut absolument éviter

« Il existe un grave vice de pensée, soulignait Lucrèce un peu plus d'un demi-siècle avant l'ère chrétienne, une erreur qu'il faut absolument éviter. Le pouvoir des yeux ne nous a pas été donné, comme nous pourrions le croire, pour nous permettre de voir. Toute explication de ce genre est à contresens et prend le contre-pied de la vérité. Rien en effet ne s'est formé dans le corps pour notre usage, mais ce qui s'est formé, on en use. [...] Tous nos organes existaient, à mon sens, avant qu'on en fît usage, et ce n'est donc pas en fonction de nos besoins qu'ils ont été créés. »

L'existence d'un organe ne résulte en rien d'une finalité – d'un besoin ou d'un projet – préexistant à son apparition, nous dit Lucrèce. Au contraire, c'est l'émergence, par hasard, d'un organe qui permettra, a posteriori, l'émergence de la « fonction » – du rôle – qu'il remplira, et qui apparaîtra rétrospectivement si bénéfique et adaptée à l'individu – qui ancrera en nous cette certitude qu'il ne pouvait en être autrement. Les idées de projet, de besoin, de finalité sont des illusions rétrospectives produites par le mystère de l'adaptation.

Cette représentation du monde, qui inversait de manière contre-intuitive les relations de causalité apparemment les plus évidentes – « l'œil a été créé pour voir [pour permettre la vue] » –, rendait par là même le problème – le mystère – fascinant de l'adaptation tellement improbable qu'il en devenait insoluble. Quelle pouvait être la « nécessité », la contrainte, la « loi de la nature » qui pourrait, à partir du « hasard » des recombinaisons successives, faire émerger l'adaptation ? Et pourtant, ce n'est qu'à partir du moment où une telle éventualité, aussi paradoxale soit-elle, commencera à être considérée comme un problème à résoudre et non plus comme une absurdité à oublier ou à rejeter, qu'émergera, deux mille ans plus tard, le cadre conceptuel de la biologie moderne.

Mais s'il n'y avait jamais eu aucun projet, aucune intentionnalité, aucune finalité à l'œuvre dans l'émergence des planètes et des astres, dans l'émergence de l'univers vivant, et dans l'émergence de la diversité des innombrables espèces qui le composent, alors comment expliquer l'extraordinaire degré d'adaptation de chaque être vivant, de chaque animal, de chaque plante à son environnement et à son mode de vie – les lions qui s'élancent à la poursuite de leurs proies à travers la savane, les requins qui chassent dans les profondeurs des mers, et les aigles qui planent si haut dans le ciel et tombent comme une pierre sur une ombre qui s'enfuit sous les herbes ? Comment expliquer la capacité des castors à construire des barrages dans les rivières, des taupes à creuser des galeries sous la terre, des félins et des hiboux à chasser dans les ténèbres de la nuit, des hérissons à se protéger en se roulant en boule et en déployant leur bouclier d'épines, et des caméléons à changer de couleur en se fondant dans les teintes de leur environnement ? Et comment, à un niveau plus élémentaire encore, expliquer l'extraordinaire adaptation, chez chaque être vivant, de ses organes à leur fonction – l'adaptation de l'œil à la vision, de l'oreille à l'audition, de la montée de lait dans les mamelles aux besoins du nouveau-né, des jambes à la marche, et des ailes au vol à travers les airs ?

Là était le problème fondamental auquel l'idée de Création divine avait depuis si longtemps apporté une réponse limpide. Là était le problème auquel se heurtaient, sans véritablement pouvoir y répondre, les modèles qui, depuis si longtemps, postulaient qu'au cœur de la réalité la nouveauté et la diversité s'inventaient continuellement, et que l'adaptation ne survenait qu'après coup.

Mettre la cause après l'effet

Dans la Grèce antique, au ve siècle avant l'ère chrétienne, Platon développe une vision des origines qui est à l'opposé de celle de son contemporain Démocrite. Le Créateur de l'Univers, dit Platon, fit naître « les vivants, mortels et immortels », à partir du monde immuable et éternel des *Idées*, des *essences*. Et le vivant reflète, imparfaitement, la fixité de ces *essences* intemporelles. Pour Aristote aussi, les espèces vivantes sont immuables. Chaque être vivant « produit un autre vivant semblable à lui-même [...] pour participer à l'éternel et au divin autant que possible [...] ». Mais « comme aucun être corruptible ne peut persister dans son identité et son unité individuelle, [...] s'il persiste dans l'être ce n'est pas en lui-même mais semblable à lui-même, non pas dans son unité individuelle, mais dans l'unité de l'espèce ».

Si l'idée de Création, à partir d'un projet, semblait interdire d'aller plus loin dans la recherche d'une réponse – le projet constitue la totalité de la réponse –, elle n'en inscrivait pas moins l'apparition de l'univers vivant dans une chaîne de causalité habituelle d'un point de vue de la temporalité, qui reflétait parfaitement les relations de causalité qui nous sont familières dans un contexte anthropomorphique : la cause – le projet du Créateur – précède son effet – l'existence de la diversité du monde vivant.

Mais Aristote propose une autre vision plus étrange des relations de causalité, modifiant les relations temporelles familières entre les causes et leurs effets.

Dans *Éthique à Nicomaque*, Aristote avait décrit quatre catégories de causes, dont la plus importante était la *cause finale*.

La notion de *cause finale* impliquait que l'effet est lui-même la cause de son existence, la raison du processus qui lui a permis de se manifester. La *cause finale* – la véritable cause – ne précède pas son effet : elle se confond avec lui. Dans le cadre de ce type de relations de causalité, la conséquence est la « raison d'être », l'explication, de sa cause.

Ainsi, appliquée à la compréhension du vivant, la *cause finale* – la véritable cause à l'existence de chacun des organes, la seule explication à leur présence, aussi divers et étranges soient-ils – était la « fonction », le rôle qu'ils permettaient d'exercer, et le bénéfice qu'en retirait l'individu. Les yeux existaient pour la raison même qu'ils permettaient aux animaux et à l'homme de voir, et les ailes et les plumes parce qu'elles permettaient aux oiseaux de voler...

Mais, trois siècles plus tard, Lucrèce rejetait cette idée comme « un grave vice de pensée ». « Interpréter les faits de cette façon, disait-il, c'est faire un raisonnement qui renverse le rapport entre les choses, c'est mettre partout la cause après l'effet. »

La Création divine, c'est l'avenir du monde préfiguré sous forme d'intention. La cause finale, c'est l'avenir du monde qui tire à lui, qui explique, son passé et son présent. La notion de projet divin et la notion de *cause finale* permettaient, toutes deux, de rendre compte de manière très simple du mystère de l'adaptation, et de l'extraordinaire diversité des formes d'adaptation. Mais en faisant appel à des mécanismes de causalité radicalement différents.

Pour la plupart des naturalistes du XVIIIe et du XIXe siècle, ce n'est pas l'existence de causes finales, mais la Création divine que révèle l'harmonie de l'ordonnancement de la nature.

« Supposons que j'aie découvert *une montre* sur le sol. »

Ainsi débute *La Théologie naturelle* de Paley.

La conclusion inévitable, dit Paley, est que « la montre doit avoir un fabricant, qu'il a dû exister à un moment donné, à un endroit ou à un autre, un artisan [...] qui l'a fabriquée dans le but que nous lui voyons maintenant remplir, qui a compris comment la construire, et qui a conçu son usage.[...] Toutes les manifestations d'un projet qui sont présentes dans la montre sont présentes dans les œuvres de la nature ».

Et « La preuve que l'œil a été créé pour voir est exactement de même nature que [la preuve] qui permet de démontrer que le télescope a été créé pour aider l'œil à voir », poursuit Paley – « Cet ancien argument du projet dans la nature, qui me semblait auparavant si convaincant », écrira Darwin dans son autobiographie.

Parce que les effets se ressemblent

Un quart de siècle avant la publication de *La Théologie naturelle*, le philosophe David Hume publiait ses *Dialogues concernant la religion naturelle.*

« Regarde le monde autour de toi, dit Cléanthe, contemple l'ensemble et chaque partie : tu découvriras qu'il ne s'agit de rien d'autre que d'une grande machine, subdivisée en un nombre infini de plus petites machines, qui à leur tour sont subdivisées [...]. Toutes ces machines variées, et même leurs plus petits composants, sont ajustés les uns aux autres avec une exactitude qui ravit d'admiration tous les hommes qui les ont contemplés. La curieuse adaptation des moyens aux fins, à travers toute la nature, ressemble exactement, bien qu'elle les dépasse de beaucoup, aux productions de l'intelligence humaine, du dessein humain, de la pensée, de la sagesse et de l'intelligence. Parce que les effets se ressemblent, nous sommes conduits à en déduire, selon toutes les règles de l'analogie, que les causes se ressemblent aussi ; et que l'Auteur de la nature partage une ressemblance avec l'esprit humain. Par cet argument a posteriori, et sur ce seul argument, nous prouvons à la fois l'existence d'une Divinité, et sa ressemblance à l'esprit et l'intelligence humaine. »

Mais Hume poursuivait, par l'entremise de Philo, qui répondait à Cléanthe.

« Chaque fois que tu t'écartes, ne serait-ce qu'un peu, de la ressemblance qui apparaît entre ces exemples, tu diminues proportionnellement la puissance de la preuve, et à la fin tu la ramènes à une très faible analogie qui est sujette à erreur et incertitude.

« Si nous voyons une maison, Cléanthe, nous concluons, avec la plus grande certitude, qu'il y a eu un architecte et un bâtisseur ; parce que c'est précisément le type d'effet dont nous savons, par expérience, qu'il résulte de ce type de cause. Mais tu ne vas sûrement pas affirmer que l'univers ressemble à ce point à une maison que nous pouvons, avec la même certitude, inférer [l'existence d']une cause similaire, ou que l'analogie [entre l'univers et une maison] est ici complète et parfaite. La dissemblance est si frappante que nous ne pouvons ici, au plus, que prétendre à une suggestion, une conjecture, une présomption quant à l'existence d'une cause identique. La Nature, comme nous le découvrons à partir de notre expérience limitée, possède un nombre infini de rouages et de principes qui changent à chaque fois qu'elle change de position ou de situation. Une partie infime de ce grand système, durant un temps très court, nous est imparfaitement révélée. Et comment pouvons-nous, à partir de cela [ces révélations imparfaites et fragmentaires], nous prononcer de manière définitive sur l'origine du tout ? »

La critique ne prenait pas – encore – la forme d'une réponse alternative. Elle procédait, plus simplement, et peut-être plus radicalement, d'une mise à distance. La distance qui permet d'entrevoir, d'imaginer, la possibilité d'une réponse alternative.

Ce que Hume réfutait, c'était l'ancestrale confusion entre causalité et analogie – cette confusion sur laquelle Paley fondera son argument : « La preuve que l'œil a été créé pour voir est exactement de même nature que... »

Hume fissurait la fascination exercée par cette impression d'évidence.

Dans cette béance, dans cet espace soudain vide, la certitude vacille. Laisse place au doute. La réponse se transforme en questionnement. Devient humilité, incertitude.

Si rien n'est sûr, alors la pensée, soudain, se fait attente...

Mais l'attente est inconfortable, quand rien ne vient la combler.

Et il y avait tant de réponses, apparemment définitives, qui pouvaient être apportées, ou qui avaient déjà été apportées.

NOTRE IGNORANCE DE CE QUE NOUS RECHERCHONS

Au cours de la très longue histoire des réponses toujours changeantes proposées par la pensée occidentale durant plusieurs millénaires à l'énigme de la diversité du vivant, on peut distinguer une polarisation autour de deux grands modèles, et une oscillation entre ces deux modèles qui, sous des avatars multiples, s'opposèrent en se côtoyant ou en se succédant. D'une part, un modèle de Création *de novo*, à partir d'un projet initial, tel que le rapporte le récit littéral de la Bible. D'autre part, un modèle d'émergence spontanée, continuelle, sans finalité, sous le seul effet du hasard, ou sous l'effet conjugué du hasard et de la nécessité.

Dans ce cadre, mais sans toujours se répartir obligatoirement de part et d'autre de cette ligne de clivage, s'opposeront et se côtoieront, notamment au XVIIe siècle, des modèles explicatifs plus précis et plus réducteurs, tels que la préformation et la génération spontanée.

À un extrême, l'idée de préformation postulait que chaque germe – chaque œuf – contenait déjà, depuis l'origine, sous forme infiniment petite, invisible, l'ensemble des générations d'individus inchangés qui constitueront jusqu'à la fin des temps l'avenir d'une espèce donnée. À l'autre extrême, l'idée de génération spontanée proposait qu'un animal ou une plante pouvait émerger sous sa forme actuelle ou sous une forme nouvelle, à tout moment, à partir de rien ou de la poussière, et l'idée de métamorphose permanente entre les espèces postulait qu'un animal ou une plante pouvait émerger, à tout moment, sous sa forme actuelle ou sous une forme nouvelle, à partir d'un animal ou d'une plante d'une autre espèce...

La génération spontanée des tout petits animaux, les insectes et les vers, sera un sujet de débats jusqu'à la fin du XVIIIe siècle. Certains tenteront de rendre compatible cette notion d'émergence instantanée sous l'effet d'un hasard tout-puissant avec le problème de l'adaptation. Ainsi, au XVIIIe siècle, Maupertuis proposera que seule une petite fraction des êtres vivants qui apparaissent par génération spontanée est suffisamment bien organisée, bien constituée, bien adaptée pour survivre. Des contraintes internes et externes – une forme de « nécessité » – opèrent une forme de soustraction – ce que l'on appellera plus tard une forme de « sélection négative » – à partir de l'exubérance initiale qui émerge du hasard, expliquant ainsi l'adaptation...

Mais vers la fin du XVIIIe siècle, les modèles de génération spontanée et de métamorphoses instantanées et permanentes d'une espèce en une autre ont perdu de leur influence, et le cadre conceptuel dominant des naturalistes est le fixisme de la Création.

La préoccupation essentielle est la classification des espèces – en fonction de critères complexes et variables qui doivent prendre en compte à la fois les différences et les ressemblances entre les espèces – révélant l'ordre et la logique qui sous-tendent l'ordonnancement de la Création du monde.

La Sagesse de Dieu manifestée dans l'œuvre de la Création, écrivait, plus d'un siècle avant *La Théologie naturelle* de Paley, le botaniste John Ray, définissant chaque espèce vivante comme « un ensemble d'individus qui engendrent par la reproduction d'autres individus semblables à eux-mêmes » – inchangés depuis l'origine.

Les tentatives de classification des espèces avaient une histoire très ancienne.

Aristote avait réparti les animaux en espèces « à sang » et en espèces « sans sang » (dont les insectes), puis les raffinements progressifs de sa démarche lui avaient permis de tracer, parmi les animaux marins, une frontière entre les baleines et les requins.

Au Moyen Âge, l'effort de classification des plantes prendra un essor considérable et deviendra une priorité, parce qu'en plus de sa valeur spirituelle et théologique – déchiffrer le projet divin – elle a acquis une valeur médicale, dont témoignent la richesse en herbes médicinales des jardins des monastères.

Puis, au milieu du XVIIIe siècle, le naturaliste suédois Carl Linnaeus – Linné – fonde le système moderne de classification des êtres vivants. Chaque être est inscrit dans une espèce, elle-même regroupée – avec d'autres espèces qui lui ressemblent – à l'intérieur d'un genre, les différents genres qui se ressemblent étant regroupés à l'intérieur d'ordres, et les différents ordres qui se ressemblent à l'intérieur de classes, l'ensemble des classes animales constituant le royaume des animaux, et l'ensemble des classes végétales constituant le royaume des plantes.

La cohérence de cette recomposition abstraite, congruente au réel, fondée sur le regroupement d'éléments dans des sous-ensembles eux-mêmes inclus dans de plus grands ensembles qui s'emboîtent les uns dans les autres pour englober l'ensemble des espèces – à partir d'un gradient discontinu de différences croissantes analysables par la raison humaine –, va contribuer à éroder l'impression que peuvent renvoyer les sens – une impression de foisonnement d'animaux et de plantes, dont le jaillissement aléatoire et continu à partir d'une exubérante fécondité de la nature pourrait expliquer la splendeur et la diversité. La classification des espèces, en révélant l'existence d'un ordre sous-jacent au désordre apparent de la nature, contribuait à célébrer l'intelligence à l'œuvre dans la Création.

Et la classification enrichissait, en le rénovant, le récit de la Bible.

Dieu avait donné à Adam le privilège de nommer une à une les différentes créatures.

Et la classification, en renommant la Création – en donnant à chaque animal et à chaque plante un nom nouveau, dans le cadre de la découverte de ressemblances et de différences fondées sur l'exercice de la raison –, jouait le rôle d'un nouvel Adam, révélant la profonde harmonie jusqu'alors invisible de l'œuvre divine, et le pouvoir donné par le Créateur à l'intelligence humaine d'approfondir et de compléter le récit des six jours qui lui ont donné naissance.

« Ivresse de renommer les choses à neuf comme au premier matin du monde », dit François Cheng dans *Le Dialogue.*

La classification se raffinera et s'enrichira encore après Linné : entre les genres et les ordres apparaîtront les familles.

Et des variantes intermédiaires émergeront : les sous-ordres, les superfamilles, les sous-espèces...

Mais « le problème », écrit Darwin à George Waterhouse, le conservateur de la Société de zoologie à qui il a confié l'analyse des spécimens de mammifères et d'insectes qu'il a rapportés des continents lointains, « réside dans notre ignorance de ce que nous recherchons dans nos classifications naturelles ».

S'il s'agissait par la classification de découvrir les reflets d'un projet divin, d'une intention du Créateur qui a décidé d'adapter chaque forme vivante à son environnement, en lui donnant, dans chaque « centre de création », dans chaque lieu de création, la capacité de survivre et de se reproduire sous la forme d'une espèce immuable, alors l'idée même de chercher à découvrir une nécessité, une loi, apparaissait illusoire.
La nécessité était dans l'intention du Créateur.

« De la vision habituelle de la création un à un de chaque être, écrit Darwin, nous ne pouvons rien dire d'autre que : cela est ainsi – le Créateur en a décidé ainsi dans la construction de chaque animal et de chaque plante. »

Cela est ainsi – tout simplement parce que cela a été, dès le début, pensé, prévu, voulu ainsi. La démarche scientifique se confond avec une célébration du Créateur. La cause est à l'extérieur du monde vivant, dans une intention extérieure, qui est la raison même de l'existence du monde, de sa splendeur et de sa diversité, inchangée depuis son origine.

DÉCOUVRIR LES LOIS

Mais les efforts de classification, après Linné, ne se limiteront pas à dénombrer, à répertorier et à assembler les espèces comme autant de reflets de projets divins spécifiques de création « sur mesure ».

« La plupart des auteurs, écrira Darwin, prétendent que [la classification des espèces] est une entreprise qui vise à découvrir les lois selon lesquelles le Créateur a décidé de produire les êtres organisés. »

Découvrir les lois...

Au début du XIXe siècle, Georges Cuvier, qui occupe la chaire de paléontologie au Muséum d'histoire naturelle, observe que de très nombreuses espèces d'animaux partagent un même « plan » général de construction et d'organisation du corps. Il décrit quatre grandes modalités d'organisation architecturale distinctes, quatre grandes catégories de structures qui permettent de répartir l'ensemble des espèces animales en ce qu'il nommera quatre grands *embranchements* distincts : les vertébrés [dont les mammifères, les oiseaux...], les mollusques [dont les calmars...], les articulés [dont les insectes...] et les radiés [dont les étoiles de mer...]. Ces embranchements – ou *phyla*, qui regroupent les différentes classes, telles que les avait définies Linné – reflétaient, pour Cuvier, les quatre grands thèmes, les quatre grandes lois, qui avaient guidé l'œuvre du Créateur, et sur lesquels avaient ensuite été réalisées les innombrables variations structurelles mineures ayant permis, dans chaque embranchement, l'apparition de modalités de construction propres à chaque espèce affinant son adaptation particulière à son environnement.

« Les subdivisions [de la classification], écrit-il, sont seulement des modifications superficielles fondées sur le développement ou l'addition de quelques parties, mais en aucun cas [elles] ne changent l'essence du plan. »

Et dans son *Discours préliminaire aux recherches sur les ossements fossiles*, en 1812 – trois ans après la publication par Lamarck de sa théorie de la transmutation des espèces –, Cuvier décrit à la fois la logique qui sous-tend l'« essence » de ces quatre embranchements immuables, et le pouvoir d'analyse qu'ils procurent au paléontologue qui essaye de reconstituer l'animal à partir de quelques os du squelette.

« Tout être organisé forme un ensemble, un système unique et clos, dont toutes les parties se correspondent mutuellement, et concourrent à la même action définitive par une action réciproque. »

Pour cette raison, « aucune de ces parties ne peut changer sans que les autres ne changent aussi, et par conséquent chacune d'elles, prise séparément, indique et donne toutes les autres ». Et pour cette raison, la transmutation des espèces – qui devrait, pour franchir les frontières qui séparent les quatre embranchements, être globale et instantanée – est impossible.

Mais son collègue Étienne Geoffroy Saint-Hilaire allait remettre en cause ces frontières, en postulant une unité structurelle beaucoup plus profonde. Toutes les formes des animaux sont des variations à partir d'un petit nombre d'éléments communs, des parties, des modules de constructions qui constituent des archétypes. « Il n'y a » d'un point de vue théorique, dit-il, « qu'un seul animal ». Et l'un de ces archétypes était, pour lui, la vertèbre, dont résultait la division des corps en segments.

Un vertébré – un mammifère, un oiseau, un reptile, un poisson... –, proposait Geoffroy Saint-Hilaire, avait son squelette à l'intérieur de son corps. Un articulé, un insecte, avait son squelette – sa carapace – à l'extérieur du corps. Un simple retournement de l'extérieur vers l'intérieur, ou de l'intérieur vers l'extérieur, avait peut-être permis au Créateur de former un embranchement à partir d'un autre, de créer deux embranchements à partir d'une variation sur un même thème, une même invention, une même structure – le squelette. Tout animal, disait-il, habite à l'extérieur ou à l'intérieur de sa colonne vertébrale... Et cette possibilité de permutation constituait peut-être la preuve que la Création résultait de la mise en jeu, de l'utilisation, par le Créateur, de quelques « lois » simples.

Puis il proposa que non pas deux, mais trois des quatre embranchements – les vertébrés, les articulés et les mollusques – pourraient résulter de variations à partir de la même structure. D'une même « loi » de permutation...

Geoffroy Saint-Hilaire connaissait et admirait la « philosophie de la Nature » allemande qui avait, à la fin du XVIIIe siècle, proposé des idées similaires. Goethe avait développé, dans son *Essai pour expliquer la métamorphose des plantes*, l'idée que toutes les plantes résulteraient de variations sur le thème de la forme de la plante primordiale, et que toutes les portions de chaque plante résulteraient de variations sur le thème d'un archétype, la feuille primordiale. Non, pas explicitement, dans un contexte d'une évolution du vivant, mais au sens platonicien de variations sur une forme idéale, sur un archétype, sur une « essence » de la plante, présente à l'intérieur de chaque plante, et qui permettrait de rendre compte de l'ensemble de la diversité de leurs formes. Goethe, qui écrivait dans son *Voyage en Italie* : « cette pensée devient toujours plus vivante, que l'on pourrait déduire toutes les formes végétales d'une seule ».

Et avant encore, au milieu du XVIIIe siècle, dans ses *Pensées sur l'interprétation de la nature*, Denis Diderot écrivait : « Il semble que la nature se soit plu à varier le même mécanisme d'une infinité de manières différentes » et « ne croirait-on pas volontiers qu'il n'y a jamais eu qu'un premier animal prototype de tous les animaux dont la nature n'a fait qu'allonger, raccourcir, transformer, multiplier, oblitérer certains organes ? »

En 1830, au cours d'un débat public célèbre avec Geoffroy Saint-Hilaire – et Goethe prendra, à la fin de sa vie, la défense de Geoffroy Saint-Hilaire – Cuvier va, avec succès, réfuter cette notion. Il y a quatre embranchements distincts. Chacun œuvre indépendante de Dieu. Chacun le reflet de l'« essence du plan » divin.

Lamarck vient de mourir.

Darwin a vingt et un ans, et est en train de terminer ses études de théologie.

Le fixisme de la Création demeure la doctrine officielle des naturalistes, en France comme en Angleterre.

Mais si l'univers vivant est né de la mise en place et de l'utilisation de lois générales par le Créateur, se pourrait-il que ces lois aient continué d'opérer spontanément après la Création, comme les mouvements des planètes ont continué, après la Création, par l'effet de cette loi de gravitation universelle qu'avait découverte Newton au XVIIe siècle – conséquence de cette force d'attraction universelle invisible entre les corps terrestres et célestes, toujours proportionnelle, quels que soient ces corps et la distance qui les sépare, au produit de leurs masses, et toujours inversement proportionnelle au carré de leur distance ?

Cette loi permettait-elle à l'univers (inerte, tout du moins) d'opérer en l'absence d'intervention du Créateur, une fois que le Créateur avait achevé la Création ? Une fois l'univers créé, le Créateur avait-il pu se retirer, et l'univers continuer seul à se mouvoir ?

Pourtant, même cette loi ne donnait pas à l'univers la capacité de se transformer radicalement. Pour Newton – et pour la plupart de ses contemporains et de ses successeurs jusqu'à la fin du XIXe siècle –, l'univers des planètes et des astres était présent et inchangé depuis l'origine. La loi de gravitation ne permettait à l'univers ni de s'auto-engendrer ni de se transformer radicalement. Elle était, au contraire, la garante de sa stabilité et de son immuabilité. Seuls pouvaient varier, en fonction de cette loi, les mouvements des corps célestes et terrestres.

De même, la plupart des naturalistes fixistes considéraient que certaines lois qui étaient toujours à l'œuvre dans le vivant – la croissance, le vieillissement et la mort, la reproduction, la variation minime entre parents et enfants – avaient été mises en place lors de la Création. Mais ces lois ne concernaient que les individus. Elles n'altéraient pas la stabilité des espèces. Pour la plupart des naturalistes, elles faisaient même œuvre de garant de cette stabilité, en préservant leur rajeunissement permanent.

Et pourtant.

La découverte de l'existence de grandes similitudes dans les « plans » d'organisation – les « plans » de construction – d'animaux à première vue très différents appartenant à des espèces distinctes, et l'idée que le Créateur avait pu opérer à partir de lois générales qui permettaient de réaliser d'infinies variations à partir de quelques thèmes, ouvraient le champ à l'imagination. Bien que ces similitudes entre les plans d'organisation aient généralement été interprétées comme une confirmation de l'unicité des lois divines à l'œuvre dans la Création, la possibilité de transformations progressives et spontanées de certaines espèces en d'autres espèces devenait moins difficile à penser. Un siècle plus tôt, déjà, à partir de l'observation de nombreuses caractéristiques communes à certains mammifères, Buffon avait émis, avant de la rejeter, du moins officiellement, l'hypothèse que les êtres humains, les singes, les chevaux, ... pourraient descendre d'ancêtres communs.

Entre la fin du XVIIIe siècle et le début du XIXe, deux autres grandes idées, bien qu'elles aient elles aussi été le plus souvent présentées et interprétées dans le cadre de la grille de lecture créationniste, allaient préparer et faciliter la possibilité de penser une transformation progressive des espèces.

La première de ces idées était que l'origine de la Terre, et de la vie, pourrait être beaucoup plus ancienne que les cinq à six mille ans calculés par les théologiens à partir des données littérales du récit de la Bible. Les temps géologiques pourraient avoir duré soixante-quinze mille années, proposera d'abord Buffon – avant d'être obligé par la Sorbonne de se rétracter publiquement – puis il allongera encore ce temps, dans ses notes, à plusieurs centaines de milliers, à plusieurs millions d'années... Puis Hutton, puis Lyell poursuivront sur la même voie, proposant que la surface de la Terre pourrait s'être profondément modifiée et transformée de manière graduelle et progressive. Sous l'effet des mêmes forces que celles que nous voyons opérer dans le présent, disent Hutton et Lyell. Les étendues de temps parcourues par la vie n'avaient peut-être plus rien de commun avec la durée que décrivaient les chroniques historiques des sociétés humaines et les textes religieux. Devant de telles étendues, l'imagination pouvait être soudain tentée de combler des vides, et d'entrevoir des transformations progressives qu'auraient subies les espèces vivantes. Lyell, après avoir longuement évoqué cette hypothèse dans le deuxième volume des *Principes*, la rejettera – les espèces vivantes étaient immuables depuis leur création.

La seconde grande idée résultait des découvertes et des études croissantes des fossiles, suggérant que certaines espèces étaient mortes et avaient disparu. La notion qu'il avait existé des mondes anciens, extrêmement différents du monde contemporain, nuançait l'idée de fixisme absolu – d'éternel présent – de la diversité du vivant. Certaines des espèces contemporaines, qui n'étaient pas présentes parmi les fossiles, pourraient-elles avoir spontanément émergé à partir d'espèces plus anciennes, aujourd'hui éteintes ? Cuvier rejetait cette notion. Il admettait « l'existence d'un monde qui a précédé le nôtre, détruit par une sorte de catastrophe ». Mais il y avait eu, proposait-il, après la ou les catastrophes qui ont conduit aux extinctions, des épisodes successifs de Création.

Un besoin

Une vingtaine d'années avant le débat entre Cuvier et Geoffroy Saint-Hilaire, l'édifice du fixisme avait subi l'assaut le plus élaboré auquel il avait eu à faire face jusqu'alors. Il y avait résisté, violemment, et avec succès, mais une profonde fêlure allait persister.

En 1809 – l'année de la naissance de Darwin –, Jean-Baptiste Pierre Antoine de Monet, chevalier de Lamarck, qui enseigne comme Cuvier au Muséum d'histoire naturelle, avait publié *Philosophie zoologique*, la première théorie structurée proposant la transformation progressive des espèces comme alternative au fixisme de la Création.

Le projet, la loi, suggérait Lamarck, n'est plus à l'extérieur de l'univers vivant, dans l'esprit du Créateur. Le projet a été transféré par le Créateur – par « l'Auteur suprême de toute chose » – à l'intérieur même de cet univers. Les êtres les plus simples émergent par génération spontanée. Puis ils se transforment, sous l'effet de leurs besoins nouveaux que provoquent les changements d'environnement, progressant vers un stade toujours plus complexe, au long d'un « escalier » qui conduit inéluctablement au progrès.

Mais au cours de ce lent mouvement général et orienté de la nature vers le progrès, les animaux sont en permanence confrontés à des contraintes diverses et variables exercées par leur environnement, qui les écartent de ce chemin univoque, et les engagent dans des détours, des voies latérales. Ces contraintes font naître de nouveaux besoins, auxquels ils répondent par un usage plus important de certains de leurs organes et de certaines de leurs capacités, qui conduit à un accroissement de ces organes et capacités, et par un usage décroissant d'autres organes et capacités, qui a conduit au contraire à leur atrophie.

De ces modifications ont résulté à la fois les profondes transformations et les spectaculaires adaptations progressives des animaux à leurs environnements particuliers et changeants. Et ces modifications sont héritables : elles sont transmises par les parents à leurs enfants – la célèbre théorie de l'« hérédité des caractères acquis ».

« Relativement aux habitudes, écrit Lamarck dans un passage devenu célèbre de la *Philosophie zoologique*, il est curieux d'en observer le produit dans la forme particulière et la taille de la girafe : on sait que cet animal, le plus grand des mammifères, habite l'intérieur de l'Afrique, et qu'il vit dans des lieux où la terre, presque toujours aride et sans herbage, l'oblige de brouter le feuillage des arbres, et de s'efforcer continuellement d'y atteindre. Il est résulté de cette habitude, soutenue, depuis longtemps, dans tous les individus de sa race, que ses jambes de devant sont devenues plus longues que celles de derrière, et que son col s'est tellement allongé, que la girafe, sans se dresser sur les jambes de derrière, élève sa tête et atteint à près de vingt pieds [près de six mètres] de hauteur. »

La théorie de Lamarck ne postulait pas une seule origine commune, une généalogie commune à l'ensemble des êtres vivants. Les transformations successives, suggérait-il, se déroulent en parallèle, à partir d'origines distinctes, au long des branches de différents arbres d'une forêt – à la fin il se restreindra à deux grands arbres –, chaque espèce grimpant, en se transformant et se diversifiant progressivement, au long de branches qui s'écartent de plus en plus, mais montent de la terre vers le ciel, vers le progrès.

Et cette idée d'évolution parallèle se transformera, dans les carnets secrets de Darwin, en une esquisse de l'arbre unique de la longue évolution du vivant à partir d'une origine commune.

L'adaptation – qui, pour Lamarck, résulte des « besoins », des efforts, des habitudes de vie de chaque animal, imprimés par l'environnement, et qui provoquent des transformations transmises à la descendance – est, avec la tendance intrinsèque de chaque être au progrès, le moteur essentiel des changements progressifs et permanents qui conduisent à la transmutation des espèces.

L'adaptation n'est plus le mystère que les précédentes théories de transmutation – faisant appel au seul pouvoir du hasard – laissaient inexpliqué.

Lamarck est le premier à avoir formulé une théorie cohérente de l'évolution du vivant.

Le jeune Darwin connaît la théorie de Lamarck. Elle lui a été exposée par l'un de ses tuteurs, Robert Grant, un lamarckien convaincu, alors qu'il étudiait la médecine à l'université d'Édimbourg. Et il la redécouvrira durant son voyage sur le *Beagle*, dans le second volume des *Principes de géologie*, où Lyell la développe longuement avant de la réfuter.

Bien que Darwin la mentionne le plus souvent avec condescendance – son grand-père Erasmus, et d'autres, dira-t-il, ont eu la même idée avant, et la théorie de Lamarck n'explique rien –, il est probable qu'elle a exercé une influence sur sa pensée – si la transmutation des espèces était une réalité, quelle pouvait en être la cause ?

Et dans sa lettre de 1844 à Hooker, où il lui confie : « Je suis presque entièrement convaincu que les espèces ne sont pas immuables » et « Le ciel [!] me protège du non-sens de Lamarck concernant une "tendance au progrès", et "des adaptations émergeant d'une lente volonté des animaux"... », il ajoute que bien que les mécanismes de transmutation qu'il envisage soient « complètement différents » de ceux que proposaient Lamarck, leurs conclusions – l'existence d'une transmutation des espèces – sont, bien évidemment, très semblables.

C'est la nature de la « nécessité » à l'œuvre dans l'évolution du vivant à partir de son origine première que propose Lamarck – la « tendance au progrès », les « besoins », les « fluides subtils » et le « sentiment intérieur » – qui sera perçue comme un mystère, et sera l'une des causes du rejet de sa théorie. Et de ce fait, l'idée même de transmutation des espèces continuera, pendant encore un demi-siècle, à être refusée par l'immense majorité des naturalistes.

La source de toute vraie science

Plus tard, quand l'idée de transmutation, d'évolution, sera enfin devenue le cadre théorique de l'ensemble des sciences du vivant, puis de l'ensemble des sciences de l'univers, ce sera le début d'un nouveau et long malentendu, d'un nouveau et long conflit. Non pas sur la nature des lois qui gouvernent la nature. Mais sur l'existence – ou non – d'une finalité, d'une intentionnalité, d'un projet à l'œuvre dans l'univers... sur l'existence ou non de Dieu.

La science n'a bien évidemment jamais fait la preuve – et la question d'une telle preuve sortirait de son champ, le champ des hypothèses testables – de l'absence de tout projet, de toute finalité, de toute intentionnalité – et à plus forte raison de Dieu – dans l'univers. Elle a plus simplement fait la preuve de la formidable efficacité, en termes de compréhension et de manipulation de la réalité, telle qu'elle nous apparaît, d'une démarche cognitive et expérimentale qui exclut de son champ toute explication de l'univers fondée sur les notions de projet, d'intentionnalité, et de finalité. Mais ce postulat fondé sur une remise en question permanente, sur une confrontation permanente entre la raison humaine et ce que nous percevons de la réalité, ce pari de faire l'économie de tout recours à la notion de projet comme ayant une valeur explicative dans le cadre de la démarche scientifique, n'a pas pour objet – ni pour conséquence – d'exclure en tant que tel ce qui n'a été exclu que comme instrument opérationnel d'explication.

Et cette confusion se poursuivra jusqu'au début du XXIe siècle – jusqu'à aujourd'hui – avec les combats des mouvements religieux « créationnistes » tentant de réfuter la théorie de l'évolution du vivant à partir d'une lecture littérale du récit de la Bible – comme l'Église l'avait fait avec Giordano Bruno et avec Galilée au XVIIe siècle, puis avec Buffon au XVIIIe, et avec tant d'autres... – et avec les combats de certains biologistes, comme Richard Dawkins dans son livre *L'Illusion Dieu*, tentant de réfuter la foi en l'existence de Dieu à partir d'arguments rationnels d'ordre scientifique. Que certaines explications de la nature et de l'univers tirées d'une lecture littérale de certains textes religieux soient incompatibles avec les explications qu'en a données la science est une évidence. Mais ces contradictions n'ont remis en cause ni la validité d'une démarche qui permet de faire voler des avions, d'explorer Mars, de guérir des cancers ou de fabriquer de l'insuline à partir de bactéries... ni la validité d'une croyance en l'existence d'une transcendance dans l'univers.

À la fin du XXe siècle, peu avant sa mort, l'évolutionniste Stephen Jay Gould – qui présidait alors l'Association américaine pour l'avancement de la science, éditeur de l'un des deux plus grands journaux scientifiques dans le monde, le magazine *Science* – consacra un livre à ces conflits : *Rocs des âges*. Il y prônait une coexistence pacifique entre ce qu'il nommait deux des *rocs* anciens sur lesquels s'étaient fondées les sociétés humaines – la foi religieuse et la démarche scientifique. Il proposait une coexistence, une coévolution entre ces deux visions du monde qui pouvaient être complémentaires et non antagonistes, disait-il, à condition qu'elles demeurent séparées, qu'elles fassent en sorte d'être ce qu'il appelait « des magistères qui ne se recoupent pas ».

Avec, comme point commun, mais au long de démarches radicalement différentes, l'approche du mystère.

« La plus belle expérience que nous puissions faire, disait Einstein, est celle du mystère – la source de tout vrai art et de toute vraie science. »

Et Philip Roth : « Que nous soyons et que cela soit : inexplicable et évidence ».

Chapitre 4

Des jours merveilleux

La terre, le symbole même de la solidité, a bougé sous nos pieds comme une fine croûte au-dessus d'un liquide.

Charles Darwin,
Journal du voyage du Beagle

Une fin de décembre. L'année 1831 s'achève.

Lamarck est mort depuis deux ans. Il ne reste plus à Cuvier que quelques mois à vivre. Cela fait un an que Cuvier a triomphé de Geoffroy Saint-Hilaire, et un an que Lyell a publié le premier volume des *Principes de géologie*. Plus de vingt ans se sont écoulés depuis la publication de *Philosophie zoologique*, et près de trente ans depuis celle de *La Théologie naturelle.* Paley est mort depuis un quart de siècle. Linné et Buffon depuis un demi-siècle. *De natura rerum* a été écrit il y a près de dix-neuf siècles...

Éparses à travers le temps, triomphantes, abandonnées ou oubliées, différentes visions de l'origine et de la diversité du vivant.

Le 27 décembre 1831, « après avoir été par deux fois rejeté vers les rivages par de lourdes rafales de vent du sud-ouest », le *Beagle* quitte le port de Plymouth.

Jusque-là, à l'université d'Édimbourg, puis à Christ's College à Cambridge, Darwin avait voyagé à travers les livres et le temps. Désormais, il va découvrir l'espace. Le monde.

« Le voyage [à bord] du *Beagle* a été de loin l'événement le plus important de ma vie, écrira-t-il dans son *Autobiographie*. J'ai toujours eu le sentiment de devoir à ce voyage la première formation ou éducation réelle de mon esprit. »

Comme une histoire entendue dans l'enfance...

Dix jours après le départ de Plymouth, le 6 janvier 1832, ils atteignent la première des îles que Darwin découvrira pendant son voyage : Ténériffe. Mais ils ne peuvent descendre à terre « de peur d'amener le choléra ».

« Le lendemain matin, nous vîmes le soleil se lever derrière les contours accidentés de l'île du Grand Canari, et illuminer soudain la cime de Ténériffe [...]. Ce fut le premier de nombreux jours merveilleux que je n'oublierai jamais. »

Encore une semaine et demie d'océan Atlantique, vers le sud, et ils jettent l'ancre à Porto Praya, dans l'archipel du Cap-Vert, au large des côtes d'Afrique de l'Ouest.

Plus de trois ans et demi plus tard, le 16 septembre 1835, il découvrira l'archipel des Galápagos, dans l'océan Pacifique, au large des côtes de l'Équateur.

Entre-temps, il a fait escale tout autour du continent sud-américain, du nord au sud, puis du sud au nord.

Brésil, d'abord – Bahia en février, et Rio de Janeiro en avril 1832. Il a pour la première fois devant les yeux l'esclavage, qui le révolte. Puis il aborde l'Uruguay – Montevideo en juillet 1832 – et gagne l'Argentine – Buenos Aires – en septembre 1832.

La Terre de Feu, en décembre 1832, puis le cap Horn. Puis ils reviennent en Uruguay, passant par l'Argentine. En mars 1834, ils sont aux îles Falkland, et en juin, de nouveau en Terre de Feu. Puis le Chili – Valparaiso, en juillet 1834.

Et enfin le Pérou – le port de Lima, encore un an plus tard, en août 1835.

Il accomplit de nombreuses expéditions à l'intérieur des terres, à pied, à cheval, et en bateau au long des fleuves.

Il découvre la splendeur de la nature. « Parmi les scènes qui sont profondément imprimées dans mon esprit, aucune ne dépasse en sublimité les forêts primitives non défigurées par la main de l'homme ; que ce soient celles du Brésil, où les pouvoirs de Vie sont prédominants, ou celles de la Terre de Feu, où Mort et Pourrissement prévalent. Ces forêts sont des temples emplis des productions variées du Dieu de Nature : personne ne peut se tenir dans ces solitudes sans être ému, et sans ressentir qu'il y a plus en l'homme que le simple souffle de son corps. »

Et : « Les plaines de Patagonie passent souvent devant mes yeux ; pourtant [...] elles ne peuvent être décrites que par des caractéristiques négatives ; sans habitations, sans eau, sans arbres, sans montagnes [...]. Pourquoi donc [...] ces étendues désertiques arides ont-elles pris si fermement possession de ma mémoire ? »

« Les plaines de Patagonie [...] portent l'empreinte d'avoir duré, telles qu'elles sont maintenant, depuis des âges, et il semble n'y avoir aucune limite à leur durée à travers les temps futurs. »

À partir du Chili, il gagnera la cordillère des Andes. « En plongeant le regard de la plus haute crête de la Cordillère, l'esprit [...] était empli des dimensions stupéfiantes des masses environnantes. »

Et « qui peut ne pas admirer, écrira-t-il, la force merveilleuse qui a soulevé ces montagnes et, plus encore, les innombrables âges qui ont été nécessaires pour briser, pour enlever, et pour en aplanir des masses entières » ?

Après l'archipel des Galápagos, il aborde d'autres îles, à travers l'océan Pacifique, Tahiti, la Nouvelle-Zélande. Puis un nouveau continent, l'Australie, au début de l'année 1836.

Puis le *Beagle* s'engage dans l'océan Indien. Il aborde les îles Cocos, au large de l'Indonésie.

Puis l'île Maurice ou « l'Isle de France ». « Le 29 avril. [...] L'île entière [...] était empreinte d'une atmosphère d'élégance parfaite. »

Et, à nouveau, l'océan Atlantique. « Le 9 mai. – Nous nous éloignâmes de Port-Louis, et passant le cap de Bonne-Espérance, le 8 juillet nous arrivâmes au large de Sainte-Hélène. L'île [...] surgit abruptement de l'océan comme un énorme château noir. »

Puis ils reviennent sur leurs traces.

Le retour à Bahia, d'abord, le 1er août.

« J'étais heureux de réaliser que la découverte de tant de nouveautés n'avait en rien atténué mon plaisir devant ces scènes tropicales. [...] Alors que je parcourais tranquillement ces chemins ombragés, et admirais chacune de ces vues successives, j'espérais trouver un langage pour exprimer mes idées. Épithète après épithète était trop faible pour transmettre à ceux qui n'ont pas visité les régions intertropicales la sensation d'émerveillement que l'esprit ressent. [...] Durant ma dernière randonnée, je m'arrêtai encore et encore pour contempler ces beautés, pour fixer pour toujours dans mon esprit une impression dont je savais que tôt ou tard elle s'effacerait. [...] Ces milliers de beautés [...] s'effaceraient : pourtant elles laisseront, comme une histoire entendue dans l'enfance, une image pleine de formes indistinctes, mais extrêmement belles. »

La terre a bougé...

Le 6 août, ils reprennent la mer en direction de l'archipel du Cap-Vert, mais des vents défavorables les obligent à accoster, une semaine plus tard, dans un port de la côte brésilienne, Pernambuco.

Au retour d'une expédition au long d'un fleuve aux rives bordées de mangroves, la sensation de la présence de la mort.

« La couleur vert vif de ces buissons me rappelait toujours l'herbe des cimetières des églises [...] : les uns parlent de la mort passée ; les autres trop souvent de la mort à venir. »

Et toujours, la révolte devant l'esclavage.

« Le 19 août, nous quittâmes finalement les côtes du Brésil. Je remercie Dieu de ce que je ne visiterai plus jamais un pays d'esclavage. »

Le *Beagle* poursuit sa traversée de l'Atlantique. Vers le nord. Remontant à rebours dans le sillage de la route qu'il avait suivie en quittant l'Angleterre.

« Le dernier jour d'août, nous jetâmes l'ancre pour la deuxième fois à Porto Praya [dans l'archipel du Cap-Vert]. »

Puis les Açores.

Et enfin le retour.

« Le 2 octobre, nous atteignîmes les rivages d'Angleterre ; et à Falmouth je quittai le *Beagle*, ayant vécu à bord du bon petit navire durant près de cinq ans. »

Darwin a vingt-sept ans.

Il est allé à la rencontre de la splendeur des orchidées, des oiseaux exotiques, des tortues géantes, des iguanes, de l'étrangeté des fossiles, de la grandeur des reliefs géologiques, de la beauté et de la complexité de la structure des récifs de coraux dans les atolls.

En 1839, trois ans après son retour, il publie la première édition de son *Journal des recherches concernant la géologie et l'histoire naturelle des pays variés visités par le* Beagle, *navire de Sa Majesté*.

Il se souvient « de l'effet bouleversant d'un violent tremblement de terre ».

Qui fera vaciller ses certitudes.

Deux ans et demi après le début du voyage, au Chili, le 20 février 1835, la terre tremble.

« Il arriva soudain, et dura deux minutes, mais le temps sembla beaucoup plus long. » Le plus terrible tremblement de terre, de mémoire humaine, au Chili.

« Un grave tremblement de terre détruit en un instant nos certitudes anciennes : la terre, le symbole même de la solidité, a bougé sous nos pieds comme une fine croûte au-dessus d'un liquide. »

« Une seconde a fait dans l'esprit surgir une étrange idée d'insécurité que des heures de réflexion n'auraient pas fait naître. »

Et après « le choc », un raz-de-marée. Et « une série de volcans » situés dans les Andes entrent en activité.

Un parcours initiatique.

« Je me souviens toujours de notre croisière en bateau et de mes voyages dans les terres avec une joie extrême qu'aucune scène de la civilisation n'aurait pu créer. »

« On peut vraiment dire à toute personne vivant en Europe qu'à une distance de seulement quelques degrés de son sol natal lui sont ouvertes les merveilles d'un autre monde. »

« Il y a d'autres sources de plaisir dans un long voyage, ajoute-t-il, qui sont d'une nature plus raisonnable. La carte du monde cesse d'être un vide ; elle devient une image emplie des formes les plus variées et les plus animées. »

Un temps, pour moi, un mystère

Durant son long voyage autour du monde, Darwin sera surpris, lui qui était fasciné par l'extraordinaire degré d'adaptation des animaux et des plantes à leur environnement que célébrait *La Théologie naturelle*, de découvrir que les espèces animales et végétales qui peuplaient les îles de l'archipel des Galápagos étaient si différentes de celles des îles du Cap-Vert, alors que ces îles étaient toutes d'origine volcanique, et géologiquement très semblables. La faune et la flore des îles du Cap-Vert, dans l'océan Atlantique, au large des rivages de l'Afrique occidentale, ressemblaient beaucoup plus à la faune et à la flore de ces rivages africains qu'à celles des îles Galápagos, dans l'océan Pacifique (les *Insulae de los Galopegos*, littéralement : îles des Tortues, habitées par les tortues géantes), qu'il abordera près de quatre ans après son départ de Plymouth. Et la faune et la flore des Galápagos ressemblaient beaucoup plus à celles de la côte occidentale du continent sud-américain, distante de près de mille kilomètres, qu'à celles des îles volcaniques du Cap-Vert.

Si chaque espèce avait été créée, dans des « centres de création » particuliers, de manière qu'elle soit spécifiquement adaptée, du mieux possible, à son environnement extérieur, pourquoi des espèces de reptiles, de mammifères, d'oiseaux et de plantes étaient-elles si différentes sur des îles géologiquement si semblables, et partageaient-elles des caractéristiques communes avec des espèces vivant sur des continents voisins ?

Se pouvait-il que les ancêtres des espèces qui vivaient aujourd'hui dans les îles Galápagos et dans les îles du Cap-Vert aient gagné ces territoires à partir, respectivement, de l'Amérique du Sud et de l'Afrique, longtemps auparavant ?

Se pouvait-il que chaque espèce se soit ensuite progressivement transformée et diversifiée à partir de ces deux origines initialement distinctes, s'adaptant à l'environnement nouveau que constituaient ces îles volcaniques, mais conservant, au cours de leurs transformations progressives, l'empreinte de leur origine africaine ou sud-américaine ?

Il y avait autre chose, encore.

Au long du vaste archipel des Galápagos qu'il explora pendant près d'un mois, les espèces d'oiseaux capables de voler au loin se ressemblaient, alors que les espèces d'oiseaux qui ne quittaient pas, ou seulement rarement, leur île – tels les pinsons – et les espèces d'animaux terrestres incapables de nager, ou de nager au loin dans les puissants courants marins, étaient très différentes d'une île à l'autre.

Était-il possible que l'isolement géographique et la durée du séjour en un même lieu – une île – favorisent, à partir d'une même espèce, l'apparition graduelle d'espèces nouvelles ?

Était-il possible « qu'à partir d'une pauvreté originelle [d'espèces] d'oiseaux dans cet archipel, une espèce [ait] été prise [mais par qui, ou par quoi ?] et modifiée à des fins différentes [mais lesquelles ?] » ?

Les transformations, et les différentes formes d'adaptation, pouvaient-elles émerger « ainsi, à la fois dans l'espace [l'isolement géographique] et le temps [la durée] » ?

Mais, si oui, comment ? De quelle manière ? Pour quelle raison ? À quelle fin ? Par quel mécanisme ? Sous l'effet de quelle volonté ou de quelle loi ?

« Ce sujet me hantera, écrira-t-il.

Et jusqu'à ce que [de telles adaptations] puissent être expliquées, il me semblait presque inutile de tenter de démontrer [...] que les espèces avaient été modifiées. »

Il sait depuis longtemps – mais il ne recommencera vraiment à s'y intéresser qu'après son retour en Angleterre – que l'on peut faire subir des transformations progressives et profondes à des animaux domestiques et à des plantes en choisissant, en fonction de caractéristiques particulières, qui sont héritables, les animaux ou les plantes que l'on croise entre eux, favorisant ainsi, de descendants en descendants, l'accentuation des caractéristiques que l'on souhaite obtenir, et l'atténuation des caractéristiques que l'on souhaite voir disparaître.

Le travail des éleveurs sur les pigeons, les chevaux, les chiens..., aboutissant à la création de races nouvelles, jusque-là inconnues... Le travail des jardiniers sur les tulipes, les œillets, les roses..., aboutissant à la création de variétés nouvelles, jusque-là inconnues.

L'œil du sélectionneur qui modèle progressivement, de génération en génération, les formes, les couleurs, le parfum, les capacités, la taille, le poids..., des êtres vivants.

Enrichissant la Création. Au service des besoins et des désirs de l'être humain.

Mais c'est l'intention – le projet – de l'éleveur et du jardinier qui oriente les transformations successives, qui contraint les variations, qui opère la sélection, adaptant progressivement les descendants, et les descendants des descendants, à ses besoins et à ses désirs.

Qui – ou quoi – dans la nature aveugle et sauvage – se demande-t-il – pourrait brider ainsi le hasard et orienter, diriger les transformations des animaux sauvages et de la végétation vers une adaptation progressive, de plus en plus étroite, à leur environnement ?

« Je perçus bientôt, dira-t-il à la fin de sa vie, que la sélection était la clé du succès des êtres humains dans la production de variétés utiles d'animaux et de plantes. Mais comment une sélection pouvait-elle être appliquée à des organismes vivant dans un état naturel ? Cette question demeura un temps pour moi un mystère. »

Une telle sélection, opérant « dans un état naturel », n'aurait pas pour effet « la production de variétés utiles » d'êtres vivants – mais la production de variétés adaptées à leur environnement naturel, leur milieu, leur « habitude de vie ».

Qui – ou quoi – pourrait être à l'œuvre dans cette sélection ? Et que pourrait signifier une sélection qui – en l'absence d'un projet extérieur, d'un besoin intérieur, ou d'une cause finale – aboutirait spontanément à adapter des animaux et des plantes à leur capacité même de survivre et de se reproduire – à voyager à travers le temps ?

Chapitre 5

La lutte pour l'existence

Si la misère de nos pauvres est causée non par les lois de la nature, mais par nos institutions, grand est notre péché.

Charles Darwin,
Journal du voyage du Beagle

Ils se sont consacrés à l'étude du fonctionnement des sociétés humaines. Ils se sont intéressés, tous deux, mais de manière très différente, à la prospérité des nations. L'un est écossais. L'autre, anglais. L'un a enseigné la philosophie morale à l'université de Glasgow, et a fondé les bases de l'économie libérale moderne. L'autre a été le premier enseignant d'économie politique d'Angleterre, au Collège des Indes orientales, près de Londres. Il est devenu un homme d'Église, pasteur anglican, et a fondé les bases de la démographie statistique moderne. Leurs idées diffusent dans la plupart des lieux de réflexion, et exerceront une influence importante sur les choix politiques. Ils sont, l'un et l'autre, devenus célèbres. Le premier, Adam Smith, a écrit *Une recherche sur la nature et les causes de la richesse des nations*. Le second, Thomas Robert Malthus, *Un essai sur le principe de population, ou une présentation de ses effets passés et présents sur le bonheur humain, avec une recherche de la possibilité de supprimer ou d'atténuer les maux qu'il occasionne.*

Adam Smith est mort vingt ans avant la naissance de Darwin. Thomas Malthus mourra près d'un demi-siècle après la disparition d'Adam Smith, pendant que Darwin parcourt le monde à bord du *Beagle*.

Tous deux, chacun à sa façon, préconisent une forme de « laisser-faire ». Une absence d'intervention, ou une intervention minime, du « souverain » et du Parlement dans les domaines d'activités humaines qu'ils étudient et qui leur paraissent essentiels – pour Adam Smith, l'accroissement de production de richesses collectives, et, pour Thomas Malthus, la lutte contre la pauvreté.

Darwin lira Malthus.

« Par amusement », dira-t-il. Deux ans après son retour en Angleterre.

Il lira *Une théorie des sentiments moraux* d'Adam Smith. Et il est plus que probable qu'il a lu *La richesse des nations*, bien qu'il n'en ait pas fait mention. Et s'il ne l'a pas lu, il connaît certainement, comme la plupart de ses contemporains, ses travaux.

Il n'a pour intention que son propre gain

Dans *Une théorie des sentiments moraux*, Smith avait insisté sur l'importance du rôle que l'altruisme et la sympathie jouent dans les rapports humains. La capacité à se mettre à la place de l'autre, des autres. Et à agir pour le bien des autres.

Mais plus tard, dans *la Richesse des nations*, qui concerne les activités, les comportements et les relations humaines impliqués dans la production de richesses, il en fera abstraction.

Il reprendra une idée que Montesquieu proposait un quart de siècle plus tôt dans *De l'esprit des lois* : « Il se trouve que chacun va au bien commun, croyant aller à ses intérêts particuliers. »

Dans le cadre du commerce, les intentions de chaque personne – même si elles sont exclusivement tournées vers la satisfaction de ses propres besoins et de ceux de sa famille et de ses proches, et Smith considère que c'est non seulement le cas le plus fréquent, mais aussi le cas le plus souhaitable – créent un système complexe et toujours renouvelé de créations et d'offres de produits et de services, et de demandes de produits et de services, qui s'adaptent continuellement les unes aux autres dans un climat de concurrence. Cette compétition entre les intérêts particuliers fait naître, de manière aveugle, spontanée, et apparemment paradoxale, un progrès vers une forme d'harmonie globale, qui, indépendamment des malheurs individuels que peut causer cette concurrence, bénéficie à la collectivité tout entière en augmentant la production globale des richesses, et l'accès aux biens.

« Ce n'est pas de la bienveillance du boucher, du brasseur, ou du boulanger, écrit Smith, que nous attendons notre dîner, mais de leur attention à leur propre intérêt. Nous nous en remettons non pas à leur humanité, mais à leur intérêt pour eux-mêmes. »

Et « l'individu n'a généralement pas pour intention de promouvoir l'intérêt public, et ne sait pas s'il le promeut [...], écrit encore Adam Smith. Il n'a pour intention que son propre gain et il est, en cela comme dans de nombreux autres domaines, mené par une main invisible à promouvoir une fin qui ne faisait pas partie de ses intentions. Et il n'est pas mauvais pour la société que cela ne fasse pas partie de ses intentions. En poursuivant son intérêt propre, il promeut souvent plus efficacement l'intérêt de la société que s'il avait réellement pour but de le promouvoir. Je n'ai jamais vu beaucoup de bien être réalisé par ceux qui affectaient de faire commerce pour le bien public. »

S'il prônait une société de compétition et de concurrence, avec la dureté, l'indifférence, voire la brutalité auxquelles elle peut conduire, Smith ne proposait pas pour autant une politique de laisser-faire général, une absence d'intervention dans tous les domaines. Sa préconisation de non-intervention concernait spécifiquement le commerce. Le « souverain », dit-il, doit prendre en charge des activités non rentables, « des ouvrages ou établissements publics dont une société retirera d'immenses avantages », mais qui, ne produisant pas de bénéfice, ne peuvent être laissés à l'initiative de commerçants. Smith est partisan de l'impôt pour permettre à la collectivité de financer ces « ouvrages ou établissements » visant le bien public. Et des impôts « équitables », pour lui, sont des impôts proportionnellement plus importants pour les personnes plus riches. La solidarité doit s'exprimer. Mais en dehors, à la périphérie du champ d'action de la « main invisible ».

La métaphore de la « main invisible » suggérait l'existence d'une forme de « loi générale ». Cette loi déterminait la capacité d'auto-organisation et d'autorégulation de cette activité globale d'échange économique collective, que l'on nommera plus tard le marché. Et le seul rôle de l'État – du régulateur central, de l'institution qui porte le projet collectif – doit être de laisser faire cette loi, de la laisser opérer, de maintenir le marché le plus libre possible. Y compris, lorsque cela s'avère nécessaire, en intervenant de manière active pour empêcher qu'il ne soit bridé, par exemple par des ententes entre producteurs sur les prix, qui, en créant des monopoles, risquent de freiner la capacité du marché à faire émerger, à partir de la concurrence, un surcroît de richesses collectives.

Pour Smith, le seul projet que doit élaborer une société si elle veut parvenir au progrès en matière d'économie, de production et d'échange de biens et de richesses, est le projet de laisser opérer les myriades d'intérêts individuels – sources d'activités désordonnées infiniment dupliquées et intriquées, toutes tendues vers une même motivation, un même besoin, un même projet individuel – qui sont la condition même de réalisation aveugle d'un progrès collectif.

Il y a là une idée pouvant, confusément, renvoyer à un questionnement sur la nature pour qui, comme Darwin au retour de son voyage, se demande si un effet global peut être atteint en l'absence de tout projet spécifique, si une loi pourrait, aveuglément, orienter vers une création de richesses – une création de nouvelles espèces vivantes – qui n'est nulle part préfigurée.

Est-ce que l'adaptation des espèces à leur environnement, à mesure de leurs transformations successives, pourrait résulter d'une « loi générale » de ce type – d'une « main invisible » faisant émerger la diversité et l'adaptation de la simple recherche par chaque être vivant de la satisfaction de ses besoins vitaux ?

La métaphore de la « main invisible » suggérait qu'une tendance à ce qui rétrospectivement semble n'avoir pu résulter que d'un projet, pouvait opérer par l'effet d'une loi sans que le projet soit inscrit nulle part – que des espèces nouvelles et leur adaptation à leur environnement pourraient émerger de processus individuels qui n'ont a priori rien à voir avec l'adaptation... Et ce d'autant que les animaux et les plantes n'ont pas de projet collectif qui risquerait d'interférer, comme dans les sociétés humaines – ce que regrette Smith –, avec cette marche aveugle vers le progrès.

Mais si la métaphore de la main invisible suggérait cette possibilité, elle ne donnait aucune indication sur la manière dont une telle loi pourrait agir dans la nature, ni sur ce que pourrait être une telle loi...

Il en était tout autrement chez Malthus.

Il faut donc qu'ils meurent de faim

Malthus, contrairement à Adam Smith, proposait une vision profondément pessimiste, tragique et lugubre des sociétés humaines. Et il exprimait un mélange de préoccupation affichée pour la pauvreté – qui suggérait un réel souci pour ceux qui en souffrent, comme l'indiquait le sous-titre de son *Essai : une présentation des effets passés et présents [du principe de population] sur le bonheur humain, avec une recherche de la possibilité de supprimer ou d'atténuer les maux qu'il occasionne* – et d'indifférence brutale au sort et au devenir des pauvres.

« Un homme né sur un sol où la propriété est établie, écrit Malthus, et qui ne peut subsister ni de son travail ni de son patrimoine, n'a nul droit à partager la nourriture des autres hommes. Au grand festin de la nature il n'y a pas de couvert pour lui. »

Et : « Si un homme ne peut nourrir ses enfants, il faut donc qu'ils meurent de faim. »

« Les divers canaux par lesquels le fleuve de la mortalité coule d'un cours constant, dit-il, versent entre eux une masse d'eau donnée et invariable. Maintenant, que l'on vienne à fermer quelques-uns de ces canaux, et il est évident que le grand fleuve de la mortalité se fraiera une route à travers quelques autres canaux : en d'autres termes, si nous réduisons quelques maladies, d'autres se montreront plus destructrices encore, précisément dans le même rapport. »

L'Angleterre vit les bouleversements profonds des débuts de la révolution industrielle. Les paysans gagnent les villes pour se nourrir, deviennent ouvriers, et vivent dans la misère. Des enfants de six ou sept ans travaillent dans les mines et les usines.

La mort, la souffrance et la maladie sont partout présentes chez les pauvres.

Mais il est illusoire et donc inutile, affirmait Malthus, en raison de la « loi naturelle » qu'il avait mise en évidence, de vouloir soulager les maladies et les souffrances des pauvres.

De quoi s'agit-il ?

« L'objet de cet essai, écrit-il, est principalement d'examiner les effets d'une grande cause, intimement liée à la nature humaine, qui a agi constamment et puissamment dès l'origine des sociétés, et qui cependant a peu fixé l'attention de ceux qui se sont occupés du sujet. »

La « grande cause » est le « principe de population ». Une loi naturelle très simple. Qui résulte de la fécondité, de la fertilité, de la puissance à croître des populations humaines. Et du fait que cette capacité à croître dépasse toujours la croissance des ressources nécessaires à la survie de la population.

Toute population disposant des ressources minimales pour vivre donnera toujours, dit-il, naissance à beaucoup plus d'enfants qu'il n'y aura de ressources pour leur permettre de vivre.

« Lorsque la population n'est arrêtée par aucun obstacle, elle [...] croît, de période en période [de génération en génération] selon une progression géométrique [c'est-à-dire selon un mode 2, 4, 8, 16, 32, 64...]. Alors que les moyens de subsistance, dit Malthus, dans les circonstances les plus favorables de l'industrie, ne peuvent jamais augmenter plus rapidement que selon une progression arithmétique [c'est-à-dire sur un mode 2, 3, 4, 5, 6, 7...]. »

Il calcule, pour la population humaine sur l'ensemble de la Terre, la disproportion qui apparaîtrait (si elle n'était pas freinée) au bout de deux siècles : une croissance d'un facteur 256 pour la population humaine, et de 9 pour les moyens de subsistance, c'est-à-dire une augmentation vingt-huit fois plus importante de la population que des ressources. Et au bout de trois siècles, 4 096 à 13, c'est-à-dire une augmentation trois cents fois plus importante de la population que des ressources...

Était-ce possible ?

La thèse de Malthus était que, justement, c'était impossible.

Parce que surgissent la famine et la mort.

Cette disproportion inéluctable entre la fécondité humaine et les ressources disponibles crée une rareté inéluctable des ressources. Et, au bout d'un temps, « la famine exerce ses ravages ». Mais la rareté des moyens de subsistance provoque, en dehors de ces périodes extrêmes, une destruction progressive de la population des plus pauvres – par l'existence de ce que Malthus appelle des « contrôles » ou des « freins » « positifs », c'est-à-dire des contrôles ou des freins qui tuent.

Parmi ces freins positifs : « Les occupations dangereuses, les travaux rudes ou excessifs et qui exposent à l'inclémence des saisons, l'extrême pauvreté, la mauvaise nourriture des enfants, l'insalubrité des grandes villes, toutes les espèces de maladies et d'épidémies, la guerre, la peste... »

Si le doigt de Dieu...

Les « lois sur les pauvres » – en faveur des pauvres – qui avaient été adoptées en Angleterre depuis le début du XVIe siècle – et dont les plus récentes, à son époque, prescrivaient un impôt au profit des pauvres et des personnes âgées, et un salaire minimal pour les pauvres... – doivent être supprimées, affirme Malthus, qui passe continuellement d'une analyse scientifique à des recommandations et à des prescriptions politiques. Ces lois pour les pauvres ne servent à rien, dit-il. Au contraire, elles ne font que favoriser une augmentation du nombre de pauvres, et donc la misère des pauvres...

Aider les pauvres tue les pauvres et leurs enfants... Le seul moyen de lutter contre la pauvreté, c'est de ne pas aider les pauvres...

S'il est opposé à toute aide – « il faut donc qu'ils meurent de faim » –, il recommande en revanche la mise en place de « contrôles » ou de « freins préventifs », en amont des « freins positifs » qui tuent, et qui résultent de la loi de la nature qu'il a découverte : le « principe de population ».

Ces freins préventifs, « qui s'opposent aux lois de la nature en tant qu'ils sont volontaires, sont propres à l'espèce humaine ». Ils font appel à des capacités de prévision et de raison. Il s'agit, pour les pauvres, de choisir la chasteté, le célibat, ou un mariage tardif, sous réserve que leurs ressources le leur permettent.

Quant à ce que nous appellerions aujourd'hui la régulation des naissances, la contraception, qu'il appelle la licence, et l'interruption de grossesse, ce sont des freins préventifs qu'il condamne, car ils constituent pour lui des vices qui risquent d'atténuer le désir d'enfant. Or il faut, dit-il, que le désir d'avoir des enfants persiste, parce qu'il est le reflet d'un commandement divin – le peuplement de la Terre. Comme le besoin de ressources doit persister car il est la condition même de la production collective de richesses et de biens.

Ces désirs, ces besoins individuels sont nécessaires au bien supérieur de l'humanité.

Car « les passions sont les matériaux de nos plaisirs aussi bien que de nos peines ; les éléments dont se composent notre bonheur aussi bien que notre [!] misère [il s'agit en fait de celle des pauvres], nos vertus comme nos peines. Il faut donc les régler, et non les détruire ou les affaiblir ».

Lui, l'homme d'Église, voyait dans cette loi naturelle impitoyable – qui s'appliquait aux plus pauvres, et à laquelle ils ne pouvaient, selon lui, échapper que de leur propre initiative, par une restriction morale – une manifestation de la toute-puissance et de la bienveillance divines attachées au progrès de l'homme.

« Il semble absolument nécessaire que l'Être suprême agisse toujours conformément à des lois générales. »

Car « si le doigt de Dieu était fréquemment visible dans le cours ordinaire des choses, ou, pour mieux dire, si Dieu modifiait fréquemment son dessein [...], il s'ensuivrait probablement une torpeur générale et fatale de toutes les facultés humaines ; même les besoins du corps cesseraient d'inciter les hommes à l'effort ».

Darwin sera fasciné.

Non par la question du contrôle moral, des freins préventifs, « qui sont propres à l'espèce humaine ». Ni par la prescription de ne pas apporter de soulagement à la souffrance, prescription qu'il condamnera.

Ce qui fascinera Darwin, c'est la découverte de l'existence de cette « loi naturelle » aveugle, dont la formalisation mathématique est si simple et limpide, le caractère si inéluctable, la puissance si grande et terrible – et dont la conséquence est la destruction des individus à mesure que la population augmente.

Dans l'univers des animaux et des plantes, sans projet ni capacité à prévoir, ni « capacité à plonger son regard loin dans le passé et loin dans l'avenir », ce principe de population, et ses freins, ne devraient-ils pas régner de manière encore plus large, sans aucune restriction dans l'espace et le temps ?

Darwin a dû être d'autant plus surpris – même s'il n'en dira rien – que Malthus lui-même, avant de se plonger dans la démonstration de l'existence et des implications de ce principe, « de cette grande cause intimement liée à la nature humaine » dans toutes les sociétés humaines, passées et présentes, qu'il a pu étudier, avait brièvement posé ce principe comme universel dans la nature.

Au début du chapitre premier d'*Un essai sur le principe de population*, après avoir commencé par évoquer « la nature humaine », Malthus poursuivait : « La cause [c'est-à-dire la cause générale de “la cause intimement liée à la nature humaine”] est la tendance constante qui se manifeste chez tous les êtres vivants à accroître leur espèce plus que ne le comporte la quantité de nourriture qui est à leur portée. »

Puis il citait Benjamin Franklin.

« C'est une observation du docteur Franklin qu'il n'y a aucune limite à la faculté productive des plantes et des animaux, si ce n'est qu'en augmentant en nombre, ils se dérobent mutuellement leur subsistance. »

La « lutte pour l'existence ». Au cœur de l'univers vivant.

« Si la face de la Terre, écrivait Malthus, était dépouillée de toute autre plante, une seule espèce, par exemple le fenouil, suffirait à la couvrir de verdure. »

« Et s'il n'y avait plus d'autres habitants [sur la face de la Terre], une seule nation, par exemple la nation anglaise, en peu de siècles l'aurait peuplée. »

Le fenouil, ou les membres de la nation anglaise... Le principe de population est une loi générale – c'est parce qu'il s'applique au fenouil, à tous les animaux et à toutes les plantes, dit Malthus, qu'il s'applique aussi à l'homme...

Mais pour Darwin, ce qui importe, ce n'est pas que le principe puisse – aussi – s'appliquer à l'homme.

Ce qui importe, c'est qu'il puisse – et encore plus probablement qu'à l'homme – s'appliquer à tous les êtres vivants.

Il y a plus.

Pour Malthus, le principe de population était la véritable découverte. Le point d'arrivée de ses travaux. La base de ses recommandations politiques.

Mais pour Darwin, le principe de population n'était qu'un point de départ, à partir duquel pourrait s'articuler sa théorie.

Quelque chose soudain commençait à se recomposer et à prendre forme nouvelle.

La sélection artificielle des éleveurs et des jardiniers... La « main invisible » et la concurrence aveugle de Smith... Le principe de population, ses freins destructeurs, et la « lutte pour l'existence » de Malthus...

Des « lois » sans lien apparent les unes avec les autres, opérant dans des contextes radicalement différents, si on les extrayait de leurs gangues qui les lient si étroitement à certains comportements humains individuels et collectifs, pourraient-elles se réarticuler dans une autre configuration ?

Ce qui paraissait le plus évident, ce qui focalisait le plus la pensée, ce qui l'hypnotisait, n'était-ce pas là même ce qui la fractionnait et empêchait de comprendre ?

Dans les exploits des éleveurs et des jardiniers, dans les lois de la sélection artificielle, ce qui importait réellement, était-ce leur pouvoir de modeler à volonté les animaux et les plantes selon leurs désirs et leurs projets – ou plutôt le caractère héritable des variations des caractéristiques particulières qui retenaient leur attention ?

Dans la théorie économique d'Adam Smith, ce qui importait le plus, était-ce l'augmentation continue des richesses que permettait la main invisible – ou plutôt la capacité de la compétition entre des individus engagés chacun dans la poursuite de la satisfaction de ses besoins à favoriser continuellement, de manière aveugle, la production spontanée de la richesse collective, l'émergence d'un processus, d'un ordre qui n'était nulle part préfiguré ?

Et dans le principe de population, ce qui importait véritablement, étaient-ce les oscillations dramatiques des populations, leurs expansions et leurs contractions brutales, la destruction causée par la rareté des ressources – la lutte pour l'existence – l'équivalent de la concurrence chez Adam Smith, mais en termes de vie et de mort – ou plutôt l'existence d'une différence entre ceux qui mouraient et ceux qui étaient épargnés ?

Ces lois construisaient-elles, chacune, une forme d'illusion d'optique, dont les contours et les formes capturaient l'attention ? Pouvaient-elles n'être que des éléments d'un ensemble sous-jacent jusque-là invisible ?

« Tel est le pouvoir des lettres, quand seulement l'ordre en est changé », avait dit Lucrèce. Quel pouvait être le pouvoir des idées si seulement elles pouvaient être réarrangées ?

« Ici, écrira-t-il, à ce moment, j'avais enfin trouvé une théorie à partir de laquelle travailler. »

« Le hasard aveugle et la nécessité ». Dans une configuration radicalement nouvelle.

Sous la forme de la variation et de la mort.

Non pas comme des conséquences de la propagation de la vie. Mais comme les véritables acteurs – durant « le long écoulement des âges » – de sa splendeur, de sa diversité, et de sa pérennité.

Chapitre 6

Il ne s'est rien passé

Tout ce qui était nouveau était faux,
et tout ce qui était vrai était ancien.

Samuel Haughton,
président de la Société de géologie de Dublin.

1827. Robert Grant enseigne l'anatomie des invertébrés à l'université d'Édimbourg. Il a choisi Darwin parmi les quelques étudiants en médecine dont il est le tuteur. Il vient de lui révéler la théorie de la transmutation des espèces de Lamarck, dont il est un fervent défenseur.

Darwin a dix-huit ans.

« J'écoutai dans un état d'étonnement silencieux et, pour autant que je puisse en juger, sans aucun effet sur mon esprit. »

Huit ans s'écoulent, et Darwin aborde les îles de l'archipel des Galápagos.

Encore neuf ans. Et il écrit à Joseph Hooker.

« Je suis presque entièrement convaincu que les espèces ne sont pas immuables. »

« Je serai ravi d'entendre comment vous pensez que ce changement [des espèces] a eu lieu, lui répondra Hooker, étant donné qu'aucune opinion actuelle sur ce sujet ne me satisfait. »

L'explication est déjà dans les carnets secrets *Zoonomia*, qu'il a terminés depuis six ans. Dans le manuscrit de trente-cinq pages qu'il a rédigé il y a deux ans. Et dans le long manuscrit de près de deux cents pages qu'il vient d'écrire.

Encore quinze ans.

« Toute la nature est en guerre », écrit Darwin dans le troisième chapitre de *L'Origine des espèces*, citant le botaniste suisse Alphonse de Candolle : « Chaque organisme [est en guerre] avec un autre, ou avec la nature extérieure. »

Dans l'*Essai sur le principe de population*, les termes de « guerre » et de « lutte » revenaient à plusieurs reprises : « La lutte perpétuelle pour la place et pour la nourriture »... L'expression « luttes pour l'existence » n'apparaissait qu'une seule fois. Au pluriel, dans le sixième chapitre, à propos d'une chronique de Thucydide qui concerne les invasions des Scythes : « Tant de luttes pour l'existence, écrivait Malthus, livrées avec un courage désespéré, inspiré par la réalisation que la mort serait la punition de la défaite, et la vie le prix de la victoire. »

Mais c'est ce terme que retiendront Darwin et Wallace. En le transposant au singulier.

« La vie des animaux sauvages est une lutte pour l'existence », écrira Wallace en février 1858, dans le manuscrit qu'il enverra à Darwin de l'archipel malais.

Et un an et demi plus tard, en novembre 1859, dans l'introduction à *L'Origine des espèces* : « Étant donné que beaucoup plus d'individus de chaque espèce naissent qu'il n'en peut survivre, et étant donné, en conséquence, qu'il y a une lutte pour l'existence... »

Pour Malthus, le principe de population – dont découlent les luttes pour l'existence – est une loi mathématique de nature quantitative.

La population croissant toujours plus vite que les ressources nécessaires à sa survie, ce déséquilibre causera, de manière récurrente, la mort d'une partie de la population.

Il y a aussi, pour Malthus, une dimension qualitative dans les conséquences de l'opération de ce principe sur les populations humaines, qui constituent le sujet de son livre – ce sont toujours les plus pauvres qui meurent prématurément. Et les riches qui survivent.

Mais quand Malthus ancre, au début du premier chapitre, le principe de population au cœur du monde vivant, la conséquence générale qu'il présente est essentiellement d'ordre quantitatif.

« Il n'y a aucune limite à la faculté [re]productive des plantes et des animaux, si ce n'est qu'en augmentant en nombre ils se dérobent mutuellement leur subsistance. »

Le terme « mutuellement » traduisait-il une équivalence ?

Si, dans chaque espèce animale et végétale, une partie des individus, en permanence, meurt prématurément, de qui s'agit-il ? Ces désastres surviennent-ils simplement au hasard, ou frappent-ils sélectivement certains aux dépens des autres ?

Si Malthus a divisé les êtres humains en deux catégories distinctes, les riches et les pauvres, et révélé que le « principe de population » affecte sélectivement ces derniers, se pourrait-il qu'il existe, chez les animaux et les plantes, l'équivalent des pauvres, des miséreux ? Se pourrait-il qu'il y ait dans la nature, comme dans les sociétés humaines, des pauvres auxquels « leur subsistance » est plus souvent dérobée, et des riches qui, plus souvent, la dérobent ?

Y aurait-il des caractéristiques particulières, des équivalents de pauvreté, qui favoriseraient, dans la nature, la disparition ? Et d'autres caractéristiques, des équivalents de la richesse, qui favoriseraient la capacité à survivre et à se reproduire ?

Là sera pour Darwin, puis pour Wallace, la question essentielle que recèle l'*Essai sur le principe de population*. Question non formulée par Malthus. Mais formulable pour qui sait le lire, au-delà de ce qu'il a écrit.

Invisible. Et pourtant évidente.

« Étant donné que beaucoup plus d'individus de chaque espèce naissent qu'il n'en peut survivre, et étant donné, en conséquence, qu'il y a une lutte pour l'existence fréquemment récurrente, il en résulte, poursuit Darwin dans l'introduction à *L'Origine des espèces*, que chaque être, s'il varie, aussi peu que ce soit, d'une manière quelconque qui lui est profitable [...], aura une meilleure probabilité de survivre, et sera ainsi sélectionné naturellement. En raison du principe important de l'hérédité, toute variété sélectionnée va tendre à propager sa forme nouvelle et modifiée. »

Une réunion de la Société linnéenne

Deux principes. Deux lois.

Le « principe de population » – la loi de la « lutte pour l'existence ». Et le « principe de l'hérédité » – la loi de la « descendance avec modification ».

Deux lois qui interagissent l'une avec l'autre. De cette interaction naît une contrainte. Et de cette contrainte résulte une nouvelle loi – la loi de la « sélection naturelle » pour Darwin, le « principe général dans la nature » pour Wallace – qui oriente progressivement les changements de génération en génération. Dans une direction particulière. Vers l'adaptation progressive des espèces à leur environnement.

Un soir. Au début de l'été.

Dans un hôtel particulier, à Londres, où se réunit régulièrement la Société linnéenne.

Le 1er juillet 1858.

Une réunion convoquée en urgence.

Moins de trois semaines se sont écoulées depuis que Darwin a lu, avec stupéfaction, le manuscrit que Wallace lui a adressé.

Charles Lyell et Joseph Hooker font présenter, avec l'accord de Darwin, devant les membres de la Société linnéenne, trois communications dont les auteurs sont Darwin et Wallace.

Les deux auteurs sont absents.

Darwin vient de perdre son dernier fils, Charles, âgé de deux ans, emporté par une épidémie de scarlatine qui s'est propagée dans le village de Down.

Wallace est en Nouvelle-Guinée. C'est la saison des pluies. Il collecte des spécimens d'insectes et d'oiseaux. Il n'a pas été informé de cette présentation.

Deux mois s'écoulent.

En septembre, les trois communications paraissent dans le *Journal des comptes rendus de la Société linnéenne (Zoology)*, sous un même titre : *De la tendance des espèces à former des variétés, et de la perpétuation des variétés et des espèces par voies naturelles de sélection.* L'ensemble fait dix-huit pages.

Les trois communications sont classées en fonction de la date de leur rédaction, de la plus ancienne à la plus récente. Les deux premières sont de Darwin. D'abord quelques courts extraits, choisis par Hooker, du long manuscrit secret que Darwin avait rédigé quatorze ans plus tôt. Ensuite, un court résumé de sa théorie, en six paragraphes, que Darwin a envoyé moins d'un an auparavant au botaniste américain Asa Gray, avec qui il correspond régulièrement. Ces documents « n'étaient pas destinés à être publiés », notera Darwin beaucoup plus tard (mais il a accepté de les publier quand Lyell et Hooker l'ont pressé de le faire pour qu'il ne perde pas sa priorité face à Wallace), « et ils étaient mal écrits ».

La troisième communication est le manuscrit de Wallace, *De la tendance des variétés à s'écarter indéfiniment du type originel*, « admirablement écrit, dira Darwin, et d'une grande clarté ».

Trois mois encore.

Et en décembre 1858 le président de la Société linnéenne note : « Il ne s'est rien passé de particulier cette année. »

Encore quelques semaines. Le début de l'année 1859. Le président de la Société de géologie de Dublin déclare – d'après ce que Wallace en retiendra – que « si ces articles signifient ce qu'ils disent, il s'agit d'un truisme, et s'ils signifient quoi que ce soit de plus qu'ils ne disent, c'est contraire aux faits ». Et d'après ce dont Darwin se souviendra : « Tout ce qui était nouveau dans ces articles était faux, et tout ce qui était vrai [dans ces articles] était ancien [connu depuis longtemps]. »

Mon abominable volume

Deux principes. Deux lois.

Le « principe de population » – la loi de la « lutte pour l'existence ». Et le « principe de l'hérédité » – la loi de la « descendance avec modification ».

Mais c'est le principe de l'hérédité – la loi de la descendance avec modification – qui est le moteur essentiel, le véritable creuset de l'évolution. Son point de départ. Parce que ce principe est la cause de l'émergence continuelle de variations minimes, de différences, de singularités qui s'accumulent à travers l'espace et le temps, de génération en génération. Et que ces variations sont la condition première de l'existence même de l'évolution du vivant.

Le « principe de population » – le déséquilibre permanent entre la croissance de la population et les ressources disponibles, et la lutte pour l'existence qui en résulte – n'opère qu'ensuite.

Il conduit à une compétition entre les différents individus d'une même espèce. Compétition pour la nourriture. Et pour l'habitat. Mais il conduit aussi à une compétition, à une lutte, à une guerre, entre des individus appartenant à des espèces différentes, compétition pour les mêmes ressources et les mêmes habitats, et guerres entres prédateurs et proies. Et ces compétitions et ces guerres exercent une pression continuelle sur les individus, chacun légèrement différent, qui coexistent à l'intérieur d'une même espèce.

Dans le réservoir de diversité que renouvelle, à chaque génération, la reproduction, le déséquilibre entre la fécondité – le nombre de descendants – et la quantité de ressources disponibles crée un filtre. Et à travers ce filtre, une « main invisible » va opérer une sélection. Le « principe général dans la nature », dit Wallace. La « sélection naturelle », dit Darwin. Et ils décrivent, sous deux noms différents, une même loi.

Une théorie radicalement nouvelle vient d'être exposée et publiée, de manière conjointe, par deux naturalistes.

Le roi, soudain, est nu.

La Nature, soudain, est nue. Et seule.

La nécessité d'un « projet », la nécessité d'une « cause finale », la nécessité d'un « besoin » se sont soudain évanouies.

Et personne – presque personne – ne voit – ou ne veut voir – que la Nature vient de perdre ses anciens habits. Qu'un vide s'est fait autour d'elle.

Quelques mois plus tard, la publication de *L'Origine des espèces* créera un séisme, dont l'ampleur et la profondeur refléteront la puissance de la réflexion silencieuse dans laquelle Darwin s'est plongé pendant plus de vingt ans.

« Cela montre combien il est nécessaire, confiera beaucoup plus tard Darwin dans son *Autobiographie*, que toute vision nouvelle soit expliquée par un développement d'une longueur considérable pour éveiller l'attention du public. »

Plus de vingt ans de réflexion. Et la course finale de la rédaction qu'il a entreprise dès la fin de l'été 1858, et qui lui « a coûté treize mois et dix jours de dur labeur » – il s'en souviendra au jour près.

« Ce livre qui m'a à moitié tué, écrira-t-il, mon abominable volume qui m'a coûté tant de travail que j'en suis presque à le haïr. »

Mais avant. Du début juillet 1858 à la fin novembre 1859. Durant près d'un an et demi.

Une longue plage blanche.

Une impression de non-événement.

Pourquoi ?

Chapitre 7

Comme de longs échos

Cette loi [...] ne se contente pas d'expliquer [tous les faits actuellement inexplicables], mais elle rend nécessaire leur existence.

Alfred Russel Wallace,
Annales et Magazine d'histoire naturelle, 1855.

Il ne s'est rien passé. Mais cela faisait déjà trois ans qu'il ne s'était rien passé.

Février 1855. Wallace a trente-deux ans. Il a passé quatre ans en Amazonie, est revenu en Angleterre sur un navire qui a brûlé et fait naufrage. Il a perdu en mer les spécimens d'insectes, de papillons et d'oiseaux qu'il rapportait pour les vendre à de riches collectionneurs, et la plupart de ses carnets. Il est resté près de deux ans à Londres, a fait quelques communications scientifiques, puis est reparti pour Singapour, et, de là, pour Bornéo.

De Bornéo, il envoie un manuscrit, qui sera publié en septembre 1855. Trois ans avant sa publication conjointe avec celles de Darwin. L'article s'intitule *De la loi qui a contrôlé l'introduction de nouvelles espèces.* Il n'expose pas – il ne l'a pas encore découvert – le principe qui a permis l'émergence des espèces nouvelles – le « principe général dans la nature ». Mais il présente une idée qu'il porte en lui, écrit-il, « depuis environ dix ans ». Depuis l'âge de vingt-deux ans. Avant même son départ pour l'Amérique du Sud.

Cette idée est une argumentation théorique démontrant que l'émergence continuelle d'espèces nouvelles à partir d'espèces apparentées, et la disparition continuelle des espèces préexistantes, constituent, écrit-il, « la seule loi de la nature capable d'expliquer l'ensemble des faits recueillis par les naturalistes modernes ». Et l'argumentation, d'une très grande limpidité, est développée au long de treize pages.

Elle s'appuie sur un ensemble de données géographiques et géologiques, et sur l'existence des « organes rudimentaires » auxquels il attache – comme Darwin, qui y consacrera un chapitre dans *De l'origine des espèces* – une très grande importance.

D'abord les arguments géographiques. Les espèces vivantes se ressemblent moins entre elle dans des régions géographiquement isolées des autres par des obstacles naturels que dans des régions non isolées, ou isolées depuis moins longtemps. Ainsi, dit-il, à l'échelle des temps géologiques, l'Angleterre et l'Europe sont séparées depuis peu par la mer, et leur faune et leur flore sont semblables. Ainsi, la chaîne des Alpes est récente, et la faune et la flore de part et d'autre sont semblables. En revanche, la cordillère des Andes est plus ancienne, et la faune et la flore présentent des différences de part et d'autre...

Il a très probablement lu *Le Journal du voyage du* Beagle. Il parle de l'existence de « tels phénomènes » dans les îles Galápagos, phénomènes qui, dit-il, « n'ont reçu jusqu'à présent aucune explication, même sous forme de conjecture ».

Et pourtant. Dans *Le Journal du voyage du* Beagle, Darwin, qui avait déjà élucidé, en secret, l'énigme de l'origine et de l'évolution des espèces, avait évoqué cette question : « En voyant cette gradation et cette diversité de structure dans un petit groupe d'oiseaux intimement apparentés, on pourrait imaginer qu'à partir d'une pauvreté originelle [d'espèces] d'oiseaux dans cet archipel, une espèce a été prise et modifiée à des fins différentes. »

Mais il est vrai que cette phrase de Darwin dans *Le Journal du voyage du* Beagle était plus que sibylline, et qu'elle n'apparaissait que dans la troisième édition, celle où il avait introduit le dessin des têtes de quatre pinsons des îles Galápagos.

Et contrairement à Darwin, Wallace explique clairement comment les premières espèces qui ont dû peupler les îles Galápagos à partir du continent sud-américain « sont mortes, et [comment] seuls les prototypes modifiés ont persisté ».

Ainsi, à la fois dans l'espace et le temps...

Après les arguments géographiques, Wallace aborde les arguments géologiques. Les fossiles des espèces disparues que l'on retrouve dans des roches correspondant à une même époque géologique se ressemblent plus entre eux, dit Wallace, que les fossiles que l'on retrouve dans des roches correspondant à des époques géologiques distinctes... « Ainsi, à la fois dans l'espace et le temps, les espèces nouvelles semblent coïncider avec des espèces préexistantes. »

L'espace – la géographie... Le temps – les strates géologiques...

« Ainsi, à la fois dans l'espace et le temps... »

Les « organes rudimentaires » enfin. Wallace en cite de nombreux exemples chez les animaux, « les minuscules pattes cachées sous la peau de nombreux lézards qui ressemblent à des serpents [...] », et chez les plantes, « les étamines abortives [...] ».

« Le fait qu'ils existent, écrit-il, et qu'ils n'ont dans la plupart des cas aucune fonction particulière dans [la survie de l'organisme] est admis par les plus grandes autorités de l'anatomie comparative. [...] Pour tout naturaliste porté à la réflexion, la question doit se poser. À quoi servent [ces organes rudimentaires] ? Qu'ont-ils à voir avec les grandes lois de la Création ? Ne nous apprennent-ils pas quelque chose sur le grand système de la Nature ? Si chaque espèce a été créée de manière indépendante, et sans aucune relation particulière avec des espèces préexistantes, que signifient ces rudiments, ces apparentes imperfections ? Il doit y avoir une cause [à ces organes rudimentaires], ils doivent être le résultat nécessaire d'une grande loi naturelle. »

La seule explication, dit-il, est qu'il s'agit de transitions « graduelles » entre les espèces à partir d'espèces préexistantes, aujourd'hui, pour la plupart, disparues.

Comme les branches d'un chêne noueux

Plus loin, Wallace évoque la notion de « progrès » et la remplace par la notion de « changements continuels ». Bien sûr, note-t-il, ces changements conduisent habituellement, de manière « graduelle », à une augmentation de la complexité d'organisation des espèces nouvelles. Mais l'étude des fossiles nous révèle qu'il y a eu parfois des espèces, des familles, des genres, dont l'organisation était plus complexe que celle des espèces contemporaines qui leur ont succédé. Et ma théorie, dit-il, explique aussi ces épisodes de « régression ».

L'explication qu'il propose est la suivante : si les changements de l'environnement extérieur deviennent défavorables à une espèce, ou une famille d'espèces, elles s'éteindront, mais des espèces apparentées moins complexes pourront se développer dans cet environnement, continuant à se transformer, mais sans obligatoirement atteindre le degré de complexité des espèces disparues.

Il n'évoque pas – comme le fera Darwin – la possibilité que les transformations puissent conduire à une véritable « évolution régressive », à la perte, dans une espèce donnée, de certaines acquisitions antérieures. C'est pourquoi il utilise le terme de « régression apparente ».

Il discute les variations du rythme des transformations des espèces. Les émergences d'espèces nouvelles ont toutes été « graduelles », dit-il. Mais les extinctions ont pu, parfois, être soudaines et massives. Il propose que les périodes géologiques très actives – au cours desquelles se sont produites de nombreuses éruptions volcaniques – ont dû causer plus d'extinctions que d'émergences d'espèces nouvelles, et que les périodes géologiques plus stables ont dû avoir l'effet inverse. L'évolution n'a pas été uniforme. Aux variations du rythme des changements de l'environnement extérieur ont répondu, dit Wallace, des variations dans ce que Gould nommera un siècle plus tard le « *tempo* » de l'évolution du vivant.

Et Wallace propose que ce qui a permis aux naturalistes de tenter une classification du vivant, ce sont les épisodes successifs d'extinctions des espèces intermédiaires, qui ont créé dans le monde vivant des discontinuités telles qu'elles ont permis de séparer – de classer – les espèces survivantes au long d'un gradient de différences de plus en plus marquées. Et il distingue la notion d'« analogie » utilisée par les naturalistes de la notion d'« affinité », de ressemblance par hérédité, par parenté.

Si l'on admet, dit-il, que « les grands vides qui existent entre les poissons, les reptiles, les oiseaux et les mammifères » s'expliquent par l'existence antérieure de groupes intermédiaires aujourd'hui disparus, alors « l'ensemble du monde organique » apparaît « comme un système continu et harmonieux ».

Wallace présente la succession du « nombre immense des espèces » comme un « embranchement compliqué et intriqué » semblable « aux branches d'un chêne noueux, ou du système vasculaire du corps humain ».

Le chêne. L'arbre de la vie. Presque les mêmes mots que ceux que Darwin notait dix-huit ans plus tôt, dans son carnet secret.

Mais l'analogie va plus loin : « Si nous considérons que nous ne disposons que de fragments de ce vaste système, poursuit Wallace, le tronc et les branches principales étant constitués par des espèces éteintes dont nous ne savons rien, alors qu'une vaste masse [vivante] de petites branches, de rameaux et de feuilles éparses est ce que nous avons à classer. »

« Le tronc et les branches principales étant constitués par des espèces éteintes... »

« Le corail de la vie, avait noté Darwin dans ses carnets secrets, parce que la base des branches est morte. »

« Comme de longs échos qui de loin se confondent/Dans une ténébreuse et profonde unité », écrira Baudelaire, évoquant les « confuses paroles », les « forêts de symboles » et les sensations que renvoie, à l'homme, la Nature.

Et « comme de longs échos » entre Darwin et Wallace...

L'AUTEUR ESPÈRE QUE SEULS DES FAITS LUI SERONT OPPOSÉS...

Enfin – et c'est un raisonnement d'une grande puissance – Wallace conclut en disant que sa théorie – qu'il appelle une « loi de la nature » – a non seulement l'avantage « de relier ensemble et de rendre intelligibles un très grand nombre de faits indépendants et jusque-là inexpliqués », mais aussi qu'elle présente une « supériorité par rapport aux hypothèses précédentes, à cause du fait qu'elle ne se contente pas d'expliquer, mais rend nécessaire ce qui existe ». En d'autres termes, ce qui demeure, à la lumière des « hypothèses précédentes », comme un ensemble disparate de faits « inexpliqués » – des « anomalies », dira un siècle plus tard le philosophe des sciences Thomas Kuhn –, sa théorie en postule l'existence, la prédit, en fait des phénomènes « nécessaires », inévitables, dont l'absence, de façon apparemment paradoxale, constituerait une « anomalie ».

« L'objectif de l'auteur de cet article, conclut-il, en présentant ses idées dans leur forme imparfaite actuelle, est de les soumettre à une mise à l'épreuve par d'autres esprits, et d'être mis au courant de tous les faits qui pourraient être contradictoires [avec ces idées]. Parce que l'acceptation de cette hypothèse dépend uniquement de ce qu'elle explique et relie entre eux des faits existant dans la nature, [l'auteur de cet article] espère que seuls des faits lui seront opposés pour invalider [son hypothèse] ; et non pas des arguments a priori contre sa vraisemblance. »

L'article de Wallace est d'une très grande clarté. Il présente l'évolution du vivant comme la meilleure explication logique possible – comme la seule, jusqu'à preuve du contraire – des observations et des connaissances de son temps. Il n'a apparemment pas encore la moindre idée de la loi qui permet cette évolution – il la découvrira soudainement trois ans plus tard.

Mais il met au défi ses contemporains d'invalider sa théorie – il met sa théorie à l'épreuve de ce que le philosophe des sciences Karl Popper considérera un siècle plus tard comme le seul critère de validité d'une théorie, sa capacité à résister à la « falsification » par des faits.

L'article est publié en septembre 1855.

Et il ne se passera rien.

Probablement parce qu'il ne s'agit pas d'une explication – de ce que Darwin aurait appelé « une preuve directe » –, d'une « loi » capable d'expliquer comment les espèces évoluent. Mais, plus simplement, d'un raisonnement proposant la démonstration qu'il ne pouvait en être autrement. Que pouvait signifier une preuve logique de l'existence d'un phénomène qu'on ne pouvait expliquer ?

Il ne se passera rien.

Presque rien.

Lyell lira l'article et réalisera qu'il s'agit d'une idée qui ressemble à celle que Darwin explore depuis si longtemps en secret. Lyell fait partie des quelques personnes que Darwin vient de mettre dans la confidence. Lui, Hooker, et depuis peu Thomas Henry Huxley. Et Lyell conseillera à Darwin de publier, s'il ne veut pas perdre sa priorité.

Et un an plus tard, en mai 1856, Darwin commencera enfin. Il reprendra ses carnets, ses anciens manuscrits, et commencera à rédiger. D'abord un article. Qui deviendra un petit livre. Puis l'ébauche d'un livre énorme, *Sélection naturelle.*

Darwin correspondra avec Wallace. Il lui écrira que Lyell a apprécié son article de 1855. Il lui parlera du livre que lui, Darwin, est en train d'écrire, mais sans rien lui dire de sa théorie.

Puis viendra ce jour de juin 1858, où il recevra le manuscrit de Wallace.

Et les « longs échos qui de loin se répondent » se confondront soudain en un même son.

Le 1er juillet, le manuscrit de Wallace et deux manuscrits de Darwin seront présentés ensemble.

Et en septembre 1858, ils seront publiés ensemble.

Trois articles conjoints qui proposent une même loi qui explique l'évolution des espèces et la généalogie commune du vivant.

Et là encore, il ne se passera rien.

Chapitre 8

Le lien caché

Peut-être est-ce la simplicité même de la chose qui vous induit en erreur. [...] Peut-être le mystère est-il un peu trop clair, [...] un peu trop évident.
Enfin – demandai-je – quelle est la chose en question ?

Edgar Allan Poe,
La Lettre volée

Le mois de juillet 1858.

La Nature, soudain, est nue. Et seule.

La nécessité d'un « projet », la nécessité d'une « cause finale », la nécessité d'un « besoin » se sont soudain évanouies.

Pourtant, « il ne s'est rien passé de particulier ».

Pourquoi ?

Parce qu'il fallait « que toute vision nouvelle soit expliquée par un développement d'une longueur considérable pour éveiller l'attention du public » ?

Il est vrai que les trois communications occupaient, ensemble, moins d'une vingtaine de pages. Et que *De l'origine des espèces* s'étendra sur près de cinq cents pages.

Il y avait probablement d'autres raisons.

Darwin est déjà célèbre et respecté. Mais rien de ce qu'il a publié jusqu'alors ne remettait en cause l'orthodoxie fixiste et créationniste. Et sa pensée, dans ses deux communications, est difficile à suivre, non pas tant, comme il le dira plus tard, parce que les textes étaient « mal écrits », que parce que les idées se succédaient rapidement sans vraiment s'articuler clairement.

Le manuscrit de Wallace, est, quant à lui, en effet, « admirablement écrit et d'une grande clarté ».

Mais Wallace, bien qu'il ait déjà publié auparavant, n'est ni célèbre ni respecté.

Et leur façon d'écrire était différente, de même que certains de leurs centres d'intérêts, et qu'une partie de la terminologie qu'ils utilisaient, brouillant la perception d'idées qui ne pouvaient apparaître qu'hétérogènes.

Il y avait plus.

Darwin et Wallace, s'ils esquissaient tous deux les contours d'une vision similaire de la nature, fondaient certains de leurs arguments sur des raisonnements apparemment contradictoires.

Il y avait des portions de textes qui donnaient une impression étrange d'écho, de reflet, de répétition – « Je n'ai jamais vu de coïncidence plus saisissante », avait écrit Darwin à Lyell.

Et d'autres parties qui n'avaient rien de commun.

Combien minime doit souvent être la différence...

Le vertige de la similitude, d'abord.

L'importance de la « lutte pour l'existence ».

« C'est la doctrine de Malthus, écrit Darwin, appliquée dans la plupart des cas avec une force dix fois plus puissante. » Et il calcule. Imaginons, dit-il, qu'il y ait huit couples d'oiseaux, à un endroit donné, et que seuls quatre couples réussissent, chacun, à élever quatre enfants, et de même à chaque génération. En sept ans, à partir des seize premiers oiseaux, il y en aurait plus de deux mille.

« Comme cette augmentation est quasiment impossible [...]. » Et il poursuit son calcul avec des éléphants...

« Il s'agit, écrit Wallace, d'une "lutte pour l'existence" au cours de laquelle le plus faible et le moins parfaitement organisé doit toujours succomber. » Et il se livre, comme Darwin, à des calculs concernant... les oiseaux. Sur une période non pas de sept ans, mais de quinze ans... Si chaque couple d'oiseaux, dit-il, ne donnait naissance qu'à quatre petits [c'est le même nombre que propose Darwin – un nombre, note Wallace, certainement inférieur à la réalité], et que ces quatre petits survivaient, et donnaient à leur tour naissance... alors, à partir d'un seul couple, au bout de quinze ans, apparaîtrait une population de dix millions d'oiseaux. « Il est donc évident que chaque année, conclut-il, un immense nombre d'oiseaux doit périr. »

Darwin et Wallace insistaient de manière très semblable sur le rôle essentiel que jouent les variations, même minimes, entre les descendants et leurs parents, dans l'issue de la lutte pour l'existence, et dans la capacité des descendants à propager à leur tour ces variations.

« Seuls quelques-uns de ceux qui naissent chaque année peuvent survivre [assez longtemps] pour propager leur espèce, écrit Darwin. Combien minime doit souvent être la différence qui détermine qui devra survivre et qui devra périr. »

« Chaque année, il en naît plus qu'il n'en peut survivre ; le plus petit grain dans la balance doit, sur le long terme, dire sur qui la mort va tomber, et qui va survivre. »

Et encore : « Je ne peux douter que durant des millions de générations, des individus d'une espèce vont de temps à autre naître avec une minime variation, profitable à l'une des composantes de leur économie. De tels individus auront une meilleure probabilité de survivre, et de propager leur nouvelle, et légèrement différente, structure [...]. »

« La plupart ou peut-être toutes les variations à partir de la forme typique de l'espèce, écrit Wallace, doivent avoir un effet défini, aussi minime soit-il, sur les habitudes [de vie] ou les capacités des individus. Même un changement de couleur pourrait, en les rendant plus ou moins visibles, affecter leur sécurité. Des changements plus importants, tels qu'une augmentation de la puissance ou des dimensions de leurs pattes [...], affecteraient plus ou moins leurs modalités d'obtention de leur nourriture, ou l'étendue des territoires qu'ils peuvent habiter. [...] Si une espèce produit une variété qui possède une capacité à peine augmentée de préservation de l'existence, cette variété acquerra inévitablement au cours du temps une supériorité en nombre. »

Relâchez un tant soit peu la pression sur l'un des freins

Ils partageaient aussi tous deux l'idée qu'il n'y avait pas de relation directe entre la taille d'une population et la fécondité des individus qui la composent.

Wallace : « La grande ou moindre fécondité d'un animal est souvent considérée comme la cause majeure de son abondance ou de sa rareté, mais [...] cela a réellement peu – ou rien – à voir avec le sujet. »

Et Darwin : « Généralement, le frein [la mort] tombe sur les graines, les œufs, les jeunes. »

Tous deux insistaient sur la puissance que donnent à ces lois le nombre et la diversité des êtres vivants sur lesquels elles opèrent, et l'étendue du temps, le nombre des générations.

Wallace : « Car bien que la doctrine du hasard et des moyennes ne puisse jamais être prise en compte [quand elle s'applique] sur une échelle limitée, si elle s'applique au grand nombre, les résultats se rapprochent de la théorie, et à mesure que nous approchons d'une infinité de cas, [les résultats] acquièrent une grande précision. L'échelle à laquelle travaille la Nature est si vaste, les nombres d'individus et les périodes de temps qui la concernent s'approchent tant de l'infini, que n'importe quelle cause, aussi minime soit-elle [...], doit à la fin pleinement produire les résultats attendus. »

Et Darwin : « Laissez cette œuvre de sélection, d'une part, et de mort, d'autre part, se poursuivre durant un millier de générations, qui peut prétendre affirmer que cela ne produira pas d'effet [...] ? » Et : « Nous disposons d'un temps quasiment illimité ; personne si ce n'est un géologue ne peut pleinement apprécier [ce que cela signifie]. »

Et chacun avait recours à une métaphore pour évoquer la pression exercée en permanence par les « freins naturels » – les contraintes exercées par l'environnement sur la survie et la reproduction. « Relâchez tant soit peu l'un des freins, écrit Darwin, et le pouvoir géométrique de croissance [de reproduction] dans chaque organisme va presque instantanément entraîner une augmentation du nombre moyen d'individus [qui composent] cette espèce favorisée. » « L'action de ce principe, écrit Wallace, est exactement la même que celle du [régulateur centrifuge] de la machine à vapeur, qui contrôle et corrige toute irrégularité presque avant qu'elle ne devienne évidente. »

Mais il y avait des différences.

L'une, source probable de perplexité pour le lecteur, était une vision radicalement opposée sur les enseignements que l'on pouvait tirer de « la sélection artificielle » des éleveurs pour comprendre les processus qui conduisaient à la transmutation des espèces vivant dans la nature à l'état sauvage.

L'un des arguments les plus puissants qui ont été avancés

La seconde communication de Darwin débutait par un éloge de la sélection artificielle.

« C'est extraordinaire, écrivait-il, ce que le principe de sélection par l'homme – c'est-à-dire le choix [par les éleveurs] d'individus [d'animaux] possédant n'importe laquelle des qualités désirées, et leur utilisation pour la reproduction, et la répétition de ce choix [chez les descendants] – peut accomplir. Même les éleveurs ont été étonnés par leurs propres résultats. [...] L'homme, par ce pouvoir d'accumuler les variations, adapte les êtres vivants à ses désirs. »

« Maintenant, supposez qu'il y ait un être [la sélection naturelle] qui ne jugerait pas à partir des simples apparences externes, mais qui pourrait étudier l'entière organisation interne, [un être] qui ne serait jamais capricieux, et continuerait à sélectionner un objet particulier durant des millions de générations. »

Puis : « Je crois qu'il peut être montré qu'il y a un tel pouvoir à l'œuvre dans la *Sélection naturelle* (le titre de mon livre [non encore publié]), [un pouvoir] qui sélectionne exclusivement au profit du bien de chaque être organique. »

Wallace commence, lui aussi, sa communication par une réflexion sur les animaux domestiques. Mais son raisonnement n'a rien de commun avec celui de Darwin.

« L'un des arguments les plus puissants qui ont été avancés pour prouver le caractère distinct et immuable de chaque espèce, dit Wallace, est que les variétés produites dans un état de domestication sont plus ou moins instables, et ont souvent une tendance, si [elles sont] laissées à elles-mêmes, à retourner à la forme normale de l'espèce [sauvage] parente, et cette instabilité est considérée comme l'un des mécanismes qui permettent de préserver inchangée l'espèce originellement distincte. En [raison de] l'absence ou de la pauvreté de faits et d'observations concernant les variétés qui existent chez les animaux sauvages, cet argument a eu un grand poids pour les naturalistes, et a conduit à une croyance très générale – en quelque sorte un préjugé – concernant ce qu'on appelle "des variétés permanentes ou vraies", des races d'animaux qui propagent continuellement leurs semblables, mais qui diffèrent si peu (bien que constamment) d'une autre race, que l'une est considérée comme une variété de l'autre. Laquelle est la variété, et laquelle l'espèce originelle, il n'y a en général pas de moyen de le déterminer. [...]. Mais c'est l'objet du présent article de montrer que cet *a priori* est entièrement faux, [et] qu'il y a un principe général dans la nature qui va [...] donner naissance à des variations successives s'éloignant de plus en plus du type originel, et qui va aussi conduire, chez les animaux domestiques, à la tendance des variétés à revenir à leur forme parentale [sauvage originelle]. »

Plus loin : « Nos cochons [domestiques] qui engraissent rapidement, nos moutons à courtes pattes, nos caniches n'auraient jamais pu apparaître dans un état de nature [...] car ils n'auraient pas pu entrer en compétition avec leurs parents sauvages [...]. Si on replace les animaux domestiques dans la nature, ils doivent revenir à quelque chose de semblable à leurs ancêtres sauvages originels, ou *s'éteindre*. Nous voyons donc qu'aucune inférence concernant les variétés [qui vivent] dans un état de nature ne peut être déduite de l'observation des animaux domestiques. [...] Ce qui s'applique aux uns ne s'applique pas aux autres. »

Pour Darwin, la « sélection artificielle » des éleveurs et des jardiniers est le modèle qui permet de penser – à condition de faire abstraction des intentions du sélectionneur – l'existence d'un processus de sélection spontané et aveugle opérant dans la nature.

Mais pour Wallace, la « sélection artificielle » est un contre-exemple.

Elle produit des êtres inadaptés, incapables de survivre sans l'aide constante de l'homme, et donc incapables de survivre dans un environnement naturel. Pour Wallace, la « sélection artificielle » est la preuve, par défaut, de la puissance du « principe général » dans la nature qui gouverne la transmutation progressive des espèces.

Pour Darwin, la sélection artificielle est une analogie féconde.

Pour Wallace, elle est le résultat d'une interférence humaine qui révèle, en l'annihilant, la force aveugle à l'œuvre dans la nature.

Deux visions différentes. Deux façons opposées de partir du même phénomène.

Et une même théorie à l'arrivée.

Maintenant considérons le cas d'un territoire qui subit des changements

Ils partagent aussi une même vision des effets des modifications de l'environnement sur l'émergence d'espèces nouvelles chez les animaux et les plantes vivant à l'état sauvage.

« Laissons les conditions extérieures d'un territoire se modifier, propose Darwin dans sa première communication, [...] dans un tel cas les habitants originels doivent cesser d'être aussi parfaitement adaptés aux conditions changeantes qu'ils l'étaient originellement. [...] Dans [le cadre de] la lutte [pour l'existence], [l'individu mieux adapté aux nouvelles conditions] aurait une meilleure probabilité de survivre ; et ceux de ses descendants qui hériteront de cette variation, aussi minime soit-elle, auront aussi une meilleure probabilité [de survivre]. »

Et il donne des exemples concernant des animaux carnivores, puis des plantes.

« Maintenant considérons le cas d'un territoire qui subit certains changements [...] », reprend Darwin dans sa seconde communication.

Wallace utilise presque les mêmes mots pour développer la même idée.

« Maintenant imaginons, dit-il, qu'une quelconque modification des conditions physiques se produise dans le territoire – une longue période de sécheresse, la destruction de la végétation par des sauterelles, l'irruption d'un nouvel animal carnivore –, [...] il est évident que parmi tous les individus composant l'espèce, ceux qui constituent les variétés les moins nombreuses et les plus pauvrement organisées souffriront les premiers, et si la pression est sévère, [ils] subiront rapidement une extinction. »

Et pour Darwin aussi, « les variétés [nouvelles] ainsi formées vont soit coexister avec, ou, plus fréquemment, vont exterminer leurs formes parentes [originelles] ».

Les formes ancestrales s'évanouissent. Seules survivront et demeureront, un temps, les formes nouvelles. Les étapes intermédiaires disparaissent de la surface de la Terre. Et les formes nouvelles, à leur tour, donneront naissance à des formes nouvelles, puis disparaîtront...

« Puis, de proche en proche, poursuit Wallace, la variété supérieure demeurera alors seule, et lors d'un retour des circonstances [extérieures] favorables, augmentera rapidement en nombre et occupera la place des variétés et espèces éteintes. »

Et il développe, pour les espèces sauvages vivant dans l'« état de nature » – contrairement à ce qui se produit pour les espèces domestiques « artificielles » –, la notion d'irréversibilité, d'impossibilité d'un retour en arrière.

« Une telle variété [nouvelle], écrit Wallace, ne pourrait retourner à la forme originelle ; car cette forme [originelle] est inférieure et ne pourrait jamais entrer en compétition avec la nouvelle [forme] pour l'existence. Et cette nouvelle race, nombreuse et améliorée, pourra elle-même, au cours du temps, donner naissance à de nouvelles variétés. »

Mais l'irréversibilité est une notion relative, qui n'opère qu'à environnement constant.

Un changement d'environnement, dit Wallace, « peut causer l'extinction de la nouvelle race » au profit de l'espèce originelle « inférieure », si elle a pu survivre jusque-là. Ou encore – mais Wallace ne le dit pas –, un changement d'environnement pourrait favoriser un retour de la nouvelle variété à la forme originelle, qui, dans ce nouvel environnement, pourrait soudain se révéler ne plus être « inférieure ».

Un autre principe que nous pourrions appeler le principe de divergence

Le résultat global, sur le long terme, sera « une tendance des variétés à s'éloigner indéfiniment du type originel ».

« Ici donc, écrit Wallace, nous avons [à la fois] *progression* et *divergence continue* [c'est lui qui souligne] déduites des lois générales qui régulent l'existence des animaux dans un état de nature ».

Et, dans l'avant-dernière phrase de son manuscrit, il revient sur cette notion de divergence – qui constitue le titre même de sa communication : « Nous pensons avoir maintenant montré qu'il y a une tendance dans la nature à une progression continue de certaines classes de *variétés* de plus en plus loin du type originel – une progression à laquelle il ne semble pas y avoir de raison d'assigner aucune limite définie – et que ce même principe qui produit ces résultats dans l'état de nature expliquera aussi pourquoi les variétés domestiques [la question qui a ouvert son manuscrit] ont une tendance à se retransformer en leur état originel. »

Pour Darwin aussi, la divergence des variétés et des espèces se déduit des « lois générales » que sont la loi de la « descendance avec modification » – qui résulte du « principe de l'hérédité » – et la loi de la « lutte pour l'existence » – qui résulte du « principe de population ».

Mais la divergence n'en constitue pas moins, à elle seule, un troisième principe.

Et c'est la conclusion – le sixième paragraphe – de sa seconde communication.

« Un autre principe, écrit-il, que nous pourrions appeler le principe de divergence, joue, je le crois, un rôle important dans l'origine des espèces. »

Le principe est le suivant : « Le même endroit supportera plus de vie s'il est occupé par des formes très diverses. »

« Nous savons, poursuit Darwin, qu'il a été montré expérimentalement qu'une parcelle de terre va produire une plus grande quantité de plantes si elle a été ensemencée avec plusieurs espèces et genres [différents] d'herbes que si elle a été ensemencée avec seulement deux ou trois espèces. Maintenant, chaque être organique [...] peut être considéré comme s'il faisait tout son possible pour augmenter en nombre. Ainsi en sera-t-il des descendants de chaque espèce après qu'ils se seront diversifiés en variétés, ou sous-espèces, ou véritables espèces [nouvelles]. Et il découle, je pense, des faits précédents, que les divers descendants de chaque espèce vont tenter (seuls peu d'entre eux réussiront) d'occuper autant de places aussi diverses que possible dans l'économie de la nature. Chaque nouvelle variété ou espèce, une fois formée, va généralement prendre la place de son parent moins bien adapté et, de ce fait, l'exterminer. »

La girafe n'a pas acquis son long cou...

Ils sont convaincus, tous deux, que l'émergence des variétés et des espèces nouvelles ne peut être que très progressive.

Elle procède « par pas infimes », dit Wallace.

« Sur des millions de générations », dit Darwin. Et il ajoute : « *Natura non facit saltum* » – « la nature ne fait pas de saut ».

Ils sont aussi tous deux persuadés que les modifications de l'environnement extérieur, qu'il s'agisse de changements climatiques – « une longue période de sécheresse » dit Wallace – ou de changements de l'environnement vivant – « la destruction de la végétation par des sauterelles, l'irruption d'un nouvel animal carnivore » –, jouent un rôle essentiel dans l'émergence progressive de variétés et d'espèces nouvelles.

Darwin ajoute que la survenue « d'un ensemble différent d'habitants [vivants] » aura « beaucoup plus d'effets sur la vie de chaque être que le seul climat ».

La divergence progressive des individus et des variétés, causée par un changement de l'environnement, constitue par elle-même un nouveau changement de l'environnement. Qui accentue à son tour la pression sur tous les individus anciens et nouveaux qui cohabitent et interagissent, et sur lesquels opère, sans relâche, la sélection naturelle. Ne permettant de survivre et de se reproduire qu'à ceux que leurs variations contingentes ont, par hasard, mieux adaptés à cette lutte sans merci pour l'existence qui les éloigne insensiblement, mais irréversiblement, des formes et des habitudes de vie de leurs ancêtres.

Mais si Darwin et Wallace sont tous deux convaincus que les modifications de l'environnement extérieur jouent un rôle important dans la transmutation des espèces, ils n'ont pas la même conception quant aux effets de ces modifications de l'environnement.

Dans sa première communication, Darwin tient pour acquis que « les changements des conditions extérieures, par leurs actions sur le système reproducteur [des organismes], auraient probablement pour effet de transformer l'organisation des êtres qui sont les plus affectés [par ces changements], comme [on l'observe] chez les animaux domestiques ».

Et dans sa seconde communication : « Maintenant considérons le cas d'un territoire qui subit certains changements. Cela aura tendance à causer une variation minime chez certains de ses habitants. »

Ainsi, pour Darwin, les modifications de l'environnement ont pour effet d'augmenter les variations héritables sur lesquelles va opérer la sélection naturelle. Les modifications de l'environnement jouent un rôle direct dans l'émergence de la nouveauté.

« Bien que je croie que la plupart des êtres varient en tous temps suffisamment pour que la sélection puisse agir sur eux », précise-t-il.

La « descendance avec modification » est un phénomène permanent.

Mais les changements de l'environnement accroissent la fréquence ou l'amplitude des modifications.

L'environnement extérieur est un acteur à part entière de l'évolution. C'est une partie de l'héritage lamarckien que Darwin gardera durant toute sa vie : le rôle probable de l'hérédité des caractères acquis, même s'il le considérera comme mineur par rapport au rôle de la sélection naturelle.

Mais pour Wallace, le battement des variations à chaque génération est totalement indépendant de l'environnement extérieur.

L'environnement extérieur n'est qu'un filtre.

Laissant passer à travers les générations, ou retenant dans ses filets, les variations contingentes en fonction du degré d'adaptation à cet environnement qu'elles confèrent aux organismes qui en héritent.

Wallace ne croit pas à la possibilité d'une hérédité des caractères acquis.

Et – contrairement à Darwin – il cite Lamarck.

Pour le réfuter.

« L'hypothèse de Lamarck – selon laquelle des changements progressifs dans des espèces ont été produits par des tentatives des animaux d'augmenter le développement de leurs propres organes, et ainsi de modifier leur structure et habitudes – a été facilement, et de manière répétée, réfutée par tous les auteurs [publiant] sur le sujet des variétés et des espèces, [...] mais les vues développées ici rendent une telle hypothèse non nécessaire, en montrant que des résultats similaires [à ceux que propose Lamarck] sont produits par l'action de principes constamment à l'œuvre dans la nature. [...] La girafe, poursuit Wallace, n'a pas acquis son long cou par son désir d'atteindre les feuillages, ni par le fait qu'elle étirait constamment son cou dans ce but, mais parce que toute variété qui apparaissait parmi les antilopes avec un plus long cou que d'habitude disposait soudain d'une nouvelle étendue [en hauteur] de pâture sur le même sol que leurs compagnons à cou plus court, et dès qu'il survenait un manque de nourriture [ceux qui avaient un plus long cou] étaient de ce fait capables de survivre [à ceux qui avaient un cou plus court]. »

Il existe une autre puissance à l'œuvre

Une différence, encore, entre Wallace et Darwin.

Pour Darwin, l'objet sur lequel opère la sélection naturelle, l'échelle où elle exerce son pouvoir – l'« unité de sélection » –, est l'individu.

C'est à partir des variations héritables entre individus que naissent peu à peu des variétés et des espèces nouvelles. Et c'est toujours au niveau des individus qui composent ces variétés et ces espèces que la sélection continuera d'opérer.

Petit à petit. Graduellement. Individu par individu.

Pour Wallace, il semble que la notion d'individu se confonde avec celle de groupe. L'« unité de sélection » paraît être l'ensemble de la population qui constitue une variété ou une sous-espèce, ou une espèce, en lutte pour l'existence avec les populations qui constituent d'autres variétés, sous-espèces ou espèces. Le « principe général dans la nature » semble agir au niveau et à l'échelle de ces groupes, plutôt qu'à l'échelle de l'individu.

Une dernière différence.

Importante.

Wallace propose que la « lutte pour l'existence » – au sens strict du terme, c'est-à-dire se traduisant en termes de vie ou de mort – est le moteur exclusif de l'évolution du vivant.

Mais Darwin, dans la conclusion de sa première communication, envisage un moteur additionnel.

« À côté de ce moyen naturel de sélection [la sélection naturelle, qui se joue en termes de vie ou de mort], écrit Darwin, par lequel les individus les mieux adaptés à l'endroit qu'ils occupent dans la nature sont préservés, que ce soit dans leur état d'œuf, de larve, ou d'adulte, il existe une autre puissance à l'œuvre chez la plupart des animaux sexués, et qui tend à produire les mêmes effets : il s'agit de la lutte des mâles pour les femelles. Ces luttes sont généralement réglées par les lois de la bataille, mais dans le cas des oiseaux, apparemment, par le charme de leur chant, par leur beauté ou leur capacité à faire la cour [...]. Le mâle qui est le plus vigoureux et en meilleure santé (ce qui implique qu'il est parfaitement adapté) va généralement obtenir la victoire dans ces concours. Cependant, cette forme de sélection [qu'il appellera plus tard la "sélection sexuelle"] est moins rigoureuse que l'autre [la "sélection naturelle"] ; elle ne requiert pas la mort de celui qui a le moins de succès, mais se traduit par le fait qu'il aura moins de descendants.

« De plus, le combat se déroule à une période de l'année [le printemps] où la nourriture est généralement abondante, et peut-être que l'effet majeur produit [par cette "sélection sexuelle"] serait la modification des caractères sexuels secondaires, qui ne sont pas liés à la capacité d'obtenir de la nourriture, ou de se défendre contre des ennemis [capacités qui déterminent la "sélection naturelle"] mais sont liés à la capacité de combattre ou d'entrer en rivalité avec d'autres mâles [de la même espèce]. » Et il y a là, notera un siècle plus tard la petite-fille de Darwin, Nora Barlow, comme un écho à une phrase du grand-père de Charles, Erasmus : « La cause finale [ce vers quoi tend] cette compétition entre mâles semble être que l'animal le plus fort et le plus actif propagera l'espèce, qui deviendra, ainsi, améliorée. »

Ainsi, conclut Darwin, il y a deux formes différentes de sélection à l'œuvre dans l'évolution du vivant.

La « sélection naturelle », qui dérive de la « lutte pour l'existence ». Et la « sélection sexuelle », qui dérive de la lutte des mâles pour conquérir une partenaire, ou de la compétition entre les mâles pour être choisi par une partenaire.

Les modifications, à chaque génération, qui permettent à un individu de remporter une victoire dans la première forme de lutte – la lutte pour l'existence – ne lui permettront pas nécessairement de remporter la victoire dans la seconde forme de lutte – la lutte pour l'obtention d'une partenaire sexuelle ou pour être choisi – et réciproquement.

Certaines variations permettent de survivre jusqu'à l'âge de la reproduction. Elles traduisent une adaptation relative aux différentes composantes de l'environnement extérieur.

D'autres variations permettent de se reproduire. Elles traduisent une adaptation relative à une composante très particulière de l'environnement : les compétiteurs et les partenaires sexuels qui naissent à l'intérieur de la même espèce.

Ces deux types de variations peuvent être semblables ou complémentaires [l'adaptation à la lutte pour l'existence, suggère Darwin, peut être un des critères de succès dans la compétition pour gagner un partenaire sexuel]. Mais ces deux types de variations peuvent aussi, propose Darwin, être indépendants. Voire contradictoires.

L'amplitude et la lourdeur des bois d'un cerf, qui lui permettent de combattre les autres mâles, et lui donnent ainsi un avantage dans la reproduction, peuvent aussi lui rendre la vie plus difficile. La couleur éclatante du plumage ou des ornements d'un oiseau, qui lui permet de séduire sa partenaire, peut en faire une cible facile pour ses prédateurs...

À l'œuvre dans l'émergence continue d'espèces nouvelles, il y a, pour Darwin, trois principes :

le principe de l'hérédité – dont résulte la « descendance avec modification » ;

le principe de population – dont résulte la « lutte pour l'existence » ;

et le principe de divergence – qui résulte de l'occupation différentielle de toutes les parcelles du territoire par des individus appartenant à des espèces différentes.

En 1838, vingt ans plus tôt, il avait noté à la fin du carnet secret E, le dernier cahier de *Zoonomia* :

« Trois principes vont rendre compte de tout :

(1) Petits enfants. comme. grands pères

(2) Tendance à de petits changements. spécialement en ce qui concerne les changements physiques

(3) Grande fertilité par rapport à l'aide que les parents peuvent fournir. »

Mais il s'agissait là en fait de trois formulations de ce qui correspond désormais, pour lui, en 1858, aux deux premiers principes.

« (1) Petits enfants. comme. grands pères » et « (2) Tendance à de petits changements, spécialement en ce qui concerne les changements physiques » sont deux formulations, cryptiques, du premier principe, le principe de l'hérédité – dont résulte la « descendance avec modification ».

Et « (3) Grande fertilité par rapport à l'aide que les parents peuvent fournir » est une formulation du deuxième principe, le principe de population – dont résulte la « lutte pour l'existence ».

En 1838, le troisième principe – le principe de divergence – lui avait échappé. « À cette époque, j'avais méconnu un problème de grande importance, et c'est pour moi un sujet d'étonnement, mis à part la référence au principe de Christophe Colomb et à son œuf, que j'aie pu ne pas voir ce problème et sa solution. Ce problème est la tendance des êtres organiques, descendants de mêmes ancêtres, à diverger en caractère à mesure qu'ils sont modifiés. »

Mais en 1858, ce sont trois principes qu'il présente de manière dispersée dans ses deux communications.

Le principe de l'hérédité – dont résulte la « descendance avec modification ».

Le principe de population – dont résulte la « lutte pour l'existence ».

Et le principe de divergence – qui résulte de l'occupation différentielle de toutes les parcelles du territoire par des individus appartenant à des espèces différentes.

Trois principes.

Et de ces trois principes découlent deux lois.

La loi de la « sélection naturelle ».

Et la loi de la « sélection sexuelle ».

Ainsi, de la variation à chaque génération, et d'un déséquilibre quantitatif au cœur du principe de population – une partie importante des descendants n'auront pas de descendant –, émerge un déséquilibre qualitatif. Ce sont les êtres qui ont eu par hasard le plus de probabilité de survivre et de se reproduire dans un environnement donné qui auront le plus de descendants. Ces descendants auront hérité de nombreuses caractéristiques de leurs parents. Et si, parmi ces caractéristiques héritables, certaines sont celles qui ont permis à leurs parents de mieux survivre et de mieux se reproduire que d'autres dans l'environnement qui était le leur – et pour autant que cet environnement demeure relativement stable –, ces caractéristiques se répandront progressivement de génération en génération.

Dans le tremblement incessant, chez les descendants, des variations sur les thèmes de leurs parents et ancêtres, il n'y a rien qui préfigure la direction des modifications dans lesquelles s'engageront, graduellement, les générations à venir.

Rétrospectivement, le changement apparaît toujours avoir été orienté dans une direction particulière : vers une adaptation croissante à l'environnement qui est le leur. Environnement complexe et composite – inerte, vivant, à l'extérieur de l'espèce, et à l'intérieur de l'espèce.

Mais ces environnements eux-mêmes dérivent. Et les êtres vivants participent eux-mêmes à ces changements de leur environnement.

« La direction dans laquelle souffle le vent ».

La direction change.

Mais ce sera toujours dans cette direction, mouvante et imprévisible, que se seront rétrospectivement orientées les modifications progressives des êtres, de génération en génération. Dans cette direction que progressera la divergence.

LA LETTRE VOLÉE

Le manuscrit de Wallace se conclut ainsi : « Cette progression [qui conduit à la divergence], par pas infimes, dans des directions variées, mais toujours contrôlée et équilibrée par les conditions nécessaires [de l'environnement interne et externe] [...] peut, je le crois, être utilisée pour comprendre tous les phénomènes présentés par les êtres organisés, leur extinction et succession durant les époques passées, et toutes les modifications extraordinaires de forme, d'instinct, et d'habitudes qui les caractérisent. »

Mais pour Darwin – et c'est la fin de son paragraphe sur le « principe de divergence » –, la conclusion essentielle est ailleurs. « Là est, je le crois, l'origine de la classification des êtres organiques, et de leurs ressemblances, en tout temps ; car les êtres organiques *semblent* toujours former des embranchements et des sous-embranchements comme les branches d'un arbre à partir d'un tronc commun ; les rameaux fleurissants et divergents détruisant les [branches] moins vigoureuses – les branches mortes et perdues représentant, grossièrement, les genres et les familles éteintes. » Presque les mêmes mots que ceux de Wallace, trois ans auparavant. Mais il ne cite pas Wallace.

Un arbre.

Constitué de branches vivantes et de branches mortes.

La divergence révèle la parenté de tous les êtres vivants qui ont peuplé et qui peuplent aujourd'hui la Terre.

« Ce brouillon est *extrêmement* imparfait ; conclut-il, mais dans un espace si court je ne peux pas le rendre meilleur. Votre imagination doit remplir de très vastes blancs » (il s'adresse au botaniste Asa Gray, cette seconde communication étant en fait in extenso une lettre qu'il lui avait envoyée moins d'un an auparavant).

La théorie développée par Wallace et Darwin intégrait de manière profondément originale les notions de transformation et de continuité, en inscrivant l'émergence de la nouveauté dans la trame même de la généalogie de chaque espèce – dans la trame de la descendance et de la parenté, de la succession des engendrements, de générations en générations, à partir d'une origine commune.

L'idée nouvelle était qu'à l'intérieur de chaque espèce, les différences minimes entre parents et enfants, et entre différents enfants, ne constituent pas de simples variations anodines sur le patron intemporel et idéal de l'espèce. Il s'agit au contraire d'un événement essentiel : la source même des différences dont l'accumulation fera naître, un jour, par hasard, de l'espèce ancienne une espèce nouvelle.

Comme, dans la nouvelle d'Edgar Allan Poe, la lettre volée que tout le monde cherche et que personne ne trouve parce qu'elle a été simplement posée en évidence, ces différences minimes – ces variations minimes – que tout le monde voyait depuis la nuit des temps entre parents et descendants à l'intérieur d'une même espèce, et qui étaient si souvent apparues comme la preuve même de la stabilité des espèces, étaient, au contraire, le secret de l'émergence des espèces nouvelles.

« La communauté de descendance [la généalogie, la parenté], écrira Charles Darwin, est le lien caché [entre les espèces] que les naturalistes ont cherché inconsciemment [sans le trouver], et non pas quelque plan inconnu de création. »

La définition la plus simple d'une espèce – tout du moins lorsqu'elle est constituée d'organismes sexués – est qu'elle constitue une population, un groupe d'individus, même peu semblables, partageant une caractéristique commune : celle de pouvoir s'interféconder – de pouvoir se reproduire ensemble, d'avoir des descendants – et de ne pouvoir se reproduire, avoir des descendants, avec des individus, même très semblables, mais appartenant à d'autres espèces. Ainsi, c'est une forme d'« isolement reproductif » qui définit habituellement aujourd'hui une espèce.

La révélation que proposaient, chacun à sa façon, Darwin et Wallace, était que le phénomène de reproduction, au sein d'une espèce donnée, de par les variations aléatoires qu'il entraînait à chaque génération, était la cause même de l'émergence d'espèces nouvelles. C'est-à-dire la cause même de l'émergence d'individus, devenant progressivement différents, qui perdaient peu à peu – en raison, par exemple, d'un isolement géographique prolongé – la capacité à se reproduire au sein de leur espèce originelle. Et ils proposaient l'existence d'une « loi naturelle », à l'œuvre depuis l'origine, dans l'émergence, les métamorphoses et l'adaptation à leur environnement de toutes les espèces vivantes.

Et cette loi, aveugle, était, pour Darwin et pour Wallace, le véritable *lien caché* qui expliquait la chatoyante diversité des innombrables espèces d'animaux et de plantes qui peuplaient notre planète. Un *lien caché* qui tissait la continuité de la longue histoire du vivant. Une généalogie commune. Une parenté originelle.

Lien contre-intuitif et paradoxal. Au point de demeurer un temps, après avoir été révélé, invisible – comme sous l'effet de l'aveuglement provoqué par une lumière trop vive.

Avant d'être distingué, soudain, rétrospectivement, comme une évidence.

Chapitre 9

La rose de personne

Un Rien
étions-nous, sommes-nous, allons-
nous demeurer, fleurissant :
La rose de Rien, la
rose de Personne...

Paul Celan,
Psaume

Les divergences entre les manuscrits de Wallace et Darwin publiés ensemble en 1858, si elles ont probablement contribué, durant un an et demi, à leur non-compréhension, préfiguraient aussi certains des débats, parfois violents, qui allaient diviser les évolutionnistes pendant près d'un siècle et demi.

Quelle est la véritable « unité de sélection » – l'individu, le groupe, ou l'espèce ? Ou des sur-ensembles encore plus vastes ? Ou des entités beaucoup plus élémentaires, microscopiques, invisibles, ces « éléments qui construisent les formes », impliqués dans l'hérédité – les gènes – qui étaient inconnus de Darwin et Wallace ?

Quels sont les rôles respectifs de la « sélection naturelle » et de la « sélection sexuelle » dans l'évolution du vivant ?

L'environnement agit-il uniquement comme un filtre, ou peut-il influencer la fréquence, l'amplitude ou la nature des variations héritables ?

Peut-il y avoir hérédité des caractères acquis ?

Il y aura bien d'autres débats encore.

Sur la question, notamment, de savoir si l'évolution du vivant procède toujours de manière graduelle, « par pas infimes », ou si la Nature peut aussi faire des sauts.

Deux conflits allaient naître, de leur vivant, entre Darwin et Wallace. Le premier concernera le rôle de la sélection sexuelle, auquel Darwin attache une grande importance, et que Wallace rejettera, considérant que ce n'était qu'une manifestation parmi d'autres de la sélection naturelle.

Le second sera un conflit majeur, dont rien ne préfigurait les contours dans leur publication conjointe.

Cette divergence ne concernait pas l'évolution des animaux et des plantes. Elle concernait l'émergence de l'espèce humaine.

J'ESPÈRE QUE VOUS N'AVEZ PAS ASSASSINÉ VOTRE PROPRE ENFANT ET LE MIEN

Onze ans se sont écoulés depuis leur publication conjointe, qui ne disait rien de l'homme. Dix ans depuis la publication de *L'Origine des espèces*, qui annonçait simplement que « la lumière sera jetée sur l'origine de l'homme et sur son histoire ».

Et il faudra encore attendre deux ans avant que Darwin ne publie *La Généalogie de l'homme*.

En 1869, Wallace décide de publier ses réflexions sur l'émergence de l'espèce humaine.

Il est impossible, explique-t-il, que les lois aveugles qui gouvernent la nature, et ont déterminé l'évolution de toutes les espèces d'animaux et de plantes, aient pu, à elles seules, permettre l'émergence du cerveau humain, et des hautes capacités intellectuelles et morales de l'homme.

Il y a là pour lui un saut qualitatif inconcevable.

Il propose qu'une « Intelligence supérieure a veillé sur les lois de la nature, dirigeant les variations [chez des ancêtres non humains des êtres humains], et déterminant leur accumulation ». Cette « Intelligence supérieure » a opéré dans la nature une forme de « sélection artificielle » intentionnelle qui a permis d'aboutir à l'être humain.

L'un des deux inventeurs de la théorie de l'évolution du vivant réintroduit la notion de projet, d'intention, de finalité. De Création.

Il croit à l'existence de l'âme.

Il participe à des séances de spiritisme. Il y a entendu la voix de son frère, mort.

Son argumentation, qu'il continuera de développer jusqu'à la fin de sa vie – trente ans après la disparition de Darwin – est la suivante.

Les capacités intellectuelles et morales de la plupart des « sauvages » qu'il a rencontrés lors de ses longs séjours en Amazonie, dans l'« archipel malais » et en Guinée, sont quasiment [!] aussi développées, dit-il, que celles d'un citoyen civilisé d'Angleterre. Et pourtant, le niveau intellectuel et moral qui leur est nécessaire pour survivre dans la nature est, à l'évidence, poursuit-il, à peine plus élevé que celui des grands singes, nos plus proches parents, qui vivent dans le même environnement.

La « sélection naturelle » oriente la propagation des caractéristiques nécessaires à la survie et à la reproduction dans un environnement donné. Mais elle n'a pas le pouvoir d'orienter la transmission de « qualités » qui excèdent de loin celles qui sont indispensables à l'adaptation à cet environnement. La « sélection naturelle » n'aurait donc jamais pu favoriser la propagation chez les premiers êtres humains de ce cerveau si remarquable qui permet des performances tellement supérieures à celles qui sont indispensables aux « sauvages » pour survivre et se reproduire.

La qualité exceptionnelle des capacités intellectuelles et morales humaines est donc la preuve de l'existence et de l'action d'une « intelligence supérieure ».

Et réapparaît, après un long détour, sous une forme nouvelle, et spécifiquement restreint à l'origine de l'être humain, l'ancien argument de *La Théologie naturelle*.

Et l'idée nouvelle d'une intersection possible entre la sélection naturelle qui rend compte des métamorphoses du vivant et une intervention surnaturelle dans l'émergence des premiers êtres humains.

La question que soulève Wallace quant à la puissance de la sélection naturelle demeurera, d'une manière très générale – indépendamment de toute référence à une Création ou à un Dessein intelligent, et dans bien d'autres domaines que celui de l'origine de l'espèce humaine –, au centre de nombreux débats entre évolutionnistes sur les effets possibles de la sélection naturelle, et sur l'importance de l'adaptation dans l'évolution du vivant. Et ce type d'argumentation demeurera, bien sûr, au centre des critiques des créationnistes et des partisans du Dessein intelligent qui, jusqu'à aujourd'hui – et contrairement à Wallace –, nieront toute possibilité d'évolution spontanée du vivant.

Darwin refusera toujours ce retour, même partiel, de Wallace à *La Théologie naturelle.*

Et en 1869, avant la publication de l'article dont il a été informé, Darwin écrit à Wallace : « J'espère que vous n'avez pas assassiné trop complètement votre propre enfant et le mien. »

Et lorsqu'il aura entre les mains un exemplaire de l'article, Darwin, dans la marge, inscrira : « Non !!! »

DERRIÈRE, OÙ, OÙ ÉTAIT UNE, OÙ ÉTAIT UNE PLACE ?

Onze ans plus tôt.

Le soir du 1er juillet 1858. La présentation conjointe de Darwin et Wallace.

Puis le mois de septembre. La publication.

Soudain, la Nature est nue.

Mais personne – presque personne – ne le voit – ou ne veut le voir.

Il ne s'est rien passé.

Pourquoi ?

Probablement parce que la science ne dévoile jamais.

Elle révèle un dévoilement. En le décrivant.

Ce n'est jamais la nudité première et ultime de la réalité qui apparaît.

C'est un récit.

Et ce récit lui-même est un voile nouveau, qui recouvre la nudité en disant la disparition des voiles anciens.

Le bref récit enchevêtré de Darwin et de Wallace est probablement trop hétérogène et trop opaque pour avoir cet effet.

Darwin court d'une idée à une autre, sans reprendre son souffle. Et termine ses deux communications par deux idées entièrement différentes.

La « lutte des mâles pour les femelles » dans la première.

Le « principe de divergence » dans la seconde.

Une impression de confusion.

Wallace suit tout au long de son manuscrit le cours d'une même idée, mais l'aborde parfois à contre-pied de Darwin, fait appel à d'autres termes, et ne distingue pas, sur la piste du vivant, les mêmes traces de pas. Les mêmes signes.

Reste la sensation qu'il s'agit toujours d'habits anciens.

La science est le récit d'un dévoilement.

De l'origine des espèces sera ce récit.

Qui dit la chute des habits anciens qui tombent un à un.

Qui décrit la nature dans une splendide et terrifiante nudité.

Et le lecteur y découvrira sa propre nudité.

Comme Adam et Ève avant l'exil.

Et comme le premier homme et la première femme, il cherchera probablement ce qui pourrait lui tenir lieu de vêtement.

Comme eux, il se sait soudain nu.

Mais, contrairement à eux, il est seul.

Il a toujours été seul.

Le nouvel exil, c'est cette solitude première.

« Derrière, où, où était une, où était une place ? » chantera Gerard Manley Hopkins, qui disparaîtra un an après Darwin.

« Nous-mêmes, derrière nous-mêmes, cachés... », chantera Emily Dickinson, très loin de là, à la même époque.

Où étions-nous, au début de ce qui devint nous ?

Qui sommes-nous ?

Chapitre 10

L'endroit d'où nous sommes partis

La fin est l'endroit d'où nous partons [...]
Nous n'aurons de cesse d'explorer
Et la fin de toutes nos explorations
Sera d'arriver à l'endroit d'où nous sommes partis
Et de connaître le lieu pour la première fois.

T. S. Eliot,
Four Quartets

Le milieu de l'été. Le mois d'août 1838.

Darwin a vingt-neuf ans.

Cela fait près de deux ans qu'il est revenu de son voyage autour du monde. Et dix-huit mois qu'il a commencé, à Londres, un autre voyage.

Immobile. Un voyage à travers le temps.

Il remonte le temps, à contre-courant. De générations en générations. Il voyage à travers les généalogies. Au long de millions d'années. À la recherche des origines lointaines du vivant.

Dans le carnet secret B de *Zoonomia – Les lois de la vie –* débuté un an plus tôt, il a tracé le dessin d'un arbre, d'un corail, et à l'extrémité de chaque branche, une lettre qui désigne une espèce vivante. La parenté. Invisible. Que produit le temps. Et que le temps efface.

Dans deux mois, il lira Malthus.

Et dans quelques mois, il aura terminé son dernier carnet secret *Zoonomia*, le carnet E, et formulé sa théorie sur l'origine des espèces.

Mais il a entrepris un autre voyage.

Cette expérience de la vie que la vie fait d'elle-même...

Un autre voyage. Un autre carnet secret.

Le carnet N, dans lequel il inscrit ses « interrogations métaphysiques ».

À la recherche de ce qui, en d'autres, nous demeure à jamais invisible. De ce qui ne peut, en d'autres, qu'être ressenti, imaginé, réinventé. De ce qui, en nous-même, nous fonde et nous échappe.

« Cette expérience de la vie que la vie fait d'elle-même, de soi-même en train de vivre », écrira Jorge Semprun dans *L'Écriture ou la Vie*.

Est-ce qu'un chien a une conscience ?

Et qu'est-ce que la conscience ?

Est-ce que l'esprit humain est simplement un produit du corps humain ?

Est-ce que l'idée de Dieu est simplement un produit naturel de l'esprit humain ?

Le même mois d'août 1838.

Il commence un autre voyage, encore, à travers le temps.

Un voyage à l'intérieur de lui-même.

Il remonte à contre-courant le cours de son existence.

Il rédige ses souvenirs d'enfance.

Au long de quelques pages. Intitulées *Vie*.

Vie parcourt une période de sept ans, se terminant alors qu'il a onze ans. Faisant surgir quelques instants. Quelques lueurs, à travers d'immenses plages d'ombre.

La mort de sa mère. Il a huit ans et demi : « Je ne me rappelle presque rien, excepté avoir été appelé – le souvenir d'entrer dans sa chambre, mon père nous retrouvant après en pleurant. »

Puis, plus tard : « Je me souviens obscurément des illuminations après la bataille de Waterloo. »

À neuf ou dix ans, « peu après que j'ai commencé à collectionner des cailloux, je me souviens distinctement du désir que j'avais de pouvoir connaître quelque chose de chaque caillou devant la porte – c'était ma première et unique aspiration géologique à cette époque ».

Puis une confession : « J'étais à cette période un très grand conteur – pour le pur plaisir d'exciter l'attention et la surprise. Je volais des fruits et les cachais pour les mêmes raisons [...]. – Je revenais rarement de mes promenades sans dire que j'avais rencontré un faisan ou un oiseau étrange (un goût pour l'histoire naturelle). Ces mensonges, quand ils n'étaient pas détectés, excitaient, je suppose, mon attention, étant donné que je m'en souviens très distinctement – non pas liés à de la honte, bien que ce soit le cas pour certains [de ces mensonges], mais comme quelque chose qui, en provoquant un grand effet sur mon esprit, donnait du plaisir, comme une tragédie – Je me souviens quand, à Mont Cases, inventant complètement une histoire pour montrer à quel point j'aimais dire **la vérité !** [en gras dans le texte] – mon invention est toujours si vive dans mon esprit, que je pourrais presque imaginer qu'elle correspondait à la vérité, si le souvenir de ma honte ne me disait que c'est faux. »

Puis : « Je suis un naturaliste-né. »

« 1819. Juillet. (Dix ans et demi). [...] Le souvenir me traverse maintenant, comme un éclair, du plaisir que j'avais dans la soirée, ou durant un jour de vent, me promenant seul le long de la plage, et regardant les goélands et les cormorans revenant chez eux d'un vol sauvage et irrégulier. – Des plaisirs aussi poétiques, [que j'ai] ressentis aussi fort des années plus tard, je ne les attendais pas si tôt dans la vie. »

Puis vient le dernier souvenir. Il a onze ans et demi : « Juillet 1820. Ai été en excursion avec Erasmus [son frère aîné] à Pistol Rhyadwr – de cela je me rappelle peu, une image indistincte de la chute d'eau – mais je me souviens très bien de mon étonnement lorsque j'ai entendu dire que les poissons pouvaient remonter la chute en bondissant à contre-courant. »

Une image obscure

Vie débute par son souvenir le plus ancien.

« Mon premier souvenir, dont je peux donner approximativement la date, a dû avoir lieu avant que je sois âgé de quatre ans : j'étais assis sur les genoux de Caroline [sa sœur], et, pendant qu'elle était en train de découper une orange pour moi, une vache courut devant la fenêtre, ce qui me fit bondir ; et je reçus une mauvaise entaille dont je conserve la cicatrice à ce jour. De cette scène, je me souviens de l'endroit où j'étais assis, et de la cause de ma frayeur, mais pas de l'entaille elle-même. – Et je pense que mon souvenir est réel, et n'a pas, comme cela arrive souvent dans de tels cas, pour origine d'avoir entendu la chose répétée si souvent que l'on en obtient une image tellement vive qu'elle ne peut pas être distinguée d'un souvenir [réel de l'événement]. [Je pense que mon souvenir est réel] parce que je me rappelle clairement dans quelle direction la vache courait, ce qui ne m'aurait probablement pas été raconté. »

« Mon souvenir ici est une image obscure, ajoute-t-il, dans laquelle, du fait que je ne me remémore aucune douleur, je suis à peine conscient du fait [que ce souvenir] me concerne. »

Quarante ans après avoir écrit *Vie*, quand il rédigera son *Autobiographie*, il taira ce premier souvenir.

« Mon premier souvenir, écrira-t-il dans *Autobiographie*, ne remonte qu'au moment où j'avais quelques mois de plus que quatre ans et où nous sommes partis à [...] pour nous baigner dans la mer. »

Mais c'est une allusion au second souvenir qui émerge dans *Vie* : « L'été 1813. – Quand j'étais âgé de quatre ans et demi, allai à la mer et y restai quelques semaines. »

Sa peau a gardé la cicatrice de l'entaille que le couteau lui a faite alors qu'il n'avait pas encore quatre ans. Mais ce qu'il a vécu, en a-t-il gardé l'empreinte dans sa mémoire ou seulement dans son corps ? Ce qui remonte en lui, est-ce un vrai souvenir ou un souvenir reconstruit ? Est-ce bien lui qui se souvient de lui, ou bien se souvient-il de ce que d'autres lui ont dit de lui ? Et avant ? Seuls d'autres peuvent parler de ce qu'il était avant de savoir, ou de pouvoir garder en mémoire, ce qu'il a été, au début de ce qui devint lui.

« Les cicatrices, écrira Cormac McCarthy, ont le pouvoir étrange de nous rappeler que notre passé est réel. »

Nous sommes faits de mémoire.

Et d'oubli.

« Il faut pouvoir, dit Rilke, se remémorer des routes dans des contrées inconnues, des rencontres inattendues, et des adieux prévus depuis longtemps – des journées d'enfance restées inexpliquées [...]. Il faut avoir en mémoire [...] des nuits de voyage qui vous emportaient dans les cieux et se dissipaient parmi les étoiles – et ce n'est pas encore assez que de pouvoir penser à tout cela. [...] Il faut se rappeler les cris des femmes en train d'accoucher [...]. Il faut aussi avoir été au côté des mourants, il faut être resté au chevet d'un mort [...]. Et il n'est pas encore suffisant d'avoir des souvenirs. Il faut pouvoir les oublier, quand ils sont trop nombreux, et il faut avoir la grande patience d'attendre qu'ils reviennent.

« Car les souvenirs ne sont pas encore ce qu'il faut. Il faut d'abord qu'ils se confondent avec notre sang, avec notre regard, avec notre geste, il faut qu'ils perdent leurs noms et qu'ils ne puissent plus être discernés de nous-mêmes ; il peut alors se produire qu'au cours d'une heure très rare, le premier mot d'un vers surgisse... »

Nous sommes faits de mémoire et d'oubli. D'absence. De l'empreinte encore vivante en nous de ce qui a disparu. De ceux qui ont disparu. Nous sommes ce qui reste de ceux qui ont disparu. Nous sommes faits de la présence de l'absence. De l'oubli de ce qui demeure en nous de tous ceux qui nous ont fait naître. Et nous ne cessons de nous réapproprier ce qui nous a été transmis, que nous ne vivrons jamais, et dont nous éprouvons le manque.

Le passé n'est pas mort...

« Le passé est une terre étrangère, écrira Leslie Poles Hartley, ils font les choses différemment là-bas. »

Et pourtant.

« Le passé n'est pas mort, dira William Faulkner, il n'est pas même passé. »

Le passé n'est pas mort.

Parce qu'il continue de vivre en nous.

Parce que nous sommes ce qu'il est devenu.

Mais il nous est à jamais une terre étrangère.

Parce que l'empreinte que nous en gardons nous a transformés.

Et parce que notre passé le plus ancien nous est à jamais fermé. Seuls d'autres peuvent se souvenir et nous raconter ce que nous étions avant de savoir que nous étions.

Le passé du vivant nous est à jamais fermé.

Et personne pour se souvenir et nous raconter ce que nous étions avant que nous ne devenions humains. Alors que nous devenions humains.

Et l'arbre même de *Zoonomia* a disparu à mesure qu'il poussait ses branches vers le ciel.

Comme les explorateurs dont les « radeaux des cimes » atterrissent sur la forêt amazonienne, nous sommes au sommet de l'arbre. Mais si nous plongeons notre regard vers le sol, nous ne rencontrons que le vide. L'arbre s'est effacé. Et la quasi-totalité des branches qui un jour ont commencé à pousser. L'arbre n'existe pas. L'arbre n'a jamais existé en tant que tel. Seule sa cime traverse le temps. En se transformant.

L'arbre est la mémoire reconstruite de la généalogie du vivant. Comme une convocation de tous les ancêtres disparus. Comme une évocation de la résurrection par la prophétie d'Ézéchiel dans la vallée des os – « les os se rapprochèrent en s'ajustant l'un à l'autre. Je vis qu'il y avait sur eux des nerfs, qu'une chair s'était développée et qu'une peau s'étendait par-dessus. [...] Et l'esprit les pénétra, ils vécurent, ils se dressèrent sur leurs pieds, en une multitude extrêmement nombreuse ». Comme une évocation non seulement de la résurrection des hommes, des femmes et des enfants disparus de toutes les tribus d'Israël. Mais de tous les êtres vivants qui sont nés sur la Terre depuis la nuit des temps.

Un croquis stylisé sur une page du carnet secret B. Un diagramme abstrait dans *De l'origine des espèces.* Avec, à l'extrémité de chaque branche, et de chaque embranchement, une lettre. Un immense alphabet dont la plupart des lettres se sont à jamais effacées, après s'être, pour certaines, métamorphosées en des lettres nouvelles. Les branches et les rameaux de l'arbre sont tissés d'absence.

Tous les êtres vivants qui aujourd'hui nous entourent forment le peuple des rescapés de la longue histoire qui nous a donné naissance.

Aucun n'est notre ancêtre. Tous sont nos contemporains. Et ils ont tous évolué, ils se sont tous transformés, à mesure qu'ils se propageaient à travers le temps.

La théorie darwinienne de l'évolution implique un coût extraordinairement élevé payé en permanence par le vivant : une hécatombe d'individus qui meurent avant d'avoir pu donner naissance à des descendants.

Une perpétuelle reconstruction.

L'ORIGINE COMMUNE

Cette reconstruction permanente des origines apparaissait comme le phénomène même qui avait permis à la vie de voyager à travers le temps, de se propager en se modifiant en permanence dans des environnements toujours changeants. La variation aléatoire qui permettait à un petit nombre de survivre et de se reproduire causait la disparition prématurée du plus grand nombre.

Et l'absence de variation aurait vraisemblablement été encore plus destructrice, faisant disparaître depuis longtemps la vie même – éliminant l'ensemble de l'univers vivant.

L'hérédité, dit Darwin, est variations sur le thème de la continuité. Variations dont la résultante se joue en termes de vie ou de mort.

Mais si l'hérédité est variations sur le thème de la continuité, de quelle manière, où et quand, à quel niveau, au long de notre existence et au long de l'existence de nos ancêtres, se sont imprimées et se sont manifestées ces variations et cette continuité ?

À l'époque où est publié *De l'origine des espèces*, deux idées importantes ont commencé à apparaître et à se propager.

La première notion est que c'est dès le début de l'existence, durant la période du développement de l'embryon – et non pas durant l'enfance ou à l'âge adulte –, que s'expriment les variations de notre hérédité. Mais ces variations individuelles entre parents et enfants s'impriment sur un socle plus ancien de variations qui témoignent des transformations de nos lointains ancêtres. Elles ne réalisent que des variations plus tardives sur ce socle commun.

Comment se fait-il, demande Darwin, qu'à une phase particulière de son développement, l'embryon humain ressemble à un embryon de reptile ? Pourquoi les embryons de scarabées, de mites, de mouches se ressemblent-ils beaucoup plus entre eux que les formes adultes ne se ressembleront entre elles ?

Parce que, propose Darwin, « l'embryon est l'animal dans son état le moins modifié » et que cet état, encore peu modifié, « révèle la structure de l'ancêtre ».

« La communauté des structures embryonnaires, écrira-t-il, révèle l'origine commune » de l'ensemble des espèces qui peuplent aujourd'hui notre planète.

Certaines étapes essentielles de notre développement embryonnaire constituent des reflets lointains de certaines étapes anciennes de notre généalogie.

Nous sommes, chacun, les descendants d'une longue lignée d'ancêtres qui se sont, tour à tour, par hasard, évadés de leur espèce pour donner naissance à une espèce nouvelle. Nous portons en nous à la fois le vestige de l'origine commune que nous partageons avec l'ensemble des êtres vivants et le témoignage des modifications, des variations aléatoires, qui se sont effectuées sur ce passé.

Pour un astronome, contempler le ciel, ce n'est pas seulement plonger son regard dans l'espace, mais aussi dans le passé. La lumière qui provient d'une étoile a pu mettre des millions d'années à nous atteindre, et l'étoile peut avoir aujourd'hui disparu depuis longtemps. Pour un biologiste, contempler un embryon en train de se développer, c'est ressentir l'émotion du mystère d'un être singulier en train de se construire, mais, dans le même temps, distinguer une trace fugace, brouillée, lointaine de certaines des métamorphoses qui nous ont fait naître.

UN MICROCOSME...

La seconde notion importante qui va progressivement s'intégrer à la précédente est la théorie selon laquelle tous les êtres vivants sont constitués de cellules, et chaque cellule ne peut avoir pour origine qu'une autre cellule.

« Chaque créature vivante doit être considérée comme un microcosme, écrit Darwin, un petit univers, constitué d'une multitude d'organismes qui se reproduisent, incroyablement petits, et aussi nombreux que les étoiles dans le ciel. »

La généalogie qui sous-tend la continuité du vivant apparaîtra progressivement comme une généalogie invisible à l'œil nu. Une généalogie de cellules.

Depuis son origine, c'est sous forme de cellules que le vivant s'est propagé à travers le temps au long de trois à quatre milliards d'années.

Si la longue cohorte des vivants qui émergent et s'effacent depuis la nuit des temps est généalogie, chacun d'entre nous est aussi une généalogie, une succession de générations des cellules qui nous composent.

Et le développement d'un embryon peut être considéré comme une forme singulière, spectaculaire et infiniment condensée, des variations sur la longue aventure de l'évolution du vivant, qui ont conduit des organismes unicellulaires ancestraux à s'assembler de diverses manières avant de donner naissance, il y a huit cent millions à un milliard d'années, aux corps des premiers animaux et des premières plantes.

Chaque plante, chaque animal, dont le corps est une constellation de cellules, naît et se construit à partir d'une cellule unique, la cellule-œuf, née elle-même, dans la plupart des cas, de la fusion – du mélange – de deux cellules appartenant à deux individus distincts.

Pour Darwin et Wallace, aucune espèce n'a été préfigurée en tant que telle : il n'en existe aucun modèle originel précis, intemporel – aucune forme idéale, aucune essence au sens platonicien du terme.

Chacune des espèces qui nous entourent aujourd'hui a continué d'évoluer depuis son émergence. Et nous ne pouvons aujourd'hui distinguer, en les observant, que des reflets brouillés et lointains des ancêtres qui leur ont donné naissance.

Un jardin à l'est d'Éden

Pour la biologie moderne, les primates non humains qui nous ressemblent le plus – les chimpanzés et les bonobos – sont nos cousins, et non pas nos ancêtres. Et les derniers – les plus récents – ancêtres communs que nous partageons avec eux étaient à la fois différents des chimpanzés, des bonobos, et de nous. De même, les seules lignées de descendants rescapées des dinosaures, qui peuplent aujourd'hui nos jardins et nos forêts, sont les oiseaux, très différents des fossiles des ancêtres qui leur ont donné naissance, et dont les autres lignées de descendants ont disparu depuis longtemps.

Pour la biologie moderne, le voyage vers les origines, vers un Adam et une Ève dans un jardin à l'est d'Éden, se confond avec un voyage à la recherche des ancêtres communs que nous partageons avec les primates non humains d'aujourd'hui ; le voyage vers le jardin originel des singes se confond avec le voyage à la recherche des ancêtres communs qu'ils partagent – et que nous partageons – avec les poissons d'aujourd'hui ; et la recherche du jardin originel des poissons se confond avec la recherche du jardin originel des ancêtres communs qu'ils partagent – et que nous partageons – avec les bactéries...

Si notre espèce – comme l'ensemble des espèces vivantes qui nous entourent – est déjà préfigurée dans un lointain jardin bactérien, alors elle n'est nulle part préfigurée sous une autre forme que celle d'une possibilité, d'une potentialité, d'une probabilité parmi d'innombrables autres, dont la plupart n'ont, par hasard, sans doute jamais pu s'actualiser ou se pérenniser. La diversité du vivant émerge progressivement des petites variations qui apparaissent continuellement à chaque génération, à chaque reconstruction, sur le thème de la continuité.

Il marchait sur sa propre poussière...

Pouvoir s'évader du présent.

Voyager à travers le temps.

« Se désincarner pour pouvoir se réincarner », écrit Marguerite Yourcenar dans ses *Carnets de notes* de *L'Œuvre au noir*. « Montrer combien lentement et irréversiblement un esprit s'aperçoit de l'étrangeté des choses. »

Et dans *L'Œuvre au noir*, qu'elle écrira pendant près d'un demi-siècle.

Au milieu du livre.

La troisième partie, *La vie immobile*.

Le chapitre « L'abîme ».

« Il se servait de son esprit comme d'un coin pour élargir de son mieux les interstices du mur qui de toute part nous confine. Les failles grandissaient, ou plutôt le mur, semblait-il, perdait lui-même de sa solidité sans pour autant cesser d'être opaque, comme s'il s'agissait d'une muraille de fumée au lieu d'une muraille de pierre. [...] Une forêt remplissait la chambre. Cet escabeau [...], cette table [...], cette porte [...] perdaient ces raisons d'être qu'un artisan leur avait données pour n'être plus que des troncs ou des branches écorchés comme des saints Barthélemy de tableaux d'église chargés de feuilles spectrales et d'oiseaux invisibles, grinçant de tempêtes depuis longtemps calmées [...]. Ces chaussures qui bâillaient au bord du lit avaient bougé au souffle d'un bœuf étendu sur l'herbe, et un porc saigné à blanc piaillait dans la graisse dont un savetier les avait enduites.

La mort violente était partout. Une oie égorgée criaillait dans la plume qui allait servir à tracer sur de vieux chiffons des idées qu'on croyait dignes de durer. Tout était autre : cette chemise que blanchissaient pour lui les sœurs bernardines était un champ de lin plus bleu que le ciel [...]. Ces florins dans sa poche [...] avaient été échangés, donnés et volés, pesés et rognés mille fois avant que pour un moment il les crût siens, mais ces virevoltes entre des mains avares ou prodigues étaient brèves comparées à l'inerte durée du métal lui-même, instillé dans les veines de la terre avant qu'Adam eût vécu. Les murs de brique se dissolvaient en boue qu'ils redeviendraient un jour. [...] Les tuiles laissaient passer la brume et les incompréhensibles astres. Des morts par centaines occupaient [la chambre] [...]. Un rat derrière une cloison, un insecte taraudant du dedans une solive malade voyaient autrement que lui les pleins et les vides qu'il appelait sa chambre... Il levait les yeux. Au plafond, une poutre remployée portait un millésime : 1491. À l'époque où ceci avait été gravé pour fixer une date qui n'importait plus à personne, il n'existait pas encore, ni la femme dont il était sorti. Il retournait ces chiffres comme par jeu : l'an 1941 [...]. Il tentait d'imaginer cette année sans rapport avec sa propre existence, et dont on ne savait qu'une chose, c'est qu'elle serait. Il marchait sur sa propre poussière. Mais il en était du temps comme du grain du chêne : il ne sentait pas ces dates taillées de main d'homme. La Terre tournait, ignorante du calendrier julien ou de l'ère chrétienne, formant un cercle sans commencement ni fin [...]. La chambre donnait de la bande ; les sangles criaient comme des amarres ; le lit glissait d'occident en orient à l'inverse du mouvement apparent du ciel [...]. Le point de l'espace où il se trouvait contiendrait une heure plus tard la mer et ses vagues, un peu plus tard encore les Amériques et le continent d'Asie. Ces régions où il n'irait pas se superposaient dans l'abîme à l'hospice de Saint-Cosme. Zénon lui-même se dissipait comme une cendre au vent. »

Voyager à travers le temps. Remonter vers le passé à contre-courant. De génération en génération, d'origine en origine, vers nos origines premières, les plus anciennes.

Se laisser glisser au long des branches de l'arbre, du buisson foisonnant de la généalogie de nos ancêtres. Des branches mortes se mettent à fleurir, deviennent vivantes. Des branches vivantes commencent à mourir. L'arbre nous demeure invisible, mais nous descendons de sommet en sommet à travers le vide, vers des origines toujours nouvelles. Les morts revivent puis se perdent dans le corps de leurs ancêtres morts, qui revivent à leur tour avant à leur tour de se perdre dans le corps de leurs ancêtres...

L'arbre apparaît et se déconstruit instant par instant, à mesure des métamorphoses de sa cime. Mais l'environnement, tout autour, se modifie lui aussi.

Le ciel n'est plus le même. Ni la composition de l'atmosphère. Et la terre se transforme. Et les continents. Et les mers.

Les êtres humains s'effacent les premiers. Puis les grands singes. Puis les oiseaux. Puis les mammifères.

Les continents se rapprochent les uns des autres, entrent en collision.

Puis ils se détachent.

La mer se retire brusquement des terres dévastées par des raz-de-marée.

Des chaînes de montagnes s'élancent de dedans les airs et s'enfouissent dans le sol, s'aplanissent.

Les continents séparés fusionnent. Un continent géant.

Des volcans émergés, envoyant des geysers de laves et de cendres, s'engouffrent dans les fonds marins.

Des périodes de silence et des périodes de vacarme terrifiant.

Des espèces dont nous ne connaissons aujourd'hui que des fossiles s'effacent, se propagent, apparaissent. Des mers de glace fondent, se répandent, puis disparaissent. Des météores écrasés sur notre planète s'envolent vers le cosmos.

Après une plongée à travers huit cents millions à un milliard d'années, tous les animaux et plantes dont le corps est composé de plusieurs cellules ont disparu. L'univers vivant n'est plus constitué que d'organismes qui ne sont chacun qu'une cellule. Une cellule retourne dans une autre cellule qui à son tour retourne dans la cellule qui lui a donné naissance. La généalogie est devenue limpide. Mais certaines cellules ont deux ancêtres, qui ont fusionné en lui donnant naissance, et qui sont nés eux-mêmes de la fusion de deux ancêtres... La reproduction sexuée originelle, avant l'apparition des corps des animaux et des plantes.

Certaines cellules ressemblent à celles de notre corps, et sont les ancêtres des cellules des animaux. D'autres cellules, capables d'effectuer la photosynthèse – de libérer de l'oxygène et de produire de l'énergie en utilisant la lumière solaire –, sont les ancêtres des cellules des plantes. D'autres encore sont des bactéries.

Descendons encore un milliard d'années, et les ancêtres directs des cellules des animaux et des plantes – les cellules eucaryotes – ont, dans leur forme actuelle, disparu.

Pendant deux milliards d'années, nous allons traverser un univers peuplé de bactéries. À mesure que nous plongeons vers le passé, l'oxygène – libéré par l'activité de photosynthèse de certaines bactéries, les cyanobactéries, et utilisé par d'autres bactéries pour produire de l'énergie – devient de plus en plus rare dans l'atmosphère.

La vie ne dépend plus de l'oxygène.

L'atmosphère filtre de moins en moins les rayonnements émis par le soleil et est traversée d'une nuée de météores. Il est possible que d'autres cellules, aujourd'hui disparues, côtoient les bactéries. Mais il est probable que l'ensemble des espèces vivantes qui nous entourent aujourd'hui ont eu pour seul ancêtre le monde bactérien.

Nous avons maintenant parcouru près de quatre milliards d'années. Il n'y a probablement aucune cellule. Le vivant est en train de revenir à la matière. Continuons encore un peu, et ce que nous appelons la vie s'efface et disparaît...

Encore quelques centaines de millions d'années, et les contours de la Terre se brouillent. Notre planète est une boule en fusion...

Un point incandescent. Perdu dans l'immensité.

Sur l'un des minuscules rameaux de l'immense arbre de la généalogie des métamorphoses de la matière, qui se rétrécit et se concentre en traversant quinze milliards d'années pour disparaître. Dans son origine, où s'effacent l'espace et le temps.

Ou dans l'une de ses origines, la plus récente, se fondant dans d'autres arbres inconnus, au cœur d'autres espaces et d'autres temps.

Dont nous ne savons rien.

Avant et ailleurs...

II

La nuit

Chapitre 11

Si haut que l'on remonte dans l'histoire…

Le temps grandit, et notre souffrance grandit aussi.

Ben Okri,
Infinite Riches

Hier soudain a changé et le passé se dérobe. Une faille court au long du temps. À travers cette faille, le passé se transforme, se réinvente, devient autre, recomposant le présent. Et des oracles se lèveront pour annoncer la venue de temps nouveaux.

Mais « qui peut savoir où commence la fin » ? Où sont les véritables origines d'un désastre à venir ? Jusqu'où remonter le cours du temps à ses sources premières ? Dans combien de lieux distants, dans combien d'époques lointaines n'en finit-il pas de resurgir sous des formes toujours nouvelles ? Combien de récits différents ? Combien de débuts successifs ? Et quelles voix pour les dire ? Et avec quels mots ?

Parmi tous les récits possibles, il y en a un qui commence la nuit.

Quelque part en Afrique. Dans une chambre, un père parle à son fils, Azaro :

« Qui peut savoir où commence la fin ? dit le père.

– Le temps grandit, et notre souffrance grandit aussi. »

Plus tard.

L'enfant est seul.

« Le monde entier était dans la pièce. Tous les événements de notre histoire étaient en vie dans ce petit espace. Comme des drames fantômes.

Est-ce que l'histoire est l'hallucination livide du temps ?

Les rumeurs de violence et les échos étouffés des coups de feu réverbéraient à travers le plancher. »

Richesses infinies de l'écrivain nigérian Ben Okri.

Le chapitre intitulé « La bataille de l'histoire réécrite ».

« Et le Gouverneur-Général, un Anglais avec une verrue sur le nez [...], commença à réécrire notre histoire. Il réécrivit l'espace dans lequel je dormais. [...] Il réécrivit les mers et le vent. [...] Il redessina la taille du continent sur la carte du monde, le fit plus petit, le fit plus bizarre. Il changea le nom de lieux qui étaient plus anciens que les lieux eux-mêmes. [...] Les choses renommées perdirent leur poids ancien dans notre mémoire. [...] Elles devinrent plus légères et plus étranges. [...] Elles perdirent leur signification et parfois leur forme. Et elles nous semblèrent soudain nouvelles, à nous – nouvelles, à nous qui leur avions donné les noms par lesquels elles répondaient à notre toucher. »

ALORS QU'IL EFFAÇAIT LES TRACES...

« Le Gouverneur-Général fit débuter notre histoire avec l'arrivée des siens sur nos rivages [...] éveillant l'homme de l'âge de pierre d'un sommeil immémorial, un sommeil qui avait débuté peu après la création de la race humaine.

« Le Gouverneur-Général, dans sa réécriture de notre histoire, nous priva de langage, de poésie, [...] de conception abstraite, et de philosophie. Il nous priva d'histoire, de civilisation, et non intentionnellement, nous priva aussi d'humanité. Involontairement, il nous effaça de la création.

Et alors, quelque peu surpris de l'endroit où sa rigoureuse logique l'avait conduit, il réalisa l'habile exploit de nous insuffler la vie au moment où ses ancêtres avaient posé leurs yeux sur nous alors que nous traversions en dormant la grande déferlante du temps de l'histoire.

« [...] Il réécrivit la lumière de nos jours [...], il posa devant nos yeux la preuve écrite de notre récent éveil à la civilisation [...] – nous qui avons été les premiers à nommer le monde et tous ses dieux. Nous qui avons fertilisé les rivages du Nil avec les mots sacrés qui firent germer la première et la plus mystérieuse civilisation, la fondation oubliée des civilisations.

« Alors que le gouverneur général réécrivait le temps (rendant le sien plus long, le nôtre plus bref), alors qu'il rendait invisibles nos accomplissements, effaçait les traces de nos anciennes civilisations, réécrivait la signification et la beauté de nos coutumes, alors qu'il abolissait le monde de nos esprits, transformait notre philosophie en superstitions, nos rituels en danses enfantines, nos religions en culte des animaux et en transes animistes, notre art en reliques rudimentaires et en formes primitives [...] – alors qu'il réécrivait notre passé, il altéra notre présent.

« Et les altérations créèrent de nouveaux esprits qui nourrirent l'appétit sans fond des grands dieux du chaos. »

Nommer.

Nommer comme si c'était pour la première fois.

« Nommer, disait Maurice Blanchot dans *Le Livre à venir*, cette violence qui met de côté ce qui est nommé au profit de la commodité d'un nom. »

Dans tous ces récits, il y a un même début qui revient. Une dépossession. Une désappropriation.

Effacer. Rendre transparent. Rendre invisible. Transformer la parole en bruit. La voix en silence. La présence en absence.

Et après la défiguration du langage vient la défiguration des visages.

« Ta tiare solaire à coups de crosse enfoncée jusqu'au cou
ils l'ont transformée en carcan ; ta voyance
ils l'ont crevée aux yeux ; prostituée ta face pudique ;
emmuselée, hurlant qu'elle était gutturale,
ta voix, qui parlait dans le silence des ombres.

« Afrique,
Ne tremble pas [...]
les jours oubliés qui cheminent toujours [...]
les choses cachées remonteront la pente des musiques endormies. »

Dans *Ferrements*, avant Ben Okri, et avec d'autres mots, Aimé Césaire avait dit cette violence.

Nous tenons pour évidentes les vérités suivantes

Combien de récits ? Quelles voix pour les dire ? Et avec quels mots ?

Parmi tous les récits possibles, il y en a un dont le début s'enfonce dans la nuit des temps.

« L'esclavage est l'une de ces grandes hontes de l'humanité, écrira Victor Schoelcher, qui jouera un rôle crucial dans son abolition en France. Si haut que l'on remonte dans l'histoire, on trouve l'esclavage établi et formant pour ainsi dire la base de l'organisation sociale. Platon, Aristote, Cicéron, et vingt autres de ces hommes d'un esprit si lumineux ont accepté comme un fait naturel, presque nécessaire, l'un des crimes les plus odieux que le genre humain ait commis envers lui-même. »

Parmi tous ces récits sans commencement ni fin, il y en a un qui débute longtemps après Platon, Aristote et Cicéron. À la fin du XVe siècle alors que s'élèvent les flammes des bûchers de la sainte Inquisition, et que la Renaissance réinvente l'avenir en revenant aux sources de l'Antiquité, le soleil cesse de se coucher sur l'Europe. Des expéditions sillonnent les mers, découvrent des mondes nouveaux, et font basculer dans la nuit les peuples qui y vivent. Après le massacre des Indiens d'Amérique du Sud, les nations d'Europe vont déporter d'Afrique, pendant quatre siècles, plus de dix millions d'hommes, de femmes et d'enfants que les marchands de « bois d'ébène » capturent, achètent, enchaînent et vendent dans les colonies des Antilles, de l'Amérique du Sud, puis du Nord.

En France, en 1685, l'année de la révocation de l'édit de Nantes, sous le règne du Roi Soleil, le *Code noir* définit l'esclave noir comme une « chose mobilière » et inscrit dans le droit la vie d'asservissement et de tortures à laquelle il est soumis.

Loin des fêtes fastueuses du château et des jardin de Versailles, loin du bruissement des vers de Racine et de La Fontaine, loin de la Maintenon qui plonge un Louis XIV vieillissant dans les rigueurs morales de la religion, dans les ports de la côte atlantique, de Nantes à Bordeaux, et aux confins du royaume, par-delà les mers, les esclaves sont emprisonnés, vendus, achetés, échangés, de générations en générations, de la naissance à la mort.

La traite des Noirs et l'esclavage deviennent l'une des sources de la richesse des royaumes d'Europe.

Puis des nations vont proclamer à la face du monde leur volonté de libération universelle.

Le 4 juillet 1776, les États-Unis d'Amérique adoptent leur Déclaration d'indépendance.

« Nous tenons pour évidentes par elles-mêmes les vérités suivantes : tous les hommes sont créés égaux ; ils sont dotés par le Créateur de droits inaliénables ; parmi ces droits sont le droit à la vie, à la liberté, et à la poursuite du bonheur. »

« Tous les hommes ». Sauf les Noirs et les Indiens. Et les Indiens seront massacrés et l'esclavage sera maintenu.

La nuit du 4 août 1789, la Révolution française abolit tous les privilèges féodaux. Mais l'esclavage est maintenu.

Trois semaines plus tard, l'Assemblée nationale adopte la Déclaration des droits de l'homme et du citoyen.

« Les représentants du peuple français, constitués en Assemblée nationale, considérant que l'ignorance, l'oubli ou le mépris des droits de l'homme sont les seules causes des malheurs publics... »

L'article 1 proclame : « Les hommes naissent et demeurent libres et égaux en droit. »

Et l'article 4 : « La liberté consiste à pouvoir faire tout ce qui ne nuit pas à autrui. »

Mais l'esclavage est maintenu.

« Ma bouche sera la bouche des malheurs qui n'ont point de bouche, dira Aimé Césaire, ma voix la liberté de celles qui s'affaissent au cachot du désespoir. »

À chaque fois, cet effroi dans les regards. Le silence des témoins qui détournent le regard. La complicité de ceux qui approuvent à demi-mots. Le langage meurtrier de ceux qui proclament leur mépris et leur bon droit. Et, plus tard, le langage distant et froid des historiens qui tentent de retracer la trame neutre des enchaînements des événements.

Il y a la honte muette de ne plus se voir que dans le regard méprisant des autres. La peur de se confier à qui n'entend pas. Et un jour, il y a la parole des victimes et la parole des témoins qui resurgissent de nulle part. La mémoire qui émerge de l'oubli.

Et ce qui était une façon de vivre devient un sujet de révolte.

Aristote avait fait de l'esclavage une conséquence des lois de la nature : de même qu'il y avait des êtres humains qui étaient libres par nature, par naissance, par hérédité – par essence –, il y en avait d'autres qui étaient esclaves par nature, par naissance, par hérédité – par essence.

Combien de débuts différents ? Et quelles voix pour les dire ? Et avec quels mots ?

« Les témoignages, pour la plupart d'entre eux, seront ceux des propriétaires d'esclaves eux-mêmes, et dans les propres mots qu'ils ont eux-mêmes choisis. Une grande partie sera tirée des annonces qu'ils ont publiées dans les journaux, en décrivant leurs esclaves fugitifs par les cicatrices de fouet sur leur corps. »

« Les esclaves, poursuit le livre, sont souvent marqués au fer rouge, poursuivis avec des armes à feu, traqués et déchirés par des chiens, mutilés de manière choquante avec des couteaux, ont leurs oreilles tranchées, leurs yeux énucléés, leurs os disloqués et brisés, leurs doigts et orteils coupés et d'autres parties de leur personne défigurées par des cicatrices, en plus de celles causées par le fouet. »

« Témoin : Mr. M. Ricks, Nashville Co. Tennessee, dans le *Raleigh Standard*, 18 juillet 1838. » Annonce : « Fugitive, une femme nègre et deux enfants ; quelques jours avant qu'elle ne s'enfuie, je l'ai brûlée au fer rouge sur le côté gauche de son visage ; j'ai essayé de tracer la lettre M. »

L'Esclavage américain tel qu'il est : témoignage d'un millier de témoins. Publié en 1839 par Theodore Weld.

La litanie des petites annonces des propriétaires d'esclaves qui décrivent avec précision les « signes distinctifs » des tortures qu'ils ont inscrites dans la chair de leurs esclaves, comme on décrit, pour tenter de les récupérer, les particularités des objets perdus ou volés, et la marque de propriété inscrite au fer rouge sur le cuir du bétail. Petites annonces, au cœur de la vie quotidienne, qui évoquent un siècle à l'avance les mots qu'écrira Hanna Arendt sur l'effrayante « banalité du mal ».

Il y aura les récits publiés par d'anciens esclaves qui se sont enfuis des États du Sud.

En 1845, le *Récit de la vie de Frederick Douglass par lui-même.*

En 1849, le *Récit de la vie et des aventures de Henry Bibb, un esclave américain.*

Et d'autres encore.

ESPÉRER QUE LE TEMPS VIENDRA...

Un an plus tard, en 1850, le Congrès des États-Unis adopte la « loi sur les esclaves fugitifs », qui réaffirme le droit d'arrêter et d'emprisonner dans les États du Nord les esclaves qui se sont enfuis des États du Sud et de les ramener à leurs propriétaires. Toute personne qui, dans les États du Nord, donne nourriture, abri ou assistance à un esclave en fuite pourra être condamnée à six mois de prison.

« Sa chambre ouvrait par une porte latérale sur la rivière. Elle saisit son enfant et dévala les marches. Le marchand [d'esclaves] l'aperçut au moment où elle disparaissait [...]. Juste derrière elle, ils arrivaient [...]. Avec un cri sauvage [...] elle s'élança du bord par-dessus le courant grondant qui longeait la rive, vers le radeau de glace. [...] L'énorme bloc de glace verte craqua et s'enfonça sous son poids, mais elle n'y demeura pas un instant. Avec des cris sauvages et une énergie désespérée, elle bondit de bloc en bloc – trébuchant, – bondissant, – glissant, – sautant encore ! Ses chaussures sont parties, – ses bas déchirés, pendant que le sang marquait chaque pas ; mais elle ne voyait rien, ne sentait rien, jusqu'à ce qu'obscurément, comme dans un rêve, elle distingue les contours de l'Ohio, et un homme l'aidant à remonter sur la rive. »

La fuite d'Eliza et de son petit garçon Harry... *La Cabane de l'oncle Tom* commence à paraître en feuilleton en 1851 dans un journal abolitionniste. Récit sur la tragédie des esclaves écrit par un Blanc – une femme blanche, profondément religieuse –, Harriet Beecher-Stowe. Récit empathique et tragique. Récit pacifiste mais militant. Dans la préface à la première édition, publiée en mars 1852, elle écrit : « C'est une consolation d'espérer qu'un temps viendra où des écrits semblables à ceux-ci n'auront plus d'autre valeur que d'être des rappels de ce qui a depuis longtemps cessé d'être. » Le succès public sera extraordinaire. Et Léon Tolstoï, Charles Dickens, Heinrich Heine, George Sand, Henry James... loueront la valeur morale du livre.

Un an plus tard, Beecher-Stowe publie *Une clé pour La Cabane de l'oncle Tom* qui présente la documentation qui a servi de base au livre, et révèle le contexte dans lequel l'écrivain a inscrit son combat contre l'esclavage – un combat religieux contre toute forme d'asservissement de l'homme par l'homme, dont l'esclavage ne constitue pas la seule expression, mais l'une des formes les plus extrêmes et les plus horribles. « Le *véritable* socialisme, écrit-elle, est issu de l'esprit du Christ, et sans abattre l'ordre de la société, il fait, par l'amour, que les biens des riches deviennent la propriété des humbles. »

En conclusion de son roman, elle avait écrit :

« Ceci est un âge du monde où les nations commencent à trembler et à s'ébranler. Chaque nation qui porte en elle de grandes injustices non réparées porte en même temps les éléments de ce [tremblement de terre]. Pour quoi ce puissant mouvement qui surgit ainsi dans toutes les nations et toutes les langues, ces râles qui ne peuvent être articulés – pour la liberté et l'égalité ? Ô Église du Christ, lis les signes des temps ! »

Vingt ans plus tard, dans sa *Lettre aux membres du congrès de la Paix* réunis à Lugano, Victor Hugo exprimera la même revendication, mais sous la forme d'une prophétie laïque : « Il y aura sur le monde un flot de lumière. Et qu'est-ce que toute cette lumière ? C'est la liberté. Et qu'est-ce que toute cette liberté ? C'est la paix. »

Mais il y avait aussi depuis longtemps les appels au combat. À la révolte armée.

« Frères et amis, proclame, en 1793, Toussaint Louverture. J'ai entrepris la vengeance de ma race. Je veux que la liberté et l'égalité règnent à Saint-Domingue. Unissez-vous, frères, et combattez avec moi pour la même cause. Déracinez avec moi l'arbre de l'esclavage. »

Des révoltes d'esclaves ont lieu en Jamaïque et dans la colonie française de Saint-Domingue. Et en 1804, un an après la mort de Toussaint Louverture dans une prison en France, la première nation d'esclaves libérés proclame son indépendance : Saint-Domingue devient Ayiti, l'ancien nom amérindien du pays de « la montagne dans la mer » – Haïti.

Aux États-Unis, il y aura, avant la guerre de Sécession, deux actes d'insurrection armée contre l'esclavage. De nature très différente, et qui l'un et l'autre marqueront profondément les esprits.

Le premier sera une révolte d'esclaves, en 1831, celle de Nat Turner – le seul nom qu'on lui connaisse, Turner étant, comme pour tout esclave, le nom de son maître. Avec une cinquantaine d'esclaves, dans une petite région de Virginie, ils iront de maison en maison, libérant les esclaves, et tuant tous les hommes, femmes et enfants blancs qu'ils découvrent – cinquante-sept personnes. L'insurrection et les massacres ne dureront que deux jours. Nat « Turner » sera jugé et pendu à Jerusalem, en Virginie, et après son exécution sa tête sera tranchée et son corps coupé en morceaux.

Les Confessions de Nat Turner, rédigées par son avocat avant son exécution, constitueront l'unique et bref récit de la seule révolte d'esclaves noirs de l'histoire des États-Unis. Effrayante. Justifiant aux yeux de beaucoup le maintien de l'esclavage, et un enfermement et une répression accrue des esclaves.

Un quart de siècle plus tard, en 1856, Harriet Beecher-Stowe s'inspirera de la révolte de Nat Turner pour écrire *Dred, ou un récit du grand marais*.

La même année, en 1856, débute la seconde insurrection armée contre l'esclavage. Mais cette fois, ce n'est pas un esclave noir qui prend les armes, mais un abolitionniste blanc. Sa révolte durera trois ans.

Celui qui sépare les nuages

« Celui qui sépare les nuages » – le mont Tahawus, dans la langue des Iroquois. Un pic de la chaîne des montagnes Adirondacks, dans l'État de New York, qui surplombe la ferme de John Brown. *Celui qui sépare les nuages* est le titre que l'écrivain américain Russel Banks a donné à son livre qui raconte l'histoire de l'insurrection armée de John Brown, par la voix fictive de son troisième fils, devenu vieux, « le dernier témoin et participant au massacre de Pottawatomie et aux victoires et aux tragédies du Kansas Sanglant et à la longue série de batailles terribles de la guerre contre l'esclavage qui culmina dans le raid désastreux sur Harpers Ferry ».

« La guerre entre les races qui a duré trois cents ans. [...] Comme des cailloux sur un fil, des gouttes de sang au long d'un fil de fer barbelé qui s'étend du jour où le premier Africain réduit en esclavage a été emmené en Virginie jusqu'à aujourd'hui, et nous n'avons toujours pas atteint la fin. [...] En cette nuit noire de mai 1856 [à Pottawatomie], j'ai vraiment cru que nous donnions forme à l'histoire, que nous affections le cours des événements futurs. [...] Et nous avions raison, après tout. Car cela marcha. La terreur et la rage que nous causâmes avec ces meurtres allumèrent les flammes de la guerre à travers tout le Kansas, c'est sûr, et à travers les États du Sud, et dans le Nord aussi. [...] C'est pourquoi nous tuâmes ces hommes au Kansas. [...] Des êtres humains furent ouverts par nos sabres, et là pénétra l'obscurité. »

Trois ans après le massacre au Kansas, ils seront une vingtaine, sous les ordres de John Brown, dans la nuit du

16 octobre 1859, à envahir la petite ville de Harpers Ferry, en Virginie, où se trouve l'armurerie fédérale des États-Unis, à soixante kilomètres de la capitale, Washington. Ils s'emparent de l'arsenal fédéral et de la manufacture de fusils et prennent des otages. Il y a près de cinq cent mille esclaves en Virginie, et plus de trois millions dans l'ensemble des États du Sud. Brown veut les libérer, leur distribuer des fusils, et répandre l'insurrection à travers le Sud. John Brown a demandé à l'ancien esclave Frederick Douglass, l'une des voix les plus influentes en faveur de l'abolition, de se joindre à l'insurrection. Douglass a refusé. Les milices venues du Sud et l'armée fédérale assiègent John Brown et ses compagnons. Ils auront en tout tenu l'armurerie pendant quarante-huit heures. La plupart de ses compagnons d'armes seront tués durant le combat, ou, comme lui, jugés et pendus.

Le jour de l'exécution de John Brown, le 2 décembre 1859. Croyant qu'elle a été reportée de deux semaines – « Une nouvelle arrive à l'instant. Un sursis lui est accordé » – Victor Hugo envoie de Guernesey une lettre ouverte *Aux États Unis d'Amérique* : « [...] Ces esclaves, [...] un homme libre, John Brown, a voulu les libérer. John Brown a voulu commencer l'œuvre de salut par la délivrance des esclaves de la Virginie. Puritain, religieux, austère, plein de l'évangile, Christus nos liberavit, il a jeté à ces hommes, à ces frères, le cri d'affranchissement. [...] L'Amérique est une noble terre. Le sentiment humain se réveille vite dans un pays libre. Nous espérons que Brown sera sauvé [...]

Que l'Amérique le sache et y songe, il y a quelque chose de plus effrayant que Caïn tuant Abel, c'est Washington tuant Spartacus. »

Deux ans plus tard, dès le début de la guerre de Sécession, le *Chant de John Brown* deviendra le chant militaire le plus populaire des régiments de soldats de l'Union – les États du Nord.

« Le corps de John Brown gît pourrissant dans la tombe
Le corps de John Brown gît pourrissant dans la tombe
Le corps de John Brown gît pourrissant dans la tombe
Mais son âme continue d'avancer. »

Puis le refrain :
« *Glory, glory, hallelujah,*
Glory, glory, hallelujah,
Glory, glory, hallelujah,
His soul goes marching on. »

« Il est devenu soldat dans l'armée du Seigneur,
Son âme continue d'avancer. »
...

Durant l'année qui a précédé sa mort, alors qu'il parcourait le Massachusetts en prononçant des discours enflammés sous un nom d'emprunt, Brown a rencontré des écrivains abolitionnistes, dont Ralph Waldo Emerson et Henry David Thoreau.

Thoreau est emblématique de cette évolution progressive d'une partie des intellectuels du nord des États-Unis qui commenceront par exprimer un refus de l'esclavage pour finir par appeler à la lutte armée. En 1845, après des études à l'université de Harvard, il part seul dans la forêt, habiter deux ans près d'un étang, l'étang de Walden, dans une cabane qu'il construit de ses mains. Il a vingt-sept ans. Il publiera dix ans plus tard le récit de cette expérience dans un livre, *Walden*. Un récit d'explorateur, un voyage autour du monde, mais un voyage intérieur.

« Si tu apprenais, écrit Thoreau, à parler toutes les langues et à te conformer aux coutumes de toutes les nations, si tu voyageais plus loin que tous les voyageurs, si tu étais naturalisé sous tous les climats, et faisais en sorte que le sphinx fracasse sa tête sur la pierre, obéis quand même au précepte du vieux philosophe, et Explore-toi toi-même. »

« Les eaux pures de Walden sont mélangées aux eaux sacrées du Gange. Quand les vents sont favorables, elles sont portées au-delà des lieux des îles fabuleuses de l'Atlantide et des Hespérides [...], et par-delà l'embouchure du golfe Persique, se fondent dans les flots tropicaux des mers Indiennes, et abordent aux ports dont Alexandre ne connut que les noms. »

Et : « Je quittai les bois pour une aussi bonne raison que celle pour laquelle j'y allai. Peut-être me sembla-t-il que j'avais plusieurs autres vies à vivre, et ne pouvais consacrer plus de temps à celle-ci. [...] La vie en nous est comme l'eau dans la rivière. »

Et les dernières phrases de *Walden* : « Le simple écoulement du temps ne suffit jamais à faire apparaître l'aube. [...] Seul le jour auquel nous sommes éveillés est une aube. Il y a plus de jour à venir dans l'aube. Le soleil n'est rien d'autre qu'une étoile du matin. »

À CE JOUR, QUAND J'ENTENDS UN CRI LOINTAIN...

En 1846, durant sa retraite dans la forêt, il est arrêté. Il a refusé depuis plusieurs années de payer ses impôts à un gouvernement « qui achète et vend hommes, femmes et enfants comme du bétail ». Il passe une nuit en prison – « La nuit en prison [...] fut comme un voyage à l'intérieur d'un pays lointain... » – et est libéré quand un inconnu paie à sa place ses impôts.

Trois ans plus tard, il publie *Désobéissance civile*. « Ce n'est pas le devoir d'un homme de se consacrer à l'éradication d'un mal, même le plus grave ; il peut avoir d'autre soucis auxquels à bon droit il doit se consacrer ; mais c'est son devoir au moins de s'en laver les mains, et s'il n'y consacre plus sa pensée, de ne pas lui apporter son soutien concret. »

Ne pas participer à l'esclavage suffit.

Mais dix ans plus tard, en 1859, l'année même où Brown s'est emparé de l'armurerie fédérale de Harpers Ferry, Thoreau publie *Un plaidoyer pour le capitaine John Brown.* Il voit dans sa révolte « un exemple lumineux ». Il défend l'insurrection armée. Brown a réalisé, écrit Thoreau, que « la question ne concerne pas les armes, mais l'esprit dans lequel on les utilise ». Et : « Je ne serai pas enclin à considérer comme quelqu'un qui se trompe dans ses méthodes celui qui réussit le plus rapidement à libérer l'esclave. »

Le temps de la justification de l'usage de la violence contre la violence est venu.

Un an plus tard, Lincoln est élu président.

Quelques mois plus tard, au printemps 1861, la guerre de Sécession commence.

Darwin écrit le 5 juin 1861 de son village de Down à son ami le botaniste Asa Gray, qui réside aux États-Unis, dans l'État du Massachusetts.

« Je n'ai pas vu ou entendu parler d'une seule âme [en Angleterre] qui ne soit pas avec le Nord [des États-Unis]. Quelques-uns, et je suis l'un d'entre eux, demandent même à Dieu que, même au prix de la perte d'un million de vies, le Nord proclame une croisade contre l'esclavage. Sur le long terme, un million de morts horribles seraient amplement rachetées par [les progrès] de l'humanité. Quels temps merveilleux nous sommes en train de vivre ! Le Massachusetts semble montrer un noble enthousiasme. Grand Dieu ! comme j'aimerais voir la plus grande malédiction de la terre – l'esclavage – abolie ! »

La guerre de Sécession durera quatre ans. Elle fera plus de cinq cent mille morts.

Mais cela faisait longtemps que Darwin était révolté par l'esclavage. Et il le combattra toute sa vie.

À l'université d'Édimbourg, à l'âge de dix-sept ans, il a connu John Edmonton, un esclave noir libéré qui lui a appris à empailler les oiseaux, « un homme très plaisant et intelligent », écrira-t-il.

En 1832, alors que le *Beagle* fait escale à Rio de Janeiro – il a vingt-trois ans –, il écrit à un ami « à propos de ce scandale des nations chrétiennes : l'esclavage ». Dans une autre lettre, alors qu'il est en Uruguay, en juin 1833, deux mois avant que l'Angleterre ne proclame l'abolition de l'esclavage : « J'espère qu'ils vont bientôt attaquer cette tache monstrueuse sur notre liberté dont nous nous vantons, l'Esclavage Colonial. [...] Je suis tout à fait dégoûté par les mensonges et les absurdités que l'on entend en Angleterre sur le sujet [de l'esclavage colonial]. »

L'une des raisons de son animosité envers le jeune capitaine FitzRoy qui commande le *Beagle* est que FitzRoy est un défenseur de l'esclavage. Durant ses escales au Brésil, Darwin sera révolté par « les actes atroces qui ne peuvent avoir lieu que dans un pays où règne l'esclavage ».

« Je remercie Dieu de ce que je ne visiterai plus jamais un pays d'esclavage, écrira-t-il en quittant le Brésil. À ce jour, si j'entends un cri lointain, cela me rappelle avec une vive douleur mes sentiments lorsque, passant près d'une maison aux environs de Pernambuco, j'entendis les gémissements les plus pitoyables, et ne pouvais que suspecter qu'on torturait un pauvre esclave. » « Près de Rio de Janeiro, j'habitais en face de chez une vieille femme qui gardait des étaux à vis pour écraser les doigts de ses esclaves femmes. Je suis resté dans une maison où un jeune domestique mulâtre était chaque jour, à chaque instant, insulté, battu et persécuté [...]. J'ai vu un petit garçon de six ou sept ans frappé trois fois avec une cravache (avant que je ne puisse intervenir) sur sa tête nue, pour m'avoir tendu un verre d'eau pas très propre. »

« Ceux qui considèrent avec tendresse le propriétaire de l'esclave, et avec un cœur froid l'esclave, semblent ne jamais se mettre à la place de ce dernier. »

« Et ces actes sont faits et sont excusés par des hommes qui confessent aimer leur prochain comme eux-mêmes, qui croient en Dieu et prient pour *que sa Volonté soit faite sur la Terre* ! Cela fait bouillir le sang, et fait trembler le cœur, de penser que nous, Anglais, et nos descendants américains avec leur cri fanfaron de liberté, avons été et sommes si coupables. »

Près d'un demi-siècle plus tôt, en 1787, son grand-père maternel, Josiah Wedgwood I, le créateur de la prestigieuse entreprise de faïence, a participé à la fondation à Londres de la première société pour l'abolition de l'esclavage. Quelques années plus tard, il réalise un camée en faïence qui aura un très grand succès, et sera copié sur toutes sortes de supports. Un esclave noir, agenouillé et enchaîné, et ces mots : « Ne suis-je pas un homme et un frère ? » Erasmus Darwin, qui combat aussi l'esclavage, et dont un fils a épousé une fille de Josiah Wedgwood I, y fera référence, en vers, dans son livre *Le Jardin botanique*.

D'autres voix ont commencé à s'élever dans le monde.

En 1794, en France, la Convention interdit l'esclavage. Mais l'abolition ne durera que huit ans.

Commence alors le temps de l'abolition de la traite des Noirs. L'Angleterre l'interdit en 1807, la France vingt ans plus tard.

Puis vient enfin le temps de la libération des esclaves. D'abord dans l'Empire britannique, en 1833. Et Josiah Wedgwood II, l'oncle maternel et beau-père de Charles Darwin, a soutenu au Parlement le ministre qui propose l'abolition. Quinze ans plus tard, en France, lors de la révolution de 1848, et deux cent cinquante mille esclaves sont libérés dans les colonies françaises. Puis aux États-Unis d'Amérique, en 1860, avec l'élection à la présidence d'Abraham Lincoln. Mais les États confédérés du Sud feront sécession. Après quatre années de guerre civile, plus de trois millions d'esclaves sont libérés. Puis viendra le temps de l'abolition aux Pays-Bas. Au Portugal. Puis en 1888, au Brésil. Et un siècle plus tard, en 1980, la Mauritanie sera le dernier pays à abolir officiellement l'esclavage.

Mais dans de nombreux endroits dans le monde persisteront dans les faits, jusqu'à aujourd'hui, d'innombrables formes d'esclavage. Femmes, hommes et enfants achetés, vendus, enfermés, torturés, exploités. Peuples entiers emprisonnés ou réduits au servage par leurs dirigeants ou leurs conquérants.

Et là où l'esclavage a été aboli, la fin de l'esclavage ne sera pas la fin du temps du mépris. Ni la fin des massacres, de l'asservissement, du racisme, de l'exclusion et de la discrimination.

Dans la nuit, au cœur de cette violence qui renaît sous des formes nouvelles, il y a toujours la même empreinte.

Celle de la haine. De l'exploitation. De l'indifférence. Du mépris. De la peur archaïque de l'autre que vient reconstruire et justifier la raison.

Et toujours le même début. Renommer. Donner des noms d'animaux ou des noms de choses à des hommes, des femmes, des enfants, des vieillards. Les dépouiller de leur humanité.

Il y a toujours cette ivresse meurtrière de classer, de hiérarchiser, d'exclure, de retrancher. Et cette rationalisation qui vient légitimer la haine.

Une guerre contre les barbares

Combien de récits ? Quelles voix pour les dire ? Et avec quels mots ?

Le XIXe siècle sera le siècle de l'abolition officielle de l'esclavage. Mais il sera aussi celui d'une démarche croissante de légitimation scientifique d'une violence qui renaît depuis si longtemps sous des formes toujours nouvelles. Le siècle où émergera une théorisation moderne de la notion de la *race* et de l'inégalité entre les races. Qu'elles soient réduites à l'esclavage ou qu'elles soient libres, les « races sauvages », les « races primitives », les « races » non européennes sont « inférieures ». Et elles doivent servir leurs maîtres, ou être déplacées de leurs terres, ou disparaître. Mais il ne s'agit pas que de théories. Il s'agit aussi de la réalité. Les peuples « primitifs » sont dépossédés de leurs terres, déplacés, exterminés.

Et de même qu'il combattra toute sa vie l'esclavage, Darwin condamnera toujours ces idées et ces pratiques.

L'année de ses vingt-quatre ans, au début du mois d'août 1833, le *Beagle* aborde l'embouchure du fleuve Rio Negro sur les côtes de l'Argentine. Remontant le long des berges du fleuve, Darwin découvre les ruines d'habitations détruites par les Indiens quelques années auparavant. Puis il part en expédition à travers les terres, vers le nord, en direction du port de Bahia Blanca, que le *Beagle* doit rejoindre par la mer.

« Les tribus nomades de cavaliers Indiens, qui ont toujours occupé la plus grande partie de ce pays, ayant dernièrement beaucoup harcelé les *estancias*, le gouvernement de Buenos Aires a levé depuis un certain temps une armée sous le commandement du général Rosas dans le but de les exterminer. » À cent kilomètres du Rio Negro, sur les rives du fleuve Colorado, il rencontre les troupes du général Rosas, et le général lui-même.

Puis il rejoint Bahia Blanca, avant le *Beagle*, et il assiste au départ de la troupe « pour une expédition contre une tribu d'Indiens ». L'Espagnol qui dirige l'expédition, « un homme très intelligent », lui raconte le précédent combat. « Les Indiens, hommes, femmes et enfants, écrit Darwin, étaient au nombre de cent dix et furent presque tous capturés ou tués, car les soldats sabrent tous les hommes. [...] C'est un sombre tableau, mais combien plus choquant est le fait certain, que toutes les femmes qui paraissent avoir plus de vingt ans sont massacrées de sang-froid ! Lorsque je m'exclamai que cela paraissait plutôt inhumain, il répondit : "Pourquoi, qu'est-ce qu'on peut faire ? Ils se reproduisent tellement !"

« Chacun ici est entièrement convaincu que c'est la guerre la plus juste, poursuit Darwin, parce que c'est [une guerre] contre des barbares. Qui pourrait croire à cette époque que de telles atrocités pourraient être commises dans un pays chrétien civilisé ?

« Le plan du général Rosas, continue Darwin, est de tuer tous [les Indiens] qui sont isolés, et, ayant repoussé ceux qui restent en un même endroit, de les attaquer ensemble, pendant l'été, avec l'aide des Chiliens. Cette opération doit être répétée durant trois années successives. J'imagine que l'été est choisi comme période pour l'attaque principale parce qu'il n'y a alors plus d'eau dans les plaines, et que les Indiens ne peuvent voyager que dans certaines directions particulières. La fuite des Indiens vers le sud du Rio Negro, où ils seraient en sûreté dans une telle vaste région inconnue, est empêchée par un traité à cet effet avec les Tehuelches ; Rosas les paie très cher pour abattre chaque Indien qui passe au sud du fleuve, mais s'ils échouent à le faire, ils seront eux-mêmes exterminés. La guerre est menée principalement contre les Indiens proches de la Cordillère ; car beaucoup des tribus sur ce côté Est du pays se battent au côté de Rosas. Cependant, le général, considérant, comme lord Chesterfield, que ses amis pourraient un jour futur devenir ses ennemis, les place toujours aux premières lignes, afin que leur nombre se réduise.

« Aussi grand que soit [le territoire immense sur lequel vivent les Indiens], je pense que d'ici un demi-siècle il n'y aura plus un Indien sauvage au nord du Rio Negro. La guerre est trop sanglante pour durer ; les Chrétiens tuant chaque Indien, et les Indiens faisant de même avec les Chrétiens.

Il est déprimant de se souvenir de la manière dont les Indiens ont cédé devant les envahisseurs Espagnols. [...] Non seulement des tribus entières ont été exterminées, mais les survivants sont devenus plus barbares ; au lieu de vivre dans de grands villages, employés à l'art de la pêche et de la chasse, ils errent maintenant à travers les plaines, sans habitation ni occupation fixe. »

L'année suivante, alors que le *Beagle* va quitter la côte Atlantique de l'Amérique du Sud, puis s'engager sur la côte Pacifique du même continent, l'explorateur écossais John Howison publie *Les Colonies européennes dans différentes parties du monde vues dans leur condition sociale, morale et physique*.

« Le continent américain, écrit-il, a été presqu'entièrement dépeuplé de ses aborigènes par l'introduction des bienfaits de la civilisation. » Il en est de même, écrit-il, des îles Caraïbes, des îles du Pacifique, et de l'Afrique du Sud.

En Afrique du Sud, « trois grandes causes ont conduit à l'extinction des tribus Hottentotes. Premièrement, leur appauvrissement dû à l'occupation du territoire et aux exactions des Européens ; deuxièmement, l'abus d'eau-de-vie ; et, enfin, l'introduction de la variole, cette dernière ayant toujours été le cadeau caractéristique et favori de la civilisation quand elle s'est mise à diffuser ses bienfaits tant vantés ».

« Il est certainement temps que cette œuvre de destruction cesse. »

Où que l'Européen ait posé le pied

Encore deux ans, et le 12 janvier 1836, le *Beagle*, qui a quitté la Nouvelle-Zélande, aborde Port Jackson, sur les côtes de l'Australie.

Au cours de ses séjours à terre, Darwin découvre que « le nombre des aborigènes décroît rapidement ».

« Cette décroissance, sans aucun doute, doit être en partie due à l'introduction de l'eau-de-vie, à des maladies européennes (y compris les moins graves qui, comme la rougeole, se révèlent très destructives) et à l'extinction graduelle des animaux sauvages. On dit qu'un nombre important des enfants [des aborigènes] périssent invariablement dans la très petite enfance en raison des effets de leur vie nomade ; et à mesure que la difficulté à se procurer la nourriture augmente, leur nomadisme doit aussi augmenter. »

« En plus des nombreuses causes évidentes de destruction, ajoute-t-il, il semble y avoir en général une cause plus mystérieuse à l'œuvre.

« Où que l'Européen ait posé le pied, la mort semble poursuivre l'Aborigène.

« Nous pouvons regarder les Amériques, la Polynésie, le cap de Bonne-Espérance et l'Australie, et nous découvrons le même résultat. Et ce n'est pas seulement l'homme blanc qui agit ainsi en tant que destructeur ; le Polynésien d'origine malaise a dans certaines régions de l'archipel Indien chassé devant lui les natifs de couleur sombre. Les variétés d'hommes semblent agir les unes sur les autres de la même façon que différentes espèces d'animaux – le plus fort éliminant toujours le plus faible.

« Il était déprimant d'entendre, en Nouvelle-Zélande, les natifs fins et énergiques dire qu'ils savaient que le pays était destiné à échapper à leurs enfants. »

Et Darwin cite plusieurs auteurs qui décrivent comment des personnes bien portantes peuvent transmettre des maladies dont elles semblent elles-mêmes indemnes, « et probablement d'autant plus, note-t-il, que les hommes sont de différentes races ».

La « cause mystérieuse », ce sont les microbes invisibles que Pasteur et Koch vont identifier, et que l'Européen porte en lui, contre lesquels il est immunisé, et que les Aborigènes n'ont jamais rencontrés.

« Ces effluves de certains hommes qui deviennent du poison quand ils sont inhalés par d'autres », dit Darwin.

Et c'est aussi vrai des animaux : « Je peux ajouter, écrit-il, que j'ai entendu dire [...] que des moutons, qui avaient été importés par bateau, bien qu'étant eux-mêmes en bonne santé, s'ils étaient placés dans le même enclos que d'autres, faisaient souvent apparaître une maladie dans le troupeau. »

Et il termine par une comparaison plus étrange encore : « Aussi mystérieux que soit ce problème, il n'est pas plus surprenant que le fait que le corps d'une personne juste après la mort, et avant que la putréfaction n'ait débuté, est souvent d'une qualité si délétère qu'une seule piqûre faite [à une personne en bonne santé] par un instrument utilisé pour la dissection sera fatale. »

Le colon européen qui pose le pied sur une terre étrangère est comme un mort qui répand autour de lui la mort qu'il porte en lui... et « la mort semble poursuivre l'Aborigène ».

Il y a là, probablement aussi, dans cette comparaison étrange, une référence à une tragédie familiale, le destin du fils aîné de son grand-père Erasmus – le frère de son père – qui porte le même prénom que lui, Charles, et qui a étudié, comme lui, à la faculté de médecine d'Édimbourg, un demi-siècle plus tôt. « Un jeune homme extraordinairement prometteur, écrira-t-il, mort avant l'âge de vingt-et-un ans des effets d'une blessure lors d'une dissection du cerveau d'un enfant. »

Trois semaines plus tard, le 5 février 1836, le *Beagle* accoste à Hobart Town, au pied du mont Wellington, dans l'île de Tasmanie, au sud-est du continent australien.

Les premiers colons blancs – une cinquantaine de personnes, prisonniers, soldats et volontaires, dont moins de dix femmes – étaient arrivés en 1803, quelques années avant la naissance de Darwin. Et à mesure que les immigrants se sont installés sur l'île, les autochtones – les Tasmaniens – ont été déplacés et massacrés.

« En 1835, écrit Darwin dans le *Journal du voyage du* Beagle, tous les Aborigènes ont été déplacés dans une île dans Bass Straits, de telle manière que le pays de Van Diemen jouit du grand avantage d'être libre d'une population native. Cette mesure extrêmement cruelle semble avoir été quasiment inévitable, la seule pour stopper une succession effrayante de vols, incendies et meurtres commis par les noirs, mais qui tôt ou tard a dû finir par leur destruction complète. »

Mais, ajoute-t-il, « je crains qu'il n'y ait pas de doute que cette succession de crimes et ses conséquences aient eu pour origine la conduite infamante de certains de nos compatriotes. Trente ans est une courte période pour avoir banni le dernier Aborigène de son île natale [la Tasmanie] – une île presque aussi grande que l'Irlande. [...]

« À l'époque de leur déportation, en 1835, le nombre de natifs était de deux cent dix. En 1842, c'est-à-dire après un intervalle de sept ans, il n'y avait plus que cinquante-quatre individus. »

Puis, comme tout au long de son *Journal du voyage du* Beagle, Darwin change brutalement de sujet.

« Le *Beagle* resta là pendant dix jours, et je fis plusieurs excursions plaisantes, principalement avec l'objectif d'examiner la structure géologique des environs immédiats. » Et : « Un autre jour, j'ai fait l'ascension du mont Wellington ; j'ai pris un guide, parce que j'avais échoué lors d'une première tentative, en raison de l'épaisseur de la forêt. Mais notre guide était un individu stupide... »

« 7 février – Le *Beagle* quitte la Tasmanie. »

Deux ans plus tard, en 1838, le pathologiste Thomas Hodgkin, qui a participé au mouvement pour l'abolition de l'esclavage, fonde à Londres la Société de protection des Aborigènes.

Encore trente-trois ans. Dans *La Généalogie de l'homme*, qu'il publie en 1871, Darwin revient longuement sur la disparition des Tasmaniens. Il décrit aussi la disparition progressive des Maoris en Nouvelle-Zélande, des Mélanésiens aux Nouvelles-Hébrides, des indigènes des îles Sandwich [aujourd'hui Hawaï]. Puis il revient aux Tasmaniens : « Quand la Tasmanie a été pour la première fois colonisée [au tout début du siècle] le nombre des autochtones était estimé par certains à sept mille et par d'autres à vingt mille. » Puis : « En 1864, seul un homme (qui mourut en 1869) et trois femmes âgées avaient survécu. » Il cite un livre qui a été publié un an plus tôt, *Le Dernier des Tasmaniens.*

Le dernier des Tasmaniens avait pour nom William Ianney. Quand Truganina, la dernière des Tasmaniennes, meurt en 1876, Darwin a soixante-sept ans. De son vivant, un peuple entier avait disparu.

Chapitre 12

Il nous faut comprendre une fois pour toutes...

Nous ne pouvons pas freiner notre sympathie, même sous l'effet de la raison la plus rigoureuse, sans détériorer la part la plus noble de notre nature.

Charles Darwin,
La Généalogie de l'homme et la sélection liée au sexe

Combien de débuts différents ? Et quelles voix pour les dire ? Et avec quels mots ?

Parmi tous les récits possibles il y en a un qui commence ainsi : « Sois prudent ».

« *Cuidado* [Sois prudent] », avait écrit le jeune Darwin dans ses carnets secrets. Pressentait-il que le danger essentiel n'était pas dans ce que la théorie détruisait et faisait disparaître, ni dans la lumière nouvelle qu'elle jetait sur notre solitude et notre nudité première ? Pressentait-il confusément qu'un désastre était à venir, prêt à surgir des marges de son « long argument », quand il ne serait plus là pour en défendre le sens et l'interprétation ?

En 1871, trente-cinq ans après son retour de son voyage autour du monde, dans *La Généalogie de l'homme et la sélection liée au sexe*, Darwin aborde enfin aux rives les plus étranges de « ce mystère des mystères » qu'il avait évoqué dans son *Journal du voyage du* Beagle : « la première apparition de nouveaux êtres sur cette terre ».

La première apparition de nos plus proches ancêtres. La lente émergence des êtres humains.

Notre dernière métamorphose. La plus récente.

Il y a longtemps.

Nous, dont les plus lointaines origines plongent aux racines du vivant, nous sommes en train de naître.

De primates non humains.

Nous sommes encore eux. Nous sommes parmi eux.

Puis nous nous éloignons.

Nous, les futurs êtres humains, qui ne savons peut-être pas encore qui nous sommes.

Nous qui, un jour, soudain, saurons.

Nos origines.

L'Origine de l'homme. C'est le titre que Hooker lui a demandé de donner au livre. Mais Darwin choisira *La Généalogie de l'homme*.

Le tigre déchirant sa proie dans la jungle

Darwin nous suit dans nos voyages à travers le monde, à travers les naissances et les évolutions successives des cultures et des civilisations humaines.

Darwin a rencontré pour la première fois des « sauvages », à l'âge de vingt-cinq ans, en Terre de Feu. Et le premier regard qu'il a porté sur eux est pour partie influencé par sa culture, celle d'une nation, d'un empire, qui s'est donné comme objectif de « civiliser » les peuples du monde. En 1839, trois ans après son retour, lorsqu'il publie la première édition de son *Journal du voyage du* Beagle, la reine Victoria est montée sur le trône depuis deux ans et va régner encore pendant soixante ans sur le plus grand empire de la Terre.

« Il n'est peut-être rien qui cause de manière plus certaine l'étonnement, écrit Darwin dans son *Journal*, que la première vision, dans son habitat natif, d'un barbare – de l'homme dans son état le plus bas et le plus sauvage. Notre esprit remonte alors soudain à contre-courant les siècles passés et se demande : est-ce que nos ancêtres ont pu être des hommes comme eux ? Des hommes dont les signes et les expressions nous sont moins intelligibles que ceux des animaux domestiques ; des hommes qui ne possèdent pas l'instinct de ces animaux, mais cependant ne semblent pouvoir se prévaloir de la raison humaine, ou du moins [des attributs de culture] que confère la raison. Je ne crois pas qu'il soit possible de décrire ou de peindre la différence entre l'homme sauvage et l'homme civilisé. C'est la différence entre un animal sauvage et un animal apprivoisé [ou domestiqué] : et l'un des intérêts d'observer un [homme] sauvage est du même ordre que celui qui conduit chacun à désirer voir un lion dans son désert, le tigre déchirant sa proie dans la jungle, ou le rhinocéros traversant les plaines sauvages d'Afrique.

« Parmi les autres spectacles les plus remarquables que nous ayons contemplés », poursuit-il sans aucune transition, passant de la description des « sauvages » à l'évocation d'autres « spectacles » naturels, « on pourrait inclure la Croix du Sud, le nuage de Magellan, et les autres constellations de l'hémisphère Sud – le geyser –, le glacier et son courant bleu de glace surplombant la mer d'un impressionnant précipice – une île-lagon que les coraux bâtisseurs de récifs ont élevée... »

Mais « le sauvage » n'est pas un être fruste et exotique, sans lien avec « l'homme civilisé ». Il est aussi une partie de nous-mêmes, que le voyage révèle.

« Il a été dit, écrit Darwin, que l'amour de l'aventure est un plaisir inhérent à l'homme – le vestige d'une passion instinctive. Je suis sûr que le plaisir de vivre en plein air, avec le ciel pour toit et le sol pour table, procède de la même sensation ; c'est le sauvage retournant à ses habitudes sauvages et natives. »

« Le barbare », « le sauvage », « l'ancêtre », dit Darwin, sont aussi en nous. En l'autre. Autour de nous.

Mais ce qu'il décrit comme « un plaisir » sera ressenti par d'autres comme une terreur.

Soixante ans plus tard. Vingt ans après la mort de Darwin.

Un groupe d'amis, réunis un soir, devant la Tamise. Marlow raconte son expédition en Afrique.

« Remonter la rivière était comme remonter vers les tout premiers débuts du monde. [...] Nous pénétrions de plus en plus profondément au cœur de l'obscurité. [...] Nous avancions sur une terre préhistorique [...]. L'homme préhistorique nous injuriait, nous priait, nous souhaitait la bienvenue – qui pouvait dire ? [...] nous étions en train de voyager à l'intérieur de la nuit des premiers âges, de ces âges qui se sont enfuis, laissant à peine un signe – et aucun souvenir. [...] Là, vous pouviez observer une chose monstrueuse en liberté. C'était non terrestre, et les hommes étaient – Non, ils n'étaient pas inhumains. Oui, vous savez, c'était le pire – cette suspicion qu'ils n'étaient pas inhumains. [Cette suspicion] vous venait lentement. [...] ce qui vous faisait frémir c'était cette idée de leur humanité – semblable à la vôtre – cette idée de votre lointaine parenté avec ce tumulte sauvage et véhément. Laid. Oui, c'était suffisamment laid ; mais si vous étiez suffisamment solide, vous pouviez admettre qu'il y avait en vous la trace vague d'une réponse à la terrible crudité de ce vacarme, une suspicion obscure qu'il y avait là une signification que vous – vous si éloigné de la nuit des premiers âges – pouviez comprendre. Et pourquoi pas ? L'esprit humain est capable de tout. »

Cœur des ténèbres de Joseph Conrad.

Et ce malaise profond que décrit Conrad, ce malaise et ce rejet à l'idée à la fois de la distance et de la proximité du « sauvage », deviendra la peur de la présence, de la persistance ou de la résurgence de nos origines aux confins et au cœur même de la « civilisation ». Et cette peur donnera progressivement, chez d'autres, naissance à de nouvelles formes de mépris auxquelles les couleurs rationnelles, neutres, froides et « objectives » de la science serviront de justification.

Mais pour Darwin, la différence entre « le sauvage » et « le civilisé » n'était qu'une question d'environnement. Lors du précédent voyage du *Beagle* en Amérique du Sud, en 1828, FitzRoy avait capturé, en Terre de Feu, quatre « sauvages », et les avait ramenés en Angleterre. Les trois survivants avaient été « civilisés » et convertis au christianisme. Ils sont à bord, avec Darwin, lors du deuxième voyage du *Beagle*. Ils retournent en Terre de Feu pour participer à l'œuvre des missionnaires. Darwin note dans *Le Journal du voyage du* Beagle à quel point ces trois *Fueguinos* sont semblables aux Anglais. Il suffit, dit-il, que son environnement change pour que « le sauvage » se transforme en « civilisé ». Il n'y a pas, entre eux, de différence de nature.

Combien le temps est long...

Et plus de trente ans après la publication du *Journal*, dans *La Généalogie de l'homme*, Darwin reprendra cette réflexion. « Beaucoup [de ces caractéristiques particulières aux différentes races humaines] sont si peu importantes [...] qu'il est extrêmement improbable qu'elles aient été indépendamment acquises par des espèces ou des races distinctes d'aborigènes. La même remarque vaut avec autant ou plus de force [encore] en ce qui concerne les nombreux points de similarité mentale entre les races d'hommes les plus distinctes. [...] J'étais sans cesse frappé, alors que je vivais avec les *Fueguinos* à bord du *Beagle*, par les nombreux petits traits de caractère montrant à quel point leur esprit était semblable au nôtre ; et il en avait été de même avec un nègre de pur sang avec lequel il m'arriva une fois d'être intime [il s'agit de John Edmonton, qu'il a connu à l'âge de dix-sept ans, durant ses années d'étude de médecine à l'université d'Édimbourg]. » Et il ajoute : « On ne peut qu'être profondément impressionné par la ressemblance étroite des goûts, des dispositions et des habitudes des hommes de toutes les races. »

Il écrit que « le sauvage », malgré la distance qui nous sépare de lui, est partie intégrante de notre commune humanité et doit être l'objet de notre sympathie. Puis il présente les relations entre les peuples humains, non plus dans le contexte des rencontres qu'un explorateur peut faire au cours d'un voyage, au long de dizaines de milliers de kilomètres, mais dans le cadre temporel de l'émergence des civilisations au cours de l'évolution de l'humanité, au long de dizaines de milliers d'années.

« À mesure que l'homme avance en civilisation, et que les petites tribus se réunissent en communautés plus larges, la simple raison devrait conseiller à chaque individu d'étendre ses instincts sociaux et sa sympathie à tous les membres de la même nation, même s'il ne les connaît pas. Une fois ce point atteint, seule une barrière artificielle peut empêcher ses sympathies de s'étendre aux hommes de toutes les nations et de toutes les races. » Puis, passant soudain de cet individu perdu dans le passé à un « nous » contemporain, il ajoute : « Il est vrai que si ces hommes sont séparés de nous par de grandes différences d'apparence ou d'habitudes, l'expérience nous montre malheureusement combien le temps est long avant que nous ne les considérions comme nos semblables. »

Combien le temps est long...

Puis il s'interroge sur les effets qu'a pu avoir la sélection naturelle sur l'émergence des civilisations.

Et il poursuit. « Il vaut la peine d'ajouter quelques remarques à propos du chapitre concernant les effets de la sélection naturelle sur les nations civilisées. » Ces remarques concernent les effets qu'ont pu avoir les civilisations sur la sélection naturelle. La manière dont l'émergence de la civilisation a pu, progressivement, en retour, freiner les effets qu'exerçait jusqu'alors la sélection naturelle sur l'évolution humaine.

« Chez les sauvages, écrit-il, les faiblesses du corps ou de l'esprit sont rapidement éliminées [par la sélection naturelle] ; et les individus qui survivent ont en général un très bon état de santé. »

Mais « nous, hommes civilisés, faisons en revanche tout notre possible pour freiner ce processus d'élimination ; nous construisons des asiles pour les imbéciles [les faibles d'esprit], les estropiés, et les malades ; nous instituons des lois pour les pauvres ; et nos médecins exercent leurs plus grands talents pour préserver la vie de chacun jusqu'au dernier moment. Il y a des raisons de penser que la vaccination a sauvé des milliers de personnes qui, à cause de leur faible constitution, auraient auparavant succombé à la variole. Ainsi, les membres faibles des sociétés civilisées se propagent, donnant naissance à leurs semblables. »

Puis, brutalement.

« Aucune des personnes qui se sont occupées de l'élevage d'animaux domestiques ne mettra en doute que cet état de fait doit être extrêmement nocif à l'espèce humaine. On ne peut qu'être surpris de la rapidité avec laquelle un manque d'attention, ou une attention inappropriée conduit à la dégénérescence d'une race d'animaux domestiques ; mais excepté lorsqu'il s'agit de l'homme lui-même, presque personne n'est ignorant au point de permettre à ses pires animaux de se reproduire. »

Si l'espèce humaine était une race d'animaux domestiques, suggère froidement Darwin [mais qui alors devrait se charger de son « élevage » ?], nous saurions comment nous comporter.... S'agirait-il de ne rien faire pour empêcher l'« élimination » de ceux qui ont « des faiblesses du corps et de l'esprit » ? Ne construire ni asiles ni hôpitaux, n'adopter aucune loi pour les pauvres, supprimer la médecine et la vaccination... ? Abandonner à leur sort ceux qui souffrent et ceux qui vont disparaître ?

Mais il poursuit.

« L'aide que nous nous sentons obligés d'apporter aux [personnes les] plus faibles est essentiellement une conséquence indirecte de l'instinct de sympathie, qui a émergé originellement parmi les instincts sociaux, mais s'est ensuite affiné et étendu.

« [Et] nous ne pouvons pas freiner notre sympathie, même sous l'effet de la raison la plus rigoureuse, sans détériorer la part la plus noble de notre nature.

« Le chirurgien peut s'endurcir pendant qu'il opère, parce qu'il sait qu'il agit pour le bien de son patient ; mais si nous en venions à négliger intentionnellement le faible et celui qui est privé d'aide, ce ne pourrait être que dans l'attente d'un éventuel bénéfice, et au prix d'une vie actuelle immergée dans le mal. »

L'exercice froid de « la raison la plus rigoureuse », s'il amène à abandonner « le faible », conduit au « mal ».

Et « nous devons pour cette raison, dit-il, supporter les effets, sans aucun doute néfastes, de la survie et de la propagation des faibles ».

L'altruisme, la sympathie, cette « part la plus noble de notre nature » qu'a fait émerger la sélection naturelle, doit nous conduire à refuser l'action aveugle de la sélection naturelle, même si nous devons dans le futur en payer le prix.

Aucune fin ne justifie la souffrance et l'abandon. Aucun avenir radieux ne justifie un enfer présent.

Et pourtant...

Les membres imprévoyants, vicieux et inférieurs de la société...

Et pourtant, il reprend.

« Dans les pays civilisés, un obstacle majeur à une augmentation du nombre d'hommes de classe supérieure a été fortement souligné par Mr. Greg [qui a étudié la médecine avec lui à l'université d'Édimbourg, et qui vient de publier un article sur ce sujet] et Mr. Galton [l'un de ses cousins, qui plus tard inventera le terme et le concept d'"eugénisme"], à savoir le fait que les [personnes] très pauvres et imprévoyantes, qui sont dégradées par le vice, se marient presque toujours jeunes, alors que les [personnes] prudentes et frugales, qui sont aussi en général vertueuses, se marient tard, afin d'être capables d'apporter [un certain] confort à eux-mêmes et à leurs enfants. [...] Ceux qui se marient tôt produisent beaucoup d'enfants. De plus, les enfants qui naissent de mères jeunes sont plus grands et plus gros, et pour cette raison probablement plus vigoureux que ceux qui naissent [de mères plus âgées].

« Ainsi, les membres imprévoyants, dégradés et souvent vicieux de la société ont tendance à augmenter [en nombre] à un taux plus rapide que les membres bienveillants et généralement vertueux [de la société]. »

« Ou encore, poursuit Darwin, comme le dit Mr. Greg, l'Irlandais imprévoyant, égoïste et dépourvu de toute aspiration se multiplie comme des lapins ; [alors que] l'Écossais frugal, prudent, se respectant lui-même, ambitieux, rigoureux dans sa moralité, spirituel dans sa foi, sagace et discipliné dans son intelligence, passe ses plus belles années dans la lutte et le célibat, se marie tard, et laisse peu de descendants derrière lui. Considérons une région initialement peuplée par un millier de Saxons [les Écossais] et par un millier de Celtes [les Irlandais], et en une douzaine de générations, les cinq sixièmes de la population seraient [constitués de] Celtes, mais les cinq sixièmes de la propriété et du pouvoir de l'intelligence appartiendraient au sixième des Saxons qui demeureraient.

« Dans l'éternelle "lutte pour l'existence", ce serait la race inférieure, *moins* [en italique dans le texte] favorisée, qui aurait prévalu, non pas en raison de ses bonnes qualités, mais de ses défauts. »

Il a fini de citer Mr. Greg. Et il reprend : « Il y a néanmoins certains freins [le terme de Malthus] à cette tendance [à aller] vers le bas. » Il évoque (comme Malthus longtemps avant lui) la mortalité des pauvres qui vont travailler à la ville, la mortalité des femmes qui accouchent trop jeunes...

« Mais il semble, poursuit-il, qu'il y ait au moins encore un frein [de plus à cette survie et à cette propagation des faibles], à savoir que les membres faibles et inférieurs de la société ne se marient pas aussi librement que ceux qui sont sains. [...]

« Il a été établi, à partir d'une énorme quantité de données statistiques, collectées durant l'année 1853, que les hommes non mariés, âgés de vingt à quatre-vingts ans, meurent, en France, en proportion beaucoup plus élevée que les hommes mariés : par exemple, pour mille hommes non mariés, âgés de vingt à trente ans, 11,3 sont morts dans l'année, alors que 6,5 seulement [sur mille] hommes mariés sont morts [au cours de la même période]. [...]

« Le Dr Stark considère que la mortalité réduite [des hommes mariés] est une conséquence directe "du mariage, et des habitudes domestiques plus régulières qui accompagnent cet état". Il admet cependant que les classes intempérantes [qui s'adonnent à la boisson], débauchées, et criminelles, dont la durée de vie est plus brève, ne se marient souvent pas ; et il doit donc être admis, de la même façon, que les hommes de faible constitution et de santé fragile, ou possédant une grande infirmité de corps ou d'esprit, ne souhaiteront souvent pas se marier, ou seront repoussés. [...]

« D'une manière globale, nous pouvons conclure que la mortalité plus faible des hommes mariés, par rapport aux hommes non mariés, qui semble correspondre à une loi générale, "est principalement due à l'élimination constante des catégories [de personnes] imparfaites, et à la sélection habile, à chaque génération, des individus les meilleurs". »

Mais, ajoute-t-il, revenant soudain à la même conclusion que Mr. Greg, « si les divers freins décrits dans le précédent paragraphe [...] n'empêchent pas les membres imprévoyants, vicieux, et par ailleurs inférieurs de la société d'augmenter à un taux plus rapide que les membres de la meilleure classe [de la société], la nation rétrogradera, comme cela s'est trop souvent produit durant l'histoire du monde ».

Puis il s'éloigne de la question de l'hérédité biologique. Il évoque le fait que les habitants de la Grèce antique étaient plus intelligents « qu'aucune race qui a jamais existé. Et l'on pourrait penser que la sélection naturelle aurait dû les conduire à peupler toute l'Europe. Pourtant, poursuit-il, tout progrès peut s'interrompre ». Mais il ajoute que « les nations d'Europe de l'Ouest, qui dépassent aujourd'hui d'une manière [telle qu'elle n'est] pas mesurable leurs ancêtres sauvages, et qui occupent le sommet de la civilisation, ne doivent rien, en ce qui concerne leur supériorité, à un héritage direct [biologique] des Grecs, mais doivent beaucoup aux œuvres écrites de ce peuple merveilleux ».

La notion d'hérédité culturelle, d'héritage culturel...

Puis il termine ce chapitre consacré aux effets qu'ont pu avoir les civilisations sur la sélection naturelle en faisant de nouveau appel à l'importance de la sympathie. En bouclant la boucle entre nature et culture, en rappelant que « la sympathie, cela peut difficilement être mis en doute, a originellement dû son développement à la sélection naturelle, en tant que l'un des éléments les plus importants parmi les instincts sociaux ».

La tonalité profondément empathique qui imprégnait, trente ans plus tôt, son *Journal du voyage du* Beagle – la spontanéité de ses révoltes contre l'oppression, contre tout ce qui altère et dégrade l'homme – n'est plus là que par intermittence.

Dans *La Généalogie de l'homme*, le texte est souvent ambigu, voire contradictoire. Les pages alternent entre un ton neutre, détaché, parfois méprisant, malthusien, et des passages profondément émouvants – condamnations soudaines de l'esclavage, qui surgissent comme l'écho d'un cri ancien, et pages emplies de respect, voire de tendresse, pour les « sauvages » civilisés qu'il a connus sur le *Beagle*, pour son ancien ami, l'esclave libéré John Edmonton, et pour les différentes races humaines. L'importance de la sympathie, de l'amour du prochain...

Et il y a, dans la première partie du livre, qui explore les comportements animaux dans lesquels il voit la préfiguration de l'émergence des « sentiments moraux » chez l'homme, une forme d'émerveillement qui évoque l'émerveillement premier de son voyage à la découverte d'une nature plus riche que ce qu'il avait jamais imaginé...

L'impression étrange et parfois choquante qu'il y a, dans *La Généalogie de l'homme*, deux écritures, deux visions, deux voix... Peut-être Darwin fait-il en sorte de ne pas heurter de front ce qu'il sait être les opinions de la plupart de ses lecteurs et de ses collègues... Il semble que ce qui lui importe désormais le plus, dans les citations qu'il fait des écrits et des travaux des autres, est non pas la nature de leur teneur morale, mais avant tout le crédit qu'accordent ces auteurs à la théorie de l'évolution qu'il a maintenant publiée depuis douze ans. Et ses seules remarques critiques explicites concernent ceux qui remettent en cause la validité de sa théorie.

Il y a longtemps eu en lui deux dimensions.

L'une en pleine lumière. Et l'autre dans l'ombre.

Dans la lumière, le personnage conforme à son époque, reconnu et respecté, qui publie et communique en public des travaux admirés qui éclairent, mais ne remettent nullement en cause, les concepts prédominants de son temps. Dans l'ombre, le révolutionnaire tumultueux qui pense en secret.

Soudain, avec la publication de *L'Origine des espèces*, ces deux personnages ne font plus qu'un. Et au hiatus qu'il a si longtemps vécu succédera la nécessité ambiguë de concilier ces extrêmes : être un révolutionnaire respectable et respecté par les piliers traditionnels de la société à laquelle il appartient....

Et la pensée de Darwin a toujours été complexe. Elle s'est toujours construite à partir de contradictions, qu'il a intégrées et dépassées sans nécessairement les effacer.

Dans son *Autobiographie*, il notera : « J'ai toujours autant de difficulté à m'exprimer de façon claire et concise, et cette difficulté m'a causé une grande perte de temps ; mais elle a eu l'avantage, en compensation, de me forcer à penser longuement et avec intensité à chaque phrase, et ainsi j'ai souvent été amené à remarquer des erreurs dans les raisonnements, et dans mes propres observations et dans celles des autres. Il semble y avoir une sorte de fatalité dans mon esprit qui me conduit à présenter d'abord mes affirmations et mes propositions dans une formulation fausse ou bizarre. »

Mais il y a sans doute plus.

Au moment où il publie *La Généalogie de l'homme,* il a soixante-deux ans. Et il confie dans son *Autobiographie* : « Depuis de nombreuses années, je ne peux plus supporter de lire une ligne de poésie. J'ai aussi presque perdu tout goût aux tableaux et à la musique. [...] C'est une curieuse et lamentable perte de tout goût esthétique. [...] Mon esprit semble être devenu une espèce de machine à moudre des lois générales à partir de larges assemblages de faits, mais pourquoi cela aurait dû causer l'atrophie de cette seule partie du cerveau dont dépendent les goûts supérieurs [esthétiques], je ne peux le comprendre. »

Et il ajoute : « La perte de ces goûts est une perte de bonheur, et pourrait être délétère pour l'intellect, et plus probablement pour le caractère moral, en affaiblissant la part émotionnelle de notre nature. »

L'affaiblissement de la part émotionnelle... probablement délétère pour le caractère moral...

Et pourtant sa conclusion est claire.

Il faut aider les plus vulnérables et les plus démunis.

Il faut tout faire pour prévenir et empêcher la souffrance et la mort.

Il s'agit d'un impératif moral. D'une forme de respect pour ce que nous avons de meilleur – « la part la plus noble de notre nature ». Il évoque « la règle d'or, "ce que tu voudrais que les hommes fassent pour toi, fais-le pour eux" ».

Il cite *Une théorie des sentiments moraux* qu'Adam Smith a publiée un siècle plus tôt. « Aussi égoïste que l'on considère l'homme, avait écrit Adam Smith, il y a à l'évidence des principes dans sa nature qui le conduisent à s'intéresser au devenir des autres, et qui lui rendent leur bonheur nécessaire, bien qu'il n'en dérive rien, excepté le plaisir de voir [le bonheur des autres]. »

Même si l'exigence de respecter cet impératif moral a un autre prix, dans l'avenir, ajoute Darwin – « les effets, sans aucun doute néfastes, de la survie et de la propagation des faibles ». Mais « nous devons, dit-il, supporter ces effets ».

Devant cette contradiction, devant ce qu'il décrit comme une obligation de choisir entre imposer un mal actuel – un mal d'un point de vue moral – et risquer un mal éventuel à venir – un mal qu'il conçoit d'un point de vue biologique –, entre une fin – œuvrer pour le futur de l'espèce humaine – et les moyens – imposer le malheur aujourd'hui –, il tranche clairement en faveur du respect pour le présent, du souci du soulagement de la souffrance présente.

Mais demeurera, longtemps après lui, comme une ombre portée de l'un des termes de la contradiction qu'il a exposée, cette notion : « aucune des personnes qui se sont occupées de l'élevage d'animaux domestiques ne mettra en doute que cet état de fait doit être extrêmement nocif à l'espèce humaine ».

Après sa disparition, l'ombre s'étendra.

À partir de la fin du XIXe siècle, la légitimation de la violence et du mépris prendra les couleurs froides et neutres des sciences de la nature. La théorie de l'évolution du vivant servira de justification nouvelle à la déshumanisation.

Et dans les pages si contradictoires de *La Généalogie de l'homme*, les promoteurs du « darwinisme social » pourront facilement se réclamer de lui en puisant dans les passages qui correspondront le mieux à leurs idées.

Le progrès éthique d'une société

Certains s'y opposeront violemment.

En 1893, à Londres, Thomas Henry Huxley, l'un des plus proches amis de Darwin, et l'un des plus ardents et brillants défenseurs de la théorie de l'évolution du vivant, prononce une conférence prémonitoire intitulée *Évolution et Éthique*.

Cela fait onze ans que Darwin est mort, et dix ans que Francis Galton a proposé l'« eugénisme » – « une science d'amélioration de l'élevage », écrit Galton, appliquée aux êtres humains.

« Jusqu'à quel point, demande Huxley, les progrès modernes dans les connaissances de la nature, et plus particulièrement les résultats de ces progrès dans le contexte de la doctrine de l'évolution, ont-ils une utilité pour nous aider dans cette grande tâche qui consiste à nous aider les uns les autres ? »

« Il y a une erreur qui me paraît envahir la prétendue "éthique de l'évolution". C'est la notion selon laquelle, parce que d'une manière générale, les animaux et les plantes ont avancé en perfection et en organisation par la voie de la lutte pour l'existence et la conséquente "survie du plus apte" ; pour cette raison, les hommes dans la société, les hommes en tant qu'êtres éthiques, doivent faire appel au même processus pour les aider dans leur chemin vers la perfection.

« Je suspecte que cette erreur a surgi de la malheureuse ambiguïté de la phrase "survie du plus apte" [ce terme que

Darwin avait emprunté à Spencer et introduit dans la cinquième édition de *L'Origine des espèces*].

« "Plus apte", poursuit Huxley, a une connotation de "meilleur" ; et à propos de "meilleur" il y a comme un parfum de morale.

« Dans la nature cosmique, cependant, ce qui est "plus apte" dépend des conditions [de l'environnement]. »

« Plus apte » ne traduit aucune qualité intrinsèque. Simplement, comme l'écrivait Darwin, « la direction dans laquelle souffle le vent ».

Puis Huxley revient à l'homme.

Bien sûr, dit-il, l'homme est dans la nature, fait partie de la nature, est influencé par les forces de la nature...

« Les hommes dans la société sont sans aucun doute soumis au processus cosmique [aux lois de la nature]. [...] Mais plus grande est l'influence du processus cosmique sur l'évolution d'une société, et plus rudimentaire est son degré de civilisation. Le progrès social signifie un frein au processus cosmique à chaque étape et la substitution à cette étape d'une autre qui pourrait être appelée le processus éthique. »

« Comme je l'ai déjà souligné, la pratique de ce qui est éthiquement le mieux – ce que nous appelons la bonté ou la vertu – implique une ligne de conduite qui, en toutes ses dimensions, s'oppose à ce qui mène au succès dans la lutte cosmique pour l'existence. À la place de l'affirmation brutale de soi, cela [la pratique de ce qui est éthiquement le mieux] demande de la restriction, à la place de pousser de côté, ou d'abaisser tous les compétiteurs, cela demande que l'individu non seulement respecte son prochain, mais aussi l'aide ; [cette pratique] vise non pas tant à la survie du plus apte qu'a rendre aptes le plus grand nombre de personnes à survivre. Cela conduit à rejeter la théorie de gladiateur de l'existence. [...]

C'est en raison d'une négligence de ces considérations banales que l'individualisme fanatique de notre temps tente d'appliquer [à l'homme] l'analogie de la nature cosmique à la société. »

Puis vient l'injonction.

« Il nous faut comprendre, une fois pour toutes, que le progrès éthique d'une société dépend non pas de sa capacité à imiter les lois cosmiques [les lois de la nature], encore moins de sa capacité à les fuir, mais de sa capacité à les combattre. »

« Cela peut sembler une proposition audacieuse, continue-t-il, que d'opposer le microcosme au macrocosme et de fixer à l'homme le but de soumettre la nature aux fins les plus élevées de l'homme ; mais j'incline à penser que la grande différence intellectuelle entre les temps anciens et notre époque tient à la solidité de nos acquis qui permettent d'espérer qu'une telle entreprise pourrait rencontrer un certain taux de succès.

« L'histoire de la civilisation détaille les étapes par lesquelles les hommes ont réussi à construire un monde artificiel à l'intérieur du cosmos.

« Roseau aussi fragile soit-il, l'homme, comme le dit Pascal, est un roseau pensant. »

Il y a pourtant, un peu plus loin, vers la fin de ce texte, une ambiguïté révélatrice de l'époque. Cette ambiguité traduit la difficulté, même pour qui le souhaite ardemment, de clarifier pleinement la part qu'il attribue à la « culture » et la part qu'il attribue à la « nature ».

« Et il reste beaucoup à faire, poursuit Huxley, pour modifier la nature même de l'homme. L'intelligence qui a transformé le frère du loup en gardien fidèle du troupeau devrait être capable de réaliser ce qui permettrait de réduire l'instinct de sauvagerie chez l'homme civilisé. »

Ainsi, l'ultime métaphore que choisit Huxley pour exprimer son injonction éthique fait, par un étrange retour, référence à ce qu'a accompli il y a si longtemps l'élevage, la

« sélection artificielle » qui a permis l'émergence, à partir du loup, du chien.

Et il y a dans le texte un autre passage qui reflète les préjugés de l'époque. La métaphore choisie pour illustrer la manière dont l'homme doit maîtriser la nature et se maîtriser lui-même est celle de l'élaboration d'un « jardin » – un « jardin d'Éden ». Mais la métaphore choisie pour évoquer la meilleure façon de réaliser ce « jardin » est la colonisation – la lutte civilisatrice contre la nature sauvage et contre « les sauvages ».

Et, contrairement à Darwin, mais comme la plupart de ses contemporains, Huxley croit à une hiérarchie des races humaines, qu'il a exposée trente ans plus tôt dans *Évidences concernant la place de l'homme dans la Nature.* « Les Noirs africains, dit-il, sont plus proches des grands singes que les Blancs européens... » Et ainsi, à l'arrière plan de son discours sur l'éthique, il y a l'ombre d'une apologie de l'élevage humain, de la colonisation, et du racisme.

Pourtant, l'essentiel du message, de l'injonction, de la mise en garde de sa conférence est clair.

L'homme doit fonder son action sur la pensée. L'intelligence. Et le respect du prochain. L'aide au prochain.

Le souci de l'autre. Ce que Darwin nommait « la sympathie ».

Il reste à Huxley encore deux ans à vivre.

Et il ne sera pas entendu.

Chapitre 13

Vers où cela allait…

Ô un, ô aucun, ô personne, ô toi :
Vers où cela allait, ce qui vers nulle part allait ?

Paul Celan,
Il y avait de la terre en eux

Francis Galton est l'un des fondateurs des statistiques modernes et de l'anthropométrie. Il est fasciné par les mesures. Et par l'hérédité. Par la mesure et l'hérédité des caractéristiques physiques, mentales, intellectuelles et sociales de l'homme.

Il a publié *Génie héréditaire. Une enquête sur ses lois et ses conséquences*. Et Darwin a cité son cousin dans *La Généalogie de l'homme, et la sélection liée au sexe*, saluant « le travail remarquable de M. Galton ».

Un an après la mort de Darwin, en 1883, Galton publie *Enquêtes sur les facultés humaines et leur développement*. Il présente une notion à laquelle il a donné un nom – l'« eugénisme », qu'il a forgé à partir du grec ancien, et qui signifie « bien engendré ».

Il y a l'« eugénisme positif » et l'« eugénisme négatif ».

L'« eugénisme positif » consiste à promouvoir les « accouplements judicieux » entre des personnes dont les caractéristiques physiques, intellectuelles et la réussite sociale traduisent qu'ils sont les « plus aptes ».

Et l'« eugénisme négatif » consiste à empêcher les personnes les « moins aptes » de donner naissance à une descendance. Il s'agit notamment, écrit-il, de « limiter la fécondité de ceux qui ont socialement échoué ». Ainsi, Galton fait de la réussite sociale, et de l'échec social – et donc de la plupart, si ce n'est de la totalité des comportements et des statuts sociaux –, une caractéristique biologique héréditaire. Au même titre que la couleur des yeux.

Et il ouvre le champ à ce qui sera appelé, vingt ans plus tard, le « darwinisme social ».

Une science d'amélioration de l'élevage

Plus de trois siècles se sont écoulés depuis que la révolution copernicienne a rejeté notre planète à la périphérie du Soleil. Et, de centre immobile du monde, elle est devenue un point mouvant perdu dans l'univers. Puis la révolution darwinienne a rejeté plus brutalement l'être humain à la périphérie de la nature. À la surface des profondeurs de temps qu'a parcourues la longue évolution du vivant.

De centre de la Création, façonné à l'image divine, et régnant en maître sur l'ensemble des êtres vivants, l'être humain est devenu une émergence tardive, aveugle et contingente d'un foisonnement touffu orienté sans cesse par les métamorphoses de l'environnement et par la faux de la sélection naturelle.

Fruit du hasard et du tremblement incessant des variations de l'hérédité.

Galton annonce que son objectif a été d'« étudier le caractère héréditaire des diverses facultés humaines, pour appréhender jusqu'à quel point l'histoire peut renseigner sur la faisabilité de remplacer la lignée humaine inefficace par de meilleures variétés, et jusqu'à quel point il ne doit pas être de notre devoir d'y consacrer autant d'efforts qu'il serait raisonnable, et d'œuvrer ainsi plus rapidement au développement des fins de l'évolution » (mais de quelles fins, de quels buts s'agit-il, si l'évolution est aveugle et sans projet ?).

Ce n'est plus l'homme « comme maître et possesseur de la nature » de Descartes.

C'est l'homme comme maître et possesseur de la nature humaine à venir.

Et il y a, dans la démarche du darwinisme social, une proclamation de fidélité à Darwin qui constitue une trahison. Darwin s'était inspiré de la sélection artificielle, intentionnelle, des éleveurs pour découvrir la sélection naturelle, aveugle et spontanée, à l'œuvre dans l'émergence du foisonnement de la diversité de toutes les espèces vivantes. Dans une forme de retournement que Darwin avait évoquée de manière ambiguë – mais pour la condamner et la refuser –, Galton part de la sélection naturelle, ou plutôt du frein qu'exerce la société sur la sélection naturelle, pour proposer l'instauration d'une sélection artificielle, intentionnelle, par une nouvelle catégorie d'éleveurs – les éleveurs de l'espèce humaine à venir.

Et il y a, par-delà, l'ombre portée, lugubre et déformée de Malthus.

Pour Malthus, le véritable moyen de lutter contre la pauvreté est d'abandonner les pauvres, de ne rien faire pour les secourir, de les laisser mourir. Mais il les incite à choisir le célibat et la chasteté. Ces restrictions, dit-il, devaient être volontaires. L'homme d'Église qu'il est condamne toute pratique qui permettrait de dissocier la sexualité de la procréation et qui risquerait, craint-il, d'atténuer le désir d'enfant. Il faut, dit-il, que le désir – et donc la capacité – d'avoir des enfants soient préservés chez chacun, parce que c'est la condition même du peuplement de la Terre, qui répond à un commandement de Dieu. Seule une restriction morale volontaire de la part des pauvres pourrait leur permettre de survivre au destin tragique que leur ont de tout temps fait subir les lois de la nature que l'« Être suprême » a créées et contre lesquelles les plus riches, dit-il, ne peuvent rien.

Galton est athée. Pour lui, il n'y a pas d'« Être suprême ». Il n'y a pas de projet divin. Ses successeurs feront, comme Malthus, de la souffrance imposée aux plus vulnérables, et de l'indifférence à cette souffrance, la condition nécessaire à la recherche d'un « bien » futur de la collectivité. Mais ils transformeront sa recommandation de laisser faire indifférent et de chasteté volontaire en une prescription d'une interdiction de procréer, puis demanderont à la médecine d'imposer la stérilisation forcée.

Contrairement à Malthus, la question qui les obsède n'est pas le « principe de population » – cette loi de déséquilibre permanent entre l'accroissement de la population et l'accroissement des ressources disponibles –, c'est la question de l'hérédité biologique.

La nature a fait émerger par hasard, sans le prévoir, ni le savoir, un être de projet. Cet être de projet doit désormais utiliser à son profit ces lois et ces forces dont il est le produit. Il doit se les appliquer à lui-même, comme il les a déjà appliquées aux animaux et aux plantes. La sélection artificielle de l'homme par l'homme sera la réappropriation par lui de la sélection naturelle qui lui a donné naissance.

Et pour que ceux dont l'hérédité nuit à l'avenir de l'espèce humaine, diront-ils, ne propagent pas leurs « caractères nuisibles », il faut les empêcher d'avoir des enfants.

Ils se proclameront les éleveurs de l'humanité, eux à qui reviendra le devoir de choisir, d'orienter, de sélectionner. De faire en sorte de propager les qualités qu'ils jugeront bénéfiques, et d'éliminer celles qu'ils jugeront nuisibles. De faire naître ceux et celles qu'ils jugeront aptes, et d'empêcher de naître ceux qu'ils jugeront inaptes.

« Le but de l'eugénisme, écrit Galton, est d'être une science d'amélioration de l'élevage. » Afin de « donner aux races ou à des lignées de sang appropriées une meilleure chance de prévaloir sur les [races et lignées de sang] moins appropriées ».

Ainsi, la théorie de l'évolution servira de nouvelle justification rationnelle et « scientifique » à cette obsession ancestrale de l'humanité pour l'hérédité qui, depuis la nuit des temps, s'était traduite par l'invention, sous des formes toujours nouvelles, des systèmes de castes, des mariages arrangés, des aristocraties et des royautés héréditaires, de l'esclavage héréditaire...

Galton créera le Laboratoire Galton pour l'eugénisme national dans le prestigieux University College de Londres. Il deviendra le président honoraire de la Société d'éducation à l'eugénisme, dont le directeur sera l'un des fils de Charles Darwin, Leonard. Et ainsi, l'un des cousins et l'un des fils du père de la théorie de l'évolution du vivant associeront son nom aux dévoiements de son œuvre.

Mais contrairement à d'autres pays, l'Angleterre n'adoptera jamais de lois de stérilisation forcée. Et, par un de ces détours dont l'histoire a parfois le secret, c'est le député Josiah Wedgwood III – le fils de Josiah Wedgwood II, l'oncle et beau-père anti-esclavagiste de Charles Darwin – qui sera l'un de ceux qui empêcheront, au début du XXe siècle, le vote de telles lois par le Parlement de Londres.

Une extension légitime de l'agriculture scientifique

Des journaux « scientifiques » consacrés à l'eugénisme sont créés dans plusieurs pays – *Le Journal de l'eugénisme*, du Laboratoire Galton pour l'eugénisme national, à Londres ; *Les Nouvelles concernant l'eugénisme*, le *Journal de l'Office des registres de l'eugénisme*, aux États-Unis ; et *Les Archives pour l'hygiène de la race*, en 1905, à Berlin.

Aux États-Unis, les « sociétés savantes » consacrées à l'eugénisme se multiplient. En 1910, le biologiste Charles

Davenport, qui dirige le laboratoire de génétique de Cold Spring Harbor, près de New York, et qui deviendra membre de l'Académie des sciences des États-Unis, crée l'Office des registres de l'eugénisme. L'Office sera la principale organisation eugéniste des États-Unis, et comprendra le Centre de recherche américain sur l'eugénisme, qui collectera des centaines de milliers d'arbres généalogiques indiquant les « qualités » et les « tares » héréditaires des familles américaines. En 1911, Charles Davenport publie *L'Hérédité en relation avec l'eugénisme*, qui deviendra l'ouvrage de référence dans ce domaine dans les universités américaines. Puis est fondée la Société pour l'amélioration de la race. En 1918 naît la Société Galton. Et en 1926, la Société américaine d'eugénisme.

Ces sociétés propageront, sous de multiples formes, et avec le soutien de prestigieux scientifiques, l'idée que l'eugénisme devrait devenir une priorité nationale et faire partie des préoccupations de chaque citoyen. Durant les années 1920 et 1930, dans les grandes foires qui se tiennent un peu partout aux États-Unis, des stands d'exposition et des conférences sont consacrés à l'eugénisme. Des concours distinguant les « Familles plus aptes » à donner naissance à des enfants génétiquement supérieurs sont organisés dans des pavillons médicaux d'eugénisme, où sont réalisés des analyses médicales et, sur des documents préparés par l'Office des registres de l'eugénisme, des arbres généalogiques visant à analyser l'hérédité des maladies, de l'alcoolisme, de la pauvreté, de la criminalité, des capacités intellectuelles, de l'âge mental, du talent à réaliser des travaux de couture, de la capacité à imposer une autorité civique ou religieuse... Il y a des concours pour familles nombreuses, familles peu nombreuses, pour des couples sans enfants, et pour des célibataires.

Dans son avant-propos, le rapport pour les années 1920-1924 du département « Eugénisme » de la foire de l'État du Kansas, préparé par le Bureau de recherches sur l'enfant, avec le soutien de l'université et du Conseil de santé du Kansas, annonce : « Le projet "Familles plus aptes" est une extension légitime de l'agriculture scientifique. C'est l'application des principes d'élevage scientifique des plantes et des animaux à l'ordre de création supérieur, la famille humaine. »

Quatre ans plus tard, l'Association américaine de génétique se félicite du fait qu'il y ait dans le pays « trois cent soixante-seize enseignements universitaires » consacrés exclusivement à l'eugénisme. Et l'eugénisme occupe une place croissante dans les livres de biologie des lycéens.

Mais il ne s'agit pas seulement d'« éduquer la société, et spécialement les gouvernants des États », comme le dit en 1927 un dépliant de l'Office des registres de l'eugénisme, « [afin] qu'ils encouragent la reproduction du meilleur sang ». Il faut aussi « qu'ils découragent ou empêchent la reproduction de ses pires souches ».

Le danger, l'ennemi, est partout.

À l'extérieur du pays. À ses frontières.

Des travaux « scientifiques » indiquent que plus de 80 % des immigrants « de race hébreue », selon les mots de Davenport, et des immigrants hongrois, russes, et italiens sont « faibles d'esprit » et « antisociaux ». Et en 1924 est votée la loi Johnson sur la restriction de l'immigration, qui impose une réduction très importante de l'entrée aux États-Unis des immigrants venant d'Europe du Sud et de l'Est afin de protéger la nation américaine de la propagation de leurs « tares héréditaires ».

Mais le danger, l'ennemi, est aussi à l'intérieur.

Moins de ceux-là

Dans les réunions publiques, les foires et les concours de « Familles plus aptes », des stands incitent la population à exiger des élus la stérilisation forcée de tous ceux dont les tares héréditaires menacent la société.

Sur de grands panneaux, des textes au milieu desquels des ampoules clignotent à des rythmes différents. « Toutes les quinze secondes, dit un texte sur lequel la lampe s'allume toutes les quinze secondes, cent dollars de votre argent sont consacrés à des personnes qui ont une mauvaise hérédité, comme les fous, les faibles d'esprit, les criminels, et autres déficients. » Une autre ampoule : « Toutes les dix-huit secondes, une personne naît aux États-Unis dont le développement mental ne dépassera jamais celui d'un enfant normal de huit ans. » Une autre ampoule : « Toutes les cinquante secondes, aux États-Unis, une personne est envoyée en prison. Très peu de personnes normales vont en prison. » En lettres capitales, en gras : « Certaines personnes naissent pour être un fardeau pour les autres. » Et : « L'Amérique a besoin : de moins de ceux-là. » Une autre ampoule, qui reste très longtemps éteinte : « Toutes les sept minutes et demie, aux États-Unis, naît une personne qui sera capable de réaliser un travail créatif et de commander. Environ 4 % des Américains ont cette capacité. » Et en gras : « L'Amérique a besoin : de plus de ceux-ci. »

Sur d'autres panneaux, et dans des journaux grand public, sont exposés des arbres généalogiques de plusieurs familles emblématiques, dont certaines s'avéreront être de pures inventions, qui instruisent la population sur les ravages de la propagation, à travers les générations, des tares sociales que transmet l'hérédité. L'un de ces arbres généalogiques est celui des Jukes.

C'est un sociologue américain, Richard Dugdal, qui a rendu célèbre le nom de la famille des Jukes. En 1874, il a visité une prison dans une zone rurale de l'État de New York, et découvert avec surprise que six des prisonniers étaient apparentés. Remontant l'arbre généalogique des six prisonniers sur cinq générations, il dira avoir identifié une ancêtre commune, Ada, née en 1740. Il rapportera que plus de la moitié des sept cent neuf membres de cette famille – à laquelle il a donné le pseudonyme de « *Jukes* » – sont des prostituées, des malades mentaux, des pervers sexuels, des criminels ou des meurtriers, des enfants illégitimes ou des pauvres... Et il publiera les résultats de cette étude en 1877 : *Les* Jukes *: une histoire de crime, de pauvreté, de maladie et d'hérédité.*

Dugdal est un progressiste, un réformateur qui milite pour les réformes sociales. Et il a une vision ouverte de l'hérédité. Il croit à l'« hérédité des caractères acquis », qu'il s'agisse d'hérédité de type lamarckienne, ou qu'il s'agisse, plus simplement, d'une influence des facteurs socioculturels et économiques de l'environnement sur le développement des enfants.

« L'environnement, écrit-il, tend à produire des habitudes qui peuvent devenir héréditaires, particulièrement dans un contexte de pauvreté et de vice.

La correction, poursuit-il, consiste à changer l'environnement. Là où l'environnement change durant la jeunesse, les caractéristiques de l'hérédité peuvent être modifiées de façon mesurable. »

Mais près de quarante ans plus tard, l'interprétation et les implications données aux travaux de Dugdal ont radicalement changé.

En 1915, l'Office des registres de l'eugénisme complète l'étude de Dugdal en incluant deux mille personnes supplémentaires apparentées à la même famille.

Le rapport conclut que plus de la moitié des membres passés ou présents de la famille des *Jukes* ont été ou sont des prostituées, des malades mentaux, des pervers sexuels, des criminels ou des meurtriers, des enfants illégitimes ou des pauvres – et en tout état de cause, des « faibles d'esprit ».

La recommandation n'est plus un changement d'environnement social pour les jeunes, mais l'interdiction pour tous les membres vivants de la famille des *Jukes* d'avoir des enfants, que ce soit par la mise en place de mesures d'internement forcé dans des institutions imposant une ségrégation sexuelle, ou par celle de mesures de stérilisation forcée.

... LES ORPHELINS, LES PERSONNES SANS DOMICILE, LES VAGABONDS, LES PAUVRES...

Un an plus tôt, en 1914, une autre grande institution eugéniste des États-Unis a préconisé la stérilisation forcée de 10 % de la population à chaque génération – « le dixième immergé », « le dixième de notre population actuelle qui a le moins de valeur » –, puis, à mesure que l'opinion publique soutiendra ce programme de stérilisation, d'« augmenter chaque année » ce pourcentage.

En 1922, le superintendant de l'Office des registres de l'eugénisme, Harry Laughlin, rédige un « modèle de loi de stérilisation » dont il recommande l'adoption par tous les États du pays. Il prescrit la stérilisation forcée des personnes « porteuses de qualités héréditaires dégénérées », dont : « les faibles d'esprit ; les aveugles, incluant les personnes dont la vision est sérieusement défectueuse ; les sourds, incluant les personnes dont l'audition est sérieusement défectueuse ; et les personnes dépendantes, incluant les orphelins, les personnes sans domicile, les vagabonds, et les pauvres ».

Deux ans plus tard, en 1924, l'État de Virginie adopte une loi de stérilisation forcée.

Encore trois ans et, en 1927, la Cour suprême des États-Unis rend l'arrêt Buck vs Bell. Il concerne Carrie Buck, une jeune mère célibataire qui doit être la première personne à qui doit être appliquée la stérilisation forcée en Virginie.

Carrie Buck a été enfermée en 1924, à l'âge de dix-huit ans, peu avant son accouchement, dans la Colonie d'État pour les épileptiques et les faibles d'esprit. Elle est elle-même fille illégitime d'une mère célibataire, Emma Buck, et a été adoptée. Son père adoptif « a signalé que la fille était enceinte et qu'il voulait qu'elle soit enfermée quelque part – qu'elle soit envoyée dans une institution ».

Laughlin est venu témoigner : « Ces personnes appartiennent à la classe paresseuse, ignorante et sans valeur des blancs antisociaux du Sud ».

Et l'arrêt de la Cour suprême conclut : « Il est meilleur pour le monde entier qu'au lieu d'attendre d'exécuter pour leurs crimes les enfants de dégénérés, ou de les laisser mourir de faim en raison de leur imbécillité, la société puisse empêcher ceux qui sont manifestement inaptes de propager leur descendance. Le principe qui fonde la vaccination obligatoire est suffisamment large pour couvrir la section des trompes de Fallope [c'est-à-dire la stérilisation féminine]. »

Et : « Trois générations d'imbéciles suffisent. »

Les trois générations sont la mère de Carrie – Emma –, Carrie elle-même, et sa fille, Vivian.

L'état mental de Vivian a été « examiné » à l'âge de six mois par une travailleuse sociale, et jugé « déficient ». Elle ira pourtant à la même école que les enfants « normaux » de son âge, et aura de bonnes notes, jusqu'à l'âge de huit ans où elle mourra d'une maladie digestive.

Carrie Buck sera retrouvée en 1980 par le directeur de l'hôpital où elle avait été stérilisée plus d'un demi-siècle plus tôt. Il s'est plongé dans les archives de son hôpital et a découvert que plus de quatre mille autres personnes y avaient été stérilisées, la dernière en 1972. Carrie Buck est alors âgée de soixante-quatorze ans, et ses capacités intellectuelles et mentales paraîtront tout à fait « normales » à tous les chercheurs qui demanderont à la rencontrer.

Elle a une sœur, Doris, qui s'est mariée et a longtemps essayé, sans succès, d'avoir des enfants. Les registres de l'hôpital permettront de découvrir qu'elle a été stérilisée sans qu'on le lui dise, lors d'une intervention qu'on lui a présentée comme une opération de l'appendicite.

À partir de 1907, plus de la moitié des États des États-Unis adopteront progressivement des lois de stérilisation forcée. Et à la fin des années 1930, plus de soixante mille personnes auront été stérilisées de force.

Le « darwinisme social » a commencé à exercer ses ravages.

La plupart des grands scientifiques de ce temps, qui soutiennent la théorie darwinienne de l'évolution, soutiendront aussi le « darwinisme social » ou se tairont. Le combat contre les dérives viendra d'ailleurs : d'hommes politiques, de juristes, de représentants des mouvements religieux qui combattent à la fois la théorie darwinienne et l'eugénisme. Puis la crise de 1929, qui fera brutalement basculer la population dans la pauvreté et la misère, et jettera sur les routes une grande partie de la population qui avait jusque-là « socialement réussi », renforcera chez certains la peur et le rejet des pauvres tout en contribuant à fissurer les certitudes quant au caractère héréditaire de l'« échec social ».

Mais ce sera la découverte progressive de la nuit dans laquelle s'enfonce l'Allemagne nazie, en mettant en œuvre de manière de plus en plus brutale et extrême les mesures préconisées par les prestigieuses institutions d'eugénisme d'Angleterre et des États-Unis, qui aboutira, au début des années 1940, à l'autodissolution de ces institutions.

La science du mépris

L'eugénisme ne sera que l'une des nombreuses dérives de plus en plus délirantes, puis de plus en plus terrifiantes auxquelles la théorie de l'évolution servira de justification. Au « darwinisme social » s'ajoutera le « darwinisme racial », ancrant un racisme immémorial dans la « science moderne ».

Durant la seconde moitié du XIXe siècle se développe l'obsession de la mesure « scientifique » des « qualités » héréditaires humaines – ce que le grand évolutionniste de la fin du XXe siècle Stephen Jay Gould a appelé, dans un grand livre bouleversant du même titre, la « mal-mesure de l'homme ».

C'est le règne de l'anthropométrie, de la crâniométrie, de la phrénologie, de la physionomie... De nombreux scientifiques reconnus mesurent la taille et la forme des crânes, les rapports respectifs de la longueur de différents os, les caractéristiques du visage, réalisent des arbres généalogiques concernant la transmission de différentes caractéristiques physiques, intellectuelles, mentales, sociales, réalisent des tests de quotient intellectuel, comparent l'intérieur des boîtes crâniennes et le poids des cerveaux des morts. Les publications accumulent les chiffres, quantifient, comparent, classent, hiérarchisent, expriment les résultats en termes admiratifs ou méprisants et dégradants.

En 1861, en France, le grand neurologue Broca, qui vient de découvrir les aires cérébrales de la parole, s'intéresse aux distances évolutives qui séparent les différentes races humaines du singe. « Nous surmonterons facilement le problème, écrit-il, en choisissant, pour notre comparaison de cerveaux, des races dont les inégalités intellectuelles sont évidentes. » Il utilise comme critères la taille des cerveaux, l'analyse de l'intérieur du crâne, ou les rapports de longueur entre un os de l'avant-bras et un os du bras, ce rapport étant plus important chez le singe que chez l'homme.

Quand ses mesures indiqueront que les Européens – les « Blancs » – sont plus proches du singe que certains peuples « primitifs » et que les Asiatiques, sa conclusion sera que ce résultat est absurde, et donc que son critère de comparaison ne peut pas être le bon. Et il changera de critère...

Broca, comme beaucoup d'autres savants de son temps, connaît d'avance dans ce domaine la réponse à la question qu'il pose. Il n'explore pas la question pour découvrir une réponse. Il recherche la preuve qui confirmera ce qu'il sait déjà, a priori, avant même d'avoir commencé ses expériences. Ce que tout le monde sait déjà depuis si longtemps. Que la « race noire » et d'autres « races » de « sauvages » et de « primitifs » sont les plus proches du singe, puis viennent les « asiatiques », et enfin, les plus distants du singe, ceux qui avancent à l'avant-garde de l'humanité, au plus loin de nos ancêtres : la « race blanche ».

« Le cerveau du nègre ressemble à celui de nos enfants [...] et à celui de nos femmes, écrit en 1864 le grand biologiste allemand Carl Vogt. Le nègre adulte, en ce qui concerne ses capacités intellectuelles, ressemble à l'enfant, à la femme, et au Blanc sénile. »

En 1913, plus de la moitié des États des États-Unis d'Amérique ont adopté des lois qui interdisent tout mariage entre Blancs et Noirs, et punissent de prison toute vie en couple « interracial ». L'État de Virginie n'abolira cette loi qu'en 1967. Mais cette peur de tout « mélange racial » était ancienne.

Retiré de la possibilité du mélange

« Au début des années 1820, les Américains blancs, ayant remarqué la présence d'un nombre croissant d'esclaves libérés dans les rues des villes du Nord [des États-Unis], commencèrent à réaliser pour la première fois qu'ils étaient confrontés non seulement à un problème d'esclavage, mais aussi à un problème de *race*. Et alors que le premier problème était d'ordre politique – le prix qu'une république avait à payer pour les avantages économiques qui dérivaient de la propriété, garantie par la Constitution, d'une force de travail réduite en esclavage de près de trois millions de personnes qui se perpétuaient –, le second, le "problème racial", était d'ordre moral, émotionnel, culturel, et, je suppose, sexuel. Ses dimensions étaient mythiques et profondément menaçantes pour la vision que la plupart des Américains blancs avaient d'eux-mêmes comme personnes moralement et racialement pures et, cela va sans dire, supérieures. »

The Darling, de l'écrivain Russel Banks.

Mais cette « réalisation », cette peur du *mélange des races*, était encore plus ancienne. Elle s'était déjà manifestée un demi-siècle plus tôt, au moment de la proclamation d'indépendance des États-Unis d'Amérique, en 1776.

Thomas Jefferson, un des rédacteurs de la Déclaration d'indépendance, traduit les ambiguïtés morales de son temps. Il est opposé à l'esclavage. Mais il possède cent trente esclaves, qui seront tous vendus aux plus offrants à sa mort en 1826 – tous, sauf sa maîtresse, Sally Hemings, dont il a eu secrètement des enfants.

Entre 1776 et 1779, il participe dans son État, la Virginie, à l'élaboration d'une loi qui propose de « retirer la protection de la loi » à tout esclave noir émancipé qui n'aura pas quitté l'État un an après son émancipation. « Si une femme blanche a un enfant d'un nègre ou d'un mulâtre, elle et son enfant doivent quitter l'État dans l'année qui suit. »

Il faut tout faire pour éviter le « mélange racial ».

« Quand il [l'ancien esclave noir] sera libéré, écrit Jefferson, il doit être éloigné au-delà de la possibilité du mélange [racial]. »

Ces deux articles de loi ne seront pas adoptés en 1779 par la Virginie.

Mais toute l'histoire des États-Unis pendant presque deux siècles sera traversée par cette obsession.

Elle prendra durant une brève période, dans les États du Nord, la forme bienveillante d'un encouragement et d'une aide au retour en Afrique.

Le Liberia est un petit pays d'Afrique de l'Ouest, entre la Côte-d'Ivoire et la Sierra Leone. C'est dans ce pays que se déroule *The Darling*, un roman qui plonge dans les horreurs des massacres et des crimes contre l'humanité qui ravageront la région à la fin du XXe siècle. Hannah Musgrave a fui les États-Unis. Elle arrive, à la fin des années 1970, dans la capitale du Liberia, Monrovia. Tout est encore calme. Le désastre n'a pas encore commencé. Elle trouve étrange que les bâtiments gouvernementaux de Monrovia ressemblent tant, en miniature, à ceux de Washington, et le reste de la ville lui rappelle le sud des États-Unis.

« Je ne savais presque rien alors de l'histoire du Liberia », dit-elle. Et pour comprendre, « il fallait revenir au début du XIXe siècle ».

Devant « la présence d'un nombre croissant d'esclaves libérés dans les rues des villes du Nord [des États-Unis] », une idée se répand dans les États du Nord. « Pourquoi ne pas renvoyer les esclaves libérés en Afrique ? [...] Pourquoi ne pas leur donner un aller simple pour l'Afrique en échange de leur liberté ? [...] Pourquoi ne pas les envoyer de la demeure de leurs maîtres à la demeure de leurs ancêtres ? »

En 1822, la Société américaine de colonisation, qui a été fondée cinq ans plus tôt dans le but d'émanciper les esclaves et de les établir en Afrique, propose le Liberia.

« Un coin de la côte d'Afrique de l'Ouest [...]. Une jungle impénétrable, des marais de mangrove, des estuaires infestés de paludisme que personne d'autre ne voulait – excepté, bien sûr, les quinze ou seize tribus de sauvages illettrés, noirs de peau, qui se trouvaient vivre là sans titre légal. Le mot *Liberia* n'était sur aucune carte, bien que certainement les natifs aient eu un nom pour la région. »

« Les premiers colons abordèrent les rivages en 1825. Ils donnèrent au village Mandingo qui faisait du commerce sur la péninsule le nom de Monrovia, d'après James Monroe, le cinquième président américain, qui avait été l'un des premiers soutiens à la notion du retour. »

En 1847, les esclaves libérés proclament l'indépendance de la république du Liberia – « le pays de la liberté ». D'autres étaient partis dans la première république noire – Haïti – dont l'indépendance avait été proclamée quarante-trois ans plus tôt, après la victoire de la révolte des esclaves menée par Toussaint Louverture.

Et c'est vers le Liberia que Harriet Beecher-Stowe fait partir, à la fin de *La Cabane de l'oncle Tom*, les esclaves devenus libres dont elle a décrit le calvaire.

Mais après la fin de la guerre de Sécession, les esclaves libérés cesseront d'émigrer, et un grand nombre de ceux qui étaient partis reviendront au pays où ils sont nés.

Commence alors le temps de l'exclusion, de la ségrégation, de la discrimination.

En 1992, dans une postface à son roman historique *Les Confessions de Nat Turner* qu'il a publié un quart de siècle plus tôt, William Styron évoque son enfance en Virginie – les années 1930. « Je n'étais séparé de l'esclavage que par deux générations, [...] j'étais apparenté à, proche de, et parlais avec quelqu'un qui avait possédé des esclaves. »

Sa grand-mère. « Je pense que rien ne me stupéfiait plus que le fait que cette frêle femme [...] qui était ma chair et mon sang avait été la propriétaire légale de deux êtres humains. »

Et il poursuit, décrivant le monde qui était le sien : « J'étais douloureusement conscient [...] et sensible à l'extrême étrangeté de ce monde entièrement fondé sur la ségrégation : les fontaines d'eau et les toilettes marquées "Blanc" et "de couleur", les bus dans lesquels les personnes noires devaient s'asseoir à l'arrière, les théâtres avec les Noirs assis aux balcons (dans les plus grandes villes il y avait de fait des théâtres séparés) ; même les ferries qui traversaient les rivières et les baies appliquaient un apartheid. [...] J'étais perpétuellement saisi par cette division, et l'isolement qui s'ensuivait. »

Et pourtant, conclut Styron, citant l'écrivain James Baldwin, « chacun d'entre nous, sans rien pouvoir y faire et pour toujours, contient l'autre – le masculin dans le féminin, le féminin dans le masculin, le blanc dans le noir, et le noir dans le blanc. Nous sommes une part de chacun d'entre nous ».

Dans le sud des États-Unis, la ségrégation, la discrimination et les lynchages des descendants libres des esclaves continueront longtemps, et il faudra attendre les années 1950 pour que la Cour suprême déclare inconstitutionnelle la ségrégation raciale dans les écoles. Dix ans plus tard,

Martin Luther King obtiendra la fin de la ségrégation dans les bus des États du Sud, et ce n'est qu'en 1964, un siècle après l'abolition de l'esclavage, que sera votée par le Congrès des États-Unis la loi sur les droits civiques, qui interdit toute forme de ségrégation raciale.

Mais le discours « scientifique » raciste continue de se diffuser : la même année 1964, l'*Encyclopædia Britannica* cite parmi les caractéristiques biologiques des personnes de peau noire, des cheveux crépus et « un petit cerveau par rapport à leur taille ».

La petite taille du cerveau

Mais le mépris s'étend au-delà des frontières des « races ». Il englobe les femmes.

Un siècle plus tôt, en Europe et aux États-Unis, des travaux indiquent que le poids du cerveau des femmes est inférieur à celui du cerveau des hommes, « confirmant » l'infériorité intellectuelle intrinsèque des femmes, leur immaturité, et justifiant ainsi, de manière « scientifique », la recommandation de leur interdire l'accès aux professions masculines, et le droit de vote.

« Nous pouvons nous demander si la petite taille du cerveau de la femme dépend exclusivement de la petite taille de son corps, écrit Broca. Cette explication a été proposée. Mais nous ne devons pas oublier que les femmes sont, en moyenne, un petit peu moins intelligentes que les hommes... »

« Un petit peu moins... » Vingt ans plus tard, l'un de ses élèves, Gustave Le Bon, l'auteur d'un livre respecté, *La Psychologie des foules*, « découvre » que la femme est plus proche du singe que l'homme.

« Chez les races les plus intelligentes, comme celle des Parisiens, écrit-il, il y a un grand nombre de femmes dont les cerveaux sont plus proches en taille de ceux des gorilles que des cerveaux masculins les plus développés. Cette infériorité est tellement évidente que personne ne peut la contester, seul son degré mérite d'être discuté. Tous les psychologues qui ont étudié l'intelligence des femmes reconnaissent aujourd'hui qu'elle constitue la forme la plus inférieure d'évolution humaine, et qu'elles sont plus proches des enfants et des sauvages que de l'homme civilisé adulte. »

À la même époque, en Italie, Cesare Lombroso s'intéresse aux criminels. Il est le fondateur de l'« anthropologie criminelle ». En 1876, il publie un livre dont l'influence sera extrêmement durable, *L'Uomo delinquente*, où il présente et développe le concept de « criminel-né ». « Chaque crime est commis, écrit-il, par des hommes qui ont des caractéristiques physionomiques particulières. » Par exemple, « les voleurs se caractérisent par leur visage expressif et leur dextérité manuelle, de petits yeux mobiles qui sont souvent de forme oblique, des sourcils épais et des fronts en pente... » Les tribunaux font appel à son « expertise scientifique ».

Lombroso « découvre » la proximité héréditaire, « atavique », des criminels avec « les hommes primitifs et les animaux inférieurs » – les primates non humains et des mammifères carnivores... Il s'intéressera aussi à la proximité de l'homme avec le singe en fonction de la classe sociale : plus l'homme s'élève dans la société, et plus il est éloigné des primates non humains.

Pourtant, du point de vue de la théorie de la généalogie des espèces, cette « découverte », de même que celles qui concernent les femmes, n'a pas vraiment de sens et sera difficilement acceptée.

Mais une autre explication sera trouvée.

Elle fera référence à une idée développée par Ernst Haeckel.

Haeckel a adopté la théorie darwinienne dès la publication de *L'Origine des espèces*, et l'a diffusée en Allemagne, où elle connaîtra rapidement un grand succès, ainsi que les interprétations « sociales » et « raciales » qu'il en fait et qui inspireront les idéologues nazis de la « pureté de la race ».

Haeckel est un grand biologiste, passionné par le développement des embryons et le lien entre développement embryonnaire et évolution du vivant. Il émet l'hypothèse selon laquelle « l'ontogenèse récapitule la phylogenèse ». Selon sa théorie, dans chaque embryon d'une espèce donnée, les stades de développement récapitulent les métamorphoses successives de toutes les espèces qui lui ont donné naissance. En d'autres termes, les étapes du développement d'un embryon suivent exactement les étapes de la généalogie du vivant.

C'est une extension extrême de l'idée générale qu'avait proposée Darwin – « la communauté des structures embryonnaires révèle l'origine commune » de l'ensemble des espèces qui peuplent aujourd'hui notre planète. Ou encore « l'embryon est l'animal dans son état le moins modifié » et cet état, encore peu modifié, « révèle la structure de l'ancêtre ». Pour Darwin, il s'agissait de reflets lointains, et non pas d'une stricte récapitulation. Et il considérera la théorie de Haeckel comme excessivement réductrice.

Après la mort de Darwin, la théorie de la récapitulation offrira une explication à tous ceux qui pensent que la femme, les criminels, ou les personnes appartenant aux catégories sociales les plus défavorisées sont, de même que les personnes des « races inférieures », mais pour une raison différente, plus proches du singe que les autres. Pour les personnes des « races inférieures » ou « primitives », il s'agit d'une proximité généalogique. Pour les femmes, les « criminels-nés », ou les personnes de catégories sociales inférieures, il s'agit d'une interruption plus précoce du développement : leur développement s'arrête plus tôt, à un stade qui est plus proche de celui de nos ancêtres singes que de celui de l'homme blanc appartenant aux catégories sociales les plus élevées...

Ainsi, dans un foisonnement morbide de travaux « scientifiques », se refonde la certitude d'une supériorité de la « race » blanche sur les autres « races », d'une supériorité de l'homme sur la femme, d'une supériorité des catégories sociales les plus favorisées sur les autres, et du caractère héréditaire biologique, génétique, de ces formes de supériorité. « Science » qui, à l'inverse de ce qu'a été la démarche révolutionnaire de Darwin, connaît toujours à l'avance les réponses aux questions qu'elle pose, et ne fait que chercher, par des mesures toujours plus nombreuses et plus précises, la pleine confirmation des préjugés les plus anciens qui fondent le mépris, l'exclusion et l'oppression des sociétés dans lesquelles elle se déploie.

« Science » qui avait débuté longtemps avant Darwin, et qui longtemps après sa disparition, avancera en son nom, en le trahissant, en allant contre les valeurs qu'il avait affirmées.

« Science » qui s'enfoncera de plus en plus, dans la nuit.

ESPACE DE VIE

En 1821, Cuvier décrivait la « race nègre », dont le « museau saillant et [ses] grosses lèvres rapprochent manifestement des singes », comme « la plus dégradée des races humaines ». Lorsqu'il réalisa la dissection de Saartjie Baartman – qui avait été exposée à Paris sous le nom de la Vénus hottentote et qui venait de mourir –, il rapporta à l'Académie de médecine que « les races à crâne déprimé et comprimé sont condamnées à une éternelle infériorité ».

En 1850, un médecin écossais, ancien professeur d'anatomie à l'université d'Édimbourg, Robert Knox, avait publié *Les Races humaines*.

« Les races sombres [noires] peuvent-elles être civilisées ? Certainement pas. La race saxonne ne les tolérera jamais – ne s'y mélangera pas – et ne les laissera pas en paix. La guerre la plus sauvage, la plus sanglante des campagnes de Napoléon ne peut être comparée à la guerre que se livrent nos descendants en Amérique et les races sombres ; il s'agit d'une guerre d'extermination. »

« La race celte exige pour héritage la part du globe qui correspond à son énergie, son nombre, sa civilisation et son courage. »

Et ce qui compte, c'est la force : « Le seul droit, c'est celui de la force physique. » Ou : « Les lois sont faites pour contraindre les faibles et être violées par les forts. »

En 1854, George Gliddon, égyptologue et diplomate américain, publie avec Jonah Nott, professeur de chirurgie à l'université d'Alabama, *Les Types de l'humanité*, où ils proposent l'idée que les différentes « races humaines » constituent en fait les descendants de différentes « espèces » humaines, l'espèce constituée par les Noirs étant la plus proche des singes. Le grand naturaliste Louis Agassiz, professeur à l'université de Harvard, et créationniste comme eux, fait l'éloge de ce livre qui devient aux États-Unis un ouvrage de référence sur les « races » humaines.

En 1864, William Winwood Reade publie *Afrique sauvage.* Il est membre de la Société de géographie et de la Société d'anthropologie de Londres, qui a été fondée l'année précédente par les membres les plus racistes de la Société d'ethnologie, qui ont fait sécession. Il envisage que la colonisation de l'Afrique causera la disparition des Noirs. « Il nous faut considérer ce résultat avec sang-froid. Il illustre la loi bienfaisante de la Nature, qui décrète que le faible doit être éliminé par le fort. »

En 1897, en Allemagne, Friedrich Ratzel publie *Géographie politique*. Il évoque « les peuples sans terre à habitat éparpillé ». Il y range « les peuples de chasseurs retardés de l'intérieur de l'Afrique », mais aussi les Juifs et les Tsiganes. « Depuis longtemps, dit-il, la colonisation est devenue un déplacement. [...] Par la mort et le déplacement de leurs habitants », les terres à coloniser « sont transformées en terres inhabitées ».

« La conquête de la terre, qui signifie essentiellement la voler à ceux qui ont une couleur différente ou des nez légèrement plus plats que nous-mêmes, n'est pas une jolie chose quand vous l'examinez de trop près », écrira Joseph Conrad en 1902.

En 1904, en Namibie, l'armée allemande extermine le peuple herero. La même année, Friedrich Ratzel publie *L'Espace de vie*. Le concept auquel on donnera en français le nom d'« espace vital ».

« Espace de vie. Espace de mort », écrira à la fin du XXe siècle l'écrivain suédois Sven Lindqvist dans un livre qui retrace cette histoire, et dont le titre est *Exterminez toutes les brutes*.

Un titre tiré d'une phrase de la nouvelle de Joseph Conrad, *Cœur des ténèbres*.

« Toute l'Europe avait contribué à créer Kurtz, raconte Marlow, et peu à peu j'appris que d'une façon tout à fait appropriée, la Société internationale pour la suppression des coutumes sauvages lui avait confié la rédaction d'un rapport, pour guider ses actions futures. Et il l'avait écrit. Je l'ai vu. Je l'ai lu. [...] Il y avait là le pouvoir sans frein de l'éloquence – des mots – des mots d'une noblesse brûlante. Il n'y avait rien qui puisse interrompre le flux magique des phrases, sauf si une sorte de note de bas de page, à la dernière page, griffonnée à l'évidence beaucoup plus tard, d'une main tremblante, pouvait être considérée comme l'exposé d'une méthode. La note était très simple, et à la fin de cet appel émouvant à tous les sentiments altruistes, elle jaillissait vers vous, lumineuse et terrifiante, comme l'éclat d'un éclair dans un ciel serein : "Exterminez toutes les brutes !" »

Le sous-titre du livre de Lindqvist est *L'odyssée d'un homme au cœur des ténèbres et aux origines du génocide européen.*

« Et lorsque ce qui avait été commis au cœur des ténèbres [en Afrique, en Amérique, en Asie...] se répéta au cœur de l'Europe, écrit-il, personne ne le reconnut. Personne ne voulut reconnaître ce que chacun savait. »

Chapitre 14

Lait noir de l'aube...

Lait noir de l'aube nous le buvons le soir
Nous le buvons le midi et le matin nous le buvons la nuit [...]
Un homme habite la maison il joue avec les serpents il écrit
Il écrit quand la nuit tombe sur l'Allemagne...

Paul Celan,
Fugue de mort

« Ce que la Nature fait aveuglément, lentement et brutalement, avait écrit Galton, l'homme peut le faire à dessein, rapidement et gentiment. »

En 1928, une loi de stérilisation forcée a été adoptée au Canada. En 1934, c'est le tour de la Suède, de la Norvège et de l'Allemagne nazie.

Entre 1934 et 1939, l'Allemagne nazie stérilise de force près de quatre cent mille personnes. Et en 1939, le gouvernement passe de la stérilisation au meurtre.

Un programme d'« euthanasie » conduit à l'organisation de l'assassinat systématique de dizaines de milliers d'enfants et d'adultes atteints de handicap mental.

Mais cela faisait déjà longtemps que la nuit avait commencé de tomber.

En 1925, Adolph Hitler avait publié *Mein Kampf.*

« La Nature regarde calmement, avec satisfaction. Dans le combat pour le pain quotidien périssent tous ceux qui sont faibles, malades. [...] Le combat est toujours un moyen pour promouvoir la santé et la force de résistance de l'espèce, et pour cette raison une cause de son développement vers un état supérieur. [...] Parce que, comme les éléments inférieurs dépassent toujours en nombre les éléments supérieurs, dans des conditions identiques de préservation de la vie et de possibilité de reproduction, les éléments inférieurs augmenteraient tellement plus rapidement que finalement les meilleurs éléments seraient forcés de se retirer à l'arrière-plan, s'il n'y avait rien qui corrige cette situation. Mais c'est justement cela qui est fait par la Nature, en soumettant les plus faibles à des conditions de vie tellement difficiles que leur nombre en est réduit. [...]

« L'homme, en tentant de résister à cette logique de fer de la Nature, se retrouve pris dans un combat contre les principes auxquels il doit, lui aussi, son existence en tant qu'être humain. Pour cette raison, ce combat est voué à le conduire à sa propre perte. »

Le contraire, presque mot pour mot, du discours de Huxley.

La face la plus sombre de l'idée d'évolution. La nuit de l'origine comme seul horizon, comme seul présent, comme seule nourriture – « Lait noir de l'aube nous le buvons le soir nous le buvons le midi et le matin nous le buvons la nuit nous buvons et buvons ».

« Devant nous l'enfer, et derrière, où, où était une, où était une place ? » avait écrit, longtemps avant, Hopkins.

Et il y a l'obsession de la race.

En 1935, un an avant la reconnaissance internationale accordée au régime nazi par les jeux Olympiques de Berlin, l'Allemagne a adopté les lois antisémites de discrimination et de ségrégation raciales de Nuremberg.

Le grand chirurgien français Alexis Carrel, Prix Nobel de physiologie et de médecine, publie *L'Homme, cet inconnu*, où il présente des idées racistes et des recommandations en faveur de l'eugénisme et de l'« euthanasie » semblables à celles des nazis.

Dix ans plus tôt, Hitler écrivait : « Pas plus que la Nature ne désire l'accouplement du plus faible avec le plus fort, encore moins désire-t-elle le mélange d'une race supérieure avec une race inférieure. [...]

« L'histoire en offre d'innombrables preuves. Elle montre avec une clarté terrifiante que chaque mélange de sang aryen avec celui de gens inférieurs a résulté dans la fin du peuple cultivé. [...] De tels événements ne sont rien d'autre qu'un péché contre la volonté du Créateur éternel. [...]

« L'Aryen a abandonné la pureté de son sang et pour cela il a aussi perdu sa place dans le paradis qu'il avait créé pour lui-même. Il devint submergé dans le mélange de races. [...] Il commença à ressembler au soumis et à l'aborigène plus qu'à ses ancêtres. [...]

« Le mélange des sangs, avec l'abaissement du niveau racial qu'il entraîne, est la seule cause de la disparition des vieilles cultures. Car le peuple ne périt pas en raison de guerres perdues, mais de la perte de cette force de résistance qui est contenue dans le sang pur.

« Tout ce qui n'est pas race dans ce monde est insignifiant. »

Trois quarts de siècle plus tôt, dans *Les Races humaines*, Knox avait utilisé presque les mêmes termes : « La race est tout : littérature, science, art, en un mot, la civilisation en dépend. » « Pour moi, la race est tout. »

Le délire du « désir de la Nature ». De la « satisfaction de la Nature ». Du « péché contre le Créateur éternel ». De la pureté du sang. De la pureté de la race. De l'espace vital. Du déclin.

« Lait noir de l'aube nous le buvons... » Dans les discours, d'abord. Devant les foules éclairées par les torches et les livres qui brûlent sur des bûchers. Puis derrière les murs des institutions pour enfants et adultes atteints de handicaps mentaux. Puis dans les rues des villes, pendant la Nuit de Cristal. Puis dans les plaines d'Ukraine et de Russie, à mesure que l'armée allemande avance, commence l'extermination des Juifs, village par village, à la mitrailleuse, d'abord.

Le 20 janvier 1942, la conférence de Wannsee met en place « la solution finale de la question juive », le fonctionnement des camps d'extermination et les modalités de la destruction de tous les Juifs d'Europe.

Dans *Shoah*, le film de Claude Lanzmann, l'historien américain Raul Hilberg, l'auteur de *La Destruction des Juifs d'Europe*, répond à la question : « Qu'ont-ils pris du passé, les nazis ? »

« Le contenu des lois qu'ils promulguèrent, par exemple l'exclusion des Juifs des charges publiques, l'interdiction des mariages mixtes, [...] les décrets de "marquage", en particulier l'étoile jaune, le ghetto obligatoire. [...] Un grand nombre de ces mesures avaient été façonnées au cours du temps, pendant plus de mille ans, par les autorités de l'Église, puis par les gouvernements séculiers qui marchèrent sur leurs traces. Et l'expérience accumulée devint un réservoir où ils puisèrent en vérité à un point étonnant. [...] [À cet égard], ils ont très peu inventé, même pas le portrait du Juif qu'ils ont emprunté à des textes remontant au XVIe siècle. [...] Ils furent à la remorque de leurs prédécesseurs. [...] [Mais] Ils inventèrent la solution finale. Ce fut leur grande invention [...].

« [Pourtant] même ici, je suggérerais une progression logique. [...] Car dès les premiers temps, dès le IVe siècle [...] les missionnaires chrétiens avaient dit aux Juifs : "Vous ne pouvez pas vivre parmi nous comme Juifs." Les chefs séculiers qui les suivirent dès le haut Moyen Âge décidèrent alors : "Vous ne pouvez plus vivre parmi nous." Enfin les nazis décrétèrent : "Vous ne pouvez plus vivre."

« [...] La Mort, la Solution finale, et la Solution finale, voyez-vous, est véritablement finale, car les convertis peuvent toujours rester juifs en secret, les expulsés peuvent un jour revenir, mais les morts ne réapparaîtront jamais. »

Dans le Protocole de Wannsee, rédigé par Adolph Eichmann, il y a un passage qui fait référence à la « sélection naturelle ».

Il concerne l'un des moyens de mise à mort des Juifs déportés à l'Est, les travaux forcés.

« Le restant, ceux qui éventuellement survivraient [à ces travaux forcés], devront, étant donné qu'il s'agira sans aucun doute des plus solides, être traités en conséquence, car ceux-ci seraient le produit de la *sélection naturelle*, et agiraient, s'ils étaient libérés, comme des bourgeons d'une reconstruction juive. »

La « sélection ».

Des trains traversent l'Europe.

S'arrêtent au bout des rails au milieu de nulle part.

Au milieu des barbelés. Des chiens. De la fumée.

Il y a, sur les quais, au bout des voies ferrées qui disparaissent dans la boue des camps d'extermination...

À Birkenau. Belzec. Treblinka. Sobibor...

Il y a, après l'ouverture des wagons à bestiaux emplis de cadavres, la « sélection ».

La « sélection » des enfants, des femmes enceintes, des vieux, des malades.

La « sélection » pour la chambre à gaz.

Mais ils ont tous, déjà, depuis longtemps été « sélectionnés ».

À travers toute l'Europe.

Rue par rue. Ville par ville. Village par village.

Un par un.

Par millions.

Et « il y aurait toujours cette neige dans tous les soleils, dira Jorge Semprun dans *L'Écriture ou la vie*, cette fumée dans tous les printemps ».

Il y aura un livre de Georges Perec où manque la lettre de l'alphabet la plus fréquemment utilisée dans notre langue. Aucun des mots de *La Disparition* ne contient la lettre *e*. Cette absence hante le récit. Elle construit le véritable récit à l'intérieur du récit. Dire malgré le manque, par-delà le manque, construire, en creux, une mémoire qui témoigne de l'absence et de l'oubli. Révéler, par chaque mot écrit, tous les mots qui manquent, tous les récits perdus, parce que manque la lettre *e* dont sont faits ces mots. Sans *e*. *Sans eux*.

Il y aura les récits surgissant de bouteilles enterrées dans des caves, dans les camps. Il y aura ces reflux soudains du temps, ces voix disparues émergeant un demi-siècle plus tard en parlant, en criant au présent. L'année 2008. Le journal d'Hélène Berr, interrompu pour toujours le 15 février 1944, à l'âge de vingt-trois ans. Il y aura le lent travail du temps qui permettrait aux survivants de commencer à parler, et aux autres de commencer à entendre.

« Il faut longtemps pour que resurgisse à la lumière ce qui a été effacé », dira Patrick Modiano à la recherche des traces de Dora Bruder, plus d'un demi-siècle après sa disparition.

Il y aura ces éclats de mémoire transfigurés dans ce que nous appelons des œuvres d'art.

Enfant survivant du massacre des siens, incapable pendant longtemps de décrire le désastre et l'horreur auxquels il avait échappé, Aharon Appelfeld écrira : « Seul l'art a le pouvoir de sortir la souffrance de l'abîme. »

De la sidération devant cet abîme. Devant ce vide. Devant cette béance.

En 1948. Après le procès de Nuremberg pour crimes contre l'humanité. Sera rédigée la Déclaration universelle des droits de l'homme.

La reconnaissance, une nouvelle fois affirmée, mais au niveau international, des droits de l'homme. Des droits de chaque personne à la vie. À la liberté. À la sécurité. À la solidarité. À la dignité. Au respect.

Et pourtant.

La colonisation européenne d'une grande partie de l'Afrique et de l'Asie se poursuivra encore pendant près de vingt ans, avec son cortège de massacres, de tortures, de stigmatisation, de discrimination et d'exclusion.

Dans les dictatures de l'Union soviétique et de la Chine, des millions de personnes seront englouties, asservies, détruites, assassinées et disparaîtront dans les innombrables camps de l'archipel du Goulag. Les tortures et les « disparus » des dictatures d'Amérique du Sud. Le génocide au Cambodge. Les massacres de la purification ethnique aux portes de l'Europe, en Bosnie. Les massacres en Tchétchénie. En Birmanie. Au Tibet. Le génocide en cours au Soudan.

Depuis soixante ans, de par le monde. Le deuil sans fin de tant d'enfants, de femmes, d'hommes rejetés, piétinés, torturés, exterminés.

Chacun avait dit : « Jamais plus ».

Jamais plus ce que racontent les survivants qui témoignent dans le film *Shoah* de Lanzmann.

Richard Glazar, survivant de Treblinka : « Alors j'ai pensé [...] : "C'est un ouragan, une mer monstrueuse. Nous avons fait naufrage. Et nous vivons encore. Et nous ne devons rien faire. Mais seulement guetter chaque vague nouvelle, nous allonger sur elle, nous préparer à la vague nouvelle... et demeurer sur la vague à tout prix. Et rien d'autre". »

Ruth Elias, survivante d'Auschwitz : « Un soir le train s'arrêta [...] et les portes furent ouvertes, et il y eut un terrible hurlement : "Dehors, dehors, dehors !" [...] Nous vîmes seulement des SS et des chiens. Dans le lointain, un alignement de lumières. Mais où étions-nous ? Pourquoi ces milliers de lumières ? Nous n'entendions qu'un hurlement : “Dehors, dehors, dehors !” »

Michaël Podlechbnik, survivant de l'extermination à Chelmno : « [...] on a fermé les portes du camion. On les entendait crier et les cris devenaient de plus en plus faibles ; et quand le silence fut total, le camion est parti. »

Richard Glazar : « Et [...] tout à coup, de cette partie du camp qu'on appelait le camp de la mort jaillirent des flammes. Très haut. Et en un instant tout le paysage, tout le camp parut s'embraser. [...] C'était la première fois que cela arrivait : nous sûmes cette nuit-là que désormais les morts ne seraient plus enterrés, ils seraient brûlés. »

Simon Srebnik, l'un des deux survivants des quatre cent mille Juifs assassinés à Chelmno. Il faisait partie d'un des commandos de « Juifs du travail » formés par les SS. Il avait treize ans et demi : « Je me souviens d'une fois, ils vivaient encore, les fours étaient déjà pleins, et ils sont resté sur le sol. Ils remuaient tous, ils revenaient à eux, ces vivants... et quand ils les ont jetés ici dans les fours, tous étaient ranimés : ils ont été brûlés vifs. »

Un demi-siècle plus tard. Dix ans après ces témoignages.

Dans le nu de la vie. Récits des marais rwandais.

Jean Hatzfeld écoute les survivants du génocide rwandais de 1994.

Cassius Niyosaba a douze ans. Il parle six ans après le génocide. Il avait alors six ans : « Les gens qui ne coulaient pas de leur sang coulaient du sang des autres. [...] Au cœur de l'après-midi, les *Interahamwe* ont brûlé des petits enfants devant la porte. Je les ai vus de mes yeux se tordre de brûlures tout vivants. [...] D'abord je devais être mort, puis j'ai insisté pour vivre. Je ne me souviens plus comment. [...] Tous les jours je vais vers les casiers, je regarde les crânes, les ossements de tous ces gens tués autour de moi. [...] Je reste assis de longs moments, et ma pensée s'en va en compagnie de tous ceux-là. »

« J'ai chuté dans les cadavres, je n'ai plus bougé, [...] j'étais complètement recouvert de morts, dit Janvier Munyaneza, quatorze ans. Je vois bien que la vie est cassée. [...] J'évite la cabane du Mémorial. Je ne veux pas regarder les rangées de crânes sans noms qui sont peut-être ceux de ma famille. »

« Je tenais mon enfant dans les bras, ils l'ont abattu, dit Francine Niyitrgeka, vingt-cinq ans. Le premier génocide, je n'y croyais pas, alors sur la possibilité d'un deuxième, je ne peux pas répondre. [...] Je ressens une sorte de honte de me sentir ainsi poursuivie toute une vie simplement pour ce que je suis. Dès que je ferme les paupières sur ça, je pleure en moi-même, de chagrin et d'humiliation. »

« J'ai lu qu'après chaque génocide, les historiens expliquent que ce sera le dernier. Parce que plus personne ne pourra plus accepter une pareille infamie, dit Innocent Rwililiza, trente-huit ans. Voilà une blague étonnante. Les responsables du génocide au Rwanda, ce sont les gens instruits. Ce sont les professeurs, les politiciens, les journalistes qui se sont expatriés en Europe étudier la Révolution française et les sciences humaines. [...] Je suis enseignant, donc je pense que l'instruction est nécessaire pour nous éclairer sur le monde. Mais elle ne rend pas l'homme meilleur, elle le rend plus efficace. [...] Le génocide est une affaire de dégénérescence de l'intelligence. [...] Le rescapé, il ne peut s'empêcher de revenir sur le génocide en permanence. [...] Le rescapé, il a tendance à ne plus se croire réellement vivant. »

« Ils lui ont coupé d'abord les deux bras, et ensuite les deux jambes. Maman murmurait : “Sainte Cécile, sainte Cécile”, mais elle ne suppliait pas, dit Jeannette Ayikamiye, dix-sept ans. Je ne crois pas à la fin des génocides. Je ne crois pas ceux qui disent qu'on a touché le pire de l'atrocité pour la dernière fois. Quand il y a eu un génocide, il peut y en avoir un autre, n'importe quand dans l'avenir, n'importe où, au Rwanda ou ailleurs ; si la cause est toujours là et qu'on ne la connaît pas. »

Et qu'importe au nom de quoi.

C'est toujours au nom d'un « bien ».
Au nom d'un bien pour l'humanité.
Au nom de ceux qui disent « nous ».

Mais dans la nuit. Dans la cendre.
C'est toujours cette même empreinte.

Celle de la haine. De l'indifférence.
Du mépris.

« Ce ne sont pas les informations qui nous font défaut, dit Lindqvist. Ce qui nous manque, c'est le courage de comprendre ce que nous savons déjà et d'en tirer les conséquences. »

Et c'est toujours le même début.
Renommer.
Donner des noms d'animaux ou des noms de choses, des numéros, à des hommes, des femmes, des enfants, des vieillards.

Les dépouiller de leur humanité.
« Ivresse de renommer comme au premier matin du monde ».
Ivresse meurtrière de renommer. De dénommer. De mesurer. De classer. De hiérarchiser. De retrancher à notre commune humanité.
Ivresse de la haine des « autres ». De l'indifférence.
Du mépris.

Et toujours cette rationalisation qui vient légitimer le délire de classement, de hiérarchisation, d'exclusion, de déshumanisation.
Et dans cette rationalisation, sous des formes toujours nouvelles, dans les « connaissances », le « savoir » auxquels font appel les innombrables idéologies qui fondent ces haines.
Parfois, sous ses formes les plus diverses, parfois la « science », encore, y laisse sa trace.

Chapitre 15

De l'autre côté de toi

Quelle est la troisième personne qui marche toujours à tes côtés ?
Quand je compte, il n'y a que toi et moi ensemble,
Mais quand je regarde plus loin sur la route blanche,
Il y a toujours une autre qui marche auprès de toi...
– Mais qui est-ce de l'autre côté de toi ?

T. S. Eliot, *The Waste Land*

Les récits des origines sont nos récits à tous. Ils nous parlent de ce qui nous précède et nous manque. Ils nous parlent de nous. Avant nous. En d'autres que nous.

Et les récits de nos désastres sont nos récits à tous.

Mais combien de récits ? Quelles voix pour les dire ? Et avec quels mots ?

Parmi tous les récits possibles, il y en a un qui commence dans le silence. Il a les couleurs de mon enfance.

Et il n'en finit pas de commencer.

Il y a d'abord l'absence. Ma famille disparue, les survivants aux quatre coins du monde. Ma grand-mère qui traverse l'océan en bateau, chaque été, pour nous rejoindre.

Il y a les questions. Où s'enfuit la mer quand elle se retire. Pourquoi les étoiles brillent dans la nuit noire. Pourquoi les bourgeons reviennent à chaque printemps, et les feuilles, et les fleurs. Où est l'arbre dans la graine. Est-il déjà là, près d'apparaître, ou lui reste-t-il encore à s'inventer ? D'où vient le vent, la foudre, et le feu qui change le bois en cendre, et disparaît ? « Tout coule..., me répond mon père, rien ne se perd, rien ne se crée, tout se transforme... » Mais pourquoi ? Et comment ? Et en quoi ? Où finit le même et où commence l'autre ? Quand cesse la variation et quand naît la nouveauté ? Est-ce que la nouveauté disparaît si je deviens capable de la prédire ? Et qu'est-ce que le hasard ? L'ombre de mon ignorance ? Ou une incertitude plus profonde qui palpite, au cœur du monde, en pleine lumière ? Y a-t-il plus d'avenirs possibles que je ne pourrai jamais en imaginer ? Comment se fait-il que je pense, rêve, et vive ? Et pourquoi faudrait-il que je meure un jour ?

Il y a aussi l'évidence de ce qui est. La splendeur de la réalité. Le secret de sa présence, étrange et familière, que ni les questions ni les réponses ne pouvaient épuiser. Il y a ce monde changeant qui me fait renaître et que je fais renaître chaque matin. Il y a l'odeur de l'herbe après l'orage, le crissement des pas sur la neige, le parfum et le sourire de ma mère et le chant de sa voix, le regard de mon père, et le mystère sans fin des histoires qu'il racontait la nuit pour nous endormir. Il y a l'odeur du papier, du bois de la bibliothèque, la texture des pages des livres ouverts sur la jungle, les voiles gonflées de vent, et la voix de nulle part, la voix de l'auteur qui devient ma voix dans la chambre où glisse la lumière de l'aube, dans le silence, le bruissement des arbres, ou le choc des épées sur les boucliers de bronze.

Ceux qui avaient un jour écrit ces livres qui m'emportaient avaient disparu depuis longtemps. Ils traversaient le temps. Ils avaient parlé à d'autres, avant moi. Et ils me parlaient soudain, pour la première fois. Dialogue silencieux des vivants avec les morts. Présence des morts.

« Nous naissons avec les morts », dit T. S. Eliot.
« Regarde, ils reviennent, et nous amènent avec eux. »
Et ils reviendront.
Ils surgiront, un à un, dans mon enfance.

Mon grand-père que je croisais parfois, sur le chemin de l'école. Un vieil homme qui hésitait à l'angle d'une rue, et qui ressemblait au tableau qu'avait peint ma mère. Fallait-il aller à sa rencontre, l'aborder, lui parler ? Fallait-il le prendre par la main et le ramener chez nous ?

Ma mère me dira un jour que je ne le connaîtrais jamais. Qu'il était mort depuis longtemps. À Mauthausen.

Et le nom se mêlera en moi aux noms des cités antiques et des villes modernes : Mauthausen, New York, Jéricho, Plaszow, Cuzco, Babylone, Birkenau, Florence, Thèbes...

De soir en soir, dans la cuisine, avant le dîner, ma mère me racontera sa fuite sans fin dans le labyrinthe de la guerre, et j'entendrai le souffle du Minotaure qui la poursuit dans l'obscurité.

Comment réconcilier dans un même souvenir le sourire doux de ma mère et l'image des enfants fracassés sur les murs de la classe où elle leur apprend à lire ?

Et ils reviendront, un à un, eux dont je ne savais rien. Et je revivrai leur retour chaque jour comme une nouvelle absence.

J'ai appris de ma mère que l'on peut mêler aux rêves brûlés des rêves nouveaux et retisser dans les cendres la promesse des aubes. Que l'on peut reconstruire sans oublier. Se séparer sans abandonner. Être accompagné par ceux qu'on ne peut plus accompagner.

Les vers de John Donne que Hemingway avait placés en exergue de son livre sur la guerre d'Espagne : « N'envoie jamais chercher pour qui sonne le glas, il sonne pour toi. » Il sonne en toi.

Il vivait en elle, ce monde disparu que ma mère avait emporté. Ce monde dont elle renaissait et nous avait fait naître, moi, puis mon frère puis ma sœur, je le vivrais à la fois comme origine et comme exil. Comme nostalgie et comme révolte. Comme déchirure et comme retour. Comme réalité et comme rêve.

Il se mêlerait dans mon enfance à la tribu des âmes qu'emporte Chingachgook, le Dernier des Mohicans, au père inconnu que Kim recherche à travers les Indes, à Maria et Pilar que Robert regarde s'enfuir pendant que la mort monte vers lui, à Pénélope et Télémaque vers lesquels Ulysse n'en finit pas de revenir.

J'ai appris un jour, par hasard, qu'une autre, au loin, marchait depuis longtemps auprès de nous. Mon frère l'avait découvert plus tôt. Et s'était tu. Ma sœur le découvrit. Et en parla.

Ma mère avait connu mon père à Paris, après la guerre où il avait combattu et été fait prisonnier. Je connaissais tout de leur histoire. Mais de combien de silences est fait un passé familier ? J'ai appris un jour que la venue de ma mère avait été pour mon père une forme de retour. Le retour de sa première femme disparue à Auschwitz d'où revenait ma mère sans la connaître. J'imaginais mon père comme Orphée remontant des Enfers, Eurydice sur ses pas, ma mère à ses côtés.

Je me demandais s'il s'était retourné.

« Il y a dans ce monde nouveau tant de gens
Pour qui ne sera jamais plus naturelle la douceur
Il y a dans ce monde ancien tant et tant de gens
Pour qui toute douceur est désormais étrange
Il y a dans ce monde ancien et nouveau tant de gens
Que leurs propres enfants ne pourront pas comprendre
Oh vous qui passez
Ne réveillez pas cette nuit les dormeurs... », dit Aragon dans la *Chanson pour oublier Dachau*.

Et mes souvenirs se transformèrent en énigme.

Je remontais le temps à contre-courant vers des origines où je me perdais. Je me découvrais un passé différent, un début avant le début. Une mémoire étrangère à celle que j'avais faite mienne.

« Il y a un amont à la vérité, dit Pascal Quignard. Il y a un passé qui manque.

« Une image [qui] nous manque, qui nous précède et nous confie à sa recherche. »

Je rêvais que j'avais été rêvé par une femme que je ne connaîtrais pas et qui ne me connaîtrait pas.

En 2002, après la disparition de ma mère, qui meurt dix ans après mon père, une de leurs amies les plus proches disparaissait à son tour. Elle avait confié un de ses livres à sa fille, pour qu'elle me le remette – *Le Mémorial de la déportation des Juifs de France* de Serge et Beate Klarsfeld. Il avait été publié en 1978. Je ne l'avais jamais vu.

Klara – « Ameisen Claire, née Bergler, le 17[27]/03/1910 à Nadwera [Nadworna], Polonaise, 17 rue Gramme [Paris], Licenciée en droit ». Dans le convoi n° 34 au départ de Drancy, le 18 septembre 1942. Le trente-quatrième convoi aux portes scellées qui s'enfonçait vers Auschwitz. Le convoi n° 34, mille personnes – femmes, hommes, enfants, vieillards. Huit cent cinquante-neuf femmes, hommes, enfants et vieillards gazés et brûlés à l'arrivée. Vingt et un survivants [en 1945].

Sur la même liste, dans le même convoi, le nom d'un père et de sa fille de seize ans, Dora Bruder. Pendant dix ans, Modiano a cherché à reconstituer sa vie à partir d'un avis de recherche publié dans un journal de 1941. Claire est avec elle dans le convoi. Elle a trente-deux ans.

Deux fantômes dont les noms, dont les dates, dont les lieux de naissance commençaient à s'effacer sur la page quand Klarsfeld les a sauvés.

Il y a dans ce convoi des petits enfants dont les noms n'ont pas été notés.

Ils seront tués à leur descente du train, avec Claire.

Ma mère est en Pologne. Je ne sais pas très bien où, en septembre 1942. Cela fait trois ans qu'elle se cache et fuit à travers le pays, d'abord avec sa famille, puis avec sa mère, puis seule, de ghetto en ghetto, puis de camp en camp. Elle est enfermée à quelques kilomètres de sa ville natale, dans le camp de Plaszow, près de Cracovie. En novembre 1944, elle est déportée à Auschwitz, deux ans après la mort de Claire.

Janina Schanz devient le n° A27514, tatoué sur son bras, qu'elle a fait effacer à son arrivée à Paris. Je n'en connaîtrai qu'une cicatrice. Au bout d'un mois, elle est envoyée dans un autre camp, en Tchécoslovaquie. Elle sera libérée en mai 1945. Elle a vingt-quatre ans.

J'ai été à Auschwitz, en 1996, avec ma mère.

J'y suis retourné dix ans plus tard, après sa mort.

Dans ce vide, sur cette rampe de chemin de fer, au milieu des barbelés, au milieu de la fin – « le docteur Mengele, me disait ma mère, qui cherchait des jumeaux pour faire ses expériences "scientifiques" où il les torturait et les tuait lentement, le docteur Mengele avec ses gants blancs et son sourire poli, au milieu des chiens, qui faisait un signe de la main, vous à droite, vous à gauche, un côté pour les douches et un côté pour la chambre à gaz » –, les deux femmes de mon père avaient plongé dans la nuit.

Claire. Klara.

Avais-je eu, avant moi, avais-je, quelque part, une autre sœur, un autre frère ?

Une mère surgissait, qui n'était pas ma mère, mais qui aurait pu – aurait dû – l'être. Je me voyais naissant, une première fois, avant la première fois. Sans ma mère, avec ma mère, mon père toujours là, mais que signifiait cette autre mère si elle n'était pas la mienne, et si je n'étais pas moi ?

Chaque certitude désormais serait mouvante, provisoire, ouverte, inachevée. Et la réalité changeait de nature. Elle était multitude : une autre, au loin, toujours, marchait à ses côtés.

Elle était plus inquiétante. Mais plus vaste, aussi, plus riche et mystérieuse. Jamais entièrement révélée. Toujours à réinventer. À rêver. À imaginer. À reconnaître et à faire mienne, à chaque fois, pour la première fois.

Apparut alors la sensation que j'apprendrai sans cesse mais ne saurai jamais. Et que ce sentiment n'épuiserait jamais mon désir de comprendre.

De l'autre côté de toi, j'apprendrai à croire aux empreintes que le monde laisse en nous, et qui réinventent, chaque jour, un avenir qui nous surprend.

J'apprendrai à croire aux recommencements.

À approcher au plus près la réalité. Sans la faire fuir, ni l'étouffer. Et garder vivante en moi la part d'incertitude et d'inconnu sans laquelle elle se transformait en illusion.

À préserver la part d'invisible dans le visible. La part de silence dans la parole. La part d'oubli dans la mémoire. La part d'ombre dans la lumière.

> « Parle, dit Paul Celan
> Mais ne sépare pas le Non du Oui.
> Donne à ta parole aussi le sens :
> donne-lui l'ombre.
>
> Donne-lui assez d'ombre,
> donne-lui autant,
> qu'autour de toi tu sais partagée entre
> Minuit et Midi et Minuit.
>
> Regarde tout autour :
> vois, comme cela devient vivant à la ronde –
> Auprès de la mort ! Vivant !
> Il parle Vrai, celui qui dit l'Ombre. »

III

Dans le futur distant

Chapitre 16

Nous ne traversons ce monde qu'une fois

Nous ne traversons ce monde qu'une fois. Peu de tragédies sont plus graves que de ne pas permettre à la vie de s'épanouir, peu d'injustices sont plus profondes que de réduire à néant les occasions de se développer, ou même d'espérer.

Stephen Jay Gould,
La Mal-mesure de l'homme

Un automne. En Italie. Sur la côte adriatique. Il fait encore doux. Nous sommes dans un grand hôtel blanc, au milieu d'un jardin. Je l'ai déjà vu, il y a longtemps. Dans un film de Fellini, *Je me souviens – Amarcord.*

Richard Dawkins parle du rôle des « gènes égoïstes » dans la généalogie du vivant. Niles Eldredge parle des « équilibres ponctués », des « sauts » évolutifs, et de l'importance du rôle qu'ont joué les épisodes d'extinctions massives dans l'évolution du vivant. Il évoque son ami, Stephen Jay Gould, avec qui il avait élaboré la théorie des équilibres ponctués, et qui vient de disparaître après avoir publié son dernier et monumental ouvrage, *La Structure de la théorie de l'évolution.* Je parle des origines de la « mort cellulaire programmée », la capacité des cellules vivantes à s'autodétruire, et du rôle que ces phénomènes ont joué dans l'évolution du vivant.

Sur l'écran, les couleurs chatoyantes des oiseaux succèdent aux fossiles géants et aux images d'embryons dans une lumière douce. Dans ce déploiement de splendeur, il y a la lumière des naissances, mais aussi les ombres de la finitude, de la disparition, de la mort.

Dawkins parle du long voyage des gènes, de génération en génération, de corps en corps, abandonnés au bord du chemin. Eldredge parle des catastrophes qui scandent les temps généalogiques, les grandes vagues de mort à l'échelle des espèces vivantes. Moi, de la mort invisible, au cœur des composants les plus élémentaires du vivant, qui sculpte, de l'intérieur, l'émergence des formes et de la complexité...

La réunion est organisée sous l'égide des Nations unies. Mikhaïl Gorbatchev, l'homme qui a fait tomber le mur de Berlin, fait partie des organisateurs. Les questions passent sans cesse de l'évolution du vivant à l'évolution des civilisations. L'atmosphère est étrange. À la fois chaleureuse et tendue. Intime et distante. Des hélicoptères survolent l'hôtel. Des policiers en armes stationnent dans les rues avoisinantes. La folie meurtrière est présente dans tous les esprits.

C'est le mois d'octobre. Quelques semaines après le 11 septembre 2001. En surimpression, devant les yeux de tous les participants, les tours jumelles brûlent encore, des silhouettes tombent dans le vide, et les tours s'effondrent à nouveau.

Et cette fois, c'est une autre forme, ancestrale, meurtrière, oubliée, d'idéologie déshumanisante qui est en cause : le fanatisme religieux...

Les intervenants qui étudient la nature sont appelés à expliquer la folie humaine, à déchiffrer l'avenir, à dire l'homme. Et nous parlons. Mais que pouvons-nous dire ?

« Il n'y a pas de raccourci vers l'intuition morale, écrivait Gould, la nature n'est pas intrinsèquement quelque chose qui peut nous offrir un réconfort ou une consolation en termes humains – ne serait-ce que parce que notre espèce est une tard-venue tellement insignifiante dans un monde qui n'a pas été construit pour nous. Et c'est mieux comme ça. Les réponses aux dilemmes moraux ne sont pas à l'extérieur, attendant d'être découvertes. Elles résident, comme le royaume de Dieu, en nous – le lieu le plus difficile et le plus inaccessible à toute découverte. »

Nous parlons. Non pas en tant que scientifiques. En tant que simples citoyens d'un monde où resurgissent toujours la violence et l'intolérance, le refus du respect de la vie et de la dignité humaine. Nous parlons dans un mélange de désarroi, de douleur, d'interrogations et de convictions.

Dawkins considère que c'est la notion même de religion qui est à l'origine de tous les maux depuis l'aube de l'humanité, et il souhaite la voir disparaître. Il est concentré, incisif, précis. Eldredge s'interroge douloureusement sur ce que son pays aurait fait, a fait, pour provoquer tant de haine. Il est heurté, ouvert, empreint d'un sentiment d'inquiétude, d'un mélange de sentiment d'innocence personnelle et de culpabilité collective. Quant à moi, je ne peux que rappeler le caractère terrifiant, absurde et lancinant de cette succession des certitudes absolues de détenir enfin la vérité – quelle que soit la source de ces certitudes – qui scandent l'histoire des réincarnations toujours nouvelles de l'intolérance et du mépris – notre histoire.

Mais nous habitons tous une cité sans muraille... « À cause de la mort, disait Épicure, nous habitons tous une cité sans muraille. »

Quand rien ni personne ne vient interrompre la vie, ni l'amoindrir, ni la mutiler. Quand elle est accompagnée du mieux possible. Quand elle peut se déployer et s'épanouir sans entrave. Quand, dans un voyage sans retour de la conception à la naissance, de l'enfance à l'adolescence, de l'âge adulte à la vieillesse, peut se construire puis se déconstruire jusqu'au bout notre univers singulier et éphémère. Quelle est la nature des relations que la vie entretient avec le temps ? Quelle est la nature des relations que la vie entretient avec la mort ? C'est une question qui entre en résonance avec nos interrogations les plus anciennes et les plus intimes. C'est une interrogation qui traverse l'histoire des sciences du vivant.

Un jour, à la recherche d'une réponse, j'ai plongé dans le récit tumultueux de nos origines. J'ai ressenti à quel point nous sommes faits d'absence. De l'empreinte en nous de ce qui a disparu. De ceux qui ont disparu. Et en chemin, comme tant d'autres avant moi, j'ai découvert à quel point, dans la lumière qui révèle peu à peu notre histoire, était toujours à l'œuvre la présence vive de la pensée de Darwin.

Ces mondes en devenir qui nous ont fait naître, il nous en a fait, il y a longtemps, les héritiers. Il nous en a ouvert les portes. Et elles n'en finissent pas de s'ouvrir.

Chapitre 17

La lumière de l'évolution

La lutte elle-même vers les sommets suffit à remplir un cœur d'homme.

Albert Camus,
Le Mythe de Sisyphe

Dans la conclusion de *L'Origine des espèces*, Darwin prédisait que sa théorie provoquerait « une révolution considérable dans l'histoire naturelle ».

Cent quinze ans plus tard.

L'année 1973.

Theodosius Dobzhansky est l'un des pères de la théorie synthétique de l'évolution du vivant, qui, durant la première moitié du XXe siècle, a bâti un pont entre la théorie darwinienne et la génétique. Il écrit un article dont le titre deviendra célèbre :

« Rien n'a de sens en biologie, excepté à la lumière de l'évolution. »

« Quelques lueurs enfin ont émergé », avait confié Darwin à Hooker.

Et ces lueurs, depuis, n'ont cessé de se répandre.

L'« histoire naturelle » est devenue – et c'est Lamarck qui, le premier, a proposé ce nouveau nom – la « biologie ».

Le discours sur le vivant, la logique du vivant.

Et cette logique, ce discours, n'ont désormais de sens que s'ils sont éclairés par la théorie de l'évolution.

« Sans cette lumière, écrit Dobzhansky, [la biologie] devient un amoncellement de faits disparates – certains intéressants ou curieux, mais ne permettant pas de dégager une vision cohérente de l'ensemble. »

Et paradoxalement, c'est l'abandon d'un recours, en tant qu'explication, à toute notion de projet, de plan initial, de finalité, d'intentionnalité qui a rendu explicables notre histoire et l'histoire de l'ensemble des métamorphoses de l'univers vivant.

La théorie de Darwin et Wallace

Non seulement une explication a émergé de cet abandon, mais l'idée s'est imposée qu'un processus aveugle de génération de la diversité et un processus aveugle de confrontation à l'environnement pouvaient s'avérer beaucoup plus riches en promesses d'« invention » de nouveauté, de complexité, de diversité et de capacité d'adaptation que tout projet fondé sur une intention et une finalité.

Et cette notion a été difficile à accepter – et demeure souvent difficile à accepter – tant l'être humain considère l'intentionnalité et la prévision comme les meilleurs garants de l'émergence de la complexité.

« Il est remarquable, écrit Dobzhansky, qu'il y a plus d'un siècle, Darwin ait été capable de discerner autant à propos de l'évolution, sans avoir à sa disposition les faits essentiels qui ont été découverts depuis. Le développement de la génétique après 1900 – et tout particulièrement de la génétique moléculaire durant les vingt dernières années – a apporté des informations essentielles pour la compréhension des mécanismes de l'évolution. »

Et cette remarque vaut pour Darwin, mais aussi pour Wallace.

Wallace, si semblable à Darwin : leurs nombreuses lectures communes – et notamment les œuvres de Lamarck, de Lyell et de Malthus –, leurs longs voyages – Wallace, qui embarque pour le Brésil à l'âge de vingt-cinq ans, Darwin à vingt-deux – et leurs séjours dans les continents lointains.

Wallace, si différent de Darwin.

En 1858, au moment de la présentation publique conjointe de leurs idées, Wallace ne fait partie d'aucune société scientifique et n'a publié que deux articles scientifiques et un livre, *Un récit des voyages sur l'Amazone et le Rio Negro*. Darwin est membre de la Royal Society depuis près de vingt ans, et est l'auteur respecté de neuf livres, dont le célèbre *Journal du voyage du* Beagle, et d'un grand nombre d'articles scientifiques.

Il y a d'autres différences encore.

Wallace est né dans une famille pauvre de la classe moyenne, est autodidacte et a quitté l'école à l'âge de quatorze ans pour travailler. Darwin est né dans une famille riche et cultivée, a étudié pendant cinq ans à l'université. Wallace travaille pour payer ses voyages en Amérique du Sud et en Asie, en vendant des spécimens d'animaux exotiques – des papillons, des scarabées, des peaux d'oiseaux – à de riches collectionneurs anglais. Il voyage seul, durant quatre ans, au long de l'Amazone et de son affluent, le Rio Negro, puis pendant cinq ans entre Singapour, Bali, Bornéo, d'île en île, dans l'archipel indonésien. Darwin embarque à bord du *Beagle* en tant que naturaliste, compagnon de voyage du capitaine, et n'aura jamais à travailler pour vivre.

Wallace a un style d'écriture d'une grande clarté, d'une grande rigueur et d'une grande concision. Le style de Darwin est plus ample, plus sinueux. Et au style correspond une forme de pensée apparemment très différente. Plus abrupte chez Wallace, qui sépare les questions et les sujets de réflexion, et considère les réponses comme finales. Toujours en éveil et au travail chez Darwin, revenant sans cesse sur elle-même, pour approfondir la réflexion, sans jamais de conclusion définitive... Wallace glissera ensuite vers le surnaturel, Darwin jamais. Wallace s'engagera dans l'action politique en faveur du partage des terres au profit des pauvres. Darwin restera éloigné de la plupart des débats qui secouent son pays.

Si l'œuvre de Darwin est incomparablement plus riche, plus complexe, plus nuancée et plus ouverte que celle de Wallace, et si Darwin – qui est né quatorze ans avant Wallace – a élaboré sa théorie vingt ans avant lui, ils ont tous deux, de manière indépendante – alors qu'ils étaient éloignés « à la fois dans l'espace et le temps » –, formulé les deux grandes idées qui constitueront le cadre conceptuel de la biologie moderne : l'évolution est la seule explication cohérente à l'ensemble des faits connus sur la nature ; et les variations de l'hérédité et la « lutte pour l'existence » conduisent à la « sélection naturelle » – au « grand principe dans la nature » – qui explique l'adaptation et la divergence entre les espèces...

Et des chercheurs ont proposé que l'expression « théorie darwinienne » soit remplacée par une expression nouvelle : « théorie de Darwin et Wallace ».

La descendance avec modification

Au début du XXe siècle, Wallace assistera à la naissance de la révolution génétique – la redécouverte des lois de Mendel. Darwin, lui, s'est éteint vingt ans plus tôt. Et durant toute sa vie, malgré tous ses efforts, il a échoué à appréhender la nature des mécanismes de l'hérédité à l'œuvre dans la « descendance avec modification ».

Dans *La Variation des animaux et des plantes par l'effet de la domestication*, neuf ans après la publication de *L'Origine des espèces*, il propose une théorie de l'hérédité – *Pangenesis*, la « pangenèse » – qui postule que des millions de minuscules particules d'hérédité présentes dans tout le corps, et modifiées par l'environnement et le mode de vie – des millions de « caractères acquis » – migrent vers les organes sexuels et s'y concentrent, déterminant, en se mélangeant avec les particules apportées par le partenaire sexuel, les caractéristiques héréditaires du descendant.

Et il reconnaîtra l'échec de cette théorie de l'hérédité à la fin de sa vie dans son *Autobiographie*.

En 1882, quelques semaines avant sa mort, il a préfacé l'édition anglaise des *Études de la théorie de la descendance* d'August Weismann, un naturaliste allemand qui a radicalement distingué et séparé les cellules du « *soma* » – qui partagent le destin du corps, vieillissent et disparaissent – des cellules du « *germen* » – les spermatozoïdes et les ovules –, qui propagent l'hérédité. Il ne peut y avoir, pour Weismann, d'« hérédité des caractères acquis ».

Dix-sept ans plus tôt. En 1865. Deux ans avant la publication à Londres de *La Variation des animaux et des plantes par l'effet de la domestication* qui propose la théorie de la pangenèse. Dans une petite ville de Moravie, à l'intérieur d'une province de l'Empire austro-hongrois, un moine augustin, Gregor Mendel – après avoir croisé pendant des années, dans le jardin de son monastère, des pois de formes et de couleurs différentes et recherché la manière dont ces caractères se transmettaient, ou disparaissaient puis réapparaissaient à travers les générations successives – publiait un article scientifique au titre discret : « Essais sur des hybrides de plante. »

Il décrivait sa découverte de l'existence des « éléments qui construisent les formes ».

Ces supports particulaires, discontinus – quantiques – de l'hérédité proviennent, écrit-il, chez chaque descendant, pour moitié, au hasard, d'un parent, et pour moitié, au hasard, de l'autre parent. Et ils s'associent, se dissocient et se réassocient de génération en génération, sans jamais se fondre les uns dans les autres.

Mais sa publication, dans une revue scientifique locale, et dont il n'enverra qu'une quarantaine de tirés à part dans le monde, demeurera confidentielle et méconnue pendant plus de trente ans.

À LUI SEUL FORME UN MONDE

Darwin consacrera à l'écriture puis à la réécriture de *L'Origine des espèces* près de quarante ans – plus de la moitié de la durée de son existence.

Avec des pauses, d'autres activités. D'autres écrits. Des expérimentations. Et les accès de la maladie qui le torture depuis la fin des années 1830 – accès de vomissements, avec des « pleurs hystériques, écrira-t-il, et des sensations de mourir », maladie dont personne n'a à ce jour déterminé la cause, bien que des hypothèses diverses aient été avancées – maladie psychosomatique due au stress induit par ses pensées révolutionnaires gardées secrètes et son désir de respectabilité. Ou infection tropicale contractée lors de son voyage autour du monde...

Sans cesse, il reviendra à son livre, et le reprendra.

Pendant plus de vingt ans, avant la publication de son livre. Et après la publication, seize ans encore.

Introduisant des idées et des arguments nouveaux, et des réponses à des critiques. Et le livre évoluera, se complexifiera.

« Mon abominable volume, écrira-t-il à la fin de sa vie, qui m'a à moitié tué. »

Mais il continuera à écrire d'autres livres.

Sur l'origine des êtres humains.

Sur la généalogie de l'homme et la sélection liée au sexe.

Sur l'expression des émotions chez l'animal et l'homme.

Sur les plantes.

Sur les mouvements des plantes grimpantes. Sur les effets de la fertilisation croisée et de l'autofertilisation dans le royaume végétal. Sur les différentes formes de fleurs et de feuilles dans les mêmes espèces. Sur les plantes insectivores. Sur la capacité des plantes à se mouvoir.

Et sur les relations entre les animaux et les plantes.

Sur les variations des animaux et des plantes par l'effet de la domestication. Sur la fertilisation des orchidées par les insectes.

Et son dernier livre, sur la formation de l'humus végétal par l'action des vers de terre.

Il poursuit ses expériences sur les plantes, dans la serre chauffée aux grands vitrages adossée à sa demeure dans le village de Down.

Il continue d'envoyer chaque année plusieurs centaines de lettres à d'innombrables correspondants, proches ou inconnus.

Il refait, chaque jour, sa promenade au long de la *Sandwalk*, l'allée qu'il a fait tracer aux limites du terrain qui entoure sa maison de Down, entre les bois et les champs, entre la lumière et les ombres.

Il continue de penser.

Durant toute sa vie Darwin, malgré tous ses efforts, échouera à appréhender la nature des mécanismes à l'œuvre dans les variations de l'hérédité – la « descendance avec modification » –, l'un des fondements de sa théorie de l'évolution.

Il essaiera et échouera. Et après sa mort, un tiré à part de l'article de Mendel, en langue allemande – les pages non détachées témoignent qu'il n'a pas été lu –, sera retrouvé sur un rayon de sa bibliothèque.

Ce vide, ce manque, cette absence dans sa pensée court au long des branches de l'arbre de l'évolution qu'il a découvert et qui s'élève depuis si longtemps à travers l'espace et le temps. Pourtant, ce vide au cœur de l'arbre de la parenté, cette absence au cœur de la généalogie commune du vivant, ce manque au cœur de son œuvre ne retirera rien à la validité de sa théorie.

D'autres viendront, qui combleront le vide.

Et continueront, avec de nouveaux concepts et des outils de plus en plus sophistiqués, à reconstruire les formes de cet arbre invisible dont la cime nous emporte en se transformant.

Un siècle et demi plus tard, sa théorie a été enrichie, modifiée, transformée, remodelée. Elle a donné naissance à d'innombrables ramifications, à d'innombrables branches, à d'innombrables variations, à d'innombrables descendants.

Mais elle est toujours là. Sa pensée est toujours présente.

Son livre est toujours là.

« Il est toujours en marche », écrit Albert Camus de Sisyphe.

« Le rocher roule encore. »

« Les mythes sont faits pour que l'imagination les anime. »

Et Darwin, qui a détruit tant de mythes, a fini lui-même, comme la plupart de ceux qui ont changé notre manière de voir le monde, par acquérir la dimension d'une figure mythique.

« Pour celui-ci, poursuit Camus, on voit seulement tout l'effort d'un corps tendu pour soulever l'énorme pierre, la rouler et l'aider à gravir une pente cent fois recommencée ; on voit le visage crispé, la joue collée contre la pierre, le secours d'une épaule qui reçoit la masse couverte de glaise, d'un pied qui la cale, la reprise à bout de bras. Tout au bout de ce long effort mesuré par l'espace sans ciel et le temps sans profondeur, le but est atteint. »

Et encore : « Un visage qui peine si près des pierres est déjà pierre lui-même. »

« À cet instant subtil où l'homme se retourne sur sa vie, revenant vers son rocher, [il] contemple cette suite d'actions sans lien qui devient son destin, créé par lui, uni sous le regard de sa mémoire, et bientôt scellé par sa mort. »

« Comme si j'étais un homme mort dans un autre monde, avait écrit Darwin, me retournant pour jeter derrière moi un regard sur ma propre vie. »

« Cet univers désormais sans maître ne lui paraît ni stérile ni futile. Chacun des grains de cette pierre, chaque éclat minéral de cette montagne pleine de nuit, à lui seul forme un monde. La lutte elle-même vers les sommets suffit à remplir un cœur d'homme. Il faut imaginer Sisyphe heureux. »

Et : « Lui aussi juge que tout est bien. »

« Qu'il y ait beaucoup de souffrance dans le monde, personne ne le conteste, avait écrit Darwin. Mais selon mon jugement, la joie prédomine, bien que cela serait très difficile à prouver... »

« Cet univers immense et merveilleux, poursuivait-il, incluant l'homme avec sa capacité à plonger son regard loin dans le passé et loin dans l'avenir... »

Cette vision qui a peu à peu émergé dans son esprit, qu'il a sans cesse reprise et remise en mouvement, est toujours en marche. Elle a acquis une existence autonome. Et elle se transforme. Elle évolue.

Rocher qui continue sa course, auquel tant se sont affrontés, que tant ont calé contre leur épaule, que tant ont fait gravir ou laissé dévaler les pentes. Rocher déformé et façonné par l'empreinte de tant d'esprits, de tant de batailles, et pourtant toujours tellement reconnaissable.

Rocher qui *roule encore*.

Chapitre 18

Un principe transformant

Dans le futur distant, je vois des champs ouverts pour des recherches beaucoup plus importantes...

Charles Darwin,
De l'origine des espèces

Le mystère de la « descendance avec modification » – le mystère des lois de l'hérédité.

Du vivant de Darwin, et durant les vingt ans qui suivront sa disparition, la plupart des théories de l'hérédité ont en commun d'être fondées sur la notion selon laquelle les caractères héréditaires transmis par les deux parents subissent chez le descendant une forme de mélange irréversible. Une fusion, qui entraîne la disparition de leur nature originelle. Comme des couleurs qui se fondent en une nouvelle couleur, d'où ne peuvent plus ré-émerger les couleurs originelles.

La fusion dilue la nouveauté. Dès qu'elle émerge par hasard chez un individu, elle va rapidement redisparaître, de génération en génération, au fil des croisements avec des individus qui ne la possèdent pas et qui constituent la quasi-totalité de la population.

Quel effet pourrait exercer la sélection naturelle sur la préservation de la nouveauté si cette nouveauté ne peut être qu'éphémère, et va sans cesse se rediluer dans le fond sur lequel elle est un instant apparue ?

Cette vision de l'hérédité sera l'un des arguments majeurs contre l'existence même d'un rôle possible de la sélection naturelle dans la propagation de la nouveauté, et donc contre la validité de la théorie darwinienne de l'évolution du vivant.

L'émergence de la génétique et l'éclipse de la théorie

En 1900, quarante ans après la publication de *L'Origine des espèces*, les lois de l'hérédité décrites par Mendel sont redécouvertes dans le règne végétal par trois botanistes, le Hollandais Hugo De Vries, l'Allemand Carl Correns et l'Autrichien Erich von Tschermak.

Et six ans plus tard, Wilhelm Johannsen donnera aux « éléments qui construisent les formes » – les supports des caractères héréditaires dont la nature matérielle est toujours inconnue – le nom de « gènes ».

Les lois de l'hérédité impliquent que les gènes sont de nature particulaire. Ils semblent conserver leur intégrité chez le descendant, ils se mélangent mais ne sont pas transformés en présence des gènes hérités de l'autre parent. Et les lois de Mendel s'appliquent non seulement à l'hérédité des plantes mais aussi à l'hérédité des animaux : il y a, dans l'univers vivant, une unité des lois de l'hérédité qui entre en résonance avec le concept darwinien de généalogie commune.

En 1902, De Vries, qui a proposé plus de quinze ans plus tôt la notion de « mutation » – la survenue soudaine chez un descendant d'une caractéristique nouvelle qui devient héréditaire – comme véritable moteur de l'évolution, intègre ce concept de « mutation » dans le cadre nouveau des lois mendéliennes de l'hérédité. Les « mutations » sont des modifications aléatoires des gènes qui surviennent soudain dans les cellules « germinatives » ou « germinales », ces cellules dont Weismann a proposé de considérer qu'elles sont immortelles et propagent l'hérédité. Ces mutations génétiques, dit De Vries, constituent le véritable mécanisme de l'évolution du vivant et de l'émergence des espèces nouvelles.

Ainsi, la nouveauté qui apparaît dans un gène à l'occasion d'une mutation – même si ses effets varient en fonction de la nature des gènes hérités de l'autre parent – ne se dilue pas, ne disparaît pas : tant que ce gène sera transmis à la descendance, et tant qu'il ne sera pas modifié par une nouvelle mutation, la source de nouveauté ne sera pas perdue. Elle pourra persister, de génération en génération, et réapparaître un jour dans la population.

Mais si les lois de Mendel proposent une vision de la « descendance avec modification » qui est théoriquement compatible avec la notion d'évolution du vivant, ces découvertes ne mettront pas pour autant fin à l'opposition à la théorie darwinienne.

Les premiers généticiens partagent les idées de Darwin concernant l'évolution, l'origine commune et la parenté des êtres vivants. Mais ils considèrent que les « lois naturelles » qu'il a proposées pour expliquer ces phénomènes sont inopérantes : les nouvelles lois de l'hérédité suffisent à rendre compte de toute l'histoire de la vie sur Terre.

Ils rejettent violemment l'idée acceptée par Darwin qu'il pouvait exister une « hérédité des caractères acquis », qui l'avait notamment conduit à formuler son hypothèse de la « pangenèse » pour expliquer la « descendance avec modification ».

Ils remettent aussi en cause le rôle de l'une des « lois » essentielles sur lesquelles est fondée la théorie darwinienne : la sélection naturelle. La sélection naturelle, disent-ils, ne peut que permettre l'élimination des individus non adaptés. Mais elle ne peut être responsable de l'émergence et de la propagation de la nouveauté. Elle ne peut donc jouer qu'un rôle mineur dans l'évolution du vivant. Les véritables acteurs de l'évolution, ce sont les mutations génétiques.

Ils refusent une autre notion que Darwin considérait comme essentielle : « *Natura non facit saltum* » – « la nature ne fait pas de saut » –, l'évolution procède petit à petit, par changements minimes, « graduellement », par degrés.

Au début des années 1900, les premiers généticiens considèrent que l'évolution ne peut être due qu'à des mutations génétiques qui entraînent tout d'un coup des modifications profondes au niveau de l'organisme. L'évolution ne peut procéder que par « sauts ». Par discontinuités. Par « bonds » brusques dans la nouveauté.

Ils présentent la théorie darwinienne comme une tentative d'explication rétrospectivement honorable, mais pour partie inexacte et pour le reste anecdotique, de l'évolution du vivant, les erreurs étant dues au fait que la théorie a été élaborée lors d'une période pré-moderne de la science, à laquelle manquait une véritable connaissance des lois de l'hérédité.

La génétique devient rapidement une discipline scientifique à part entière. Et durant la première moitié du XXe siècle, un petit groupe de biologistes élaborera les bases d'une « synthèse moderne » – la « théorie synthétique de l'évolution » – qui conciliera la théorie darwinienne de l'évolution et la théorie mendélienne de l'hérédité – la génétique.

Cette « synthèse » – le nom sera donné plus tard par Julian Huxley, le petit-fils de Thomas Henry Huxley qui a suivi les traces de son grand-père, lors de la publication en 1942 de son livre *Évolution : la synthèse moderne* – sera, pour une grande part, tout d'abord l'œuvre de mathématiciens.

Il y avait, dans *De l'origine des espèces*, des opérations de multiplication, concernant notamment la progression géométrique du nombre de descendants, et des opérations d'extraction de racines carrées, quand Darwin discute de la fabrication des alvéoles hexagonaux de cire par les abeilles – mais il n'y avait pas une seule équation.

Les premiers pionniers de la synthèse moderne exploreront la problématique de l'évolution – de l'émergence et de la propagation de la nouveauté à travers les générations – à partir de l'utilisation d'outils mathématiques, en particulier statistiques, appliqués à l'hérédité.

LES MATHÉMATIQUES AU SECOURS DE LA THÉORIE

À partir des années 1920, trois biologistes, les Anglais Ronald Fisher et John Haldane et l'Américain Sewall Wright, exploreront à l'aide de modèles mathématiques les conséquences possibles de petits changements de fréquence de différents caractères héritables – les différentes formes qu'a pu prendre, par hasard, au cours du temps, au fil des mutations, chez des individus différents, un même gène – à l'intérieur de populations, dans un environnement donné ou dans des environnements différents. Et ces études montreront que l'accumulation et la diffusion progressives dans la population de changements génétiques minimes, graduels, initialement rares, peuvent avoir, au long des générations, des conséquences considérables en termes d'adaptation à l'échelle d'une population, et donc, théoriquement, en termes d'apparition d'espèces nouvelles.

Ainsi se dessinaient, dans des modèles théoriques, les effets a priori inattendus que pouvait exercer la sélection naturelle sur la dynamique d'évolution des fréquences de distribution, dans des populations, de petites modifications génétiques, pour autant que cette nouveauté affecte, dans un environnement donné, la survie ou la reproduction des descendants.

Bien que leurs conclusions aient été partiellement complémentaires, Fisher, Haldane et Wright avaient des interprétations différentes sur les conditions optimales dans lesquelles la sélection naturelle pouvait exercer ses effets, et sur le rôle même de la sélection naturelle dans l'émergence d'espèces nouvelles.

Pour Fisher, comme pour Haldane, les changements essentiels dans la propagation de la nouveauté sont dus à la sélection naturelle. Mais Fisher pense que ces effets sont maximaux dans de vastes populations où tous les croisements sont possibles, alors que Haldane comme Wright pensent que c'est dans de petites populations que les modifications les plus importantes ont le plus de probabilité de se propager et de s'accentuer – notion qui se révélera extrêmement féconde.

Wright, quant à lui, pense que la sélection naturelle n'opère pas seule, mais complète un autre phénomène essentiel : la « dérive génétique ». Dans de petites populations qui quittent un territoire, ou survivent à une catastrophe, la diversité génétique n'est plus représentative de la diversité initialement présente dans la population d'origine, et c'est sur cet échantillon restreint – qui « dérive » aléatoirement de l'origine et ne reflète pas fidèlement les effets cumulatifs dans le passé de la sélection naturelle, et que vont faire « dériver » encore de nouvelles mutations aléatoires – que va s'exercer de nouveau la sélection naturelle. Wright donna à ce concept le nom de « théorie des équilibres fluctuants » – l'évolution procède par oscillations entre des états toujours nouveaux de stabilité transitoires, causées par des contraintes de nature indépendante et parfois contradictoire.

La théorie de Wright faisait apparaître une nouvelle forme de réservoir potentiel de nouveauté. L'adaptation à l'environnement ne résultait plus d'un phénomène de sommation linéaire et continuel – l'équivalent d'un « progrès » permanent –, mais d'un processus constamment fragmenté, toujours recommencé, dans lequel alternaient, se complétaient ou s'opposaient la « sélection naturelle » d'une part, et la « dérive génétique » aléatoire d'autre part.

Et l'invention par Wright du concept de « paysages adaptatifs » lui permettra de proposer une modélisation des différentes formes d'évolution de la propagation de ces variations génétiques dans diverses populations de descendants en fonction de leur environnement. Des populations se stabilisent sur les pentes de « montagnes » adaptatives ou au contraire au creux de « vallées », jusqu'à ce que de nouveaux changements internes ou externes les fassent descendre des montagnes vers les vallées, ou remonter des vallées sur les pentes des montagnes, les conduisant à se transformer progressivement en différentes espèces nouvelles dont certaines réussiront par hasard à occuper, pour un temps au moins, les niches écologiques favorables que constituent différents « sommets adaptatifs » locaux – des états transitoires d'adaptation optimale à un environnement donné.

Les théoriciens de la génétique des populations, qui confirment, tout en l'enrichissant, la théorie de Darwin, n'ont pas la même vision des mécanismes et des effets de la sélection naturelle, et ces différences feront pendant longtemps l'objet d'un débat. Mais ils s'opposeront aussi sur un autre terrain, qui concerne les implications sociales et politiques de la théorie darwinienne.

Fisher sera un promoteur de l'eugénisme, et deviendra en 1933 l'un des successeurs de Galton comme professeur d'eugénisme au University College de Londres. Haldane, au contraire, prendra position contre l'eugénisme et le racisme, et deviendra membre du Parti communiste anglais.

Mais dix ans avant que Fisher, Haldane et Wright ne débutent leurs travaux théoriques de modélisation mathématique de l'hérédité génétique, qui fonderont la discipline de la « génétique des populations », un autre biologiste avait commencé à développer en laboratoire une approche très différente de « génétique expérimentale ».

Thomas Hunt Morgan travaille à l'université Columbia de New York. Il est fasciné par les mystères de l'hérédité, et ne croit pas au pouvoir de la sélection naturelle. Son sujet d'étude est la petite mouche du vinaigre, la drosophile, au ventre noir et aux yeux rouges, qu'il élève dans des bouteilles au laboratoire. Chaque bouteille contient des centaines de drosophiles. La petite mouche vit environ deux mois, et elle se reproduit dès l'âge de deux semaines. Et ainsi, les expériences peuvent porter à la fois sur un grand nombre d'individus et sur un grand nombre de générations.

À partir de 1908, il va progressivement explorer dans son laboratoire, avec ses collaborateurs, des milliers de mutants présentant des mutations qui se transmettent de manière héréditaire. La première mutation, spontanée, qu'il a observée, par hasard, concernait la couleur des yeux. Le mutant était un mâle dont les yeux étaient blancs, et cette mutation ne se transmettait qu'aux descendants mâles : il propose que le gène muté est localisé sur le chromosome sexuel mâle.

Les études de Morgan porteront aussi bien sur des mutations spontanées que sur des mutations induites par des produits chimiques, puis par des radiations. Ces mutations affectent la couleur des yeux, la forme des ailes, les antennes... Et les travaux de Morgan vont aboutir à la conclusion que tous les gènes sont localisés dans des structures décrites trente ans auparavant : les chromosomes, situés à l'intérieur d'un petit compartiment central de la cellule, le noyau.

Les chromosomes sont en double exemplaire dans chaque cellule du corps (à part les cellules « germinales », qui propagent l'hérédité de génération en génération), et se dédoublent avant que la cellule ne se divise, transmettant donc les caractères héréditaires, et leurs mutations, de cellule en cellule, au long de leurs générations. D'autres travaux ont révélé que les cellules « germinales » ne possèdent qu'un seul exemplaire de chaque chromosome : en fusionnant lors de la fécondation, les cellules germinales transmettent au descendant une moitié, au hasard, des caractères héréditaires de la mère et une moitié, au hasard, des caractères héréditaires du père.

Au bout de quelques années, Morgan réalise les premières « cartes génétiques » : elles localisent certains gènes sur différents chromosomes, et, dans un chromosome donné, déterminent la distance relative entre différents gènes au long de ce chromosome.

En 1915, il publie un livre intitulé *Le Mécanisme de l'hérédité mendélienne*, qui propose la théorie du « chromosome mendélien ».

De nombreux laboratoires dans le monde vont prendre la mouche du vinaigre comme « animal modèle » pour l'étude de l'hérédité et de son influence sur le développement de l'embryon. Et en 1933, Morgan est le premier généticien à être distingué par le prix Nobel de physiologie et de médecine pour sa « découverte du rôle joué par le chromosome dans l'hérédité ».

Mais les chromosomes sont des structures complexes et hétérogènes. Et leur identification comme lieu de résidence des gènes ne dit toujours rien de la nature matérielle des gènes.

De quoi parlait-on quand on parlait d'hérédité ?

De quoi parlait-on quand on parlait de gènes ?

Des bactéries lisses ou rugueuses

Les premiers généticiens décrivent les modalités de transmission de génération en génération des mutations héréditaires chez les plantes puis chez les mouches du vinaigre. Les premiers mathématiciens de la « synthèse moderne » réconcilient la génétique et la théorie darwinienne en redonnant un rôle à la sélection naturelle. Puis des chercheurs venus de différentes disciplines scientifiques vont plonger à leur tour, toujours plus loin, à la recherche de la trame invisible où se tisse le mystère de l'hérédité qui nous relie à l'ensemble de l'univers vivant.

« L'arbre de vie devrait peut-être être nommé le corail de la vie, avait écrit Darwin, [parce que la] base des branches [est] morte. » Parce que les espèces disparaissent après avoir donné naissance à des espèces nouvelles. Parce que les ancêtres sont morts après avoir donné naissance à des descendants.

Mais au long de l'arbre de l'évolution, la transmission de la nouveauté, la transmission de caractères héréditaires était toujours, pour lui, l'affaire des vivants.

En 1928, Fred Griffith fait une découverte extraordinaire : l'hérédité n'est pas toujours une transmission de vivants à vivants. Des caractères héréditaires peuvent parfois être transmis par des morts – après leur mort – à des vivants.

Darwin avait fondé sa théorie sur l'étude de l'hérédité chez les animaux et les plantes. Griffith travaille à Londres sur l'hérédité d'organismes microscopiques qui venaient tout juste d'être découverts à l'époque de Darwin : les bactéries.

Griffith étudie une bactérie qui provoque des pneumonies – le pneumocoque. Il utilise dans ses expériences deux souches différentes de la bactérie : l'une, nommée *S* (pour *smooth*, « lisse »), est entourée d'une capsule de sucres, et entraîne une infection mortelle quand elle est injectée à des souris. L'autre, nommée *R* (pour *rough*, « rugueuse »), est dépourvue de cette capsule de sucres et ne provoque pas de maladie mortelle chez la souris. Les deux souches sont facilement distinguables au microscope. Griffith considère (ce qui se révélera plus tard exact) que la souche *R* a subi une mutation qui a rendu inutilisable par la bactérie l'un des gènes qui permettent la fabrication de cette capsule de sucres.

Il réalise alors une expérience dont le résultat est extrêmement surprenant : il co-injecte un mélange de bactéries *S* tuées par la chaleur (qui ont perdu leur pouvoir infectieux) et de bactéries *R* vivantes (qui sont incapables de tuer les souris), et les souris meurent d'infection.

Les seules bactéries qu'il peut isoler de ces souris mortes sont des bactéries *S* vivantes.

Que s'est-il passé ? Les bactéries vivantes *R* ont-elles permis aux bactéries *S* mortes de ressusciter ? Ou les bactéries *S* mortes ont-elles transmis aux bactéries *R* vivantes ce qui manquait à ces dernières pour fabriquer la capsule de sucres ?

L'interprétation que propose Griffith est que les *R* vivantes se sont transformées en *S* vivantes grâce à un facteur que les mortes ont transmis aux vivantes : les bactéries *S* mortes ont transmis aux bactéries *R* vivantes le gène qui permet de fabriquer la capsule de sucres. Et ce gène – ainsi que la capacité de fabriquer la capsule de sucres qui a pour effet de tuer les souris – est désormais hérité de génération en génération.

Griffith avait découvert un mode de transmission héréditaire très fréquent chez les bactéries : la « transformation bactérienne ». La capacité des bactéries vivantes à acquérir à partir de bactéries mortes, et à transmettre ensuite de manière héréditaire, des gènes qu'elles ne possèdent pas initialement.

Très loin de là, à l'Institut Rockefeller à New York, Oswald Avery se passionne pour ces résultats. Avec Colin McLeod et Maclyn McCarty, il va consacrer une dizaine d'années à essayer d'identifier la nature du « principe transformant » qu'a découvert Griffith. En 1944, après une longue série de travaux minutieux, ils publient leur découverte : le « principe transformant » est l'acide désoxyribonucléique : l'ADN.

Ainsi, pour la première fois, est révélée – tout du moins chez les bactéries – la nature matérielle des gènes : l'ADN. Griffith ne connaîtra jamais la nature du « principe transformant » qu'il a découvert. Il a été tué, en 1941, par l'explosion de l'immeuble où il travaillait, durant l'un des bombardements de Londres par les Allemands.

L'ADN était connu depuis longtemps.

Il avait été tout d'abord découvert en 1869 par un médecin chimiste suisse, Johan Friedrich Miesher, sous le nom de nucléine, comme un composant important du noyau des cellules animales. Puis sa composition avait été élucidée : un sucre, le désoxyribose, du phosphore, et une succession de quatre bases azotées différentes – l'adénine (A), la thymine (T), la guanine (G), la cytosine (C).

Les résultats d'Avery, McLeod et McCarty révélaient que l'hérédité génétique des bactéries était inscrite dans une longue structure répétitive d'une très grande simplicité, où la seule variable possible était constituée par les quatre bases.

L'extraordinaire richesse et l'extraordinaire diversité des caractères héréditaires des bactéries pouvaient-elles être contenues dans un répertoire si restreint de variations ? Une gamme de quatre notes pouvait-elle suffire à faire émerger l'ensemble de la musique de l'hérédité ? Et qu'en était-il en dehors de l'univers microscopique des bactéries ? L'ADN pouvait-il aussi être la source de l'hérédité des arbres et des fleurs, des drosophiles et des papillons, des oiseaux et des baleines, des éléphants et des êtres humains ?

La question ne sera pas posée.

Parce que les résultats d'Avery, McLeod et McCarty sont accueillis par la plupart des chercheurs avec un très grand scepticisme. Vingt ans plus tôt, dans le même Institut Rockefeller, Phoebus Levene a proposé un modèle de structure de l'ADN qui a été largement accepté : une répétition sans fin de la séquence des quatre bases azotées sous la forme ATGC, ATGC, ATGC... Comment cette répétition monotone pourrait-elle servir de support à la transmission de la variation et de la diversité de l'hérédité ?

Le noyau de la cellule – où se cachent les gènes – est constitué non seulement d'ADN, mais aussi de nombreuses protéines. L'univers des protéines – dont on découvrirait plus tard qu'il est constitué de l'ensemble des enzymes, des outils moléculaires et des composants que les cellules fabriquent à partir de leurs gènes – avait commencé à révéler sa très grande diversité. Et pour beaucoup de biologistes, les protéines, en raison même de leur diversité, étaient de bien meilleurs candidats au rôle de support matériel de l'hérédité – au rôle de support matériel des gènes – que cet ADN apparemment si monotone et si répétitif.

L'année même de la publication de la découverte d'Avery, en 1944, un très grand intérêt sera accordé à la publication d'un livre du grand physicien Erwin Schrödinger – l'un des pères de la mécanique quantique – intitulé *Qu'est-ce que la vie ?* Dans ce livre, Schrödinger explore, d'un point de vue théorique, la nature possible du support matériel de l'hérédité. Il propose que les « porteurs d'hérédité » – les gènes – devraient, d'un point de vue physico-chimique, être à la fois petits, contenant un nombre réduit d'atomes, et stables dans le temps. Il souligne que les matériaux qui ont ces caractéristiques sont les cristaux. Mais les cristaux ont une structure purement répétitive, régulière, périodique. Et le matériel héréditaire devrait être une molécule capable de varier. Il propose la notion d'un cristal « apériodique » – irrégulier, non répétitif – et suggère qu'un petit nombre d'atomes différents permettrait de faire émerger un nombre suffisant de séquences différentes pour rendre compte de la variété et de la diversité de l'hérédité.

Mais contrairement à certains biologistes, il est persuadé de « l'évidente incapacité de la physique et de la chimie d'aujourd'hui à expliquer de tels faits ». « La matière vivante, écrit-il, bien qu'elle n'échappe pas aux lois de la physique telles qu'elles sont établies à ce jour, implique probablement “d'autres lois de la physique” encore inconnues, mais qui, une fois qu'elles auront été révélées, formeront une partie de la science au même titre que [la physique] actuelle. »

Avec une prescience remarquable, Schrödinger a raison sur un point : le support de l'hérédité est l'équivalent d'un « cristal apériodique ». Mais, contrairement à ce qu'il pense, la révélation de sa structure n'aura pas besoin d'attendre la découverte « d'autres lois de la physique ».

Ce « cristal apériodique » vient d'être identifié par Avery : c'est l'ADN. Mais le modèle proposé par Levene en fait un « cristal périodique », dont la séquence répétitive est a priori identique chez tous les êtres appartenant à une même espèce, et dans toutes les espèces vivantes. « Cristal périodique » qui ne peut à l'évidence pas rendre compte de l'évolution, à travers le temps, de « l'infinie diversité des formes les plus belles et les plus merveilleuses ».

Erwin Chargaff, un chimiste qui travaille à l'université Columbia, à New York, sera l'un des rares chercheurs à être fasciné par la découverte d'Avery. Il est persuadé que l'ADN est le support de l'hérédité. Il décide d'en analyser précisément la composition. Il découvre deux notions essentielles qu'il publie en 1949, et qu'on appellera plus tard les « lois de Chargaff ». Il y a, dans toutes les espèces qu'il explore, autant de A que de T, et autant de G que de C. Mais la proportion de AT et de GC varie d'une espèce à l'autre. Le modèle de Levene ne correspond pas à la réalité. L'ADN pourrait être un « cristal apériodique », irrégulier, non répétitif, siège des variations de l'hérédité.

Plus de dix ans auparavant, des physiciens avaient commencé à s'intéresser aux mystères de l'hérédité.

Contrairement à Erwin Schrödinger, ils se sont engagés dans une démarche de recherche expérimentale. Et le modèle qu'ils explorent est le même que celui de Griffith, le royaume des bactéries.

Le physicien Max Delbrück a fondé le groupe du « phage », qui s'intéresse à de tout petits parasites qui colonisent et exploitent les bactéries : des virus « mangeurs de bactéries », les « bactériophages ». Et en 1952 – huit ans après la publication d'Avery, McLeod et McCarty –, Alfred Hershey et Martha Chase, qui ont réalisé des expériences sophistiquées d'un point de vue technique leur permettant de suivre le devenir de l'ADN et des protéines des bactériophages à l'intérieur des bactéries qu'ils infectent, après avoir différencié l'ADN et les protéines en les marquant par des composés radioactifs distincts, publient une (re)découverte : l'ADN est le support de l'hérédité.

Mais comment s'articulent dans l'espace les relations entre A, T, G et C qui permettent à l'ADN d'être un support de variation ? Et quelle peut être la nature de ces variations, qui se transmettent et se modifient de génération en génération ?

Quelques années plus tôt, deux physiciens, Maurice Wilkins puis Rosalind Franklin, ont entrepris d'explorer, au Kings College de Londres, la structure en trois dimensions de l'ADN cristallisé à l'aide de la nouvelle approche de diffraction aux rayons X. Les clichés révèlent une image en croix, caractéristique des structures en hélice.

Aux États-Unis, Linus Pauling, un grand chimiste, a commencé sa carrière en physique quantique en explorant la nature des liaisons chimiques, et la structure des cristaux, puis a découvert la façon dont se déploient dans l'espace, après leur fabrication, certaines protéines – adoptant des formes en trois dimensions qui jouent un rôle essentiel dans les effets qu'exercent ces protéines. Il s'attaque lui aussi au problème de l'élucidation de la structure de l'ADN. Il est persuadé que, comme certaines protéines, l'ADN est assemblé en trois hélices. Mais les résultats non publiés de Franklin suggèrent une structure en double hélice.

Durant l'année 1951, à l'université de Cambridge, pas très loin de Londres, un jeune biologiste américain, Jim Watson, qui a travaillé dans le groupe du « phage » de Delbrück, rencontre un physicien anglais, Francis Crick. Et ils décident, en marge des sujets de recherche qu'ils sont en train de développer, de découvrir ensemble le « secret de la vie ».

Partant d'une analyse de tous les travaux publiés, et de renseignements confidentiels obtenus du fils de Pauling sur l'état d'avancement des travaux de son père, et de Wilkins sur les résultats de Franklin, Watson et Crick vont – malgré l'ordre qui leur sera donné par le directeur de leur institut de cesser ces travaux de dilettantes et de retourner aux projets de recherche pour lesquels ils ont été recrutés – élaborer un modèle qui révèle à la fois la structure et certaines des propriétés essentielles de l'ADN. Et ce modèle, qui émerge tout d'abord sur un plan théorique, puis concrètement, pas à pas – un modèle en métal, vertical, à la taille d'un homme – va devenir l'icône la plus célèbre de la biologie : la double hélice de l'ADN, formée de deux brins s'enroulant l'un autour de l'autre. À chaque base A sur un brin correspond une base T sur l'autre, et réciproquement. À chaque base G sur l'un correspond une base C sur l'autre, et réciproquement.

Ainsi s'expliquait la « loi » découverte par Chargaff : un même nombre de bases A et de bases T ; et un même nombre de bases G et de bases C. Mais la succession des bases au long d'un brin (à laquelle correspond une succession complémentaire au long de l'autre brin) varie sans cesse. Et des calculs théoriques indiquent que, sur une simple longueur de quinze bases, il y aurait dix milliards de façons différentes de faire se succéder les quatre bases A, T, G et C...

La réalité correspondait à la prédiction de Schrödinger : un cristal « apériodique », composé de seulement quatre éléments différents, ouvrait un champ des possibles vertigineux en matière de variation et de diversité.

La structure découverte par Watson et Crick confirmait aussi une autre prédiction, qui avait été formulée par Delbrück et Pauling en 1940 et concernait la manière dont les gènes pourraient être dédoublés lorsqu'une cellule se divise en deux cellules. L'idée de Delbrück et de Pauling était que le processus pourrait impliquer une première étape provisoire de « moulage » en négatif, suivie d'une nouvelle étape de moulage qui reproduirait à l'identique le matériel héréditaire original.

Tel était en effet le cas, mais d'une manière encore plus simple et encore plus élégante. Chacun des deux brins de la double hélice se révélait l'image en miroir, une forme d'image en négatif, de l'autre. Chaque brin, s'il s'écartait de l'autre, pourrait servir de matrice à la synthèse d'un nouveau brin avec lequel il reformerait une nouvelle double hélice. Chaque brin pourrait être à la fois la matrice et le constituant d'une nouvelle double hélice. Il n'y avait pas besoin d'imaginer une étape supplémentaire intermédiaire : chacun des deux brins était le « moulage » de l'autre...

L'article de Watson et Crick est publié en 1953. Moins de deux ans après leur première rencontre.

Et près d'un siècle après la publication de *L'Origine des espèces*, le mystère de la « descendance avec modification » est enfin élucidé.

Ces découvertes allaient non seulement révolutionner l'étude des mécanismes impliqués dans l'hérédité. Elles allaient aussi permettre de confirmer, de manière spectaculaire et inattendue, le degré de parenté – l'origine commune – de tous les êtres vivants qui peuplent aujourd'hui notre planète.

Il apparaîtrait bientôt que certains gènes étaient demeurés très semblables dans la plupart des espèces vivantes. D'autres avaient été dédoublés de nombreuses fois. D'autres encore avaient évolué au point de ne plus ressembler que de très loin à ceux d'autres espèces...

Mais la découverte en 1961 du « code génétique » – la manière dont les protéines sont fabriquées par une cellule à partir de ses gènes – aboutirait à la mise en évidence du fait que ce « code » était demeuré quasiment identique, à de petites variations près, dans l'ensemble des espèces vivantes, des bactéries aux plantes, des champignons aux êtres humains...

Et ainsi se révélait, derrière l'infinie diversité des formes des espèces vivantes, l'étonnant degré de conservation des mécanismes moléculaires à l'œuvre dans l'hérédité.

Et ainsi se confirmait, dans une ultime limpidité, l'extraordinaire degré de parenté de tous les êtres vivants – la théorie darwinienne de l'évolution de la diversité du vivant à partir d'une origine commune.

Et les analyses de plus en plus extensives des gènes et des protéines allaient permettre de reconstruire la généalogie des espèces et leurs liens de parenté, la « classification du vivant », à l'aide de critères de classification qui concernaient non plus la « forme » visible des organismes, mais les déterminants invisibles de leur hérédité.

Analyses de la séquence des gènes, de leur conservation, de leurs mutations et de la vitesse de leurs mutations, de leurs duplications, de leur disparition, des effets de leurs modifications sur la forme et le fonctionnement de l'organisme, analyses de la distribution des gènes à travers les populations au cours du temps... Exploration de leurs mélanges, de leurs brassages et de leurs échanges, de génération en génération, chez les organismes vivants qui se reproduisent par la sexualité...

Puis, durant les années 1970, commencera une étape radicalement nouvelle dans l'étude expérimentale de l'effet de modifications des gènes, non seulement, comme auparavant, par l'induction artificielle de mutations, mais, à partir de l'essor de la génétique moléculaire et de l'ingénierie génétique, par la création de bactéries, d'animaux et de végétaux génétiquement modifiés – d'organismes génétiquement modifiés, les OGM.

DES FORCES INVISIBLES

Il y avait plus. Plus que les mutations génétiques, les duplications ou les pertes de gènes ou de portions de gènes qui se produisaient au hasard des variations dans la copie de l'ADN, ou des agressions de l'environnement, tels que les rayonnements radioactifs, ou lors des petits échanges entre chromosomes hérités de la mère et chromosomes hérités du père lors de la naissance des cellules germinales, les ovules et les spermatozoïdes...

Barbara McClintock est une généticienne qui travaille au laboratoire de Cold Spring Harbor, près de New York. Elle étudie le maïs – la transmission des caractères héréditaires chez le maïs. En 1950, elle publie un article annonçant que certains gènes peuvent se déplacer sur les chromosomes, changer de place, de génération en génération, mais aussi dans les différentes cellules d'une même plante. Cette notion entraîne une réaction de perplexité et de rejet. Elle est une généticienne connue et respectée. L'incompréhension causée par son article est telle qu'elle décide en 1953, pour ne pas ternir sa réputation, de ne plus rien publier sur ce sujet. Trente ans plus tard, elle recevra le prix Nobel pour sa découverte.

Ce que Barbara McClintock avait décrit correspondait à la présence, dans l'ADN du maïs, de parasites génétiques, proches des virus, des « éléments génétiques mobiles » – des transposons. L'une des formes les plus simples de parasites qui insère ses gènes dans les chromosomes grâce à des enzymes qui découpent l'ADN. Les cellules infectées par ce transposon fabriquent, à partir de ses gènes, de nouveaux transposons, et les enzymes qui permettront aux nouveaux transposons de s'insérer à leur tour dans un autre endroit de l'ADN. De se transposer, de se déplacer, envahissant peu à peu le génome, emportant avec eux des gènes qui se déplacent au long des chromosomes.

Ces transposons ont infecté, il y a longtemps, les cellules germinales – ou toutes les cellules des embryons à un stade précoce de leur développement – des ancêtres du maïs. Et ils continuent de se déplacer dans ses chromosomes. 70 % de l'ADN du maïs est constitué aujourd'hui de transposons. C'est aussi le cas d'une grande partie de l'ADN de toutes les plantes et de tous les animaux.

Et les transposons occupent près de la moitié de l'ADN humain, de notre ADN.

Il y a plusieurs sortes de transposons, et ce ne sont pas les mêmes qui prédominent dans les différentes familles de plantes et les différentes familles d'animaux – témoins, cicatrices vivantes, d'épisodes distincts d'infection et de succès de ces infections chez différents ancêtres communs à ces grands groupes de descendants. Et, aujourd'hui, dans ces différentes branches de l'arbre du vivant, l'activité des transposons n'est pas semblable. Ils bougent beaucoup dans l'ADN de certaines plantes, comme le riz. Ils bougent peu dans l'ADN des mammifères, dans notre ADN. Mais ils sont présents.

Et ils témoignent de ces forces invisibles qui, de l'intérieur, ont remanié et remanient toujours le long « cristal apériodique » dont nous avons hérité depuis l'origine de la vie.

Ils traduisent à quel point la notion d'identité est une notion floue. Identité remaniée par des rencontres, par des luttes. Identité changeante dans laquelle « Je » est toujours, pour partie, constitué d'autres, où « Je » correspond toujours, en partie, à un « nous »...

Pendant longtemps, l'histoire des métamorphoses du vivant sera considérée comme étant exclusivement une histoire de modifications dans la séquence, la localisation et la structure des gènes.

Telle était la vision des auteurs de la « synthèse moderne », et de leurs successeurs. Et en cela ils étaient les stricts héritiers non pas de Darwin, mais de Wallace.

Comme Wallace, ils considéraient qu'il y avait une indépendance radicale entre l'intérieur (d'un organisme) et l'extérieur (son environnement). La variation de l'hérédité – la génération de diversité génétique – opérait à l'intérieur, indépendamment des variations de l'environnement extérieur. L'environnement extérieur opérait comme un simple filtre, triant parmi les descendants ceux dont les gènes leur permettaient, par hasard, dans cet environnement, de survivre et de se reproduire.

Darwin, quant à lui, tout en considérant que la sélection naturelle était le moteur principal de l'évolution, croyait à un rôle complémentaire des effets directs de l'environnement sur les variations de la « descendance avec modification » – à un rôle complémentaire de l'« hérédité des caractères acquis ». Cette idée allait être considérée par les auteurs de la synthèse moderne comme une erreur de Darwin, due à sa méconnaissance des lois de l'hérédité.

Mais son ouverture d'esprit quant aux effets possibles de l'environnement sur l'hérédité allait, à la fin du XXe siècle, se révéler plus conforme à la réalité que la vision rigide de la plupart de ceux qui se présentaient comme ses plus fidèles défenseurs et héritiers.

Chapitre 19

La course de la Reine rouge

Ici, [dit la Reine rouge à Alice] il faut courir de toute la vitesse de ses jambes pour simplement demeurer là où l'on est.

Lewis Carroll,
De l'autre côté du miroir

Wallace, contrairement à Darwin, refusait toute possibilité d'une « hérédité des caractères acquis » – d'une influence de l'environnement et du mode de vie sur la nature des variations qui apparaissaient au cours de la « descendance avec modification ». Mais ils étaient tous deux d'accord sur l'idée que les modifications de l'environnement extérieur, qu'il s'agisse de changements climatiques – « une longue période de sécheresse » – ou de changements de l'environnement vivant – « la destruction de la végétation par des sauterelles, l'irruption d'un nouvel animal carnivore » – jouaient un rôle indirect essentiel dans l'évolution du vivant, en permettant ou en empêchant la survie ou la reproduction. Et parmi tous les changements possibles de l'environnement, la survenue « d'un ensemble différent d'habitants [vivants], écrivait Darwin, [aura] beaucoup plus d'effets sur la vie de chaque être que le seul climat ».

Et la divergence progressive des individus, des variétés, et, sur des échelles de temps beaucoup plus lentes, des espèces, puis des familles et des genres, constituait en soi un changement essentiel de l'environnement. Accentuant la pression sur tous les individus anciens et nouveaux qui cohabitent, et sur lesquels opère la sélection naturelle. Ne permettant de survivre et de se reproduire qu'à ceux que leurs variations contingentes ont, par hasard, mieux adaptés à cette lutte pour l'existence.

La lente adaptation croissante des êtres vivants à leur environnement se traduisait-elle uniquement par une augmentation des capacités des organismes à survivre et à avoir des descendants dans cet environnement donné, ou traduisait-elle aussi une marche positive vers un « progrès » qualitatif intrinsèque des organismes et des espèces qui passaient à travers le filtre de la sélection naturelle ? Darwin lui-même, comme souvent, répondra de manière complexe, ambiguë et pour partie contradictoire.

Entre « perfection » et « imperfections »

« La sélection naturelle, écrira-t-il dans la conclusion de *L'Origine des espèces*, tend seulement à rendre chaque être organique aussi parfait, ou un tout petit peu plus parfait, que les autres habitants de la même région avec lesquels il doit lutter pour la vie. Et nous le constatons dans le degré de perfection atteint dans la nature. Les espèces autochtones [animales et végétales] de Nouvelle-Zélande, par exemple, sont parfaites lorsqu'on les compare les unes aux autres, mais elles sont actuellement en train de céder devant l'avance des légions de plantes et d'animaux importées d'Europe. La sélection naturelle ne produira pas de perfection absolue. »

Et dans son argumentation en faveur de l'évolution et de la sélection naturelle – et contre la notion d'une création à partir d'un projet préexistant –, il attache beaucoup d'importance, comme l'avait fait Wallace, à ce qu'il nomme des « imperfections » : les « organes rudimentaires » présents dans toutes les espèces. Il s'agit d'organes en transition, non pas seulement des organes en train d'évoluer, d'espèce en espèces, vers plus de complexité, mais aussi des organes en train d'évoluer vers une « atrophie » ou, dit-il, vers la « mort ». Les yeux aveugles des *Tetra* aveugles ou *Tetra* cavernicoles – ces poissons qui vivent dans des grottes en Amérique centrale. Les ailes rudimentaires des kiwis et des autruches ; les ébauches de pattes arrière de certains serpents... Et dans une même espèce, comme l'espèce humaine, les mamelons des hommes, comme un vestige atrophié des seins des femmes...

Pourtant, plus loin, avant le paragraphe final de *L'Origine des espèces*, il écrit : « Et, comme la sélection naturelle travaille uniquement par et pour le bien de chaque être, tous les attributs corporels et mentaux tendront à progresser vers la perfection. »

D'une part, dit Darwin, l'adaptation devient de plus en plus parfaite – une marche inéluctable vers le progrès. Mais d'autre part, cette « perfection » n'est que relative : elle ne peut se juger qu'en termes de capacité de survie et de reproduction dans un environnement donné, par rapport à la capacité de survie et de reproduction des autres êtres vivants de la même espèce, et d'autres espèces, qui partagent le même écosystème.

Cette vision nuancée, voire ambiguë, de Darwin, la plupart de ses héritiers de la « synthèse moderne » allaient progressivement l'oublier, proposant à la place une vision rigide et réductrice qui faisait de l'adaptation progressive à un environnement donné un critère qualitatif intrinsèque, un élément d'une marche vers le « progrès », en oubliant la remarque de Thomas Henry Huxley : « "Plus apte" a une connotation de "meilleur". [...] Dans la nature, cependant, ce qui est "plus apte" dépend de l'environnement. »

Et Darwin avait écrit que c'est au moment où une espèce a atteint par hasard un degré d'adaptation extrêmement étroit à certaines composantes de son environnement – au moment où elle semble le plus « parfaitement » adaptée – que la probabilité de son extinction devient la plus grande. Que ces composantes particulières de l'environnement viennent soudain à changer, et les individus de l'espèce risquent de se trouver soudain désinsérés, inadaptés, perdus au milieu d'un « nulle part » où ce qu'ils maîtrisaient et dont ils dépendaient se dérobe...

Il y a eu des fauves dont on ne connaît aujourd'hui que des squelettes : les « félins sabres ». Leurs canines supérieures effilées, tranchantes, sont comme deux longues lames de sabre qui sortent de leur mâchoire et se recourbent vers l'intérieur à la hauteur de leur cou. Ils ont longtemps côtoyé les félins dont les descendants se sont propagés jusqu'à aujourd'hui – ceux dont les canines, de taille plus modeste, sont triangulaires – les tigres, les panthères, les lynx... les chats. Puis les guerriers magnifiques, les félins sabres, se sont éteints.

En 2008, un article scientifique apportait une explication à cette extinction. L'évolution des canines sabres, longues et tranchantes, a constitué une contrainte adaptative à l'évolution de la configuration de la mâchoire. Cette configuration, qui s'est propagée et a évolué de génération en génération, est liée à une particularité des « sabres » : les sabres sont d'autant plus efficaces que l'ouverture de la mâchoire est importante. Et donc que la proie est grande, et que son cou est large. Les félins sabres qui survivaient le mieux et avaient le plus de descendants étaient probablement ceux dont la mâchoire était la plus grande – des félins de grande taille. À côté de la diversité de taille des félins à dents « triangulaires », tous les félins sabres sont progressivement devenus de grands fauves. Une panthère peut tuer de grandes ou de petites proies. Les félins sabres ne pouvaient tuer que de grandes proies.

Une autre particularité de l'évolution des félins sabres est que la puissance de leur morsure devient d'autant plus faible que leurs « sabres » sont longs. Leur mode de chasse était contraint par la nécessité d'une grande précision : non pas la puissance des morsures, en n'importe quelle partie du corps, mais une morsure létale, tranchant le cou de la proie.

Les hasards de leur évolution avaient résulté en une adaptation remarquable des félins sabres à un environnement très étroit, dont ils étaient devenus dépendants : la présence abondante de grands herbivores, et la nécessité d'une grande précision dans leurs combats singuliers. Des changements dans le nombre ou la densité de leurs proies – les grands animaux herbivores – et la concurrence de félins plus rapides dans leurs modalités de combats, et pouvant se nourrir de proies beaucoup plus variées, sont probablement les raisons de la disparition de ces grands guerriers.

Une adaptation trop étroite à l'une des composantes particulières d'un écosystème peut conduire à un cul-de-sac évolutif, et être un facteur d'extinction. Au contraire, la persistance d'une capacité d'adaptation moins précise mais plus large aux différentes composantes d'un écosystème peut être un facteur de robustesse. Permettant de survivre aux changements soudains de l'environnement, et donnant aux variations de la « descendance avec modification » le temps de faire un jour, par hasard, émerger les changements qui permettront d'entrer en résonance avec la nouveauté.

Un pays bien lent

En 1973, l'évolutionniste Leigh Van Valen propose une vision de l'adaptation à laquelle il donne le nom de « théorie de la Reine rouge ». Et cette théorie contribuera à écarter l'illusion selon laquelle la sélection naturelle orienterait nécessairement l'évolution du vivant sur la voie triomphale d'une « perfection » objective.

La métaphore de la Reine rouge fait référence à un épisode du livre *De l'autre côté du miroir* de Lewis Carroll, où la Reine rouge entraîne Alice dans une course de plus en plus rapide. « Ce qu'il y avait de plus curieux dans l'aventure, dit Alice, c'est que les arbres et les autres objets qui nous entouraient ne changeaient pas du tout de place. » Quand enfin elles interrompent leur course, Alice remarque que « tout est demeuré exactement comme auparavant ». « Dans notre pays, dit Alice, si l'on courait très vite pendant longtemps [...], on arriverait généralement quelque part, ailleurs. » « Un pays bien lent ! dit la Reine. Ici, [...] il faut courir de toute la vitesse de ses jambes pour simplement demeurer là où l'on est. »

Van Valen propose que la raison majeure pour laquelle certaines modifications héréditaires aléatoires – et les potentialités nouvelles qu'elles confèrent aux organismes – se propagent et se répandent de génération en génération n'est pas qu'elles apportent aux organismes une « amélioration » qualitative intrinsèque. Plus simplement, elles permettent aux individus de chaque espèce, confrontés en permanence aux modifications qui émergent et se propagent dans leurs proies et leurs prédateurs, de participer à une course sans fin aux armements, faite d'attaques et de défenses, de fuites et de contre-attaques – et dont l'alternative est la mort. L'extinction. La lignée perdue des splendides prédateurs qu'étaient les félins sabres. Et tant d'autres encore.

Mais la longue « course de la Reine rouge » n'est pas faite uniquement de confrontations réelles dont l'issue se joue dans des combats en termes de vie ou de mort. Elle est aussi une course aux faux-semblants, un théâtre d'ombres et de lumière où se déploient les mirages de l'illusion.

« Ce principe [la sélection naturelle], écrivait Darwin, est constamment en action, il régule les couleurs, la forme. [...] [Et] les individus de chaque espèce dont les couleurs et l'apparence sont les mieux adaptées à les rendre invisibles à leurs ennemis ou à les protéger contre ces ennemis [...] » survivront et se reproduiront d'autant mieux...

Les hippocampes dont la découpe du corps les fait ressembler à des algues qui flottent dans la mer... Les insectes qui ont la forme et la couleur d'une feuille... Les papillons de nuit blancs tachetés de noir qui dorment le jour sur les troncs blancs tachetés de noir des bouleaux et dont les descendants minoritaires, aux ailes entièrement noires, se propageront pour devenir majoritaires quand la pollution noircira les bouleaux dans les régions de la campagne anglaise proches des usines... Et le caméléon qui change de couleur non pas de génération en génération, mais d'instant en instant, le système sensoriel de l'un de ses lointains ancêtres ayant un jour, par hasard, acquis la capacité de lui permettre d'adopter les couleurs de son environnement... Innombrables variations du mimétisme qui a modelé la forme et les couleurs de tant d'organismes, les rendant « invisibles à leurs ennemis »... Et dans cette longue course de la Reine rouge, l'évolution, un jour, par hasard, du système sensoriel des prédateurs peut rendre soudain ce camouflage visible... L'efficacité du mimétisme ne dépend pas seulement de son degré de concordance à l'environnement – il dépend avant tout des capacités de discrimination de l'œil, de l'odorat, du toucher, de l'oreille... du cerveau, de l'ennemi...

Il n'y a pas eu que la course aux formes et aux couleurs qui « rendent invisibles ». Il y a eu aussi la longue course aux formes et aux couleurs qui s'affichent, annoncent, proclament, trompent... Les dessins d'yeux de prédateurs sur les ailes des papillons, la couleur rouge éclatante des grenouilles d'Amérique du Sud, couleur des grenouilles vénéneuses, dangereuses pour les prédateurs, mais couleur qui pare aussi de nombreuses espèces non vénéneuses – proclamation illusoire de danger. Mimétisme qui protège, aux yeux de l'ennemi, l'animal qui probablement ne sait même pas qu'il porte sur lui l'emblème de ce que craint son ennemi. Et là encore, pour chacune de ces innombrables variations de cette course aux simulacres visibles, odorants, tactiles, sonores, l'émergence, un jour, par hasard, chez le prédateur d'une capacité nouvelle à discriminer entre l'illusion et la réalité relancera la course ou annoncera sa fin.

Mais souvent, cette course aux illusions détermine non pas l'issue de combats, mais l'issue de coopérations, d'interactions étroites, de « coadaptations », disait Darwin. Certaines orchidées – et Darwin avait consacré un livre à l'extraordinaire évolution des « coadaptations » entre les orchidées et les insectes qui les pollinisent – ont des corolles qui ressemblent tellement à des guêpes femelles que les guêpes mâles viennent s'y accoupler, pollinisant ainsi, de fleur en fleur, les orchidées. Évolution constante des adaptations entre les plantes à fleurs et les insectes qui les pollinisent et les oiseaux qui mangent leurs fruits et disséminent leurs graines.

Et il y a chez certaines plantes des variations plus complexes sur ce thème. En 2008, une équipe de chercheurs décrivait que les deux substances volatiles émises en plus grande quantité par une plante à fleurs avaient un effet antagoniste. Le nectar attirait les pollinisateurs, l'autre substance les repoussait. Le mélange des deux diminuait le temps passé par le pollinisateur sur une fleur, et augmentait le nombre de fleurs visitées, et ainsi la probabilité de pollinisation. Et ce mélange avait un effet répulsif sur les prédateurs de la plante qui y étaient exposés plus longtemps. Et il y a d'autres variations encore. Lorsqu'elles sont attaquées par de petits prédateurs – des chenilles, des pucerons – qui dévorent leurs feuilles, ces plantes émettent des molécules qui diffusent dans l'air et qui attirent – auxquelles répondent – des animaux qui sont des prédateurs pour les prédateurs de la plante, et qui viennent les dévorer, protégeant ainsi la plante.

Dialogues changeants, toujours renouvelés.

Entre coopérations et combats...

Combats. Certains parasites accomplissent des cycles de vie complexes impliquant des voyages dans le corps d'organismes appartenant à des espèces très différentes. Ils ne se propagent pas en infectant un insecte à partir d'un insecte infecté, et un oiseau à partir d'un oiseau infecté, mais en infectant un insecte à partir d'un oiseau infecté, et un oiseau à partir d'un insecte infecté. Leur écosystème, fragmenté dans l'espace, parcourt en permanence, en zigzag, des branches distinctes de l'arbre du vivant. En 2008, un mode particulier de propagation a été décrit chez un parasite d'Amérique du Sud, qui infecte alternativement des fourmis, qui arpentent les arbres, et des oiseaux. Les fourmis sont de couleur noire. Lorsqu'elles sont infectées par le parasite – à partir de déjections d'oiseaux infectés –, leur abdomen grossit et prend une couleur rouge. Les oiseaux le perçoivent comme une baie et l'avalent.

Au début des années 1980, Richard Dawkins avait déjà synthétisé, dans un chapitre d'un très beau livre, *Le Phénotype étendu*, plusieurs descriptions saisissantes de ce type de « coopération » forcée d'animaux, au prix de leur propre fin, à la propagation des parasites qui les infectent. Il y a un parasite qui voyage de petits poissons d'eau douce à des canards et des canards aux petits poissons. Les poissons infectés modifient leur comportement et nagent près de la surface de l'eau, favorisant la prise du poisson par les canards. Il y a un parasite qui voyage de fourmis en moutons et de moutons en fourmis. Les fourmis infectées, au lieu de rester sur la terre, ont tendance à grimper au sommet de l'herbe et à y demeurer une partie de la journée, ce qui augmente la probabilité qu'elles soient mangées par les moutons... La course sans fin de la Reine rouge est l'un des éléments majeurs des mécanismes de coévolution qui tissent la complexité et l'interdépendance des écosystèmes et de la biodiversité.

Et il y a d'autres courses encore – qui prennent souvent la forme de danses. Danses des formes, des sons, des chants, des odeurs, des couleurs... à l'origine des variations de la « descendance avec modification », qui se déroule sans cesse au sein de chacune des espèces qui se reproduisent par la sexualité. Course aux armements, qui, selon les espèces, permettra aux mâles de prévaloir sur d'autres mâles dans des combats ou des simulacres de combat, ou de capturer des femelles. Et course aux ornements – danse des ornements – qui, dans d'autres espèces, permettront aux mâles de séduire les femelles et d'être choisis par elles. Cette course – cette danse – à laquelle Darwin avait donné le nom de « sélection sexuelle », et dont il pensait, contrairement à Wallace, qu'elle avait joué un rôle essentiel, complémentaire et distinct de celui de la « sélection naturelle », dans l'évolution du vivant. Et à laquelle il attribuait un rôle essentiel, chez les animaux, dans l'évolution de ce qu'il appelait « la sensation de beauté ». L'évolution progressive d'un système nerveux de plus en plus capable de discriminations sensorielles et d'émotions impliquées dans le choix des partenaires sexuels.

Et cette danse se déploie loin dans l'espace.

« Il pleut de l'ADN », disait Dawkins dans *L'Horloger aveugle* en regardant le duvet blanc des graines d'un saule tourbillonner dans les airs. Mais ce ne sont pas des gouttes d'ADN qui tombent. Il pleut des cellules germinales, il pleut des cellules œufs fécondées.

Les prairies et les forêts en fleurs. Les fruits qui mûrissent sur les arbres. Le tourbillon des insectes pollinisateurs. Les œufs des tortues géantes sur la plage. Sous la surface des mers tropicales, la floraison des coraux, les flocons de neige des cellules germinales des polypes qui s'éloignent dans l'eau... L'immensité visible et invisible des cellules qui vont construire des corps nouveaux – tenter de construire, s'engager sur le chemin... Mais « combien minime doit souvent être la différence qui détermine qui devra survivre et qui devra périr, écrivait Darwin. Généralement, le frein [la mort] tombe sur les graines, les œufs, les jeunes... » Et cette course n'est pas seulement une course vers la vie, mais aussi une course aveugle, contingente, contre la mort.

Dans le battement du temps

Depuis la nuit des temps, la course de la Reine rouge a été une histoire de combats entre des prédateurs et leurs proies. Et parmi ces prédateurs, ceux qui se transforment le plus vite, ceux chez qui apparaissent le plus vite de nouvelles armes, de nouvelles défenses et de nouvelles contre-attaques, ceux dont le temps de génération est le plus court, sont les microorganismes invisibles – les bactéries, les virus, les parasites – qui entourent, envahissent ou colonisent l'ensemble de l'univers vivant.

Le rythme auquel battent la survenue et la propagation des changements héréditaires est le rythme des générations. Pour l'espèce humaine, le temps d'une génération est d'environ un quart de siècle. Pour certaines espèces bactériennes, le temps d'une génération est de trente minutes. Pour ces espèces bactériennes, une durée d'un quart de siècle correspond à plus de quatre cent mille générations...

À l'échelle humaine, une succession de quatre cent mille générations correspond à une durée de plus de dix millions d'années – une distance probablement plus grande que celle qui nous sépare des derniers ancêtres communs que nous partagions avec les chimpanzés et les bonobos. Ces différents battements du rythme du changement dans des espèces vivantes qui se côtoient sans cesse, ces différents battements du rythme d'émergence de la nouveauté exercent en permanence une pression sur l'adaptation, la survie, la mort et la reproduction des organismes. Et la nouveauté se propage quand elle permet par hasard à certains individus de recommencer à « courir de toute la vitesse de leurs jambes pour simplement demeurer là où ils sont ».

C'est-à-dire, simplement, d'échapper à leurs prédateurs et de s'emparer de leurs proies – de persister, de survivre et d'engendrer des descendants avant de mourir.

Et cette course vertigineuse de la Reine rouge retisse en permanence le réseau intriqué et changeant des relations entre les différentes espèces qui partagent et construisent un écosystème.

Ce que l'on nomme la biodiversité n'est pas seulement la somme des variations qui distinguent, à un moment donné, les différentes espèces qui partagent des habitats communs.

C'est la somme des variations continuelles qui remodèlent cette diversité et les interactions changeantes entre les espèces qui la constituent. Et quand une espèce ne peut plus continuer sa course immobile, et qu'elle ne peut pas changer d'habitat et d'environnement, elle risque de s'éteindre. Et son extinction – le vide soudain qu'elle fait naître – change alors les données de la course des survivants. Et quand une espèce nouvelle réussit par hasard à s'introduire dans un écosystème dont elle était jusque-là absente, elle peut le bouleverser profondément.

« Les espèces autochtones [animales et végétales] de Nouvelle-Zélande [...] sont actuellement en train de céder devant l'avance des légions de plantes et d'animaux importées d'Europe », écrivait Darwin. Les animaux prédateurs d'origine européenne faisaient disparaître non seulement les proies mais aussi les prédateurs autochtones.

Les déséquilibres causés par l'introduction d'une espèce nouvelle dans un écosystème dont elle était jusque-là absente constituent, à une autre échelle, que Darwin pouvait difficilement appréhender parce qu'elle lui était invisible, l'une des causes majeures des grandes pandémies humaines.

Les virus qui ont causé la pandémie actuelle du sida sont des virus de singe qui se sont transmis à des êtres humains et ont commencé à se propager à travers les populations humaines il y a environ un demi-siècle. Ils causent chez les êtres humains, en l'absence de traitement, un effondrement du système de défense contre les microbes – le système immunitaire –, des lésions nerveuses, et la mort en une dizaine d'années en moyenne. Chez la plupart des singes qu'ils infectent depuis très longtemps, ces virus se multiplient durant toute l'existence sans causer de maladie. Les singes et leurs virus vivent dans un état d'équilibre, de coexistence, auquel les a conduit une longue coévolution, une longue « course de la Reine rouge ». Mais le passage soudain de ces virus du singe à une autre espèce, la nôtre, qui n'y était jusque-là pas – ou peu – exposée, a produit une catastrophe. Lorsque des singes qui ne sont pas naturellement exposés à ces virus sont artificiellement ou accidentellement infectés en captivité, ils développent, eux aussi, une maladie mortelle.

L'épidémie humaine récente de SRAS, qui est partie de Chine, et a traversé les océans et les continents à la vitesse des avions de ligne, relève des mêmes rencontres brutales entre un virus et une espèce qui n'y était jusque-là pas ou peu exposée. En Asie, des dizaines, voire des centaines d'espèces de chauves-souris sont infectées depuis longtemps par ce virus sans développer de maladie.

Dans les pays pauvres de notre planète, plus de deux cents personnes sont mortes depuis quelques années au contact d'oiseaux infectés par un virus de grippe aviaire particulièrement dangereux pour l'homme. Et plane la menace – si par hasard ce virus acquérait non seulement la capacité de se transmettre d'un oiseau infecté à un être humain, mais aussi d'une personne infectée à d'autres personnes – d'une pandémie grippale qui pourrait exercer des ravages semblables à celle de la pandémie dite de « grippe espagnole » qui a provoqué, en 1918 et en 1919, la mort de plusieurs dizaines de millions de personnes dans le monde.

La course de la médecine contre les microbes

Il y a un autre domaine de la médecine dans lequel la « course de la Reine rouge » a été longtemps méconnue : celui de l'utilisation des antibiotiques pour lutter contre les infections bactériennes. Pendant des dizaines d'années, la plupart des médecins ont traité chaque patient comme s'il était la seule personne infectée et que le traitement allait détruire toutes les bactéries qui l'habitaient. La lutte contre les maladies bactériennes était considérée comme un combat, à l'intérieur du corps d'une personne, entre un médicament et une population de bactéries identiques. Les échecs étaient considérés comme individuels. Les succès, comme le reflet de victoires globales. La plupart des maladies infectieuses allaient être éradiquées...

Mais une personne infectée est un écosystème où se propage une population de bactéries continuellement changeantes. À l'échelle où se déroule cette confrontation, ce sont des milliards de bactéries qui se reproduisent en permanence dans un environnement constitué de dizaines de milliers de milliards de cellules humaines, composant plus de deux cents familles de cellules distinctes, et compartimentées en plusieurs dizaines d'organes et en tissus différents. Et le véritable écosystème d'une population de bactéries n'est pas le corps d'une seule personne, mais l'ensemble d'une population humaine infectée – des dizaines, des milliers, des millions, des centaines de millions de personnes –, un gigantesque écosystème fragmenté dans l'espace et le temps, dans lequel se propage une population bactérienne de taille gigantesque.

Il suffit qu'une ou quelques bactéries, chez une ou quelques personnes, ait, par hasard, la capacité de résister à l'antibiotique utilisé, pour qu'elle survive et se propage, non seulement chez la personne traitée, mais chez d'autres personnes qui vont être infectées. Petit à petit, ces bactéries adaptées par hasard à l'environnement où elles se propagent – les corps humains et l'antibiotique utilisé – vont se répandre, et, au-delà d'un certain seuil, ces bactéries « résistantes » vont constituer la majorité des bactéries de cette espèce qui se propage dans la population humaine.

Et la propagation de cette résistance est d'autant plus rapide que l'acquisition des modifications génétiques qui permettent aux bactéries de résister ne se fait pas uniquement de manière verticale, au hasard des variations de la « descendance avec modification », d'ancêtres à descendant, au rythme rapide de leurs générations. Elle se fait aussi de manière horizontale, par ingestion de gènes permettant cette résistance, à partir d'autres bactéries – sous forme de « facteurs transformants », comme l'avait identifié Griffith, ou par l'intermédiaire d'équivalents de virus qui infectent les bactéries –, des éléments génétiques mobiles, des parasites génétiques qu'on appelle des plasmides. Et ainsi, comme une image en fractale, la propagation « infectieuse », au sein de populations bactériennes, de parasites chez qui sont apparus, par hasard, des gènes de résistance aux antibiotiques, favorise la propagation « infectieuse » des bactéries dans les populations humaines.

Et l'utilisation massive d'antibiotiques par les éleveurs pour favoriser la croissance des animaux – une quantité d'antibiotiques qui dépasse celle qu'utilise la médecine humaine – a probablement joué, et joue probablement encore, un rôle non négligeable dans la sélection de populations de bactéries résistantes à ces antibiotiques.

Ce n'est que lorsque de plus en plus d'espèces bactériennes sont devenues de plus en plus résistantes à un nombre de plus en plus grand d'antibiotiques – lorsque la « course de la Reine rouge » dans laquelle était engagée l'industrie pharmaceutique pour la découverte de nouveaux antibiotiques a commencé à s'épuiser, et lorsque ont commencé à se développer les infections nosocomiales – que la médecine et l'industrie pharmaceutique ont réalisé que les combats contre les microbes ne pouvaient être pensés et développés de manière efficace que dans le cadre conceptuel de la théorie darwinienne de l'évolution du vivant.

Mais il y a une dimension plus ancienne et plus profonde à ces variations modernes sur le thème de la « course de la Reine rouge ». « Le labourage est l'une des inventions les plus anciennes et les plus valables de l'homme, écrivait Darwin dans son dernier livre, mais longtemps avant que l'homme n'existe le sol était régulièrement labouré, et continue toujours d'être labouré par les vers. »

« Longtemps avant que l'homme n'existe... »

Longtemps avant que l'homme ne découvre, puis ne fabrique, durant le XXe siècle, les premiers antibiotiques, les antibiotiques étaient des armes naturelles qu'utilisaient – depuis des centaines de millions, depuis des milliards d'années – des organismes vivants encore plus simples et encore plus ancestraux que les vers de terre. Des organismes unicellulaires utilisent des antibiotiques dans les guerres qu'ils livrent contre les bactéries, et la plupart des espèces bactériennes, dans les guerres qu'elles se livrent pour l'appropriation des ressources de l'environnement... Les attaques, les défenses, les contre-attaques, et les résistances aux antibiotiques avaient débuté depuis la nuit des temps...

Et chez les animaux et les plantes multicellulaires, des mécanismes naturels plus complexes de défense contre les microbes ont émergé et ont évolué. Plus la durée de vie des animaux et des plantes s'allonge, plus le temps qui sépare deux générations – le temps qui sépare l'émergence de la nouveauté dans le cadre de la « descendance avec modification » – s'accroît, et plus s'accentue le déséquilibre avec le battement toujours aussi rapide du rythme d'émergence de la nouveauté chez les microbes. Et dans cette « course de la Reine rouge » de plus en plus asymétrique, deux mécanismes de défense contre les microbes – deux formes de système immunitaire – vont successivement émerger.

Entre invariance et nouveauté

Devant le tourbillon de nouveautés qui apparaît sans cesse chez les microbes, deux modalités radicalement différentes, opposées, de défense vont émerger et évoluer : d'abord, une capacité à répondre à ce qui, dans ce tourbillon, change le moins, persiste le plus longtemps, peut le moins se modifier. Puis, secondairement, une capacité de répondre à la moindre variation.

Le premier système immunitaire, le plus ancien, est aujourd'hui présent chez tous les animaux et les plantes. Il est fondé sur une capacité de réponse à ce qui demeure – par-delà les variations permanentes qui transforment les microorganismes. Il est fondé sur une capacité de réponse à certains constituants qui sont communs à la plupart des bactéries. À d'autres constituants qui sont communs à la plupart des virus. À d'autres constituants encore, qui sont communs à la plupart des parasites.

Ces constituants font partie de ce qu'il y a de plus ancestral, de plus originel, dans chacune de ces grandes familles de microorganismes. Un peu comme s'il s'agissait de la capacité de réaliser la photosynthèse, qui distingue les plantes des animaux – ou du mode de développement de l'embryon, dans un œuf à l'extérieur du corps de la mère, dans de si nombreuses espèces, ou à l'intérieur du corps de la mère, chez les mammifères qui les allaitent ensuite, après l'accouchement... Ces caractéristiques, héritées depuis si longtemps, constituent ce que Gould a appelé des contraintes exercées par le passé sur l'évolution de la nouveauté – elles sont devenues essentielles, elles restreignent, canalisent, orientent le champ des possibles. On se débarrasse difficilement de ce qui est ancré depuis si longtemps au cœur de la généalogie et des modalités de construction de l'individu. Il y a bien sûr toujours des exceptions, des variations possibles. L'ornithorynque est un mammifère qui pond des œufs puis allaite ses petits après leur « éclosion »... Mais ces exceptions sont rares.

La paroi d'un très grand nombre de bactéries, quelles que soient leurs variations de génération en génération, contient certains assemblages de sucres et d'acides gras qui jouent depuis longtemps un rôle essentiel dans la survie des bactéries. La plupart des bactéries ont hérité depuis longtemps d'une composition de l'ADN qui diffère de celle des animaux – elle est plus riche en bases G et C... Et il en est de même pour certaines caractéristiques ancestrales des virus, et de certaines caractéristiques ancestrales des parasites.

C'est à un nombre restreint de ces motifs ancestraux communs à ces grandes familles de microbes, à ce qui change le moins et le moins souvent en eux, que répondent les systèmes immunitaires de tous les animaux et de toutes les plantes.

Et ces réponses peuvent s'intégrer dans des réseaux de réponses très complexes, traversant à la fois l'espace et le temps. Chez la plupart des plantes, la réponse à la présence locale d'un microbe se diffuse tout au long de la plante, provoquant des modifications qui augmentent la résistance au microbe avant même qu'il ne se soit propagé. Et dans de nombreuses plantes, cette réponse comporte la libération dans l'air de molécules qui vont être perçues par les plantes voisines de la même espèce, déclenchant chez elles, à distance, la même réaction de défense. Dans la forêt, les arbres engagent des dialogues, et parmi ces dialogues, certains sont des alertes lancées alentour en réponse à la perception locale, par l'un des arbres, d'un constituant invariant ancestral d'un microbe.

Mais à ce système de défense ancestral partagé par tous les animaux et les plantes – à cette réponse ancestrale à l'invariance –, s'est surajouté un autre système, qui a émergé il y a environ quatre cents millions d'années, chez un animal – qui ressemblait probablement à un poisson – qui est devenu l'ancêtre commun à tous les poissons à mâchoire, aux mammifères et aux oiseaux. Ce système immunitaire plus récent, que nous possédons, est fondé sur une capacité de répondre aux infimes variations que réalisent en permanence les bactéries, les virus et les parasites sur le thème de la nouveauté.

Pendant notre développement embryonnaire, une population de cellules – les lymphocytes – réarrangent chacun au hasard un petit nombre de nos gènes, faisant naître une petite structure, légèrement différente dans chaque cellule, qu'elle exporte à sa surface et qui sera – peut-être – capable de répondre à l'un des innombrables constituants du vivant. Des milliers de milliards de ces cellules apparaissent, portant chacune à sa surface une structure différente, et capable, collectivement, de répondre à des centaines ou des milliers de milliards de constituants différents du vivant. Toutes les cellules qui répondent de manière importante à des constituants du corps de l'embryon qu'elles habitent s'autodétruisent. Ne demeurent, dans notre corps, par cette opération de soustraction, que les centaines de milliards de cellules capables de répondre à des constituants qui ne sont pas habituellement présents dans notre corps. Et un jour, peut-être, l'une de ces cellules répondra à un constituant d'un microbe. Parce que cette diversité a été produite dans notre corps au hasard, nous possédons, chacun, des cellules capables de répondre à la plupart des variations aléatoires que réalisent les microbes, de génération en génération, y compris des variations qui n'ont encore jamais été réalisées... Le hasard permet de répondre à l'inconnu, à l'imprévu, à l'avenir... À l'intérieur de notre corps, dans une population de cellules, la survenue de centaines de milliards de variations permet de nous confronter aux innombrables variations de la « descendance avec modification » que subissent de génération en génération les microbes qui nous entourent.

Et ce système immunitaire complexe est capable d'adaptations à son environnement... Chaque rencontre avec l'un des microbes qui entourent l'individu, en fonction de l'endroit où il vit et de l'époque où il est né, va entraîner la multiplication et la transformation des cellules capables, par hasard, de répondre. Et cette amplification, qui constitue progressivement une image en miroir de l'environnement microbien particulier auquel il est confronté, s'imprimera sous la forme d'une mémoire durable, qui permettra de répondre très vite à une nouvelle rencontre avec les mêmes microbes.

Là est la base de la vaccination : stimuler la mémoire avant même la première rencontre avec un microbe... Et cette mémoire peut être extrêmement durable.

Le virus à l'origine de la pandémie de « grippe espagnole » de 1918-1919 avait des constituants particuliers qui l'ont rendu particulièrement dangereux pour l'homme. En 2004, ce virus a été reconstruit par des chercheurs, en laboratoire, à partir de fragments de virus isolés de prélèvements anciens du corps demeuré dans la glace d'une personne décédée de l'épidémie dans les régions d'Alaska gelées toute l'année. Et contrairement aux virus habituels de la grippe saisonnière, ce virus a la capacité de tuer rapidement les souris lorsqu'on les infecte.

Durant l'année 2008, des chercheurs publient un article scientifique qui rapporte la présence, aujourd'hui, chez des personnes âgées de plus de quatre-vingt-dix ans – des survivants de la pandémie de « grippe espagnole » –, d'une mémoire immunitaire, de mécanismes de défense sélectivement dirigés contre certains des constituants particuliers à ce virus. Et ces mécanismes de défense qui circulent toujours dans leur corps, lorsqu'ils sont injectés à des souris, protègent ces animaux contre la mort lors d'une injection du virus qui a causé la pandémie.

Les personnes nées après la pandémie ne possèdent pas cette mémoire immunitaire. Les survivants de la pandémie étaient, en 1918-1919, âgés de deux à huit ans. Ils n'ont jamais, depuis, rencontré ce virus. Et depuis près de quatre-vingt-dix ans, leur système immunitaire conserve l'empreinte, la mémoire vive de cette très ancienne rencontre – prêt à y répondre immédiatement si jamais un jour le même virus pénétrait à nouveau dans le corps.

Nous avons hérité de nos lointains ancêtres deux grands systèmes de défense contre les microbes – deux systèmes immunitaires complémentaires et intégrés qui émergent en nous durant notre vie embryonnaire, l'un qui répond à ce qui varie le moins et l'autre à ce qui varie le plus. Et ces deux systèmes de défense qui interagissent en permanence, nous permettent de résister dans cette « course de la Reine rouge » où nous sommes engagés depuis si longtemps, face à des êtres vivants invisibles, dont le temps de génération n'a rien de commun avec le nôtre.

Mais l'issue des combats ne dépend pas seulement de la nature des armes et des défenses acquises au long de cette longue course par chacun des adversaires. Elle peut dépendre aussi du rythme des rencontres – alternées ou simultanées.

Quand les lions commencent à mourir

Il y a un récit de Tite-Live qui décrit la guerre mythique que se livrent Rome et la ville d'Albe. La guerre semble sans fin. Un combat va avoir lieu pour y mettre un terme. Trois Romains contre trois Albains. Le sort désignera trois frères contre trois frères. Les trois frères de la famille Horace combattront pour Rome, les trois frères de la famille Curiace, pour Albe. Deux des frères Horace sont tués. Les trois frères Curiace sont blessés. Il ne reste plus qu'un Horace. À un contre trois, il sait qu'il n'a aucune chance de survivre. « Afin de les combattre séparément, il prit la fuite, en se disant que chaque blessé le poursuivrait dans la mesure de ses forces ». Ses adversaires, blessés, se lancent à sa poursuite, creusant une distance de plus en plus grande entre eux. Horace se retourne, tue son poursuivant le plus proche, et se remet à courir. Puis se retourne à nouveau, tue le deuxième. Puis le troisième.

La nature des armes et le nombre des adversaires ne sont pas les seuls facteurs importants. Le rythme des combats compte aussi.

Et dans la nature, beaucoup de ces combats se déroulent à l'abri des regards. À l'intérieur de la pénombre des corps.

L'année 1994. En Afrique de l'Est. Dans la grande réserve naturelle de Serengeti, en Tanzanie. Une saison d'extrême sécheresse, inhabituelle, cause la mort de très nombreux buffles. Puis viennent de grandes pluies. Et les lions commencent à mourir. Un tiers de leur population disparaît. Mais ils ne meurent ni de faim, ni de soif.

L'année 2001. Une nouvelle saison d'extrême sécheresse. La mort de nombreux buffles. Puis les pluies. Et à nouveau, à proximité de Serengeti, dans la réserve du cratère de Ngorongoro, plus d'un tiers des lions vont mourir.

En 2008, un groupe international de chercheurs publie un article scientifique qui explore en profondeur ces épisodes de mortalité massive. Tous les cinq à dix ans, les lions de Serengeti et du cratère de Ngorongoro subissent de brèves épidémies d'infection par un virus, qui durent quelques mois. Ces infections ne causent aucune maladie apparente. À intervalles irréguliers, les lions subissent aussi des infections modérées par un parasite, transmis par des tiques, qui ne cause, lui non plus, aucune maladie. Cela fait très longtemps que les lions vivent en équilibre avec ce virus et avec ce parasite. Un contre un, en alternance.

Dans les réserves naturelles de Tanzanie, les années 1994 et 2001 ont été des périodes d'épidémie du virus chez les lions. Au même moment, les périodes inhabituelles de sécheresse extrême ont entraîné la mort de faim d'un grand nombre de buffles, et un état d'affaiblissement majeur parmi les survivants, affamés. Lors des grandes pluies qui suivent, ces buffles affaiblis deviennent la proie des tiques et de leur parasite, qui prolifèrent. Les lions qui dévorent les buffles sont infectés par de très grandes quantités du parasite. Leur système de défense immunitaire, légèrement altéré par la présence du virus, devient incapable de contrôler la multiplication très importante du parasite. Et les lions commencent à mourir.

Deux contre un. La rencontre, par hasard, au même moment, d'un virus et d'un parasite à l'intérieur du corps des lions, avec une quantité anormalement importante du parasite.

Le seul point commun à ces rencontres semble avoir été la survenue d'épisodes inhabituels d'oscillations climatiques extrêmes – des périodes de très grande sécheresse, suivies de pluies abondantes. Les modifications brutales de l'environnement climatique modifient brutalement l'environnement vivant, faisant soudain s'effondrer le réseau robuste de coexistence à laquelle avait conduit, pour un temps, la longue « course de la Reine rouge ».

Il y a plus. Si, comme beaucoup de chercheurs le pensent, la fréquence croissante de ces oscillations climatiques extrêmes est une conséquence des activités humaines, alors c'est une espèce vivante – la nôtre – qui, en bouleversant le climat, donne des coups de boutoir dans le réseau complexe d'interactions entre les espèces vivantes qui se tisse depuis si longtemps.

Depuis six cents millions d'années, il y a eu cinq épisodes d'extinctions massives suivies par la réémergence d'espèces nouvelles. Aujourd'hui, la plupart des chercheurs pensent que la sixième extinction a déjà commencé. Déforestations, pollution des océans, pollution atmosphérique, effet de serre... La différence, cette fois, c'est que nous sommes en cause.

Et il nous faut comprendre, choisir et agir. Non pas pour préserver l'univers vivant dans les formes particulières qui sont aujourd'hui les siennes – si différentes de celles qui n'ont cessé d'émerger, de disparaître et de ré-émerger depuis si longtemps –, univers toujours changeant depuis ses origines. Mais pour préserver sa capacité à changer. À évoluer. À redonner naissance à « l'infinité des formes les plus belles et les plus merveilleuses ». Pour préserver sa capacité à demeurer une origine. Pour préserver notre capacité à demeurer une origine. Préserver la possibilité pour nos descendants un jour de laisser à leur tour, à d'autres, ce monde en héritage.

Il y a cent trente ans, Darwin écrivait : « C'est seulement à l'époque actuelle que l'homme a commencé à récolter les fruits de son éducation progressive et a prouvé à quel point "la connaissance est du pouvoir". » Et il ajoutait : « [L'homme] a maintenant acquis une telle domination sur le monde matériel et un tel pouvoir d'augmenter en nombre qu'il est probable que toute la surface de la Terre sera envahie par cette anomalie [l'homme], jusqu'à l'annihilation de chacune des belles et merveilleuses variétés d'êtres animés... »

Chapitre 20

Natura non facit saltum

S'il pouvait être démontré qu'il existe un organe complexe qui n'aurait pas pu être formé par une succession de petites modifications, alors ma théorie s'effondrerait totalement.

Charles Darwin,
De l'origine des espèces

À quelle vitesse s'éteignent les espèces, et après les épisodes d'extinction, à quelle vitesse peuvent émerger – ré-émerger – des espèces nouvelles ?

Les épisodes d'extinction, écrivait Wallace en 1855, pourraient être parfois brutaux et soudains, mais l'émergence d'espèces nouvelle ne pouvait être que graduelle. « Pas à pas », écrira-t-il en 1858.

« La Nature ne fait pas de saut », écrivait Darwin en 1857 dans sa lettre à Asa Gray qui sera publiée un an plus tard au côté du manuscrit de Wallace. Les changements se produisent « graduellement – par degrés », dit-il. La nature, Darwin le répétera dans *De l'origine des espèces*, « ne peut agir que par de petits pas lents ». « Les espèces et les groupes disparaissent graduellement. » Et « l'extinction complète d'une espèce est généralement un processus plus lent que son émergence. » « La rareté [progressive des membres d'une espèce] précède [son] extinction. »

Pourtant, parfois, pense-t-il, comme Wallace, l'extinction a pu être « merveilleusement soudaine ». Lorsque l'« immigration », ou le « développement inhabituellement rapide » de nouvelles espèces dans un territoire conduira à « exterminer » rapidement un grand nombre des espèces autochtones anciennes.

Mais en dehors de ces exceptions, dit-il, l'émergence et la disparition des espèces ne peuvent procéder que « par de petits pas lents ».

Dix-sept ans plus tôt, à la fin du manuscrit de trente-cinq pages qui synthétisait l'essentiel de sa théorie, il revenait sur cette notion de « gradualisme » dans la dernière phrase, qui était presque la même que celle qui conclurait *De l'origine des espèces*, à quelques différences près, dont celle-ci : « [...] à partir d'une origine aussi simple, par le processus de sélection graduelle de changements infinitésimaux, une infinité de formes les plus belles et les plus merveilleuses ont évolué ». *Par le processus de sélection graduelle de changements infinitésimaux.*

Ce n'était pas simplement pour lui une caractéristique de l'évolution parmi d'autres : il avait fait de cette notion l'un des piliers centraux de sa théorie. Probablement parce que dans son esprit, de la croyance à l'existence de « sauts » – de même que de « la vision habituelle de la création indépendante de chaque être » –, « nous ne pouvons rien dire d'autre que : cela est ainsi ».

« Que l'œil, avec tous ses raffinements permettant l'ajustement de la focalisation [de la vision] à différentes distances, permettant l'entrée de différentes quantités de lumière, et la correction des aberrations sphériques et chromatiques, ait pu être formé par la sélection naturelle, semble, je le confesse librement, absurde au plus haut degré », avait-il écrit dans *De l'origine des espèces*.

Mais...

Mais « la raison me dit, poursuivait-il, que s'il peut être montré qu'il existe de nombreuses gradations [qui peuvent mener] d'un œil simple et imparfait à [un œil] complexe, chaque degré étant utile à celui qui le possède, ce qui est certainement le cas ; si, de plus, il arrive que l'œil varie et que les variations sont héritées, ce qui est vraisemblablement le cas ; et si de telles variations s'avèrent utiles à un quelconque animal durant des conditions changeantes de vie [durant des changements de l'environnement], alors la difficulté de croire qu'un œil parfait et complexe peut être formé par la sélection naturelle, quoique insupportable pour notre imagination, ne devrait pas être considérée comme incompatible avec la théorie ».

L'existence de variations héréditaires minimes, source de changements graduels qui, à chaque étape, peuvent être conservés et propagés par la sélection naturelle en raison de l'avantage minime qu'ils peuvent procurer dans un environnement donné – aboutissant petit à petit à un organe « parfait et complexe » –, est, suggère Darwin, la seule explication susceptible de permettre de récapituler de manière logique, acceptable et potentiellement testable, une idée qui apparaît a priori « absurde au plus haut degré ».

Des « gradualistes » et des « saltationnistes »

De l'évolution par « sauts », on ne peut, rétrospectivement, dire que : cela a été ainsi.

De l'évolution graduelle, on peut tenter de reconstituer, pas à pas, la part des effets adaptatifs, la part des effets de la variation aléatoire, et la part des effets de la sélection naturelle en fonction de la stabilité ou des changements de l'environnement. On peut espérer pouvoir retracer un arbre généalogique. Et l'on peut espérer pouvoir répondre à la question « comment ? » de manière beaucoup plus fine et plus riche qu'en se contentant de dire simplement : cela est ainsi, la nature a procédé par sauts.

Il y avait pour Darwin un autre enjeu essentiel : la référence à la théorie gradualiste de Lyell, *Les Principes de géologie*, qui l'avaient si profondément inspiré depuis le début – le postulat selon lequel l'explication des changements du passé le plus lointain ne requiert pas de faire appel à la survenue de catastrophes anciennes, mais que ces changements ont résulté de « forces toujours en train d'opérer dans le présent ». Or, le présent de la « descendance avec modification » ne révèle, pense Darwin, que des variations minimes entre parents et descendants. Pourquoi postuler des « sauts » anciens qui résulteraient de « forces » dont nous ne saurions rien, et dont nous ne pourrions donc rien dire, à part qu'elles ont dû exister dans le passé ?

Le raisonnement de Darwin, ancré dans la pensée de Lyell et de certains de ses prédécesseurs géologues, est extrêmement cohérent : il ne sert à rien, d'un point de vue scientifique, de tenter d'expliquer un phénomène en faisant appel à des causes ignorées et non testables quand une explication alternative est possible.

Mais Darwin ira plus loin. Non seulement il dira que le « gradualisme » est l'explication la plus satisfaisante, d'un point de vue scientifique. Mais « s'il pouvait être démontré qu'il existe un organe complexe qui n'aurait pas pu être formé par une succession de petites modifications, alors ma théorie s'effondrerait totalement ».

S'il pouvait être prouvé qu'une forme complexe de nouveauté pouvait surgir brusquement, d'un « saut », alors sa théorie perdrait toute validité.

Une telle proposition, une telle prédiction, correspond à ce que le philosophe des sciences Karl Popper appellera beaucoup plus tard, au milieu du XXe siècle, un élément de « falsifiabilité » ou de « réfutabilité ». Pour Popper, une théorie ne peut être considérée comme de nature scientifique que si certaines de ses propositions sont formulées de telle manière qu'elles peuvent être expérimentalement testées, et donc éventuellement réfutées, la réfutation d'une proposition centrale, disait-il, entraînant la réfutation de la théorie elle-même.

Pourtant, dès la publication de *L'Origine des espèces*, Thomas Henry Huxley demandera à Darwin de revenir en arrière sur ce point et de ne pas faire de la notion de « gradualisme » un élément central de sa théorie. C'était là, pour Huxley, fragiliser inutilement la théorie. Et Huxley, qui est convaincu que l'évolution pourrait aussi procéder par « sauts », ne voit pas pourquoi la découverte d'un tel processus serait incompatible avec – et devrait conduire à invalider – la théorie de l'évolution du vivant qu'il a été l'un des premiers à adopter et qu'il défendra toute sa vie.

Les débats souvent violents entre les partisans du « gradualisme » et les partisans des « sauts », entre les « gradualistes » et les « saltationnistes », commenceront dès la fin du XIXe siècle et se poursuivront jusqu'à la fin du XXe, avec, en arrière-plan, en permanence, l'enjeu de la question de la validité de la théorie darwinienne que son inventeur avait lui-même imprudemment posée en ces termes. Chaque fois que des arguments apparaîtront en faveur de l'existence de « sauts », les adversaires de la théorie de l'évolution du vivant s'en saisiront pour la remettre en cause. Inversement, les gardiens de l'orthodoxie darwinienne – les artisans et les héritiers de la « synthèse moderne » – se battront pied à pied pour rejeter comme scientifiquement absurde toute suggestion en faveur de processus non gradualistes dans l'évolution.

L'une des premières grandes remises en cause saltationnistes de la théorie darwinienne avait débuté une dizaine d'années après la mort de Darwin. En 1894, le biologiste anglais William Bateson avait publié *Matériaux pour l'étude de la variation*, dont le sous-titre était *Traité considérant avec une attention particulière la discontinuité dans l'origine des espèces*. Il y présentait des exemples de l'existence de « sauts », de discontinuités, dans la « descendance avec modification », de variations brutales et spectaculaires entre parents et descendants survenant à l'échelle d'une seule génération et se transmettant ensuite de manière héréditaire : par exemple, la présence soudaine d'une patte à la place d'une antenne sur la tête d'un insecte. À la même époque, De Vries décrit des « mutations » soudaines et importantes chez des plantes. Puis les premiers généticiens, au début du XXe siècle, vont proposer que les « mutations » génétiques procèdent par « sauts », provoquant par là des changements brusques dans la forme et les propriétés des organismes.

Durant les années 1930, la théorie des « monstres prometteurs » de Richard Goldschmidt va postuler que des mutations dans des gènes utilisés pendant le développement embryonnaire pourraient être à l'origine de changements soudains dans les modalités de construction du corps, et provoquer des modifications héréditaires importantes dans la forme et les capacités du corps des descendants, pouvant conduire à l'émergence soudaine d'une espèce nouvelle.

Mais à partir des années 1940, la synthèse moderne s'est cristallisée sur la défense de la théorie d'une évolution strictement « gradualiste », et sa remise en cause sera combattue comme une hérésie. Il y aura, durant les années 1970, les combats contre la théorie des « équilibres ponctués » proposée par Niles Eldredge et Stephen Jay Gould, qui postule que des périodes de « sauts », des modifications importantes et brutales dans les modalités de construction du corps ont alterné avec de longues périodes stationnaires, des phases de « stase ». L'explosion apparemment brutale, à l'échelle des temps géologiques, de nombreuses espèces nouvelles – c'est-à-dire caractérisées par l'apparition de nouvelles modalités de construction du corps – que suggère l'étude des fossiles de la période du cambrien, il y a plus de cinq cents millions d'années, est, pour Eldredge et Gould, l'un des arguments qui étayent leur théorie.

Et plus tard, à la fin du XXe siècle et au début du XXIe, d'autres découvertes suggéreront une réconciliation possible dans un cadre plus large, des visions de ces deux écoles de pensée a priori irréductiblement opposées, impliquant, comme c'est si souvent le cas, que chacune a à la fois partiellement tort et partiellement raison.

RÉUNIR LES MORCEAUX DÉCHIRÉS

Mais longtemps avant. Au début du XXe siècle. Le caractère souvent artificiel de ce type de débat entre gradualistes et saltationnistes allait apparaître de manière inattendue, non pas dans le cadre de débats sur l'évolution du vivant, mais dans le cadre de ce qui constituait la source même de la pensée de Darwin : la géologie.

Les Principes de géologie, une tentative pour expliquer les changements anciens de la surface de la Terre en référence à des causes actuellement en train d'opérer, de Charles Lyell. « J'ai le sentiment, avait écrit Darwin, que mes livres sortaient à moitié du cerveau de Lyell [...] car lorsqu'on distingue une chose qui n'a jamais été vue par Lyell, on la voit pourtant en partie à travers ses yeux. »

Toute l'évolution géologique s'est faite, dit Lyell, à partir de « forces opérant [encore] dans le présent ». Et il n'y a pas besoin de postuler l'existence de catastrophes anciennes : l'évolution géologique s'est faite de manière graduelle, petit à petit, sur des temps très longs. Mais quelle est la nature du lien entre ces deux postulats ? Les « forces opérant dans le présent » se résument-elles à celles que Lyell, Darwin et leurs contemporains sont capables d'observer ? Sont-elles incapables de provoquer des catastrophes ? Certaines, encore invisibles, n'ont-elles pas pu, brutalement, dans le passé, provoquer des « sauts », des « bonds »... des catastrophes ? Darwin s'interroge sur la nature de ces « forces ». Après le tremblement de terre qu'il vit au Chili le 20 février 1835, il se questionne sur les relations possibles entre les perturbations souterraines et les perturbations atmosphériques (les orages), relations « dont nous sommes aujourd'hui, dit-il, assez ignorants ». Mais il note que l'effet le plus remarquable de ce tremblement de terre était l'« élévation permanente de la terre » qui en résultait, et il se demande si cette élévation n'est pas en fait la « cause » du tremblement de terre. « Les forces qui lentement, petit à petit, soulèvent les continents, écrit-il de manière prémonitoire, et celles qui à des périodes successives crachent de la matière volcanique à travers des orifices, sont les mêmes. » Mais ces forces opèrent à des niveaux dont il ne peut imaginer l'existence.

En 1912, un jeune météorologue allemand, Alfred Wegener, âgé de trente et un ans, publie un article intitulé « La translation [la dérive] des continents ». Trois ans plus tard, il développe ses idées dans un livre : *La Genèse des continents et des océans.*

« La première idée [qu'il pourrait exister une] dérive des continents me vint à l'esprit en 1910, écrit Wegener. Considérant la carte du globe, je fus subitement frappé par la complémentarité entre [le tracé] des côtes de [part et d'autre] de l'Atlantique. Mais, dans un premier temps, je ne m'y arrêtai pas, estimant que de telles dérives [de continents] étaient invraisemblables. »

Pourtant, cette étrange complémentarité entre le tracé des côtes de l'Atlantique – comme des pièces complémentaires d'un puzzle – et l'idée « invraisemblable » qu'elle puisse être due à une ancienne séparation des continents avait déjà été évoquée longtemps auparavant.

À la fin du XVIe siècle, dans son *Thesaurus Geographicus*, Abraham Ortelius, cartographe du roi d'Espagne, avait proposé que l'Amérique a pu être « déchirée de l'Europe et de l'Afrique par des tremblements de terre et des déluges – les vestiges de cette rupture se révèlent si l'on regarde une carte du monde et que l'on examine avec soin les côtes de ces trois continents ».

Cette idée sera commentée, au début du XVIIe siècle, par le scientifique et philosophe anglais Francis Bacon. Puis, près de deux siècles plus tard, par Benjamin Franklin et par le grand explorateur allemand Alexander von Humboldt

– dont le jeune Darwin lira avec passion les célèbres récits, et dont il dira qu'il est « le plus grand explorateur scientifique qui a jamais vécu ». Mais personne, ou presque, n'y attachera d'intérêt.

Il est probable qu'elle dure encore

Wegener expliquera par une métaphore ce qu'a été sa démarche. « Tout se passe comme s'il nous fallait réunir les morceaux déchirés d'un journal sur la seule base de leurs contours pour vérifier ensuite que les lignes imprimées se raccordent correctement. »

Et c'est ce qu'il fait. Les « raccords » entre « les lignes imprimées » sont, dit-il, les fossiles semblables de plantes et d'animaux qui ont été découverts de part et d'autre de l'océan Atlantique, et dont la migration à travers l'océan paraît peu probable, suggérant qu'ils ont vécu, à une certaine époque, proches les uns des autres. Mais les théories de son temps proposent une explication alternative aux migrations d'animaux et de plantes semblables à travers des continents séparés : l'existence de ponts de terre qui ont été par la suite recouverts par l'océan.

D'autres « lignes imprimées » sont, pour Wegener, la ressemblance et la complémentarité entre des structures géologiques de part et d'autre de l'Atlantique, et des indications fossiles suggérant que le climat (tropical ou glaciaire) était le même, à ces époques anciennes, sur ces portions de continents aujourd'hui très éloignées les unes des autres.

La théorie de la dérive des continents que propose Wegener postule qu'il y a eu un temps où tous les continents étaient réunis en un seul supercontinent, *Pangaea* – littéralement : « toute la terre » –, un seul continent géant – la *Pangée* – entouré par un seul océan géant, *Panthalassa* – littéralement : « toute la mer ; mer universelle ».

Puis les continents se sont séparés, dit-il, sont partis à la dérive. Et « il est probable, écrit-il, que [cette dérive des continents] dure encore. Il s'agit seulement de savoir si ces mouvements sont assez rapides pour qu'on puisse les détecter à l'aide de mesures astronomiques répétées dans un intervalle de temps relativement court ». Dans le bref intervalle d'une durée de vie humaine.

Wegener propose que les chocs entre les continents ont pu produire l'émergence des grandes chaînes de montagnes. Mais les théories de l'époque proposent que les chaînes de montagnes sont apparues sous l'effet de plissements anciens de l'écorce terrestre provoqués par le refroidissement progressif de la Terre.

L'idée que le sol sur lequel nous vivons puisse être en mouvement, glisser comme un navire, paraît à l'ensemble des géologues, à de rares exceptions près, totalement absurde.

La théorie de Wegener est violemment rejetée. Et elle l'est d'autant plus que l'explication qu'il propose à cette théorie considérée comme absurde – l'explication qu'il propose à la dérive des continents – est, aussi, considérée comme absurde : les continents, dit-il, glissent comme des icebergs de granit sur le basalte des fonds marins, entraînés par l'attraction de la Lune, et les forces centrifuges provoquées par la rotation de la Terre sur elle-même...

Wegener meurt en 1930, à cinquante ans, lors d'une expédition au Groenland. Et l'idée de la dérive des continents tombera dans l'oubli pendant encore presque quarante ans.

Elle renaîtra à la fin des années 1960. Grâce à une nouvelle théorie, qui non seulement en fournit une explication claire, mais implique elle-même une dérive des continents. Et la réponse viendra non pas d'une étude des terres et de leurs migrations, mais de l'étude du fond des océans, qui révélera l'existence de failles d'où, chaque jour, depuis si longtemps, émerge de la lave en fusion et où se solidifient les pans de sol rigides qui se déplacent à la surface de la

Terre. Le sol bouge, le sol vibre, le sol tremble. Il surgit en fusion et replonge, ailleurs, au loin, sous la surface, retourne dans les profondeurs en fusion. Il est morcelé en une dizaine de plaques qui s'éloignent des failles océanes qui leur donnent naissance. De part et d'autre de ces failles, les fonds marins et les continents s'éloignent. Et en s'éloignant, ils se rapprochent d'autres continents. Le sol le plus jeune, le plus récent, formé du basalte de la lave, est au fond de l'océan autour des failles. Les sols les plus anciens, les plus vieux, sont à distance et s'éloignent de part et d'autre. La plupart des fonds sous-marins sont plus jeunes que la plupart des terres qu'ils repoussent.

Les volcans émergés à la surface des terres et de la mer ne sont que des éclats fugaces d'une éruption invisible et permanente. La surface du globe : une croûte et un manteau rigide, froid – la lithosphère –, découpé par des failles, les dorsales océanes. Une centaine de kilomètres plus profond – pour les sols émergés, les continents –, moins loin encore pour les fonds de l'océan – en direction du centre de la Terre : une masse chaude et visqueuse – l'asthénosphère – réchauffée par la radioactivité terrestre, d'où émergent, où se fondent, sur laquelle glissent les plaques de la croûte – notre sol et nos fonds marins. Plus profond encore, un autre manteau, plus rigide. Plus profond encore, plus loin... comme un écho aux premiers temps de la Terre, la fournaise...

RODINIA, PANGAEA, GONDWANA, LEURASIA...

« Combien lentement [...] un esprit s'aperçoit de l'étrangeté des choses », écrira Marguerite Yourcenar dans ses *Carnets de notes* de *L'Œuvre au noir*.

En 1967. Six ans après que le premier homme a échappé au champ de l'attraction terrestre – le premier voyage d'un homme dans l'espace. Deux ans avant que le premier homme ne pose pied sur la Lune. Plus d'un demi-siècle après la première publication de Wegener. La théorie de la tectonique des plaques est universellement acceptée. Et avec elle, la théorie de la dérive des continents.

La croûte terrestre se régénère en permanence. Elle naît et meurt. Apparaît et disparaît. Les plaques se déplacent, les continents s'éloignent et se rencontrent. À des vitesses qui vont de un à quinze centimètres par an. De la vitesse à laquelle poussent nos ongles à celle à laquelle poussent nos cheveux... Dix centimètres par an. Dix mètres par siècle. Cent mètres par millénaire. Cent kilomètres par million d'années. Six mille kilomètres depuis que les dinosaures ont disparu de la surface de la Terre. La distance qui sépare, de part et d'autre de l'océan Atlantique, les rivages de l'Amérique des rivages de l'Europe et de l'Afrique dont Ortelius, le cartographe, avait remarqué, quatre siècles plus tôt, « les vestiges de la déchirure ».

Tremblements de terre, éruptions volcaniques, tsunami... mais aussi surgissement des chaînes de montagnes, quand les plaques se rencontrent – les Appalaches, puis, plus tard, la Cordillère des Andes, les Alpes, et la plus majestueuse, celle qui s'élève au plus haut vers le ciel, le Toit du monde, il y a moins de cinquante millions d'années, lorsque la plaque qui porte le continent indien frappa la plaque qui porte le continent asiatique : l'Himalaya...

Le rêve de Wegener correspond aujourd'hui à une réalité. *Pangaea* s'est formée, il y a plus de deux cents millions d'années – le continent géant qui émerge de la rencontre entre tous les continents. Et *Pangaea* se brise il y a plus de cent cinquante millions d'années, à la période jurassique, où règnent les dinosaures, en deux continents, *Gondwana* et *Leurasia*, qui dérivent puis se morcelleront à leur tour.

Avant encore. Il y a peut-être un milliard d'années… Un autre continent géant, unique : *Rodinia.* Qui se brisera en huit continents. Qui s'assembleront huit cents millions d'années plus tard pour former *Pangaea...* qui se brisera à son tour... Et des calculs récents suggèrent qu'il est possible qu'un nouveau continent géant, unique, émerge des voyages, de la rencontre et de la fusion des continents contemporains, dans deux cent cinquante millions d'années...

Et ainsi se révélait – au cœur de la géologie – que « des forces opérant dans le présent », « petit à petit », « graduellement », par accumulation de petits changements, pouvaient aussi, à intervalles espacés, être à l'origine de « sauts », de « bonds » – le surgissement brutal des chaînes de montagnes vers le ciel, là où la rareté de l'oxygène et le froid font barrière à la vie, à près de neuf mille mètres au-dessus du niveau des mers.

L'opposition radicale entre gradualisme et saltationnisme n'avait pas lieu d'être. Il n'y avait pas d'antinomie. C'était une question de rythme. D'échelle temporelle. Et une question de regard. Les rythmes auxquels survenaient les sauts étaient des rythmes très lents. La dérive était constante, minime, battant à un rythme rapide, quotidien, un cinquième de millimètre par jour en moyenne, un centième de millimètre par heure en moyenne, par petits soubresauts invisibles...

Puis la terre tremblait, se fissurait, à l'échelle d'une vie humaine et de la mémoire des cultures humaines – le choc et le traumatisme du tremblement de terre de Lisbonne au XVIIIe siècle, et les visions antagonistes de Voltaire et de Rousseau sur ce que l'homme pouvait contre les coups violents portés par la destinée...

Puis les continents s'entrechoquaient, une plaque passant sous une autre et la soulevant, projetant une chaîne de montagnes vers les airs, à l'échelle de temps immémoriaux, qui précédaient l'émergence de nos premiers ancêtres humains sur la Terre...

Le vrai jadis

Depuis le XVe siècle, la science occidentale redécouvre le mouvement, le changement, l'impermanence... Copernic et Galilée transforment la Terre immobile, au centre du ciel, autour de laquelle voyage l'infinité des astres, en une sphère qui tourne sur elle-même tout en tournant avec d'autres autour du Soleil. Darwin transforme le tremblement immobile des espèces en une généalogie ancienne qui nous donne un jour naissance. Georges Lemaître transforme l'immobilité des astres en une fuite et une expansion permanentes à partir d'une explosion originelle de l'espace et du temps. Wegener transforme l'immobilité des continents en une dérive sans fin, faite d'une alternance de fusions et de déchirures... Au cœur de l'invisible, la mécanique quantique transformera la localisation même des composants élémentaires de la matière en une « probabilité de présence »... Peu à peu, inexorablement, il se révèle qu'à toutes les échelles que construisent les innombrables interactions des composants élémentaires de la matière, de l'infinitésimal et du plus proche au gigantesque et au plus lointain, tout bouge, tout change, tout se transforme. Et lorsqu'un seuil soudain est franchi, des forces invisibles qui transforment graduellement le monde font surgir des configurations auparavant absentes, des transitions profondes, des bouleversements majeurs, des « sauts » dans la plus radicale nouveauté, dont rien jusque-là ne semblait préfigurer l'émergence.

À chaque fois le même type de révélation. « Le tissu entier se déchire et s'effondre », confiait le jeune Darwin dans ses carnets secrets. À chaque fois, dans tous les domaines, le même type de découverte, comme une brume qui se déchire.

Et pourtant, à chaque fois. Au long de cinq siècles. La même surprise, la même stupéfaction, la même impression de déracinement, le même sentiment de découvrir une réalité a priori « absurde », dira Darwin, « invraisemblable », dira Wegener, « irreprésentable », dira Heisenberg...

À chaque fois cette impression de désenchantement – ou de réenchantement – suivant le regard que l'on porte sur ces nouveaux matins du monde au moment où ils émergent soudain dans leur nudité première.

« Arriver à l'endroit d'où nous sommes partis, chantera T.S. Eliot dans *Four Quartets*. Et connaître le lieu pour la première fois. »

À chaque fois, les origines qui se dévoilent sous un jour nouveau. « On ne sait jamais de quoi hier sera fait », me confiait un jour un historien.

« Ce qui précède le début, tel est le jadis, écrit Pascal Quignard. J'appelle ce qui sourd aléatoirement à l'origine “jadis”. À partir du jadis c'est l'origine qui fait avalanche. Le “vrai jadis” est l'inconnu à sa source. »

Ce qui soudain jaillit des origines. Toujours le même. Présent depuis le début. Et toujours nouveau. Toujours pour la première fois. Toujours en train de naître.

Dans la familiarité continuelle des petits pas du « graduel » et dans l'inconnu intermittent des « sauts ». L'évolution du vivant, comme l'évolution de l'ensemble de l'univers, se fait à la fois petit à petit et par bonds. Pas à pas. Mais ces pas peuvent aussi être, parfois, des pas de géant.

Et bientôt, la question ne sera plus tant de savoir laquelle des deux écoles de pensée a enfin triomphé que d'essayer de réconcilier au mieux ces deux représentations complémentaires de la réalité.

Chapitre 21

Les chimères

Les religions et les mythes ont toujours été emplis de [...] sirènes, de sphinx, de vampires, de loups-garous, de séraphins [...], des êtres imaginaires nés de la combinaison de différentes portions d'animaux. La vérité étant plus étrange que la fiction, la biologie a découvert [...] la réalité de l'existence d'êtres vivants formés de combinaisons d'autres êtres vivants.

Lynn Margulis et Dorian Sagan,
Microcosmos. Quatre milliards d'années d'évolution à partir de nos ancêtres microbiens

Avant même qu'il élabore sa théorie de l'évolution du vivant. Avant même qu'il ne commence à s'interroger sur la possibilité qu'elle procède par petits pas ou par sauts.

Au cours de son voyage sur le *Beagle*, le jeune Darwin découvre au bout de quatre ans, avec émerveillement, les récifs de coraux. À la fin de l'année 1835, à Tahiti. Au début de l'année suivante, en Australie, puis sur l'île Kealing dans l'océan Indien. Il est fasciné par la beauté et par l'architecture des récifs, des atolls et des lagons.

En mai 1837, après son retour, il présente quatre communications à la Société de géologie de Londres. L'une d'entre elles expose une théorie sur la formation des récifs de corail et des atolls : *De certaines ères d'élévation et d'affaissement dans le Pacifique et l'océan Indien, comme on peut les déduire de l'étude de la formation des coraux.*

Quelques mois plus tard, il commence ses carnets secrets. Et, à nouveau, le souvenir du corail lui revient à l'esprit. Mais il ne s'agit plus de la splendeur des récifs qu'il a admirés. Il s'agit d'un symbole, d'une métaphore, d'une représentation visuelle de la généalogie et de l'évolution du vivant. « Le corail de la vie, [parce que la] base des branches [est] morte. »

La partie vivante des coraux – la plus proche de la surface des eaux et de la lumière – est constituée de milliers de tout petits animaux multicellulaires de quelques millimètres de diamètre, les polypes, qui secrètent le carbonate de calcium qui permet l'émergence progressive du squelette gigantesque qui enveloppe le récif. Et chacun de ces récifs, dans les mers tropicales, constitue un écosystème d'une immense richesse, qui abrite plusieurs centaines d'espèces différentes de poissons qui s'y reproduisent, des mollusques, des crustacés...

Cinq ans plus tard, alors que « le corail de la vie » demeure enfoui dans son carnet secret, Darwin développe sa théorie sur la formation des coraux dans un livre, *La Structure et la distribution des récifs de corail*. Ce qui l'intéresse, c'est la manière dont les récifs se construisent d'un point de vue géologique – la base morte s'affaissant sur elle-même pendant que le corail vivant émerge vers la surface et vers la périphérie. Mais il a aussi étudié les différentes espèces animales qui y vivent, et recherche à quelle profondeur on peut encore trouver des « polypifères » vivants – des « branches vivantes » – et à quelle profondeur il n'y a plus que du corail mort – la « base des branches ». Il est, comme il l'est pour les vers de terre, fasciné par le caractère si humble des artisans vivants de ces magnifiques constructions – « les polypifères bâtisseurs de récifs ». « Le naturaliste ressentira encore plus profondément cet étonnement, écrit-il, après avoir examiné les corps doux et presque gélatineux de ces créatures apparemment insignifiantes. »

Mais quarante ans plus tard, il confiera, dans une lettre au zoologue américain Agassiz, qu'« à cette époque, peu de choses étaient connues sur la multitude des organismes microscopiques de l'océan ».

Et il y a une particularité importante du corail qu'il ne connaissait pas.

Une structure en fractale

Les coraux font partie d'organismes constitués d'une association étroite – une symbiose – entre deux organismes appartenant à des espèces différentes – voire à des royaumes différents du vivant. Les coraux sont constitués d'une association entre des animaux multicellulaires – les polypes – et des algues unicellulaires qui réalisent la photosynthèse, leur fournissant une grande part de leur énergie. Et ces algues contribuent au processus de croissance du squelette, et donnent au corail sa couleur. Cette association, même si elle est indispensable à la survie à terme du corail, n'est pas obligatoirement permanente : lorsque l'environnement devient agressif pour le corail, l'algue peut être expulsée. Le corail se fragilise alors et se décolore... Si l'environnement redevient favorable, l'association peut reprendre.

Le corail ne sera pas le premier organisme chez lequel l'existence d'une symbiose sera identifiée. À la fin du XIXe siècle, le premier sera le lichen, formé d'une association étroite entre un champignon et une algue.

Mais il est d'autres symbioses qui ont joué un rôle d'une tout autre importance dans l'évolution du vivant. En lui faisant réaliser des sauts inattendus dans la nouveauté.

En 1967, la biologiste Lynn Margulis, qui travaille alors à l'université de Chicago, publie un article théorique. Il a été refusé par une quinzaine de journaux scientifiques.

Nous portons en nous, propose Lynn Margulis, dans chacune des dizaines de milliers de milliards de cellules qui nous composent, la trace – l'empreinte encore vivante – de symbioses anciennes. Nos corps révèlent une structure en fractale. Nous sommes, chacun, une société composée de dizaines de milliers de milliards de cellules, qui sont, elles-mêmes, chacune, des sociétés contenant plusieurs dizaines ou centaines de minuscules cellules. Et un biologiste qui observe une simple cellule de notre corps entrevoit un reflet lointain d'une période très ancienne où s'est produite, il y a près de deux milliards d'années, l'une des symbioses qui nous ont donné naissance.

La théorie symbiotique de l'évolution élaborée par Lynn Margulis a d'abord été combattue par les partisans de la synthèse moderne, puis accueillie avec scepticisme par la plupart des biologistes, pour enfin être actuellement largement acceptée et reconnue. Elle propose que toutes les cellules animales et végétales, toutes les cellules qui composent les animaux et les plantes, ont pour origine des cellules nées il y a environ deux milliards d'années d'une fusion devenue irréversible entre des bactéries appartenant à deux royaumes différents du vivant – les archaebactéries et les eubactéries. Dans les cellules nouvelles qui naissent de ces fusions, apparaît pour la première fois un compartiment particulier, le noyau, où résident les chromosomes et les gènes. Ce sont les ancêtres des cellules « eucaryotes » – les cellules à noyau ; les bactéries n'ont pas de noyau, et leur chromosome n'est pas séparé du reste de la cellule.

Il y a environ deux milliards et demi d'années, l'activité de photosynthèse des cyanobactéries qui peuplaient les océans a progressivement enrichi la teneur en oxygène de l'atmosphère terrestre. L'oxygène est très agressif pour la plupart des cellules qui y sont exposées et qui n'ont pas la capacité de produire des réactions chimiques qui neutralisent la formation des dérivés toxiques de l'oxygène. L'augmentation de la concentration en oxygène provoque probablement l'une des premières extinctions massives de l'histoire du vivant. Certaines bactéries sont, par hasard, capables de résister à l'oxygène en le neutralisant et de l'utiliser pour produire de l'énergie. Ces bactéries vont coloniser les cellules eucaryotes – ou être capturées par elles –, donnant naissance à une nouvelle symbiose, qui permettra à ces cellules de survivre à l'oxygène et de respirer – de produire de l'énergie à partir de l'oxygène.

Le bouturage des branches du vivant

Il est possible que ces deux événements – la naissance du noyau et l'intégration de bactéries capables de produire de l'énergie en présence d'oxygène – aient résulté d'un seul épisode de symbiose entre archaebactéries et eubactéries il y a environ deux milliards d'années. Et il est possible qu'un milliard d'années se soient ensuite écoulées avant l'émergence des premiers organismes multicellulaires. Mais des travaux publiés en 2010 suggèrent la possibilité d'une naissance beaucoup plus ancienne : de petits fossiles visibles à l'œil nu, découverts au Gabon et datant d'il y a deux milliards d'années, pourraient être des fossiles de petits organismes multicellulaires ancestraux. Toujours est-il que la quasi-totalité des cellules eucaryotes actuelles – qu'elles soient animales ou végétales, qu'elles constituent des organismes unicellulaires, comme les levures ou le plancton, ou des organismes multicellulaires, comme les poissons, les papillons, les oiseaux, les éléphants, les arbres ou les fleurs – possèdent un noyau où résident leurs gènes ainsi que de petites cellules d'origine bactérienne – les mitochondries – qui possèdent elles-mêmes un petit nombre de gènes. Les mitochondries se reproduisent à l'intérieur des cellules qu'elles habitent : elles sont devenues incapables de survivre à l'extérieur. Et les cellules sont devenues incapables de survivre sans leurs mitochondries.

Les cellules végétales, quant à elles, sont nées d'un épisode supplémentaire de symbiose : certaines cellules eucaryotes, contenant déjà les bactéries qui étaient devenues leurs mitochondries, ont alors incorporé des cyanobactéries, capables de photosynthèse, qui sont devenues les chloroplastes qui permettent aux cellules végétales de réaliser la photosynthèse.

Et d'autres symbioses ultérieures ont eu lieu, comme des variations distantes sur un même thème. Des cellules eucaryotes « animales » ont incorporé des cellules « végétales », qui possédaient déjà leurs chloroplastes, volant ainsi leur chloroplaste à ces cellules. Réalisant une nouvelle symbiose à partir d'une symbiose plus ancienne.

« La vérité étant plus étrange que la fiction, écrira Lynn Margulis avec son fils Dorian Sagan, la biologie a découvert [...] la réalité de l'existence d'êtres vivants formés de combinaisons d'autres êtres vivants. »

La théorie de Lynn Margulis avait des racines qui dataient de plus d'un demi-siècle.

En 1909, le botaniste russe Konstantin Mereschkowsky, qui étudiait les lichens, élaborait une « théorie de symbiogenèse ». Il croit à l'évolution du vivant, mais pas à la théorie darwinienne de la sélection naturelle. Il propose que les cellules complexes ont évolué à partir de relations symbiotiques anciennes entre des cellules plus simples.

Près de quinze ans plus tard, en 1923, le biologiste américain Ivan Wallin publie un article intitulé « Le problème de la mitochondrie ». Il propose que l'origine des mitochondries est une symbiose ancienne entre des cellules très simples – des bactéries, les ancêtres des mitochondries – et des cellules plus complexes qui les ont ingérées, ou qu'elles ont colonisées.

Personne ne le croit. L'idée que des composants de toutes les cellules animales et végétales pourraient avoir une origine extérieure à ces cellules paraît absurde. Il dit alors que la preuve que les mitochondries sont d'origine bactérienne est qu'il est possible de rompre leur association symbiotique. Lorsqu'il les sépare des cellules dans lesquelles elles résident, dit-il, elles peuvent survivre et se reproduire, seules, dans un tube à essai, comme des bactéries. Mais il s'est trompé. Les mitochondries ont perdu depuis longtemps toute capacité à vivre hors des cellules qu'elles habitent.

Lynn Margulis développera sa théorie bien au-delà des travaux de ses précurseurs, à une période où l'émergence des techniques d'analyse de l'ADN permettra de confirmer l'origine bactérienne des gènes des mitochondries, et de montrer qu'une partie importante de ces gènes s'est introduite ou a été capturée au cours du temps dans les chromosomes du noyau. Les mitochondries ne peuvent pas vivre et se reproduire sans ces gènes qui sont aujourd'hui présents dans le noyau de la cellule. Et la cellule dépend de ses mitochondries pour produire son énergie, vivre et se reproduire. La symbiose est scellée depuis longtemps par l'interdépendance.

Les méandres tortueux de l'évolution peuvent parfois nous donner l'impression de découvrir, autour de nous, des vestiges vivants – des « fossiles vivants » – de nos lointains ancêtres. Ainsi, certains organismes eucaryotes unicellulaires sont composés de cellules dépourvues de mitochondries. Mais l'impression initiale qu'il s'agissait de survivants inchangés des temps anciens s'est révélée être une illusion. Ce sont des descendants de cellules nées de la symbiose originelle d'il y a plus de deux milliards d'années, qui ont acquis des mitochondries, puis qui les ont perdues. Elles portent dans leur noyau la trace, la cicatrice des gènes d'origine mitochondriale, qui a persisté après la perte des mitochondries. Ces cellules sont devenus incapables d'utiliser l'oxygène. Elles utilisent d'autres sources pour produire de l'énergie. Beaucoup d'entre elles sont devenues des parasites, qui exploitent les ressources des organismes qu'elles colonisent.

L'évolution, comme l'avait dit Darwin, peut faire émerger une nouveauté ou au contraire la faire disparaître. Les métamorphoses du vivant sont variations. Et l'adaptation ne se manifeste pas toujours par des gains, mais parfois aussi par des pertes. Mais il n'y a jamais de véritable retour en arrière. Toute « perte » s'inscrit sur un socle qui a évolué depuis l'émergence initiale du « gain », et ce qui en résulte est toujours une forme de nouveauté – un « gain » de nouveauté.

En tissant des réseaux

Lynn Margulis apportera une contribution profondément originale à la théorie darwinienne de l'évolution, tout en remettant en cause trois des postulats importants développés dans *L'Origine des espèces*.

Le premier était que « la nature ne fait pas de saut » et que l'évolution du vivant résulte de l'accumulation « graduelle » de petites modifications, aboutissant petit à petit à l'émergence d'espèces nouvelles : Lynn Margulis propose que l'évolution peut aussi résulter de « sauts », de discontinuités, faisant soudain émerger non seulement des espèces nouvelles, mais de nouveaux royaumes entiers du vivant.

Le deuxième postulat était que l'émergence et la propagation de la nouveauté héréditaire – la « descendance avec modification » – ne peuvent se produire que de manière « verticale », de parents à descendants, à travers les générations qui se succèdent au long de chacune des branches de l'arbre de l'évolution. Et le troisième postulat de Darwin était le « principe de divergence » – qu'il avait mis si longtemps à découvrir alors que Wallace l'avait d'emblée pensé – selon lequel l'émergence d'espèces nouvelles procède toujours d'une « tendance des êtres organiques, descendants de mêmes ancêtres, à diverger en caractère à mesure qu'ils sont modifiés ». Non seulement les espèces nouvelles occupent des branches distinctes, mais ces branches ont tendance à s'écarter de plus en plus les unes des autres.

Mais Lynn Margulis propose que la nouveauté peut surgir brutalement, de manière « horizontale » : des organismes se propageant au long de branches distantes de l'arbre de l'évolution peuvent soudain se rejoindre et se réunir, se « bouturer » en une branche nouvelle qui donnera elle-même naissance à un foisonnement de radicale nouveauté.

« Toute la nature est en guerre, avait écrit Darwin, chaque organisme [est en guerre] avec un autre, ou avec la nature extérieure. »

« La vie n'a pas conquis la Terre par des combats, répondra Lynn Margulis, mais en tissant des réseaux. » Aux ravages permanents des guerres de la nature se surimposent, par intermittence, des alliances nouvelles. Et l'émergence soudain, par hasard, de processus de coopération, d'associations définitives, de fusions, de partages a été aussi importante dans l'apparition et la propagation de la nouveauté, dit-elle, que les « guerres de la nature » dans lesquelles elles s'inscrivent à leur tour.

Ainsi se déploie, dans le cadre de la théorie darwinienne, mais avec des dimensions impensées par Darwin, et parfois apparemment contradictoires avec certains des concepts qu'il avait formulés, la théorie des symbioses – une théorie des fusions radicales des altérités entre des espèces distinctes en de nouvelles identités.

Ainsi évolue la théorie darwinienne de l'évolution du vivant.

La « théorie symbiotique de l'évolution du vivant » révélait la profondeur des transformations qui pouvaient surgir lorsque des cellules et leurs gènes – ou des virus et leurs gènes – s'intégraient de manière permanente à l'intérieur d'autres cellules, donnant naissance soudain à la nouveauté. À des sociétés hétérogènes, complexes et interdépendantes, soudain engagées dans un destin commun.

Et ainsi apparaissait, bien au-delà de ce qu'avait imaginé Darwin, la richesse de la métaphore qu'il avait choisie pour figurer l'arbre de la vie : celle du « corail de la vie ».

Pas seulement, comme il le pensait, parce que « la base de ses branches était morte ». Mais dans la nature symbiotique même du corail. Et dans le dessin de ses branches, qui contrairement aux branches d'un arbre, se rejoignent pour fusionner. La symbiose, la fusion des branches du vivant, donnant naissance à des branches nouvelles, était l'un des mécanismes essentiels de l'évolution du vivant.

Une défaite rétrospectivement heureuse de l'un de nos ancêtres

Longtemps après les premières symbioses qui avaient donné naissance aux premières cellules animales et végétales dans l'univers des organismes unicellulaires. À une époque plus proche de la nôtre. Il y a environ quatre cents millions d'années. Une nouvelle symbiose. Qui a probablement fourni à l'un ou à quelques-uns de nos lointains ancêtres – des ancêtres communs aux poissons à mâchoire, aux mammifères et aux oiseaux – certains des gènes et des mécanismes qui vont leur conférer, et nous conférer, un nouveau pouvoir de protection contre l'univers des microbes.

Notre système immunitaire de défense le plus récent et le plus complexe – celui qui est capable de répondre aux innombrables variations rapides de l'univers des microbes – est composé d'un immense réseau de centaines de milliards de cellules mobiles – les lymphocytes – qui circulent dans la plupart des territoires de notre corps. Chaque lymphocyte possède la capacité de répondre à une substance organique légèrement différente, dont la caractéristique est de ne pas avoir été présente dans le corps durant la période de développement embryonnaire, période où le corps est le plus souvent à l'abri des microbes. Chaque lymphocyte exprime à sa surface une structure particulière – un récepteur – légèrement différente d'une cellule à l'autre. Et c'est en utilisant la formidable puissance du hasard que chaque lymphocyte construit un récepteur singulier, prêt à répondre à une rencontre qui ne se produira peut-être jamais – prêt à répondre à un constituant d'un microbe qui n'a peut-être jamais encore émergé au cours de l'évolution du vivant.

C'est en puisant de façon aléatoire certains de ses gènes dans plusieurs familles différentes de gènes situées à distance les unes des autres que chaque lymphocyte construit son récepteur de manière aveugle. Des enzymes découpant l'ADN par une opération de microchirurgie joignent, bout à bout, à un même endroit, la combinaison singulière de quelques gènes à partir desquels chaque lymphocyte va construire son récepteur particulier.

En 1998, des chercheurs publient une découverte qui cause une grande surprise. Parmi les enzymes qui permettent à chacun de nos lymphocytes de réaliser ces opérations de microchirurgie – de découper, déplacer, associer les quelques gènes qu'ils utiliseront à la construction de leur récepteur –, il y en a deux qui sont fabriqués à partir de gènes qui appartenaient à l'origine à un « élément génétique mobile », un minuscule parasite – un transposon.

Il y a environ quatre cents millions d'années, l'un de ces transposons s'inséra de manière définitive dans l'ADN des cellules germinales de l'un de nos lointains ancêtres – ou dans l'ADN des cellules d'un embryon à ses tout premiers stades de développement. Au cours des générations, le transposon perdit progressivement une partie de sa capacité à être dédoublé et à envahir l'ADN où il résidait. Puis il fut peu à peu utilisé par certaines cellules à ce qui allait devenir la construction du réseau des lymphocytes du système immunitaire doté d'une multitude de récepteurs différents les uns des autres. L'infection s'était transformée en symbiose. Et cette symbiose allait donner naissance à la composante la plus récente de notre système immunitaire qui nous permet de nous défendre contre les infections.

Ainsi, de manière contre-intuitive et apparemment paradoxale, c'est à une défaite rétrospectivement heureuse d'un de nos très lointains ancêtres contre l'un des transposons qui l'a envahi et a colonisé son ADN de manière définitive que nous devons la présence, aujourd'hui, dans nos corps, du système immunitaire complexe qui nous permet de nous défendre contre les microbes. C'est à une défaite au cours de la longue « course de la Reine rouge » entre les animaux et des parasites – ces transposons qui occupent près de la moitié de notre ADN – que nous devons l'émergence de l'une des armes les plus redoutables contre les parasites qui soient apparues au cours de l'évolution du vivant, et dont la présence est aujourd'hui devenue indispensable à notre survie.

Ainsi disparaît à nouveau l'illusion que l'origine d'une propriété nouvelle – d'une « fonction » nouvelle – a un rapport direct avec les bénéfices que pourront, un jour peut-être, en tirer les corps dans lesquels elle est par hasard apparue. Et la biologie moderne, à mesure qu'elle déchiffre ces rencontres où des combats se transforment soudain, par hasard, en symbioses, continue, d'une autre manière encore, de dissiper toute idée d'un projet à l'œuvre dans les méandres de l'évolution du vivant.

COMME UNE DROGUE DONT LE MANQUE ENTRAÎNE LA MORT

Il y a bien plus longtemps encore. Avant même les anciennes symbioses qui ont fait naître, il y a environ deux milliards d'années, les premiers ancêtres eucaryotes unicellulaires des animaux et des plantes. À une période où l'univers vivant est probablement encore uniquement peuplé de bactéries...

D'autres symbioses émergent au cœur des guerres ancestrales que se livrent les bactéries et leurs parasites depuis la nuit des temps.

La plupart des bactéries libèrent des toxines qui leur permettent de tuer des bactéries appartenant à d'autres espèces avec lesquelles elles sont en compétition pour l'exploitation des ressources énergétiques de leur environnement. Les bactéries qui sécrètent des toxines sont protégées de l'effet de ces toxines par des antidotes qui demeurent à l'intérieur de chacune des bactéries qui les fabriquent. Les gènes permettant aux bactéries de fabriquer ces toxines et ces antidotes procurent aux bactéries qui les possèdent un avantage adaptatif dans leurs luttes avec d'autres espèces bactériennes. Mais souvent ces gènes appartiennent à des parasites – des virus, les bactériophages, et de petits éléments génétiques mobiles, les plasmides – qui se propagent en envahissant les bactéries et en les colonisant. Et la première conséquence de la présence de ces gènes dans les bactéries infectées est de favoriser la propagation des parasites qui les possèdent.

Un plasmide qui possède de tels gènes peut rapidement envahir l'ensemble d'une colonie de bactéries sans avoir à infecter une à une toutes les cellules de la colonie : les bactéries infectées, qui libèrent la toxine, et sont protégées par l'antidote, provoquent la mort des bactéries non infectées qui les entourent, et qui sont dépourvues à la fois de toxine et d'antidote. Ce mécanisme assure aussi une forme d'irréversibilité à l'infection : si une bactérie « guérit » par hasard de l'infection (soit qu'elle ait par hasard détruit le plasmide, ou qu'elle n'en ait pas hérité de la cellule infectée qui lui a donné naissance), elle ne peut plus fabriquer ni la toxine ni l'antidote, et sera tuée par la toxine libérée par les bactéries voisines, infectées. Et cette infection – bénéfique d'abord aux parasites, puis aux bactéries infectées, lors de leurs combats contre d'autres bactéries – se transforme en une symbiose, une association irréversible devenue mutuellement bénéfique.

Mais il existe d'autres variations plus subtiles sur ce thème. D'autres plasmides possèdent d'autres gènes permettant la fabrication d'une toxine et d'un antidote de nature légèrement différente. La toxine et l'antidote fabriqués par la bactérie infectée demeurent à l'intérieur de la bactérie et ne sont pas libérés. La toxine est d'une grande stabilité alors que l'antidote est rapidement dégradé et ne peut neutraliser la toxine que s'il est fabriqué en permanence par la bactérie à partir des gènes du plasmide. La survie de la bactérie infectée est donc couplée à la synthèse continue de l'antidote, et donc à la présence continue du plasmide.

Alors, si une bactérie « guérit » en détruisant par hasard le plasmide, ou si elle n'en hérite pas de la bactérie infectée qui lui a donné naissance, cette bactérie soudain « guérie » de l'infection cesse de produire la toxine et l'antidote. L'antidote qui avait été synthétisé avant la « guérison » se dégrade rapidement, cessant de réprimer l'effet de la toxine. Et la toxine tue alors, de l'intérieur, la bactérie « guérie ».

Les gènes qui permettent à la bactérie infectée de fabriquer ce type de couple toxine/antidote ont été appelés « gènes de dépendance ». Le plasmide qui possède ces « gènes de dépendance » agit sur la bactérie comme une drogue, dont le « manque » entraîne la mort.

Ainsi, la bactérie infectée est devenue une collectivité dont la survie dépend désormais du maintien de la présence, en elle, d'un autre : le plasmide, qui seul permet de réprimer ce qui correspond à une autodestruction.

Lynn Margulis proposait de considérer toute symbiose comme une association mutuellement bénéfique, résultant d'une mise en commun d'avantages réciproques.

Mais une symbiose peut, comme dans ce cas, plus simplement et plus radicalement, résulter d'une impossibilité, sous peine de mort, de rompre une union une fois qu'elle a été établie.

Aux origines de la capacité de s'autodétruire

Et il y a eu d'autres variations sur ce thème.

De nombreuses bactéries possèdent dans leur chromosome des « gènes de dépendance » isolés, qui ne sont pas, ou plus, associés à un plasmide ou à un virus. Il se pourrait que le seul moyen qui ait permis, un jour, par hasard, à une bactérie de se libérer, sans se tuer, d'un plasmide possédant ces « gènes de dépendance » ait été la migration ou la « capture » dans le chromosome de la bactérie de ces deux gènes de dépendance. La bactérie peut alors guérir du plasmide et survivre. L'irréversibilité est une notion relative dans le cadre de l'évolution du vivant. Une association « irréversible » – une symbiose – peut se déconstruire. Mais il n'y a, le plus souvent, pas de véritable retour en arrière, pas de véritable retour à la situation initiale de départ. Il s'agit d'une transformation. Et il reste chez les survivants une trace, une mémoire, une cicatrice de ces unions qui se sont forgées puis brisées.

Une autre explication possible à la présence de ces « gènes de dépendance » récemment isolés dans le chromosome de nombreuses bactéries est que c'est là qu'ils seraient originellement apparus. Puis ils auraient été capturés par des virus et des plasmides qui infectaient ces bactéries, et se seraient propagés dans des virus et des plasmides à cause de l'avantage qu'ils leur donnaient en termes de capacité à s'implanter de manière plus ou moins définitive dans les populations de bactéries qu'ils infectaient.

Mais quelle que soit l'origine première de ces « gènes de dépendance » présents aujourd'hui en l'absence de tout virus ou de tout plasmide dans le chromosome de nombreuses espèces bactériennes, chacune de ces bactéries – comme Sisyphe poussant son rocher – fabrique en permanence la toxine, et l'antidote qui lui permet de survivre. Si la fabrication de la toxine et de l'antidote s'interrompt, l'antidote fabriqué auparavant est dégradé, la toxine, plus stable, est libérée, et la bactérie est tuée par la toxine qu'elle a elle-même fabriquée à partir de ses gènes – la bactérie s'autodétruit.

Ce qui déclenche l'arrêt par la bactérie de la fabrication de la toxine et de l'antidote, et donc son autodestruction, c'est une réponse de la bactérie à une modification défavorable de l'environnement, une diminution de la nourriture disponible. Face à la famine à venir, le déclenchement d'une autodestruction prématurée dans une partie de la colonie – les premières bactéries qui vont réagir à la diminution de nourriture présente – va favoriser la survie du reste de la colonie. Quand il n'y a pas assez de nourriture pour permettre la survie de mille bactéries, il peut y en avoir suffisamment pour cent. Et les bactéries qui n'ont pas déclenché leur autodestruction bénéficieront rapidement, comme ressource supplémentaire, de l'ingestion des bactéries qui se seront autodétruites.

Ainsi, l'émergence d'une capacité à s'autodétruire en réponse aux modifications défavorables de l'environnement a favorisé la capacité des colonies bactériennes à poursuivre leur long voyage à travers le temps.

Durant « le long écoulement des âges », les méandres de la propagation de quelques gènes – permettant la fabrication d'une toxine et d'un antidote – ont pu progressivement favoriser une série de transitions qui ont fait émerger, à partir de phénomènes de « meurtre », des phénomènes d'« autodestruction ». Toute cellule – de la plus simple à la plus complexe – est un mélange d'êtres vivants d'origines diverses, un métissage, une cohabitation de différences, dont la pérennisation n'a probablement eu le plus souvent pour alternative que la mort. Les bactéries et leurs « gènes de dépendance », véhiculés de colonie en colonie par les plasmides et les virus ; les cellules eucaryotes animales et végétales et leurs mitochondries d'origine bactérienne (qui leur permettent de respirer et de produire de l'énergie) ; les cellules eucaryotes végétales et leurs chloroplastes d'origine bactérienne (qui leur permettent de produire de l'énergie à partir de la photosynthèse) en représentent quelques exemples spectaculaires. Et j'ai proposé que ce pourrait être au rythme de ces combats et de ces symbioses, de cette course ancestrale de la Reine rouge, que se sont propagés et diversifiés au cours de l'évolution du vivant les gènes et les mécanismes qui aujourd'hui permettent à nos cellules et à la plupart – si ce n'est la totalité – des cellules qui composent l'univers vivant de déclencher ou de réprimer leur autodestruction en fonction des modifications de leur environnement extérieur et intérieur.

Une lumière dans les abysses

Aujourd'hui se déploient d'autres symbioses d'origine beaucoup plus récente. Les organismes qui y participent n'ont pas fusionné de manière définitive et irréversible. La symbiose renaît sans cesse, de génération en génération, à partir d'une rencontre toujours recommencée.

Margaret McFall-Ngai étudie, à l'université du Wisconsin, une symbiose qui se déroule aujourd'hui dans les mers.

Un calmar nouveau-né possédera bientôt un organe lumineux qui lui permettra de chasser dans les ténèbres. Si cet organe émet de la lumière, c'est parce qu'il est habité par des bactéries marines luminescentes, des *Vibrio fischeri*. Durant le développement du tout jeune calmar, une interaction complexe, un dialogue séquentiel, se noue entre certaines cellules de son système de défense – son système immunitaire – et les bactéries présentes dans la mer qui le pénètrent. Et ces interactions vont sculpter la forme de l'organe lumineux, et la localisation progressive des bactéries dans cet organe.

Ces bactéries n'interagissent pas seulement avec les cellules du calmar, mais aussi entre elles. Elles libèrent des molécules qui, lorsqu'elles sont en concentration suffisante – lorsqu'un nombre suffisant de bactéries s'est accumulé dans le futur organe –, vont entraîner dans chaque bactérie la fabrication de pigments qui permettent l'émission de la lumière. L'émission de lumière n'est pas une propriété individuelle de chaque bactérie, c'est une réponse collective, qui dépend de la densité de la population. Mais si les bactéries sont par hasard incapables d'émettre collectivement de la lumière, la formation de l'organe s'interrompra. Les bactéries ne pourront s'implanter. La place sera libre pour l'entrée d'autres bactéries de la même espèce capables d'émettre de la lumière. En présence de bactéries luminescentes, le développement de l'organe se poursuit. Les cellules de la surface de l'organe – l'équivalent de la couche superficielle d'une peau – s'autodétruisent, laissant les bactéries tapisser la couche profonde. L'organe est formé. Il contient les bactéries luminescentes. Le calmar émettra durant toute sa vie un faisceau de lumière.

Et ainsi, à la naissance de chaque calmar, de génération en génération, recommence cette symbiose qui permet aux calmars de distinguer au fond des abysses les proies qu'ils vont chasser et aux bactéries qui produisent le faisceau lumineux d'habiter un environnement protégé qui leur permet d'échapper à leurs prédateurs. La symbiose n'est pas héréditaire. Mais ce qui est devenu héréditaire, de génération en génération, ce sont, chez ces calmars et ces bactéries, les conditions – les gènes et les mécanismes – qui permettent, à chaque naissance, d'initier de nouveau une symbiose mutuellement bénéfique qui s'est établie un jour, par hasard, il y a très longtemps.

Nous sommes nous-mêmes, dès notre naissance, colonisés par plusieurs milliers d'espèces bactériennes différentes, dont beaucoup habitent notre bouche et notre tube digestif, et qui participent à notre capacité de digérer les aliments et au développement de notre système immunitaire. Des cellules qui ne sont pas les nôtres – des bactéries, beaucoup plus nombreuses que nos cellules, qui possèdent et utilisent des gènes qui ne sont pas les nôtres –, participent en permanence à la façon dont nous ingérons, modifions et transformons notre nourriture, et à la manière dont nous nous défendons contre les microbes.

Et des travaux récents suggèrent que la nature particulière des espèces bactériennes que nous hébergeons dans notre tube digestif pourrait avoir des conséquences importantes sur notre métabolisme – la manière dont nous produisons et stockons l'énergie – comme, par exemple, de favoriser le développement d'une obésité.

Interactions durables, coexistence forcée, parfois mutuellement bénéfiques, parfois moins bénéfiques pour l'un des partenaires – entre coopération et combats. Le retour en arrière est souvent difficile, parfois impossible. Les destins sont scellés. Pour le meilleur et pour le pire. Jusqu'à ce que des mutations génétiques, des changements d'environnement, une extinction ou l'émergence d'une nouvelle association durable – d'une nouvelle symbiose – rebattent les cartes pour un nouveau départ...

D'innombrables symbioses ont, parfois, soudain réuni des cellules et des organismes appartenant à des espèces distinctes qui avaient évolué pendant longtemps au long de branches parfois très lointaines de l'arbre du vivant. À l'échelle du très long voyage du vivant à travers le temps, et à mesure de ses innombrables métamorphoses, la notion d'identité, la notion de « soi », est souvent devenue incertaine, floue, changeante, éphémère, en perpétuelle reconstruction à mesure que se produisaient les fusions et les associations avec d'autres. « Je est un autre », avait dit Rimbaud. Et il apparaissait que cela était vrai pour la quasi-totalité des êtres vivants, même ceux qui semblaient les plus rudimentaires. Chaque « Je » – si seulement tout être vivant avait une telle possibilité d'affirmer son identité – est un « Nous »... Chaque identité est une collectivité d'identités... Chaque identité est, à elle seule, un écosystème...

Chapitre 22

La genèse des formes

On ne peut comprendre l'évolution [du vivant] sans comprendre l'évolution du développement [de l'embryon]... [Actuellement], une synthèse révolutionnaire est en cours entre la biologie du développement et l'évolution.

Rudolf Raff,
« Evo-devo : l'évolution d'une nouvelle discipline »,
Nature Reviews Genetics, 2000

Des spirales qui se rejoignent. De petites collines qui émergent. De tout petits arbres. De minuscules fleurs... Lorsque leur environnement change et leur devient inhospitalier, certains organismes unicellulaires, dont de nombreuses espèces de bactéries, interagissent, échangent, dialoguent, se réunissant et s'engageant dans la construction de corps multicellulaires transitoires qui font émerger des formes nouvelles.

Mais ce n'est pas au rythme des générations que se font et se défont ces corps – c'est au rythme des changements de l'environnement extérieur.

Il en est autrement des corps des animaux et des plantes, qui naissent, à chaque génération, d'une cellule-œuf, elle-même née, le plus souvent, de deux cellules, provenant chacune d'un parent. Et, pendant longtemps, d'une cellule-œuf de tortue naîtra une tortue, d'une cellule-œuf d'antilope, une antilope, et d'une cellule-œuf d'aigle, un aigle... Faisant apparaître, génération après génération, à la fois une même forme, et le tremblement incessant des variations individuelles sur cette forme. Jusqu'à ce que cette forme se change en une autre nouvelle. Participant à l'émergence, au long des âges, des ramifications de plus en plus riches et diverses des branches du buisson de l'évolution du vivant.

Comment naissent ces formes ? Comment ont émergé, l'une après l'autre, depuis la nuit des temps, et continuent d'émerger aujourd'hui « l'infinité des formes les plus belles et les plus merveilleuses » des animaux et des plantes ?

Là, écrit Darwin, est la question « la plus intéressante de l'histoire naturelle ».

Là est, dit-il, « la véritable âme » de l'histoire naturelle.

Et il y consacre le treizième chapitre de *L'Origine des espèces*, le dernier chapitre avant la conclusion. Il est intitulé « Affinités mutuelles entre les êtres organiques ». Et il débute par un retour à la classification du vivant.

« Toute vraie classification est généalogique. [...] La descendance avec modification est le lien caché que les naturalistes ont cherché inconsciemment. »

Puis il aborde le véritable sujet de ce chapitre : le développement de l'embryon, la genèse de ses formes. Parce que « l'embryon est l'animal dans son état le moins modifié, et en cela il révèle la structure de son ancêtre ». Parce que l'embryon peut être « considéré comme une image, plus ou moins obscurcie, de la forme de l'ancêtre commun à chaque grande classe d'animaux ». Et que « la communauté des structures embryonnaires révèle la communauté de la descendance [...] quel que soit le degré auquel la structure de l'adulte a pu être modifiée et obscurcie ». « À partir du concept de la descendance avec modification, poursuit-il, tous les grands faits concernant la genèse des formes deviennent intelligibles. »

Il expose quatre grandes idées qui formeront, cent trente ans plus tard, le cadre conceptuel dans lequel se développera, avec l'aide de la génétique, la révolution à laquelle on donnera le nom d'*Evo-devo* – Évolution et développement –, la rencontre de deux disciplines qui avaient avancé d'abord ensemble, puis souvent chacune de son côté, séparées – l'étude de l'évolution du vivant et l'étude du développement des embryons. Comme deux grandes branches distinctes qui soudain se rejoignent et fusionnent pour donner naissance à une branche nouvelle.

Avec, à l'arrière-plan, à nouveau et comme si souvent, la question récurrente du rythme, du tempo de l'évolution – « graduelle... par petits pas lents... par degrés infinitésimaux », ou par « sauts », sous forme d'« équilibres ponctués », avec de longues périodes de relative immobilité et de courtes périodes de « bonds » soudains dans la nouveauté...

La première idée que discute Darwin concerne les homologies entre les espèces apparentées. « Qu'est-ce qui pourrait être plus curieux, écrit-il, que le fait que la main d'un homme, formée pour saisir, celle d'une taupe, pour creuser, la patte d'un cheval, la nageoire d'un marsouin, et l'aile d'une chauve-souris sont toutes construites sur le même motif, contiennent les mêmes os, dans les mêmes positions respectives [les uns par rapport aux autres] ? » Et il poursuit : « Geoffroy Saint-Hilaire insistait sur la grande importance des relations respectives [entre les composants] dans les organes homologues : les parties peuvent changer en forme et en taille de presque toutes les manières possibles, et pourtant elles demeurent toujours liées entre elles de la même manière. »

Ces réelles homologies, dit-il, résultent de variations de la « descendance avec modification » à partir d'un même ancêtre commun et s'observent dans les espèces « appartenant à une même classe » (ce qu'on nomme aujourd'hui un « clade », un groupe d'espèces toutes dérivées d'un même ancêtre commun, qui n'a pas donné naissance à d'autres espèces – l'équivalent d'une même branche dans le buisson de l'évolution du vivant). Ces homologies doivent être distinguées des simples ressemblances, des « analogies », des « parallélismes » – et c'est Lamarck, dit-il, qui a le premier attiré l'attention sur cette différence – qui résultent de phénomènes semblables d'adaptation à un même environnement, chez des descendants d'ancêtres séparés « dans l'espace et le temps » – ce qu'on appelle aujourd'hui des mécanismes d'évolution convergente, comme l'émergence indépendante des ailes chez les insectes et les chauves-souris, à partir de mécanismes distincts...

La deuxième idée est directement liée à la précédente. Elle concerne le maintien, dans les organes homologues, malgré toutes les variations de forme et de taille, des rapports respectifs, des relations respectives entre leurs principaux constituants – les relations dans les organes homologues entre les os qui constituent les mains, les palmes, les ailes... Elle concerne ce qu'il appelle « des agrégats de caractéristiques » qui évoluent ensemble. Ces agrégats, ces groupes de caractéristiques, qui évoluent ensemble résultent, dit-il, du fait que la modification d'un constituant, ou d'un organe dans son ensemble, entraînera, le plus souvent, de manière « corrélée », d'autres variations dans les parties du corps qui lui sont liées. C'est ce qu'il appelle la « corrélation de croissance ». Le développement embryonnaire est une aventure collective...

La troisième idée concerne les « organes rudimentaires, atrophiés ». Ces organes « si fréquents dans la nature », et qui pourtant « portent le sceau de leur inutilité » et, pour cette raison, « présentent une étrange difficulté pour la doctrine ordinaire [créationniste] ».

Et comme l'avait fait Wallace dans son article publié quatre ans plus tôt, en 1855 – mais sans citer l'article de Wallace... –, il poursuit : « L'existence d'organes rudimentaires ne présente pour nous aucune difficulté d'explication, au contraire, leur présence pourrait même avoir été anticipée. »

Mais Darwin ajoute une idée intéressante, que ne pouvait anticiper Wallace à une période où il n'avait pas encore imaginé l'existence du « principe général dans la nature », mais qu'il mentionnera dans son article de 1858. « Un organe devenu inutile, écrit Darwin, pourrait devenir [plus] variable, car ses variations ne peuvent plus être contrôlées par la sélection naturelle. » La vitesse de variation des organes, de génération en génération, n'est pas uniforme, elle est fonction de la participation directe ou indirecte de chaque organe à la « lutte pour l'existence », et à la reproduction de l'individu, et donc des contraintes exercées sur l'organe par la sélection naturelle et par la sélection sexuelle...

La quatrième idée exposée dans ce chapitre concerne, dit Darwin, « un domaine également curieux du même sujet », non pas les variations entre les mêmes structures « homologues » dans différentes espèces apparentées, mais les variations entre des structures homologues, initialement identiques, chez un même embryon.

« Les membres antérieurs et postérieurs chez chaque mammifère et chez chaque insecte sont à l'évidence homologues », d'origine semblable. L'existence de ces « parties répétées plusieurs fois » – les vertèbres, chez les animaux vertébrés, les membres antérieurs et postérieurs chez les animaux vertébrés et les insectes – « est la caractéristique commune de tous les descendants [appartenant à une même classe d'animaux] ». Et, au long des générations, ces « parties répétées plusieurs fois ont eu une grande probabilité de varier [entre elles] en nombre et en structure ». Et ces parties initialement semblables chez l'embryon deviennent souvent, à mesure qu'elles se développent, « extrêmement différentes [entre elles] en structure et en fonction ».

Dans chaque embryon, la complexité de la forme émerge de variations réalisées sur des parties – des segments – initialement semblables. Et cette idée allait se révéler essentielle.

Ainsi, dit Darwin, dans chaque embryon, aussi bien à l'intérieur de chaque espèce que dans des espèces différentes mais apparentées, c'est une série de variations « coordonnées » réalisées sur un même thème ancestral – sur un « même plan général d'organisation » –, sur des structures initialement identiques, qui fait naître la diversité et la complexité.

LE GRAND LIVRE DE LA NATURE

Le développement d'un embryon à partir d'une cellule-œuf implique tout d'abord une série de phénomènes d'amplification – de naissances de cellules nouvelles –, puis une série de phénomènes précoces de brisure de symétrie, de rupture d'uniformité, qui font émerger différentes régions distinctes, articulées autour de grands axes du corps en train de se construire – un avant et un arrière, un haut et un bas, une droite et une gauche... Ces régions se morcellent elles-mêmes au cours du développement en segments, en sous-régions distinctes, en « parties répétées plusieurs fois » qui deviennent progressivement autres. Des modules locaux émergent, se développant de manière relativement indépendante, puis interagissant entre eux, et s'intégrant progressivement de manière coordonnée dans des ensembles plus larges.

Variations sur des structures primordiales initialement répétées. Darwin cite Geoffroy Saint-Hilaire. Mais avant encore, la « philosophie de la Nature » allemande de la fin du XVIIIe siècle avait proposé des idées similaires.

Ces idées, Darwin les développe dans le cadre de sa théorie de l'évolution à partir d'une origine commune du vivant.

Et il postule que c'est la survenue de modifications aléatoires et héréditaires s'exprimant au cours du développement embryonnaire qui est responsable de ces innombrables variations de formes sur un thème ancien de la construction du corps de nos lointains ancêtres, variations sur lesquelles s'est ensuite exercé le pouvoir de la sélection naturelle.

Variation aléatoire, pour Darwin, ne veut pas dire n'importe quelle variation. D'autant qu'il envisage la possibilité d'une participation, mineure, d'une hérédité des caractères acquis. Simplement, il pense que les forces à l'origine du bruit de fond constant des variations héréditaires – qui est indépendant, pour lui, de l'environnement extérieur et des « habitudes de vie » – causent des changements dans des directions qui n'ont *a priori* rien à voir avec les directions qui seront préservées ou non par la sélection naturelle en fonction des environnements. Variation aléatoire signifie simplement variation sans rapport de causalité avec ce qui en résultera ultérieurement durant la vie de l'organisme.

Mais quelle que soit l'origine de ces variations héréditaires, quelles pouvaient être les forces invisibles à l'œuvre dans l'émergence de ces formes ?

« Le grand livre de l'univers est écrit dans le langage de la géométrie », avait écrit Galilée plus de deux siècles plus tôt dans *Il Saggiatore – L'Essayeur.* « Sans ce moyen [le langage de la géométrie], on erre vainement dans un labyrinthe obscur. »

En 1894, William Bateson a publié *Matériaux pour l'étude de la variation.* Il ne croit pas au pouvoir de la sélection naturelle. Il considère que les explications de l'évolution faisant appel à l'adaptation des organismes à leur environnement extérieur sont le plus souvent de simples « histoires pour les besoins de la cause » – Gould dira, beaucoup plus tard, en référence aux contes de Kipling, des *Histoires juste comme ça.* Bateson attache une très grande importance dans l'évolution aux contraintes internes imposées par les modalités de construction du corps, et aux « parties initialement répétées plusieurs fois » de l'embryon, aux segments répétés, souvent répartis de part et d'autre d'un axe de symétrie du corps, et qui constituent pour lui des entités « discontinues ». Il propose le terme de « mutations homéotiques » pour décrire la survenue brutale, chez certains descendants, d'une transposition à un autre endroit du corps de l'un de ces segments anatomiques : une paire de pattes sur la tête des mouches à la place des antennes, une deuxième paire d'ailes sur le thorax à la place de la paire d'ailes atrophiées qu'on appelle les « haltères » ou les « balanciers », ou encore une paire de pattes supplémentaire, située au niveau de l'abdomen...

Et il considère que l'existence de ces segments anatomiques autonomes constitue une contrainte architecturale interne sur laquelle les variations réalisées par l'évolution ne pourront se traduire que par des « sauts », des transpositions, des « discontinuités ».

Mais il s'intéresse aussi à une autre dimension du développement des embryons : les forces physico-chimiques, les « forces mécaniques » qui pourraient être à l'œuvre dans la construction du plan général d'organisation du corps. Les formes symétriques, écrit-il, « doivent leur perfection aux conditions mécaniques [qui les ont produites] et non pas à la sélection naturelle ni à un autre processus graduel ». Les taches ou les zébrures sur la peau des animaux de nombreuses espèces doivent, pense-t-il, avoir été produites par des perturbations rythmiques, des ondes de vibration physico-chimiques qui créent des régularités nouvelles en brisant l'uniformité initiale.

DES PROBLÈMES DE MATHÉMATIQUE ET DE PHYSIQUE

En 1917, D'Arcy Thompson, un biologiste et mathématicien écossais, publie un très beau livre, illustré d'innombrables dessins, intitulé *De la croissance et de la forme*.

D'Arcy Thompson, lui non plus, ne croit pas au pouvoir de la sélection naturelle. Il est convaincu que l'évolution procède par sauts, discontinus, et que ces sauts sont le reflet des lois de la physique. Il recherchera des contraintes internes, des forces physiques qui seraient à l'œuvre dans l'émergence des motifs universels de la géométrie du vivant que sont les sphères, les spirales, les cylindres, les hexagones... Puis il explore comment, à partir d'une matrice commune, d'un « même plan général » du corps, des changements « coordonnés » de structure et de forme des organismes pourraient survenir. Son travail, purement théorique, est fondé sur une analyse des transformations de la forme en termes mathématiques et fait appel à un système de transformation de coordonnées géométriques. Il montre comment on peut faire glisser, à partir d'opérations répétées d'une très grande simplicité, une partie ou la totalité de la forme d'un animal en une partie ou la totalité de la forme d'un animal d'une autre espèce apparentée, arpentant ainsi l'univers des formes vivantes. Une tête de poisson s'élargit, s'étire, s'aplatit, changeant progressivement de forme au point de faire passer soudain le poisson d'une espèce à une autre, puis à une autre encore... Pour lui, cet univers des formes vivantes est discontinu non pas parce que des espèces intermédiaires inconnues auraient disparu, mais parce qu'il reflète les discontinuités intrinsèques de l'univers des transformations géométriques.

D'Arcy Thompson postule que ce sont des variations minimes dans la vitesse relative de croissance de certaines portions du corps par rapport à d'autres durant la période de développement embryonnaire qui pourraient causer ces innombrables transformations d'une espèce en une autre, d'une famille d'espèce en une autre...

« Un organisme est une chose tellement complexe, écrit-il, qu'il serait en effet peu probable et inhabituel que la croissance demeure uniforme et constante dans toutes les portions [du corps] au point de maintenir la forme entière inchangée. Les vitesses relatives [de croissance] varient, les proportions changent, et la forme entière se transforme en conséquence. »

Ce qui l'intéresse, c'est l'importance de la notion de « bruit de fond » constant sur lequel se déroule le développement de l'embryon, la difficulté, l'impossibilité de maintenir « uniformes et constantes » les « vitesses relatives de croissance » dans toutes les portions du corps. Pour lui, la « corrélation de croissance », qu'il traite comme une corrélation, en termes de transformations mathématiques, entre les différentes parties d'un organisme, n'est pas seulement la preuve de la parenté entre les espèces, mais, de par sa fragilité même, le moteur principal de l'évolution du vivant.

Et elle résulte de contraintes physiques multiples, parfois contradictoires, s'exerçant au niveau des surfaces, des volumes, du poids...

D'Arcy Thompson explore les effets globaux et intégrés de transformation de coordonnées géométriques. Mais il ne s'intéresse pas à la viabilité des « formes » qu'il métamorphose, de leur capacité à survivre et à se reproduire dans un monde réel, si elles pouvaient quitter l'abscisse et l'ordonnée des diagrammes des pages du livre qu'elles habitent.

Il ne s'intéresse pas à la façon dont ces changements pourraient être hérités.

« Les problèmes de formes de la matière vivante sont avant tout des problèmes de mathématiques, dit-il, et les problèmes de croissance sont des problèmes de physique. »

LES TACHES DU LÉOPARD ET LES DUNES DE SABLE

Quarante-cinq ans plus tard.

L'année 1952. La structure de l'ADN va bientôt être élucidée.

Le mathématicien anglais Alan Turing est l'un des inventeurs de l'ordinateur. Au début de la Seconde Guerre mondiale, il a décrypté les codes secrets *Enigma* utilisés par la marine de guerre allemande. Il publie un article scientifique,

« La base chimique de la genèse des formes », qui présente un modèle mathématique, le modèle de réaction-diffusion.

Ce modèle, dit de Turing, pourrait expliquer l'un des phénomènes essentiels du développement embryonnaire : l'émergence régulière de structures nouvelles – ces « parties répétées plusieurs fois », initialement identiques, auxquelles Darwin et Bateson attachaient tant d'importance – dans des régions initialement uniformes, nées des premières naissances de cellules apparemment identiques à partir de la cellule œuf fécondée...

L'émergence des formes...

Comment de l'uniformité initiale peuvent émerger les premières régularités, les premières segmentations ? Comment l'homogénéité première peut-elle se briser, et faire apparaître la diversité ? Comment de la simplicité initiale peut naître la complexité ? Faut-il que chacun des détails de l'ensemble à venir soit déjà préfiguré quelque part – dans les gènes ? – ou pourraient-ils naître de la mise en jeu de processus élémentaires, dans lesquels ils ne sont pas, en tant que tels, préfigurés ?

Le modèle mathématique de Turing révélait, en termes clairs, la possibilité de l'existence et d'un rôle, au cours du développement, de ces « perturbations rythmiques » qu'avait proposé Bateson plus d'un demi-siècle plus tôt.

Le modèle de Turing postulait qu'il suffisait, pour rompre l'uniformité initiale du corps de l'embryon, de deux molécules aux effets antagonistes. Et qu'il suffisait, pour débuter, de la fabrication, et de la libération, par des cellules initialement identiques, de seulement la première de ces deux molécules.

La première molécule, dit-il, se comporte comme un activateur. Elle a pour effet d'induire, dans les cellules qui la produisent et la libèrent et dans les cellules qu'elle rencontre en chemin, trois réponses : un changement d'activité des cellules ; une stimulation de la production de l'activateur – un effet d'auto-amplification ; et une production de la seconde molécule.

Cette seconde molécule, une fois qu'elle a été produite en réponse à la première, se comporte au contraire comme un inhibiteur. Elle a pour effet d'induire – dans les cellules qui la produisent et la libèrent, et dans les cellules au contact desquelles elle parvient – une inhibition des effets de la première molécule.

Et le modèle requiert une autre différence dans ce couple antagoniste formé par l'activateur et l'inhibiteur : la seconde molécule doit circuler – diffuser – plus rapidement dans l'environnement que la première.

Un tel système aboutit à la production alternée de vagues d'émergence, de disparition et de réémergence périodiques de structures nouvelles autour des cellules qui ont commencé à fabriquer et à libérer l'activateur. Ce modèle, d'une très grande simplicité – fondé sur une alternance de phénomènes d'activations et d'inhibitions – ne nécessite, pour débuter, que l'initiation par des cellules, à un endroit donné, de la production de la première molécule.

Et les « parties répétées » qui émergent, alternent, et s'auto-organisent progressivement, peuvent – en fonction notamment des quantités respectives d'activateur et d'inhibiteur produites par les cellules, et de leurs vitesses respectives de diffusion, de l'étendue de leur diffusion et de la manière dont croît la région – donner naissance à des formes extrêmement diverses : motifs en îlots espacés, taches hexagonales, rayures espacées, rayures en zigzag, formes concentriques de cible ou de ronds dans l'eau s'éloignant d'un centre, spirales, formes de vagues successives...

Des travaux récents indiquent que les équations de Turing, et celles qui en ont été dérivées, permettent d'expliquer, dans des espèces animales très différentes, l'émergence de structures périodiques a priori sans rapport entre elles : la distribution des taches sur le pelage des léopards, l'espacement, sur la peau, des follicules pileux qui produisent les poils et les cheveux des mammifères, la répartition des motifs géométriques colorés à la surface des coquilles des gastéropodes...

À une tout autre échelle, ces équations peuvent aussi rendre compte de l'émergence de régularités dans des écosystèmes, tel l'espacement des bouquets d'arbres dans la savane...

Et de manière plus surprenante encore, elles peuvent rendre compte de l'émergence de phénomènes réguliers de rupture d'uniformité dans le monde matériel non vivant, tels que la formation et les déplacements des dunes de sable en réponse au vent du désert...

De mêmes lois, de mêmes relations de causalité, de mêmes forces, de mêmes contraintes invariantes, et formalisables dans un langage mathématique, se révélaient être à l'œuvre dans l'émergence périodique de régularités dans des contextes vivants ou inertes radicalement différents.

Des fractales

D'autres lois encore, à l'œuvre dans l'univers vivant et non vivant, pouvaient rendre compte du développement de certaines « parties répétées » de l'embryon.

En 1967, le mathématicien français Benoît Mandelbrot publie un article scientifique au titre surprenant : « Quelle est la longueur de la côte de Bretagne ? »

Quelle que soit l'échelle de grandeur à laquelle on examine la côte de Bretagne, les mêmes motifs découpés apparaissent. Pour cette raison, et de manière apparemment paradoxale, plus on s'approche de la côte de Bretagne, plus on augmente la définition de l'image, et plus la mesure de la longueur de la côte augmente...

Mandelbrot venait de présenter la notion de *fractale* – littéralement : brisure, fracture. Une structure en fractale est caractérisée par le fait qu'à chaque échelle de grandeur où on l'examine, le même processus se répète de manière itérative. Dans le cas le plus simple – comme celui de la côte de Bretagne –, l'opération reproduit à chaque échelle la même forme. La fractale est dite autosimilaire.

L'univers est empli de fractales autosimilaires, qui rendent compte des formes les plus diverses : nuages, flocons de neige, vagues des mers, ramifications des affluents des fleuves, éclairs pendant l'orage... Et dans le monde vivant : ramifications des arbres, des bronches, des vaisseaux sanguins...

La métaphore même que Darwin et Wallace avaient tous deux choisie, de manière indépendante, pour l'évolution du vivant à partir d'une origine commune – « l'arbre de la vie » ou « le corail de la vie » pour Darwin, « le chêne noueux », « le système vasculaire du corps humain » pour Wallace – avait la forme d'une fractale.

Mais les fractales ne résultent pas uniquement d'un processus de fragmentation en motifs similaires de plus en plus petits. Elles peuvent aussi procéder d'un processus d'expansion par répétition du petit vers le grand.

Et ces opérations itératives – dont les contraintes peuvent être formalisées de manière mathématique – traduisent l'extraordinaire beauté et la simplicité de certains des mécanismes qui permettent à la fois au monde inerte et au monde vivant de s'auto-organiser en structures complexes, et qui jouent un rôle essentiel dans l'émergence de la structure et de la forme des embryons.

Segments qui se brisent ou s'intègrent dans d'autres segments, semblables ou changeants... Puissance de la répétition de mécanismes élémentaires au cœur du vivant, canalisant l'exubérance du développement de l'organisme à partir des contraintes de la physique et de la chimie... Source à la fois de répétition et de surgissement de nouveauté...

Le plan général d'organisation du corps

Alors que se développaient ces approches explorant et formalisant les continuités entre monde vivant et non vivant, non pas d'un point de vue de la généalogie, mais de l'invariance des lois d'émergence de la complexité, une autre aventure indépendante de la première avait commencé de se dessiner, autour du thème de l'hérédité génétique, de la parenté, de l'origine commune.

Un retour aux idées de Darwin : « À partir du concept de la descendance avec modification [...] tous les grands faits concernant la genèse des formes deviennent intelligibles ».

« Le plan général d'organisation » des corps...

« Les parties répétées plusieurs fois », initialement semblables qui deviennent différentes... Et « la corrélation de croissance ».

Mais quelles pouvaient être les relations entre les variations de l'hérédité génétique, le développement des embryons et l'évolution des formes au long du foisonnement des branches du buisson du vivant ?

Une série de découvertes surprenantes allait révéler l'existence, dans des espèces animales très différentes, d'une « anatomie génétique » commune et jusque-là invisible, qui sous-tendait les variations temporelles et spatiales des formes à l'œuvre dans la construction des corps.

À partir de la fin des années 1970 et au début des années 1980, Edward Lewis, à l'Institut californien de technologie, puis Christiane Nüsslein-Volhard et Eric Wieschauss, à l'Institut Max-Planck de Tübingen, identifient une famille nouvelle de gènes, qu'on appellera, en référence aux « mutations homéotiques » décrites par Bateson, la famille des « gènes homéotiques » – ou encore gènes « à homéoboîtes », ou, en anglais, gènes *Hox*, pour *Homeobox*. Ces gènes sont présents dans la quasi-totalité des animaux – les vers, les insectes, les poissons, les reptiles, les oiseaux, les mammifères, dont l'homme...

Les vers et les insectes n'ont qu'une seule série d'une dizaine de ces gènes. Les poissons, les reptiles, les oiseaux et les mammifères en ont quatre séries différentes, chaque série étant composée de versions légèrement différentes de chacun des gènes – la série ancestrale de gènes ayant subi deux épisodes de duplications.

Et l'utilisation, par les embryons de toutes ces espèces si éloignées, de ces gènes de la famille *Hox*, leur permet de construire l'un des grands axes de leur corps – l'axe avant-arrière ou axe tête-queue – et les différents segments initialement semblables – les « parties répétées » – à partir desquels émergeront, au long de cet axe, des variations apparemment si différentes de la forme de leur corps adulte, comme la paire d'antennes sur la tête de la mouche du vinaigre, puis, au long de son thorax, la paire d'ailes, la paire de balanciers et les six paires de pattes...

Mais il y avait plus surprenant encore. Chez la mouche du vinaigre, les gènes de la famille *Hox* étaient tous localisés sur un même chromosome, et l'ordre dans lequel ils se succédaient au long de ce chromosome était le même que l'ordre dans lequel ils étaient utilisés par les cellules construisant les différents segments du corps, d'avant en arrière, au long de l'axe antéro-postérieur. À la succession, dans l'espace, des segments de l'anatomie du corps en train de se développer de l'avant vers l'arrière – à la succession dans l'espace de l'émergence des formes – correspondait une succession dans l'espace, invisible, au cœur de chaque cellule, l'espace des gènes au long d'un chromosome...

Et à cette succession dans l'espace correspondait aussi une succession dans le temps : au long de l'axe antéro-postérieur du corps, de l'avant vers l'arrière, les cellules des segments antérieurs du corps, qui se développaient les premiers, utilisaient les premiers gènes de la famille *Hox*, puis les cellules des segments de plus en plus postérieurs du corps utilisaient les gènes situés de plus en plus loin au long du chromosome...

« À la fois dans l'espace et le temps », auraient dit Darwin et Wallace...

Ainsi, à une suite de gènes au long de l'ADN répondait l'émergence d'un corps en trois dimensions au long d'un axe de chair.

« Le plan général d'organisation » du corps d'un ver, d'un insecte, d'un poisson, d'un reptile, d'un oiseau et d'un mammifère terrestre ou marin apparaissait comme une variation particulière sur un même thème ancestral, sur un même archétype originel.

L'analyse des gènes *Hox* des serpents allait révéler que les premiers ancêtres du reptile avaient des pattes – comme le serpent de la Genèse. Ainsi persistait, dans l'architecture des gènes, l'empreinte, la trace invisible à l'œil nu, de ces « organes rudimentaires, atrophiés » – voire disparus – dans lesquels Darwin et Wallace avaient vu l'une des preuves les plus marquantes de l'évolution du vivant.

Des manipulations génétiques indiquaient que le remplacement de certains gènes *Hox* de la mouche du vinaigre par certains des gènes apparentés de la souris pouvait permettre un développement embryonnaire normal de la mouche. Ainsi, les petites variations qu'avaient subies ces gènes au cours de l'évolution n'avaient pas, pour la plupart, modifié de manière significative les effets des protéines qu'ils permettaient de fabriquer. Et ce haut degré de conservation suggérait l'existence de contraintes importantes exercées par la sélection naturelle sur les variations, de génération en génération, dans des espèces qui avaient divergé depuis si longtemps.

Par-delà l'extraordinaire diversité des formes des corps des vers, des insectes, des poissons, des reptiles – et chez les reptiles, entre les corps des serpents, des iguanes et des dinosaures –, des oiseaux et des mammifères – et chez les mammifères, entre les corps de souris, de baleines, de chauves-souris, de gazelles et d'éléphants –, la genèse des formes avait émergé à partir d'un même « plan général d'organisation » d'une famille de gènes héritée depuis plusieurs centaines de millions d'années à travers des branches de plus en plus nombreuses et de plus en plus distantes du buisson du vivant... Une famille de gènes qui avait si peu varié alors que les formes ne cessaient de varier à partir de – et autour de – ce plan général d'organisation ancestral.

CONSERVATION ET NOUVEAUTÉ

Au début des années 1960, il avait été découvert que certains gènes, qui permettent la fabrication de protéines présentes dans la plupart des espèces animales, et jouant un rôle essentiel dans certaines activités ubiquitaires – telles que la production d'énergie à partir de l'oxygène –, étaient légèrement différents dans des espèces éloignées – témoignant d'une certaine « dérive ».

Mais ces modifications génétiques n'avaient le plus souvent eu aucune conséquence significative ni sur la forme ni sur l'activité des protéines qu'ils permettaient de fabriquer.

Ce que signifiaient ces résultats, c'est que la sélection naturelle pouvait non seulement favoriser la propagation de la nouveauté, mais aussi, plus simplement la conservation de certains constituants qui jouaient, depuis l'origine des animaux, un rôle essentiel dans leur survie et leur capacité à se reproduire.

Et c'est ce que révélait la découverte de la famille des gènes *Hox*.

Entre mutations génétiques « silencieuses », sans effet sur l'organisme, et mutations génétiques « bruyantes », provoquant une radicale nouveauté, un champ plus complexe s'ouvrait. Et les bouleversements dans la genèse de formes nouvelles ne résultaient pas obligatoirement de bouleversements dans la nature des protéines que les gènes *Hox* permettaient de fabriquer.

Mais si les membres de cette famille ancestrale de gènes avaient si peu varié au cours du temps, comment, à partir de ce thème commun, les embryons des différentes espèces avaient-ils réalisé ces innombrables variations de formes qui les distinguaient au point d'« obscurcir » leur parenté ?

La nouveauté pouvait-elle émerger d'autres mécanismes que de la survenue de mutations génétiques majeures ?

Il devait y avoir une autre source de variation.

Et l'existence et la nature de cette source avaient été postulées une vingtaine d'années avant la découverte des gènes *Hox*.

« La corrélation de croissance... »

L'année 1965. Emile Zuckerkandl et Linus Pauling – qui a déjà reçu le prix Nobel pour ses travaux sur les protéines – proposent ensemble que l'émergence chez l'embryon de formes nouvelles pourrait résulter non pas de mutations génétiques spectaculaires provoquant des changements dans la nature, la forme et l'activité d'une protéine donnée, mais de mutations plus discrètes qui auraient pour seule conséquence de modifier la quantité de la protéine produite par des cellules à un moment et un endroit donnés, ou de modifier le moment et l'endroit où les cellules produisent la protéine.

Une modification dans la croissance d'un segment – l'une des « parties répétées », initialement semblable du corps de l'embryon. Ou une modification dans la coordination temporelle entre le développement de certains segments – dans « la corrélation de croissance » –, les autres segments continuant à se développer comme d'habitude, alors que l'un d'entre eux a précocement interrompu sa croissance, ou que l'un d'entre eux a commencé à se développer un peu plus tard...

Zuckerkandl propose que de telles modifications discrètes dans les modalités de construction du corps de l'embryon pourraient suffire à causer des bouleversements profonds dans sa forme adulte.

En 1973, la généticienne Mary-Claire King présente dans sa thèse de doctorat à l'université de Berkeley des résultats suggérant que 99 % des protéines sont semblables chez les chimpanzés et les êtres humains. Et cette découverte cause une grande surprise.

« Comment des espèces qui ont des gènes tellement semblables peuvent être tellement différentes du point de vue de leur anatomie ? » Avec Allan Wilson, elle publie un article qui propose à cette question la même réponse que celle de Zuckerkandl : l'évolution de la nouveauté des formes a dû résulter non pas de différences dans la nature des gènes, mais à des différences dans la manière dont ils sont utilisés par les cellules au cours du développement.

Et trente ans plus tard, en 2003, le séquençage complet du génome humain, puis en 2005 le séquençage complet du génome du chimpanzé allaient confirmer cette notion en révélant que nous partageons près de 98 % de la séquence de nos gènes avec l'un de nos deux plus proches parents non humains. Mais les gènes ne sont pas tous dans le même ordre, au long des chromosomes. La structure du génome, de l'ensemble des gènes n'est pas la même. La simple comparaison entre les gènes ne révélait pas ce qui faisait la spécificité de notre « nature humaine », ni des modalités de construction de notre corps. Ce qui compte, ce n'est pas simplement la séquence des gènes. Mais aussi la façon dont ils sont utilisés par les cellules et les corps.

La symphonie du développement

Les gènes n'occupent que 2 à 5 % de la longue molécule de notre ADN. 20 à 25 % supplémentaires de notre ADN sont occupés par des régions dites « régulatrices ». Ces régions régulatrices sont l'équivalent d'interrupteurs, qui, chacun, détermine la capacité pour une cellule d'utiliser le gène correspondant. Et selon la nature des protéines qui ont été fabriquées par une cellule et qui occupent une région régulatrice donnée, le gène correspondant pourra ou non être utilisé par cette cellule.

Quant aux 75 à 80 % du reste de notre molécule d'ADN, qui ne contient ni gènes ni « interrupteurs » des régions régulatrices, il a longtemps été considéré – à tort – comme une énorme suite de variations aléatoires répétées sans aucun rapport avec le fonctionnement de notre organisme, et a reçu, pour cette raison, le nom d'« ADN poubelle »... Et ce n'est qu'à la fin du XXe siècle qu'il sera découvert que certaines de ces immenses régions de notre ADN sont utilisées par nos cellules, et que cette utilisation a des effets importants sur la construction et le fonctionnement de nos corps...

Mais King et Wilson s'intéressent à cette partie de l'ADN dont le rôle est connu au début des années 1970 : les « régions régulatrices » de l'ADN. Et l'idée de King et Wilson était la suivante : ce qui explique les différences dans les modalités de développement des embryons de chimpanzés et les embryons humains – et plus généralement entre des embryons appartenant à des espèces voisines –, ce n'est pas la survenue d'un changement dans la séquence des gènes – la survenue de mutations génétiques importantes –, mais la survenue de changements dans les séquences des régions régulatrices de certains gènes, modifiant ainsi la manière dont de mêmes gènes seront utilisés durant le développement embryonnaire.

Des variations dans la quantité de certaines protéines produites par les cellules à partir de mêmes gènes, des variations dans le moment ou l'endroit où ces protéines sont produites par différentes cellules au cours du développement de l'embryon. Des variations non pas dans la nature des « outils » du développement, mais dans les modalités d'utilisation de ces outils, des variations dans la coordination, dans la « régulation » du développement...

Et si une région régulatrice – qui est utilisée à la construction d'un segment particulier du corps de l'embryon – est soudain modifiée et répond soudain différemment à une même protéine Hox, la relative « autonomie » des segments du corps de l'embryon – cette autonomie qui avait tant intéressé Bateson – fera que la nouveauté qui émergera d'un changement dans l'un de ces segments aura une grande probabilité d'être intégrée, sous forme d'une modification locale ou globale de la forme de l'embryon, sans remettre en cause l'ensemble des modalités de construction du corps.

La diversité des mélodies – des symphonies – à l'œuvre dans le développement des embryons dans différentes espèces ne résultait pas tant de l'utilisation de notes de musique différentes que de changements dans la succession et l'enchaînement des notes, dans le rythme, dans le tempo, dans la longueur ou la brièveté des sons, dans leur tonalité éclatante ou en sourdine...

« Les mélanges, l'ordre des combinaisons, les mouvements, voilà ce qui diffère. Réfléchis, écrivait Lucrèce. Dans les poèmes mêmes, tu vois nombre de lettres communes à nombre de mots, et cependant ces vers, ces mots, est-ce qu'ils ne sont pas différents par le sens et par le son ? Tel est le pouvoir des lettres quand seulement l'ordre en est changé... »

Et à partir de la fin des années 1990, des études allaient confirmer la validité des idées de Zuckerkandl, Pauling, King et Wilson.

Les gènes *Hox* permettent aux cellules de fabriquer des protéines Hox qui ont pour propriété de se fixer sur les régions régulatrices de nombreux gènes utilisés par de nombreuses cellules aux cours du développement de l'embryon. Et la plupart des différences dans les modalités de développement des embryons appartenant à des espèces distinctes – aboutissant à la genèse de formes si différentes – sont liées à l'existence de modifications aléatoires survenues dans la séquence de l'ADN de certaines des régions « régulatrices », de certains des interrupteurs sur lesquels se fixent les protéines Hox.

En revanche, la survenue de modifications au niveau d'un gène *Hox*, aboutissant à la fabrication d'une protéine Hox de nature différente, a été beaucoup plus rare. De telles modifications ont probablement correspondu à des « sauts » évolutifs, source de bouleversements plus globaux dans les modalités de construction du corps. La probabilité que de telles modifications soudaines et globales soient compatibles avec la survie et la reproduction de l'individu est probablement beaucoup plus faible.

Ainsi, l'apparition de notes de musique nouvelles dans la mélodie, la symphonie, du développement – l'apparition de lettres de l'alphabet nouvelles dans le poème du développement – a été beaucoup plus rare que les variations sur la manière d'utiliser les mêmes notes, les mêmes lettres...

C'est la survenue de variations aléatoires dans certaines des régions régulatrices des gènes – qui occupent dans leur ensemble une portion beaucoup plus importante de l'ADN que les gènes – et sur lesquelles la sélection naturelle exerce en général moins de contraintes, qui a probablement joué un rôle essentiel dans les variations de la genèse des formes nouvelles.

Et ces régions régulatrices de l'ADN sont travaillées en permanence par des forces internes. Les transposons – ces parasites génétiques mobiles qui se sont insérés depuis longtemps dans une grande partie de l'ADN de toutes les espèces animales et végétales – se déplacent dans l'ADN. Et les régions les plus vastes de l'ADN sont celles qui ne contiennent pas de gènes. Dont les régions régulatrices, que les voyages des transposons remodèlent. Créant une réserve continuelle d'émergence potentielle de nouveauté. Créant des variations dans la succession et l'enchaînement des notes, dans le rythme, dans le tempo... de la symphonie du développement.

La construction des yeux

La découverte des gènes *Hox* avait révélé, durant les années 1980, par-delà l'extraordinaire diversité des formes des animaux, l'extraordinaire degré de conservation, durant plusieurs centaines de millions d'années d'évolution, de certains des mécanismes de construction du « plan d'organisation général » du corps.

Et il y aurait d'autres surprises. Les gènes *Hox* ne constituent qu'une partie des très nombreuses familles de gènes dont l'utilisation joue un rôle important dans des phénomènes conservés du développement des embryons dans des espèces animales très différentes.

Les yeux des insectes sont constitués de plusieurs milliers de petites facettes, les ommatides, comportant chacune une petite lentille. Les yeux des mammifères – nos yeux – ne comportent qu'une seule lentille, le cristallin.

Ces différences sont tellement importantes que l'évolutionniste Ernst Mayr, l'un des pères de la synthèse moderne, exprimant là une idée communément admise, avait écrit durant les années 1970 que différentes formes d'yeux avaient probablement émergé à partir de l'utilisation de différents gènes et mécanismes, plusieurs dizaines de fois au cours de l'évolution des animaux. Il ne pouvait s'agir, pensait-on, que d'« analogies », de « parallélismes » – selon les termes de Darwin – qui ne résultaient pas d'une transmission héréditaire à partir d'une origine commune, mais d'un processus d'évolution convergente qui s'était répété des dizaines de fois, et avait été propagé par la sélection naturelle à cause de l'avantage adaptatif qu'avait procuré la vision dans différentes espèces.

Chez la mouche, le gène *Eyeless* permet aux cellules de fabriquer une protéine qui joue un rôle essentiel dans l'initiation de la construction des yeux à facettes. Durant les années 1990, Walter Gehring découvre que le gène *Eyeless* est un proche parent, un homologue du gène *Pax6* qui permet à la souris – et qui nous permet – de fabriquer une protéine très semblable qui initie la construction de nos yeux.

Comme les protéines de la famille Hox, les protéines de la famille Eyeless/Pax6 ont pour caractéristique de se fixer sur des régions régulatrices de nombreux gènes, induisant ainsi la fabrication de nombreuses autres protéines. Et comme pour la plupart des protéines de la famille Hox, les protéines Eyeless et Pax6 sont capables d'exercer leurs effets dans d'autres espèces.

Et Gehring montrera que le remplacement, chez une mouche, de son gène *Eyeless* par un gène *Pax6* de souris permet à la mouche de construire son œil aux milliers de facettes...

Eyeless et *Pax6* semblent être les descendants d'un même gène ancestral dont l'apparition a probablement précédé l'émergence des premiers yeux. Il est possible qu'il ait été utilisé, dans des organismes unicellulaires ancestraux, à la construction d'une forme ancestrale de réponse à la lumière qui a précédé l'émergence des yeux, et qui joue toujours un rôle essentiel dans le fonctionnement des yeux : les photorécepteurs, qui contiennent les pigments qui réagissent à la lumière.

Certains organismes unicellulaires élaborent des photorécepteurs, et répondent à la lumière soit en migrant vers elle, soit en la fuyant.

« Voir » au sens de percevoir la lumière et pouvoir y répondre, est une propriété ancestrale et très répandue dans l'univers vivant. De nombreuses plantes héliotropes, comme les tournesols, bougent en fonction de la lumière – et Darwin a consacré un livre à l'étude des mouvements des plantes en réponse à la lumière.

« Voir » au sens où nous utilisons habituellement le terme – recomposer en nous une image de notre environnement – nécessite non seulement la présence de photorécepteurs qui répondent à la lumière, mais des nerfs, et un cerveau...

Mais dans cette continuité et ces innombrables variations qui avaient été réalisées durant si longtemps sur le thème de la perception et de la réponse à la lumière, un même gène ancestral semblait avoir été utilisé à la construction de très nombreuses formes différentes d'yeux.

Et il ne s'agissait pas tant d'évolution convergente que, pour ce gène tout du moins, et pour la protéine qu'il permettait de fabriquer, d'une forme d'évolution parallèle, à partir d'un même point commun. Aussi « curieux », selon les termes de Darwin, « que le fait que la main d'un homme, formée pour saisir, celle d'une taupe, pour creuser, la patte d'un cheval, la nageoire d'un marsouin, et l'aile d'une chauve-souris sont toutes construites sur le même motif... »

Et comme souvent dans le domaine de l'évolution du vivant, cet ensemble de découvertes apparaît à la fois d'une radicale nouveauté, et en résonance étroite avec les intuitions de Darwin. Ces découvertes nous parlent de mécanismes de variations sur un développement à la fois segmenté, modulaire – impliquant l'émergence initiale de « parties répétées » – et intégré dans un « plan général d'organisation ». De robustesse, de conservation de ce « plan général d'organisation », hérité de génération en génération par « descendance avec modification », exerçant dans chaque espèce une série de contraintes sur les changements à venir, en les canalisant dans certaines directions particulières, tout en constituant, à chaque génération, un réservoir de variations possibles sur le thème de la « corrélation de croissance », un réservoir permanent d'évolutions à venir vers l'émergence de formes nouvelles, d'espèces nouvelles – un réservoir de capacité à évoluer, ce que l'on a nommé l'« évolutivité ».

Vers une nouvelle synthèse

Un embryon n'est pas constitué uniquement de segments qui se répètent et se construisent de manière autonome pour ensuite s'intégrer dans un corps. Les cellules oscillent au début, de manière aléatoire, entre plusieurs modalités d'utilisation de leurs gènes, entre plusieurs voies de transformation possibles, puis s'engagent dans une voie donnée sous l'influence d'autres cellules qui se sont déjà engagées dans la même voie ou qui se sont engagées au contraire dans une autre voie. Chaque cellule établit alors des interactions aléatoires avec les cellules qui l'entourent, certaines interactions se stabilisant – étant sélectionnées – en fonction de l'« avantage adaptatif » qu'elles conféreront aux cellules qui y participent.

Et ainsi, le corps de l'embryon en train de se métamorphoser est à la fois le résultat de la construction des cellules qui le composent, qui y naissent et s'y transforment, et l'environnement changeant auquel ces cellules vont devoir continuellement s'adapter. Et le caractère stéréotypé de la construction des axes du corps autour de thèmes ancestraux émerge à l'intérieur de chaque segment, et entre les différents segments, de la variation aléatoire puis de la stabilisation des interactions élémentaires entre cellules, dans le cadre d'un processus d'auto-organisation.

Dans chaque nouvelle région du corps, chaque nouveau vaisseau sanguin, chaque nouvelle artère et chaque nouvelle veine – par le même processus de construction en fractale – élabore, entre les mêmes partenaires cellulaires, un trajet contingent qui ne sera pas exactement le même dans deux embryons génétiquement identiques appartenant à la même espèce. Et de ce bruit toujours contraint et toujours recommencé émergent à la fois la ressemblance et la singularité.

Ces interactions constantes toujours recommencées sont l'une des composantes de cette « croissance avec corrélation » qui avait frappé Darwin, et qui relie entre elles non seulement les cellules d'un même segment, mais aussi des ensembles, « des agrégats », disait-il, qui varient le plus souvent de manière coordonnée et intégrée.

En 2008, Sean Carroll, qui travaille depuis une quinzaine d'années sur les gènes *Hox* au Howard Hugues Institute de l'université du Wisconsin, publie une synthèse des connaissances dans ce domaine. Elle est intitulée *Evo-Devo, une synthèse évolutionniste en expansion.* Et elle a pour sous-titre : *Une théorie génétique de l'évolution de la genèse des formes.*

Cette synthèse évolutionniste intègre deux grandes approches, celle de Zuckerkandl, Pauling, King et Wilson... qui avaient exploré les relations entre le développement de l'embryon, l'hérédité, la généalogie du vivant, et celle de Lewis, Nüsslein-Volhard, Wieschaus... qui avaient identifié l'existence des gènes *Hox*, découverte qui allait être distinguée par un prix Nobel.

Mais cette synthèse évolutionniste ne fait aucune mention d'une autre démarche, poursuivie de manière complètement indépendante depuis le début du XXe siècle. Elle ne dit rien des travaux de D'Arcy Thompson, de Turing, de Mandelbrot, et de leurs héritiers actuels, mathématiciens, physiciens ou chimistes qui explorent les relations possibles entre des processus physico-chimiques invariants et formalisables de manière mathématique, le développement de l'embryon, et l'univers des formes. Sans se préoccuper des mécanismes par lesquels ces variations pourraient s'inscrire dans l'hérédité.

En 1993, le biologiste Stuart Kauffman, qui travaille à l'Institut des systèmes complexes de Santa Fe, aux États-Unis, publie *Les Origines de l'ordre. Auto-organisation et sélection dans l'évolution.* Et il poursuivra ces réflexions et ces modèles dans un autre livre, *Investigations*, qui sera publié en 2000. Il part des questions de D'Arcy Thompson et de Turing, mais les explore en faisant appel à une « physique moderne ». Il développe une réflexion sur les mécanismes physico-chimiques d'organisation spontanée qui sous-tendraient et contraindraient l'auto-assemblage des éléments, leur fonctionnement opérant en réseaux parallèles, et les interactions qui intègrent ces systèmes dynamiques complexes que sont les organismes en train de se développer.

Il propose une vision statistique des potentialités du vivant, en faisant appel à la thermodynamique, aux mathématiques du chaos... Pour Kauffman, c'est sur ces bases fondamentales que viennent ensuite s'inscrire l'histoire, la contingence – les effets de la sélection naturelle.

« La sélection perfectionne et maintient des systèmes complexes [qui sont] en équilibre sur la frontière, ou le bord, qui sépare l'ordre et le chaos. Ces systèmes sont les plus capables de coordonner des activités complexes et d'évoluer dans un environnement complexe. Les propriétés typiques ou génériques de tels systèmes en équilibre émergent en tant que potentialités universelles anhistoriques [indépendants de la contingence de l'environnement et de l'hérédité] en biologie.

« Mais personne ne peut douter de l'idée principale de Darwin, ajoute-t-il. Si nous voulons pouvoir considérer les implications de l'ordre spontané, nous devons certainement le faire dans le contexte de la sélection naturelle, étant donné que la biologie est impensable sans [la sélection naturelle]. Pour cette raison, nous devons comprendre comment la sélection interagit avec des systèmes qui ont leurs propres propriétés d'organisation spontanée. »

Et l'une des notions importantes que Kauffman développe dans sa « nouvelle synthèse » est non seulement le fait que les lois d'auto-organisation de ces « systèmes » vivants permettent une sélection constante de l'adaptation des populations à leur environnement, mais qu'ils permettent aussi la sélection d'une propriété encore plus importante à terme, leur capacité éventuelle à évoluer dans l'avenir, leur « évolutivité ».

Ce qui est probablement en train d'émerger aujourd'hui, ce sont les contours encore inconnus d'une autre forme de synthèse plus vaste encore. Une synthèse à venir entre celle que réalise la génétique, intégrant le développement de l'embryon – l'émergence d'un organisme nouveau – dans le contexte de l'évolution – l'émergence d'une nouvelle lignée d'organismes qui se séparent de leurs ancêtres au long d'un nouveau rameau du buisson du vivant – et la formalisation mathématique des processus physico-chimiques élémentaires qui sous-tendent à la fois, à chaque génération, l'émergence des discrètes singularités dans les embryons appartenant à une même espèce, et, sur des temps beaucoup plus longs, les innombrables variations qu'ont réalisées les organismes vivants sur le thème de la genèse des formes qui ont donné naissance aux espèces nouvelles.

Mais il y avait une autre dimension encore, dans la genèse des formes, qui avait été progressivement révélée. La genèse des formes ne résultait pas uniquement d'un processus de construction. Mais aussi d'une succession de processus de déconstruction. Comme une sculpture, qui émerge à mesure de ce que le ciseau du sculpteur retire du bloc de pierre. Chez l'embryon en train de se construire, le sculpteur était à l'intérieur même du corps. Et le sculpteur, c'était la mort.

Chapitre 23

On y voit la vie et la mort...

On y voit la vie et la mort
– la synthèse du monde –
qui dans l'espace profond
se regardent et s'enlacent.

Federico Garcia Lorca,
J'aimerais laisser dans ce livre...

Paris. Une matinée de printemps de l'année 2008. Margaret McFall-Ngai parle de ces symbioses qui se nouent dans les mers entre les calmars et les bactéries luminescentes. Lynn Margulis raconte des symbioses anciennes, et des symbioses actuelles qu'elle vient de découvrir. En Australie. Entre des termites, des parasites et des bactéries. Des parasites flottent dans le tube digestif des termites, digérant le bois qu'ils ingèrent. Les parasites glissent comme des navires, grâce à une multitude de minuscules rameurs collés à leur surface, des bactéries qui fouettent l'eau ensemble, dans la même direction, avec leur flagelle... Je parle du rôle qu'ont pu jouer des symbioses anciennes dans l'émergence et l'évolution de la capacité des cellules à s'autodétruire.

Il est question d'harmonie, de dysharmonie, de soi, de non-soi, d'identité et d'altérité... Il est question d'un homme, disparu il y a longtemps. *L'héritage de Metchnikoff.*

Cent ans plus tôt, en 1908, Élie Metchnikoff recevait le prix Nobel pour la découverte du système de défense contre les infections – le système immunitaire.

Mais ce n'était qu'une partie de la richesse de son œuvre.

Les années 1860. En Russie.

Metchnikoff explore le développement des embryons. Il a lu *De l'origine des espèces*. Mais il n'en partage pas toutes les conclusions et il considère qu'il manque à la théorie une dimension.

« Quand on contemple la face paisible de la nature, avait écrit Darwin, on aurait du mal à le croire [...] et pourtant la nature entière est en guerre, chaque organisme avec un autre, ou avec la nature extérieure. » Metchnikoff est fasciné par l'idée de la « lutte pour l'existence », mais il va en déplacer le champ de bataille de l'extérieur vers l'intérieur.

Il est persuadé qu'au cœur de chaque organisme les différentes parties du corps, les différents organes sont en guerre. La « lutte pour l'existence », pense-t-il, commence à l'intérieur du corps de l'embryon, avant même que l'organisme – l'individu – n'entre « en guerre avec un autre, ou avec la nature extérieure ».

Harmonie et dysharmonie

Pour lui, dès les premiers stades du développement embryonnaire il y a ce qu'il nommera une « dysharmonie » fondamentale – les différentes parties du corps en train de se construire sont, dès le départ, « nuisibles [à] l'organisme lui-même ». Et c'est de cette dysharmonie initiale, inéluctable, entre les parties dans tout être vivant qu'émergera l'harmonie de l'individu. Individu qui va ensuite se confronter lui-même à la dysharmonie des luttes avec d'autres organismes et avec l'ensemble de « la nature extérieure ».

Metchnikoff propose que l'une des populations de cellules du corps – les phagocytes, littéralement : les « dévoreurs de cellules » – sont les gardiens permanents de cette « harmonie », l'arbitre de ces « guerres des parties à l'intérieur du corps ». Les phagocytes, dit-il, ingèrent les cellules du corps dont les modalités de fonctionnement mettraient l'intégrité du corps en péril.

Puis il découvre une propriété étonnante des phagocytes. « Je pris quelques épines de rose, écrira-t-il, et les introduisis sous la peau de quelques belles larves d'étoiles de mer aussi transparentes que l'eau. J'étais trop ému pour dormir cette nuit dans l'attente du résultat de mon expérience. » Il publie sa découverte en 1884 : les phagocytes voyagent à travers le corps et participent à sa défense en attaquant les éléments étrangers qui les envahissent – les épines de rose qu'il avait plantées dans le corps des étoiles de mer.

Un peu plus tard, il découvre, en étudiant des puces d'eau, que les phagocytes participent aussi aux combats contre les microbes. Il devient l'un des fondateurs de l'immunologie, la discipline qui étudie les mécanismes de défense du corps contre les microbes. Et en 1888, Pasteur l'invite à rejoindre l'institut qu'il vient de fonder. Metchnikoff y travaillera jusqu'à la fin de sa vie.

Metchnikoff a proposé qu'une même population de cellules, les phagocytes, combat à la fois la « dysharmonie » qui émerge dès le début de l'existence à l'intérieur même du corps, et la « dysharmonie » qui surgit de l'extérieur – les microbes qui envahissent le corps. Il a établi un lien entre trois domaines a priori distincts : la nutrition, le maintien de l'intégrité interne du corps, et le maintien de son intégrité face aux agressions de l'environnement.

En transposant certains des principes de la théorie darwinienne à l'intérieur même de chaque individu, dès les premières étapes du développement embryonnaire, Metchnikoff sera l'un des premiers à ouvrir la voie à l'idée que la notion même d'individu ne va pas de soi, n'est pas donnée en tant que telle, mais est sans cesse en émergence, en construction, en devenir.

L'idée que la capacité d'un individu à survivre et à se reproduire dans un environnement donné est d'abord une capacité des premières cellules de l'embryon à faire naître un environnement interne qui leur permette de cohabiter et de faire naître un individu. L'idée que la collectivité des cellules que nous nommons un organisme, à mesure qu'elle se développe, exerce en retour des contraintes sur chacune des cellules et des organes qui construisent et composent cette collectivité. Et de ces contraintes dépend la capacité des cellules et des organes à se « coadapter », à coévoluer, à cohabiter sans que leur croissance anarchique et leurs combats ne détruisent prématurément l'individu qu'ils sont en train de construire.

Mais longtemps avant.

Depuis son origine – longtemps avant l'émergence des premiers embryons, avant l'émergence des premiers animaux et des premières plantes –, c'est sous forme de cellules que le vivant s'est propagé à travers le temps.

La véritable généalogie qui sous-tend la continuité du vivant est une généalogie cellulaire. Et chacun d'entre nous est lui-même une généalogie, une succession de générations. Nous naissons, chacun, d'une cellule unique – la cellule-œuf – elle-même née de la fusion de deux cellules, un spermatozoïde et un ovule, et nous nous transformons progressivement en une constellation vivante, constituée de plusieurs dizaines de milliers de milliards de cellules dont les interactions engendrent notre corps et notre esprit.

Et pour cette raison, toute interrogation sur la vie et la mort, sur notre vie et notre mort, nous renvoie aussi à une interrogation sur la vie et la mort des cellules qui nous composent. Une idée longtemps prédominante en biologie a été que la disparition de nos cellules – comme notre propre disparition en tant qu'individu – ne pouvait résulter que d'agressions de l'environnement, d'accidents, de destructions, de famines, d'une incapacité intrinsèque à résister au passage du temps, à l'usure et au vieillissement. Mais la réalité s'est révélée de nature plus complexe et plus paradoxale.

ET POURTANT...

Il y a cent cinquante ans, la mise au point de microscopes plus précis permet de découvrir et d'observer les composants du corps.

Et les corps apparaissent, chacun, comme « un microcosme, écrit Charles Darwin, un petit univers constitué d'une multitude d'organismes qui se reproduisent, incroyablement petits, et aussi nombreux que les étoiles dans le ciel ». S'impose alors la théorie proposée par deux naturalistes allemands, le botaniste Matthias Schleiden et le zoologue Theodor Schwann – la « théorie cellulaire » du vivant, selon laquelle tous les corps des animaux et des plantes sont constitués de cellules. Et l'idée proposée par Rudolf Virchow, selon laquelle la généalogie du vivant est une généalogie cellulaire, chaque cellule ne pouvant avoir pour origine qu'une autre cellule – *omnis cellula e cellula.*

Dès 1855, avant que Darwin n'expose dans *De l'origine des espèces* l'importance des « guerres de la nature », et que Metchnikoff ne commence à élaborer ses idées sur la « dysharmonie » à l'intérieur des corps en train de se construire, étaient publiées des descriptions de phénomènes de mort cellulaire parfois massifs survenant au cours du développement des embryons, dans de nombreuses espèces animales. Et ces découvertes allaient causer une grande perplexité. L'idée était que la mort ne peut être due qu'à des accidents, à des combats, à des maladies, ou au vieillissement. Quel sens pouvaient avoir ces phénomènes de mort qui survenaient en l'absence de toute maladie, dans des êtres jeunes, au tout début de leur existence et qui sont le plus souvent protégés des agressions de l'environnement ?

Parce qu'ils semblaient inexplicables, les phénomènes de mort cellulaire observés dans les corps des embryons furent décrits, puis oubliés, puis redécrits comme si c'était la première fois plus d'une vingtaine de fois pendant un siècle.

En 1966, l'embryologiste John Saunders débutait une très belle synthèse scientifique intitulée *La Mort dans les embryons* par ces mots : « C'est avec inconfort que l'on se confronte à l'idée que la mort cellulaire fait partie du développement de l'embryon ; car pourquoi un embryon qui se projette dans un devenir chaque jour plus incertain devrait-il dilapider dans la mort les ressources d'énergie et d'information qu'il a laborieusement acquises à partir d'un état initialement moins ordonné ? Et pourtant [...] »

Et pourtant. Metchnikoff avait, à la fin du XIXe siècle, décrit l'importance des phénomènes de mort dans la métamorphose – quand soudain dans le corps des têtards, la mort cellulaire fait brutalement disparaître la queue, transformant l'animal aquatique en une grenouille vivant à l'air libre. Et la métamorphose n'était pas une particularité du développement des batraciens. Dans le corps de la plupart des insectes, la mort cellulaire fait disparaître une grande partie des cellules musculaires et nerveuses de la larve, permettant à de petits îlots de cellules jusque-là dormants – les disques imaginaux – de donner naissance aux organes adultes – les pattes, les antennes, les ailes...

Mais la mort avant la métamorphose – durant le développement de l'embryon ? Et dans des espèces qui ne subissaient pas de métamorphose ?

En 1951, l'embryologiste Alfred Glücksmann propose pour la première fois non pas une explication à ces phénomènes, mais un « rôle » – un « sens ». Un rôle dans l'émergence de la forme de l'embryon, ce qu'on allait appeler, plus tard, la « sculpture » de la forme. Et, à partir du moment où ces phénomènes ont enfin acquis un sens, ils ne seront plus oubliés : ils deviendront des objets de recherches.

Dès les premiers jours qui suivent notre conception, alors que nous ne sommes qu'une petite sphère contenant une centaine de cellules – les cellules souches embryonnaires –, la mort cellulaire commence à participer aux métamorphoses successives de notre corps en devenir. La mort cellulaire sculpte notre forme interne et externe. Elle sculpte la forme de nos bras et de nos jambes. Elle sculpte la forme de nos mains et de nos pieds, qui apparaissent tout d'abord sous la forme de moufles, nos doigts étant réunis par des tissus. Puis la mort élimine les tissus qui joignent nos doigts et nos orteils, entraînant leur individualisation.

Si la mort cellulaire joue un rôle essentiel dans les étapes qui nous permettent durant neuf mois de nous développer avant de naître, elle a aussi probablement joué un autre rôle important, sur une tout autre échelle de temps, dans certaines des étapes de l'évolution du vivant.

Chez les embryons de mammifères et d'oiseaux terrestres, la survenue de phénomènes de mort cellulaire dans les ébauches des pattes aboutit à l'individualisation des doigts, et chez les embryons de mammifères et d'oiseaux aquatiques, l'absence ou l'atténuation de ces phénomènes aboutit à la formation de pattes palmées. Ainsi, la survenue de variations aléatoires et héritables dans les mécanismes qui déclenchent ou qui répriment les phénomènes de mort cellulaire a pu jouer un rôle important dans l'apparition et la propagation de propriétés nouvelles au cours de l'évolution du vivant, et donc dans l'émergence d'espèces nouvelles.

Il y a d'autres relations encore entre la mort cellulaire et l'évolution du vivant. La mort cellulaire fait disparaître, en nous, certaines variations sur des vestiges hérités de nos lointains ancêtres qui apparaissent initialement dans notre corps. Ainsi apparaît puis disparaît dans l'embryon humain l'ébauche de la queue que nous partageons avec nos ancêtres singes. Ainsi apparaît et disparaît en quasi-totalité l'ébauche des reins que nous partageons avec nos ancêtres poissons, alors que se développe l'organe qui deviendra notre rein.

La mort cellulaire sculpte aussi notre forme interne, faisant apparaître le vide dans le plein, les cavités dans nos organes creux. Elle sculpte notre identité sexuelle, faisant disparaître, en fonction de notre sexe génétique, les ébauches des organes génitaux de l'autre sexe initialement apparues dans notre corps.

Aujourd'hui, nous savons que toutes nos cellules possèdent, à tout moment, tout au long de notre existence, la capacité de déclencher leur autodestruction, leur mort prématurée, avant que rien, de l'extérieur, ne les détruise. C'est à partir de leurs gènes – de nos gènes – que nos cellules produisent les « exécuteurs » moléculaires capables de précipiter leur fin, et les « protecteurs » capables un temps de neutraliser ces exécuteurs.

Ces données ont commencé à modifier les représentations que l'on se faisait de la mort. À l'image de la mort comme une faucheuse, surgissant du dehors pour détruire, s'est surimposée – au niveau cellulaire tout du moins – une image nouvelle, celle d'un sculpteur, au cœur du vivant, à l'œuvre dans l'émergence de sa forme et de sa complexité.

Et ces données ont aussi commencé à modifier les représentations que l'on se faisait de la vie – au niveau, tout du moins, des cellules qui nous composent. Nous percevons habituellement la vie comme un phénomène positif – qui va de soi. Pourtant, la vie semble résulter de la négation continuelle d'un événement négatif, de la répression continuelle d'une autodestruction. Nous percevons habituellement la vie comme un phénomène individuel – une cellule vit. Pourtant, la vie a aussi une dimension collective. Et lorsque nous observons une cellule et que nous nous demandons quels sont les éléments qui sont à la fois nécessaires et suffisants à sa survie, nous ne pouvons pas véritablement répondre si nous oublions qu'une partie de la réponse est : la présence d'autres cellules. La survie de chacune de nos cellules dépend, jour après jour, de la nature des interactions provisoires qu'elle est capable d'engager avec d'autres cellules de notre corps, interactions qui seules lui permettent de réprimer le déclenchement de l'autodestruction.

Nous sommes des sociétés composées de cellules dont chacune vit en sursis, et dont aucune ne peut survivre seule. Et c'est de cette précarité même, de cette fragilité, de cette vulnérabilité et de l'interdépendance absolue qu'elles font naître que dépend notre existence en tant qu'individu.

La sculpture de la complexité

Durant notre développement embryonnaire, l'autodestruction ne sculpte pas uniquement notre forme. C'est la construction de nos deux organes les plus complexes – notre cerveau, le support de nos activités mentales, et notre système immunitaire, qui nous protège contre les microbes – qui illustre de la manière la plus spectaculaire les potentialités que confère à l'embryon l'existence, au niveau de chacune de ses cellules, d'un couplage entre le contrôle de la vie et de la mort et la nature des liens que la cellule est capable de tisser avec la collectivité qui l'entoure.

Et dans les ébauches de ces deux organes, la mort cellulaire est partie intégrante d'un processus d'auto-organisation dont l'aboutissement n'est pas la sculpture de notre forme, mais celle de notre complexité, de notre singularité, de notre mémoire et de notre identité.

Le fonctionnement de notre cerveau résulte de l'activité d'un immense réseau de connexions – les synapses – entre les cellules nerveuses. Et la mise en place de cet immense réseau émerge d'une série de variations sur le thème de la vie et de la mort. À différents moments du développement, en différents endroits du corps de l'embryon, des cellules nerveuses cessent de se dédoubler et commencent à émettre de longs prolongements – les axones – qui vont se déplacer, attirés par des molécules libérées émises par leurs futurs partenaires. Au moment où la connexion s'établit, la survie de chaque cellule nerveuse dépendra de la capacité de son axone à percevoir une combinaison particulière d'autres molécules, émises en faible quantité par les partenaires auxquels il se connecte. Si la connexion n'est pas assez étroite, la quantité de molécules reçue n'est pas suffisante à la répression de l'autodestruction : la cellule nerveuse disparaît, et avec elle, la connexion.

Plus tard encore, une fois que le câblage des connexions se sera établi de manière stable, la survie des cellules nerveuses dépendra de la capacité de ces connexions à faire la preuve de leur capacité à fonctionner : l'absence de circulation d'informations nerveuses à travers une synapse entraînera l'autodestruction des cellules qui l'ont constituée.

Au total, en quelques jours, la moitié des cellules nerveuses en moyenne vont mourir – plus de 80 % dans certaines régions du cerveau. Disparaissent ainsi les cellules qui n'ont pas réussi à établir une connexion étroite et fonctionnelle avec leurs partenaires ; et les cellules qui, s'étant engagées dans des chemins de traverse, ont transitoirement formé des connexions étroites avec des cellules qui ne sont pas leurs partenaires, et qui ne libèrent pas la combinaison particulière de molécules nécessaires à la répression de leur autodestruction.

Notre cerveau d'adulte est composé de plus de cent milliards de cellules nerveuses, chacune connectée directement ou indirectement à plus de dix mille autres cellules en moyenne. Nous ne possédons qu'environ vingt mille gènes, et un tel réseau de plusieurs millions de milliards de connexions fonctionnelles n'est pas, et ne pourrait pas être prédéterminé, cartographié de manière précise et exhaustive dans les informations contenues dans nos gènes.

Ainsi, ce réseau de plusieurs millions de milliards de connexions n'est ni préfiguré ni lisible, en tant que tel, dans nos gènes. Il émerge d'un processus qui met en jeu une part de hasard, crée la diversité, et fait opérer une forme de sélection naturelle au sein même de notre corps.

Et comme un écho aux intuitions de Metchnikoff, la variation, la lutte pour l'existence, et la sélection naturelle – les trois grandes lignes de force de la théorie darwinienne – sont à l'œuvre au sein même du corps, faisant émerger de la « dysharmonie » initiale, l'harmonie de la construction d'un cerveau singulier qui permet la pensée – la mémoire, l'émotion, l'espoir, le regret et le rêve...

Mais contrairement à ce que pensait Metchnikoff, il n'y a pas de contrôleur central. Les phagocytes jouent bien un rôle de « dévoreurs de cellules », participant à l'ingestion et à la disparition des cellules mourantes avant même qu'elles aient fini de s'autodétruire. Mais ils ne sont pas, comme il le pensait, les uniques gardiens de l'harmonie du corps.

La construction de notre cerveau résulte d'un phénomène d'auto-organisation, d'un phénomène « épigénétique » d'émergence de la complexité – épigénétique, c'est-à-dire, littéralement : à côté, en plus, au-delà de la totalité des informations génétiques dont disposent nos cellules et notre corps. Et le couplage de la vie et de la mort des cellules à la nature des interactions qu'elles engagent avec leurs partenaires joue un rôle essentiel dans ces phénomènes, actualisant à chaque moment, parmi toutes les interactions initialement possibles entre les cellules nerveuses, celles qui font la preuve de leur capacité à fonctionner.

Après notre naissance, et durant toute notre existence, l'autodestruction continuelle d'un grand nombre de cellules permettra à notre corps de se déconstruire et de se reconstruire en permanence. Le sentiment que nous avons de la pérennité de notre corps correspond pour partie à une illusion. Certains territoires de notre corps d'enfant, puis d'adulte, sont sans cesse renouvelés. Chaque jour, plusieurs dizaines de milliards de nos cellules – en moyenne plusieurs centaines de milliers par seconde – s'autodétruisent, et sont remplacées par des cellules nouvelles.

Être vivant, c'est être, à tout moment, pour partie en train de mourir et pour partie en train de renaître. Notre existence dépend en permanence d'un équilibre dynamique entre des phénomènes de déconstruction et de reconstruction, d'autodestruction et de renouvellement. De variations et d'émergence de nouveauté. De changements. Notre corps est un écosystème qui se recompose en permanence. Et se modifie. La petite sphère qui tourne sur elle-même avant de se fixer à la paroi utérine. L'embryon. Le fœtus. Le nouveau-né. L'enfant. La puberté et l'adolescence. L'âge adulte. Le vieillissement...

« Nous vivons dans l'oubli de nos métamorphoses », écrivait Paul Éluard dans *Le Dur Désir de durer*.

Et les cellules qui persistent plus longtemps en nous – les cellules de notre cerveau, de notre cœur – sont aussi fragiles que celles qui disparaissent et naissent chaque jour. Et leur survie dépend continuellement de leur capacité à fabriquer les « protecteurs » capables de réprimer l'effet des exécuteurs, fabrication qui dépend de la nature des interactions qu'elles engagent avec la collectivité qui les entoure.

UN PETIT VER TRANSPARENT

Au milieu des années 1960, Richard Lockshin, qui étudie la métamorphose des vers à soie à l'université Harvard, donne à ces phénomènes, dans sa thèse de doctorat, le nom de « mort cellulaire programmée ». Puis, quelques années plus tard, la découverte, par Lockshin et d'autres, qu'il s'agit de phénomènes d'autodestruction conduit au nom de « suicide cellulaire ».

Mais quelle pouvait être la nature d'un « programme » qui permet aux cellules de déclencher leur « suicide » ?

Comme souvent en science, la première réponse émergea au détour d'un voyage vers la simplicité.

Le début des années 1970, en Angleterre. Sydney Brenner décide que seule l'étude de l'animal le plus simple possible pourrait, du fait même de sa simplicité, révéler certains des mystères du développement embryonnaire des organismes plus complexes. Il considère que la mouche du vinaigre, qu'étudient les héritiers de Morgan, est beaucoup trop compliquée. Il choisit un petit ver transparent, le nématode *Caenorhabditis elegans*, dont le corps adulte, long d'environ un millimètre, n'est composé que de moins de mille cellules – un tout petit animal dont les derniers ancêtres communs aux nôtres vivaient probablement il y a sept cents millions d'années.

John Sulston, qui travaille avec Brenner, découvre qu'au cours du développement embryonnaire du petit ver, des cellules meurent comme chez les embryons des autres espèces. Mais contrairement à ce qui survient dans les autres espèces animales, c'est toujours le même nombre de cellules qui meurent (un peu moins de 15 %), et toujours aux mêmes moments et aux mêmes endroits. Un jeune chercheur du même laboratoire, Bob Horvitz, continue cette étude à son retour aux États-Unis, à l'Institut de technologie du Massachusetts, explorant minutieusement un très grand nombre d'embryons porteurs de mutations génétiques artificiellement provoquées. Il découvrira que la vie et la mort de chaque cellule dépendent de la présence de seulement quatre protéines que les cellules fabriquent à partir de quatre gènes. Et en 2002, cette découverte sera reconnue par un prix Nobel qu'il partagera avec Brenner et Sulston.

La première des quatre protéines est un pré-exécuteur, encore inactif. La deuxième protéine agit comme un activateur qui, en se fixant au pré-exécuteur, le conduit à modifier sa forme, à se transformer en exécuteur et à déclencher l'autodestruction de la cellule. La troisième protéine agit comme un protecteur qui, en se fixant à l'activateur, l'empêche de fonctionner, et permet ainsi à la cellule de survivre. La quatrième protéine correspond à un antagoniste du protecteur qui, en se fixant à lui, neutralise son effet : l'activateur se fixe alors au pré-exécuteur, déclenchant l'autodestruction.

Ainsi la vie ou la mort de chaque cellule de l'embryon de ce petit ver dépend à tout moment des modalités d'interactions entre ces quatre protéines, c'est-à-dire des quantités respectives qu'en fabrique chaque cellule et de l'endroit où elle les localise, en fonction de son histoire particulière et de ses interactions avec son environnement.

« Ce qui est vrai pour la bactérie est vrai pour l'éléphant », avait dit Jacques Monod. Ce qui était vrai pour le petit ver transparent pouvait-il l'être aussi pour l'être humain ?

En 1993, le premier homologue – parent – du gène qui permettait aux cellules du petit ver transparent de fabriquer l'exécuteur du suicide cellulaire était découvert chez l'être humain et chez la souris, puis, quelques années plus tard, chez la mouche du vinaigre.

Chez l'être humain, une quinzaine de parents de l'exécuteur, et une vingtaine de parents du protecteur et de son antagoniste ont été identifiés à ce jour, révélant la très grande diversification qui a accompagné ce remarquable degré de conservation au cours de l'évolution, et la vertigineuse diversité des variations que nos cellules peuvent accomplir sur le thème du contrôle moléculaire de la vie et de la mort en fonction des interactions qu'elles établissent avec les autres cellules de notre corps.

Mais le couplage du destin de chaque cellule à celui de la collectivité qui l'entoure ne représente que l'une des dimensions du contrôle de la vie et de la mort. À un autre niveau, chaque cellule en elle-même peut être considérée comme une collectivité à part entière, une société résultant d'une cohabitation de compartiments hétérogènes : le noyau, où résident les gènes ; les mitochondries, ces petites cellules à l'intérieur de nos cellules, capables d'utiliser l'oxygène et de produire l'énergie que consomment nos cellules... Et l'autodestruction peut naître de l'intérieur de la cellule, d'une rupture brutale des équilibres internes entre ces différents compartiments, ou d'une atteinte à leur intégrité. En particulier, toute altération brutale de son ADN peut déclencher l'autodestruction de la cellule, provoquant ainsi l'élimination de cellules génétiquement altérées.

Et ce phénomène joue un rôle important, tout au long de notre existence, dans le maintien de l'identité génétique de nos cellules.

De la santé aux maladies

Ces phénomènes de suicide cellulaire, qui contribuent de manière essentielle à la construction et au fonctionnement normal de notre corps, pourraient-ils aussi jouer un rôle dans le développement de ces « dysharmonies » majeures que constituent les maladies ? C'est en posant cette question que je suis entré un jour, en 1990, dans le domaine des recherches sur la mort cellulaire.

De nombreuses maladies graves sont caractérisées par une mort anormale ou excessive de certaines populations cellulaires, entraînant une disparition de pans entiers du corps. Ces maladies étaient attribuées à des phénomènes de destruction cellulaire causés par des molécules anormales, des microbes, des toxines ou des poisons. Je proposai l'idée que de telles maladies, dont le sida et les maladies neurodégénératives, comme la maladie d'Alzheimer ou la maladie de Parkinson, pourraient être dues à un dérèglement des mécanismes impliqués dans les phénomènes d'autodestruction au cours du développement normal de l'embryon. Si tel était le cas, alors il devenait possible d'envisager d'empêcher la disparition anormale de ces cellules et le développement de ces maladies sans devoir obligatoirement éliminer l'agent qui les causait.

Nous savons aujourd'hui que le déclenchement anormal ou excessif du suicide cellulaire joue un rôle important dans de nombreuses maladies chroniques et dans de nombreuses maladies aiguës. Et dans des modèles animaux reproduisant plus ou moins fidèlement certaines de ces maladies, des traitements expérimentaux visant à bloquer l'activité de certains exécuteurs de l'autodestruction, ou au contraire à augmenter l'activité de certains protecteurs, ont fait la preuve de leur efficacité, empêchant ou retardant le développement de la maladie. D'autres stratégies expérimentales visent à injecter des cellules souches pour remplacer les cellules qui disparaissent, et il sera important de permettre à ces cellules souches de résister au déclenchement anormal ou excessif de leur autodestruction.

Mais il y a d'autres maladies graves, dues non pas à une disparition anormale des cellules, mais au contraire à une augmentation anormale de leur nombre. Les exemples les plus dramatiques en sont les cancers.

Les cancers représentent une illustration spectaculaire de la fragilité des équilibres impliqués dans le maintien de l'intégrité de l'écosystème que constitue notre corps. Des cellules ayant subi une « descendance avec modifications » – ayant subi des modifications génétiques et épigénétiques qui les ont rendues différentes des autres cellules de notre corps – entrent en compétition, en « lutte pour l'existence », avec les autres cellules du corps. Et en fonction des avantages adaptatifs que peuvent leur donner, par hasard, dans leur environnement – le corps – les modifications qui s'accumulent en elles, un phénomène de sélection naturelle peut leur permettre d'envahir ce corps. Mais ce phénomène de sélection naturelle, s'il aboutit à la défaite du corps, constitue pour les cellules cancéreuses une « victoire à la Pyrrhus ». Quel que soit le degré d'adaptation de ces cellules à l'environnement du corps, elles sont incapables de survivre hors de cet environnement : elles disparaîtront avec l'organisme qui leur a donné naissance et dont elles ont causé la perte.

Une idée longtemps prédominante a été que la transformation cancéreuse résultait avant tout d'altérations génétiques provoquant la prolifération cellulaire. Mais de nombreuses cellules de notre corps prolifèrent continuellement – les cellules souches de notre peau, par exemple – sans que cette prolifération permanente suffise, par elle-même, à provoquer un cancer. Et l'on sait aujourd'hui que la survenue même d'altérations génétiques provoque le plus souvent une autodestruction.

En 1988, un jeune chercheur australien, David Vaux, qui étudie un cancer qui se développe dans certaines cellules du système immunitaire, publie des résultats indiquant que la première modification génétique détectable, dans le chemin qui conduit ces cellules vers un cancer, est une modification génétique qui provoque un blocage anormal de leur capacité à l'autodestruction. Et cela avant même la survenue des modifications génétiques qui conduiront plus tard à la prolifération cellulaire.

Un blocage anormal de certains mécanismes de suicide cellulaire apparaît aujourd'hui comme l'une des étapes précoces essentielles de la cancérisation. De manière apparemment paradoxale, ce que l'on appelle parfois, à tort, une cellule « immortelle » est une cellule qui a perdu, en partie, sa capacité de mourir « prématurément » en s'autodétruisant. En d'autres termes une cellule simplement devenue capable d'aller jusqu'au bout de ses possibilités d'existence, jusqu'au bout de ses possibilités de vie – tant que rien ne vient la détruire, et qu'elle n'est pas exposée à la famine – nous apparaît comme profondément anormale, dangereuse, et comme engagée sur un chemin qui conduirait vers l'immortalité ; confirmant ainsi, comme une image en miroir, l'importance des phénomènes d'autodestruction, de « mort prématurée », dans le fonctionnement normal de notre corps.

Bien qu'elles ne provoquent pas obligatoirement une modification spectaculaire du nombre des cellules, les maladies infectieuses ont révélé la fascinante complexité des jeux avec la vie et la mort que se livrent depuis longtemps, dans l'ensemble des espèces vivantes, les microbes et les corps qu'ils colonisent.

Le déclenchement du suicide par les cellules qui viennent d'être infectées, et par les cellules au voisinage de l'infection, est l'une des modalités de défense – l'équivalent d'une « stratégie de la terre brûlée » – les plus ancestrales et les plus répandues contre les virus, bactéries et parasites. Ainsi, la plupart des plantes répondent à l'entrée d'un microbe dans les cellules de leurs feuilles en déclenchant l'autodestruction de la cellule infectée et des cellules environnantes, formant un trou dans lequel disparaît l'agresseur. Et la plupart des microbes qui infectent les animaux et les plantes ont acquis des gènes qui leur permettent de bloquer certains de ces phénomènes d'autodestruction. Ces combats pour le contrôle du déclenchement ou de la répression de l'autodestruction cellulaire déterminent pour partie, dans nos corps, la persistance ou l'élimination des microbes, et le développement ou non de maladies infectieuses. Mais il est probable que ces combats ont eu, au cours de l'évolution, des effets d'une autre nature, influençant, de génération en génération, l'évolution et la diversification des mécanismes qui déclenchent et répriment le suicide cellulaire.

Il est difficile de comprendre les innombrables raffinements des mécanismes qui contrôlent la vie et la mort de nos cellules si l'on n'envisage pas qu'ils ont pu résulter, pour partie au moins, d'une série de modifications aléatoires sélectionnées au cours de la longue « course de la Reine rouge » – la vertigineuse succession d'attaques, de défenses et de contre-attaques – dans laquelle étaient engagés durant plusieurs centaines de millions d'années nos innombrables ancêtres et les microbes auxquels ils se sont confrontés et avec lesquels ils ont coévolué.

Mais ce pouvoir de s'autodétruire – ce pouvoir apparemment paradoxal de déclencher leur mort prématurée –, quelles qu'aient pu être ses modalités de diversification, comment se fait-il que des cellules le possèdent ?

Le caractère étrange de ce concept d'autodestruction et la richesse de ses implications ont favorisé le déploiement d'un langage scientifique riche de métaphores et de résonances anthropomorphiques, et empreint de notions d'intentionnalité et de finalité. En témoignent les termes scientifiques qui ont été, et sont toujours, utilisés – « mort cellulaire programmée », « suicide cellulaire », « altruisme cellulaire », « sacrifice cellulaire » au profit de la collectivité, « décision cellulaire » de vivre ou de mourir... –, qui traduisent à la fois la fascination exercée par ces phénomènes et une profonde difficulté à en appréhender la nature.

« Il n'est pas possible de faire de la science sans utiliser un langage empli de métaphores, a écrit le généticien Richard Lewontin, mais le prix à payer est une éternelle vigilance. »

La notion même de « programme » (étymologiquement : *pré-écrit*), très souvent utilisée en biologie, est profondément ambiguë, qu'il s'agisse de la notion de « programme génétique », de « programme de développement de l'embryon », ou de « programme de mort cellulaire »... La notion de programme favorise une confusion entre le fait qu'il existe des gènes, utilisables par les cellules et les corps, et le fait qu'il y existe de très nombreuses façons différentes pour les cellules et les corps de les utiliser. Le destin individuel de nos cellules n'est pas « programmé ». En revanche, ce dont elles héritent, c'est d'une capacité à déclencher ou à réprimer l'autodestruction en fonction de leurs interactions contingentes passées et présentes avec la collectivité qui les entoure, et de leur degré d'intégrité.

Étymologiquement exact (suicide signifie *se tuer*), le concept de « suicide cellulaire » est lui aussi ambigu. Il suggère en effet implicitement la notion d'une décision, d'un choix, d'une forme de libre arbitre, et favorise la confusion entre l'acte de se tuer, que réalise effectivement la cellule en utilisant les exécuteurs qu'elle possède, et les modalités de déclenchement de cet acte, qui dépendent de son environnement externe et interne.

Mais au-delà de ces ambiguïtés, cette potentialité paradoxale de déclencher leur mort prématurée, comment se fait-il que nos cellules la possèdent ?

Si l'on veut véritablement essayer d'appréhender la raison d'être d'une propriété apparemment mystérieuse de nos cellules ou de nos corps, il vaut mieux ne pas s'interroger sur la nature de son « rôle » apparent, de son utilité, de sa « fonction », ce à quoi elle semble servir aujourd'hui, mais partir à la recherche de ses origines, de la manière dont elle a pu initialement apparaître et se propager au cours de l'évolution du vivant.

Quand, au cours de l'évolution du vivant, a pu émerger pour la première fois la capacité de s'autodétruire ? Y a-t-il eu une période initiale durant laquelle la mort ne pouvait surgir que de l'extérieur, de destructions aléatoires provoquées par l'environnement ? Puis une période ultérieure à partir de laquelle la capacité de s'autodétruire, de déclencher la mort de l'intérieur, est soudain devenue une propriété intrinsèque du vivant ? Et si tel est le cas, où se situe cette frontière ?

C'était une question difficile parce que le passé véritable de l'évolution du vivant nous est à jamais fermé : aucune des espèces vivantes qui nous entourent aujourd'hui n'est notre ancêtre, toutes sont nos contemporaines. Et elles ont, depuis leur émergence, continué d'évoluer. Mais l'on peut essayer d'entrevoir, dans l'immense foisonnement des espèces qui nous entourent, des reflets imprécis des métamorphoses successives qu'elles ont subies, et tenter de distinguer parmi ces espèces celles qui paraissent ressembler le plus à nos ancêtres les plus lointains.

C'était une question difficile pour une autre raison. L'idée même que des cellules – des entités vivantes, même non conscientes – puissent déclencher leur autodestruction a très longtemps été considérée par la communauté scientifique comme une notion profondément contre-intuitive et paradoxale. Pour cette raison, à chaque fois que cette capacité d'autodestruction était découverte dans un contexte particulier, elle était considérée comme une forme d'exception dans le monde vivant, comme un prix très particulier payé à la complexité.

Pendant longtemps, le dogme a été que la capacité des cellules à s'autodétruire ne pouvait être apparue que dans les premiers animaux composés de plusieurs cellules condamnées à vivre ensemble dans des corps. L'autodestruction – la capacité des cellules à se « sacrifier » au profit de la collectivité du corps – était considérée à la fois comme un prix payé par le vivant à l'émergence de la complexité du développement des animaux et comme une réponse apportée aux problèmes posés par cette complexité. Une vision naïve, mais fréquente, qui consiste à penser que la « solution » à un problème nouveau apparaît, durant l'évolution, au moment même où surgit le problème qui va être résolu. Puis, au début des années 1990, il fut découvert que l'autodestruction cellulaire était à l'œuvre non seulement dans la sculpture des corps des animaux, mais aussi dans des plantes multicellulaires.

Mais cela ne changeait en rien ce dogme qui évoquait implicitement les mythes anciens d'un « âge d'or originel » : au début, pendant les deux à trois premiers milliards d'années de la vie, durant lesquelles le vivant s'était uniquement propagé sous la forme d'organismes unicellulaires, régnait l'âge d'or de la simplicité et de l'immortalité potentielle. La mort ne pouvait survenir que de l'extérieur, sous forme d'accident ou de destruction. Puis apparut la complexité des corps. Et l'autodestruction fut le prix que payèrent les cellules en passant de la simplicité originelle à la complexité...

Cette vision découpait le buisson du vivant en deux univers radicalement distincts. Le premier, constitué par les organismes unicellulaires, dont chaque cellule semble former à elle seule un individu à part entière, et qui se propage depuis près de quatre milliards d'années, semblait un univers dont chaque membre portait en lui une promesse d'immortalité. Le second, celui des organismes multicellulaires, qui a émergé deux à trois milliards d'années plus tard, portait en lui les mécanismes qui permettent à tout moment le déclenchement de l'autodestruction.

Je pensais que cette vision n'avait pas lieu d'être, pour plusieurs raisons, notamment parce qu'elle ne tenait pas compte du fait que les organismes unicellulaires composent des sociétés. Au milieu des années 1990, je rapportai avec mon équipe des données expérimentales indiquant que des organismes unicellulaires, apparus il y a un à deux milliards d'années, étaient capables de s'autodétruire en réponse à des modifications de leurs interactions avec les autres cellules qui composaient leur colonie – leur société – provoquées par des changements d'environnement. Et la mort d'une partie de la colonie s'accompagnait de la transformation, de la différenciation des cellules survivantes, acquérant des potentialités nouvelles dans un environnement devenu nouveau.

Aujourd'hui, nous savons que la capacité de s'autodétruire sculpte la complexité d'innombrables formes de sociétés invisibles à l'œil nu que bâtissent les êtres vivants les plus simples : non seulement les organismes eucaryotes unicellulaires, mais aussi les bactéries qui règnent probablement sur la Terre depuis environ quatre milliards d'années. Les myxobactéries, par exemple, sont capables, lorsque leur environnement devient défavorable, de s'assembler rapidement pour construire des corps multicellulaires qui peuvent prendre diverses formes, dont la forme de tout petits arbres. Le « tronc » et les « branches » rigides sont constitués de cellules qui se sont autodétruites. Au sommet, les « feuilles » ou « fruits » sont constitués de cellules qui se sont transformées en spores – l'équivalent de graines – résistantes, capables de survivre longtemps sans se nourrir, à l'abri, et qui redonneront, lorsque l'environnement sera redevenu favorable, naissance à une nouvelle colonie. Ainsi, l'autodestruction d'une partie de la collectivité permet à ces cellules ancestrales de voyager à travers le temps, et d'échapper à la destruction inéluctable de l'ensemble de la colonie.

Comme Janus aux deux visages...

La capacité à s'autodétruire semble être profondément ancrée au cœur du vivant. Mais ses origines ont-elles un rapport avec l'« utilité », le « rôle » et la fonction « altruiste » qu'elle semble aujourd'hui exercer, que ce soit dans les colonies d'organismes eucaryotes unicellulaires, dans les colonies de bactéries, ou dans les cellules de notre corps ?

Des deux hypothèses que j'ai publiées en 1996 pour expliquer l'émergence du pouvoir de s'autodétruire au cours de l'évolution du vivant, la première plonge dans les guerres ancestrales que se livrent les bactéries et leurs prédateurs depuis la nuit des temps. Elle suggère que les relations actuelles entre la plupart des espèces bactériennes et les parasites (virus et plasmides) qui les colonisent fournissent un exemple de la manière dont les combats entre ces parasites et leurs hôtes ont pu donner naissance aux ancêtres des exécuteurs et des protecteurs impliqués aujourd'hui dans l'autodestruction, et permettre leur propagation à travers le vivant. Que c'est peut-être au cœur de combats « égoïstes » que se livrent depuis la nuit des temps des prédateurs (les plasmides) et leurs proies (les bactéries) qu'ont pu apparaître les premiers ancêtres des « exécuteurs » et des « protecteurs » qui participent aujourd'hui, dans l'ensemble du monde vivant, aux phénomènes apparemment « altruistes » du « suicide cellulaire ».

Mais je pense que l'origine du pouvoir de s'autodétruire est probablement encore plus ancienne, et que les toxines et les antidotes des plasmides ne représentent que des variations extrêmes – une longue « course de la Reine rouge » ponctuée et stabilisée pour un temps par des symbioses – sur un thème ancestral, qui a débuté avec la naissance même du vivant.

L'idée, que j'ai appelée « hypothèse du péché originel », est que le pouvoir de s'autodétruire pourrait avoir été, dès le début, une conséquence inéluctable du pouvoir d'auto-organisation qui caractérise la vie. Vivre, se construire et se reproduire, c'est utiliser en permanence des outils moléculaires qui risquent à tout moment de provoquer la mort tout en étant capables de réprimer l'effet de ces outils. Et les outils qui participent à la vie possédaient peut-être, depuis l'origine, le pouvoir de provoquer l'autodestruction. Comme une résonance lointaine – plus loin dans le temps et plus loin dans l'invisible – de cette notion de « dysharmonie » initiale, dont Metchnikoff pensait qu'elle était présente au début de l'existence de tout embryon.

Les exécuteurs et les protecteurs qui participent au contrôle de la vie et de la mort de nos cellules pourraient-ils avoir été tout simplement sélectionnés parmi les innombrables acteurs impliqués dans la production et la consommation d'énergie, la différenciation et la prolifération cellulaires ? Mon hypothèse faisait un certain nombre de prédictions. Elle postulait qu'il devrait exister, dans chaque espèce vivante, plusieurs exécuteurs potentiels de l'autodestruction cellulaire. Et qu'il ne devrait pas exister d'exécuteur du suicide cellulaire qui n'ait aussi, au cours de la vie de chaque cellule, un rôle important dans des activités essentielles à sa survie. Depuis quelques années, ces prédictions ont été confirmées par des données expérimentales : l'activation de chacun des « exécuteurs » connus de l'autodestruction ne conduit pas nécessairement à la mort de la cellule, mais peut au contraire jouer un rôle important dans sa survie en permettant la différenciation ou la multiplication cellulaires, la production et la consommation d'énergie.

Je pense que les acteurs qui participent à l'autodestruction ont chacun, comme Janus, le dieu romain des portes, un double visage. Et selon les circonstances, ils participent à des interactions moléculaires essentielles à la vie de la cellule, et à d'autres qui au contraire provoquent la mort.

Et ainsi, de manière apparemment paradoxale, après plus de quarante ans de quête d'un « programme » génétique spécifique dont la seule fonction possible serait la mort, je pense que l'idée même d'un tel « programme de mort » et de tels « gènes de mort » correspond à une illusion. Et ce que nous commençons à entrevoir, ce sont les contours d'une nouvelle complexité, fondée sur l'intrication et l'interchangeabilité, au cours de la longue histoire de l'évolution du vivant, et au cœur de chacune de nos cellules, des mécanismes moléculaires qui participent à la vie et à la mort.

« Bichat disait autrefois : "la vie est l'ensemble des fonctions qui résistent à la mort", aujourd'hui, écrivait Henri Atlan de manière prémonitoire il y a trente-cinq ans, on aurait plutôt tendance à dire que la vie est l'ensemble des fonctions capables d'utiliser la mort. »

Dans un univers vivant dont nous pensons qu'il a évolué en dehors de tout projet, de toute intentionnalité et de toute finalité, la mort, qu'elle surgisse de l'extérieur sous la forme d'une destruction ou qu'elle surgisse de l'intérieur sous la forme d'une autodestruction, ne peut être considérée (sauf par des êtres conscients) ni comme un « échec » ni comme un « succès » : elle est, plus simplement, le nom que nous pouvons donner aux innombrables phénomènes de déconstruction qu'a subis, depuis l'origine, ce que nous appelons la vie.

« Rien
Est la force qui rénove le monde »,
disait la poétesse Emily Dickinson.

Il y a près de cent cinquante ans, Darwin concluait *De l'origine des espèces* par ces mots : « Ainsi, des guerres de la nature, de la famine et de la mort, ont directement résulté les réalisations les plus extraordinaires que nous puissions concevoir, c'est-à-dire l'émergence des animaux supérieurs. Il y a de la grandeur dans cette vision de la vie... »

Et je pense que les intuitions de Metchnikoff correspondaient aussi à la réalité, même s'il ne pouvait savoir quelle forme prendrait cette réalité.

Je pense qu'au-delà encore de ce que pouvaient imaginer Darwin et Metchnikoff, il y a aussi « de la grandeur » dans l'idée que l'émergence et l'évolution d'une forme contrôlée de déconstruction, inscrite au cœur même du vivant, ont pu paradoxalement contribuer à sa capacité à résister, dans un combat perdu d'avance, à l'usure et aux agressions permanentes de l'environnement.

Et il nous faut essayer d'appréhender jusqu'à quel point une forme aveugle, contingente et de plus en plus complexe de jeu avec la mort – avec sa propre fin – a pu être un déterminant essentiel de l'extraordinaire voyage qu'a accompli à ce jour le vivant à travers le temps, et de sa merveilleuse capacité à donner naissance à la nouveauté, à la diversité – et à « l'infinité des formes les plus belles et les plus merveilleuses ».

Chapitre 24

Un problème non résolu en biologie

Le temps est la substance dont je suis fait.
Le temps est un fleuve qui m'emporte, mais je suis le fleuve ;
c'est un tigre qui me déchire, mais je suis le tigre ;
c'est un feu qui me consume, mais je suis le feu.

Jorge Luis Borges,
Une nouvelle réfutation du temps

« Aucune loi ne semble déterminer la durée d'existence d'une espèce donnée », écrivait Darwin dans le chapitre de *L'Origine des espèces* consacré aux extinctions. Mais qu'en est-il de la durée d'existence des organismes qui composent chacune de ces espèces ?

Nous savons que leur temps est compté. Nous savons que même s'ils échappent aux duretés et aux désastres de leurs environnements, leur durée d'existence est bornée par une frontière. Et cette frontière de la longévité maximale, si semblable chez tous les individus d'une même espèce, est extrêmement variable d'une espèce à l'autre...

La longévité maximale est de deux ans pour les souris. Et de trente ans pour les chauves-souris. La même durée que pour les lions et les tigres... Elle est de quinze à vingt ans pour les chiens. D'un demi-siècle pour les chameaux... De plus d'un siècle pour les perroquets, les carpes et les tortues des Galápagos...

Et dans les espèces végétales. Un an pour le blé. Plusieurs siècles pour les chênes. Plus encore pour les séquoias...

Dans l'espèce humaine – dans notre espèce –, la longévité maximale à ce jour pour un être humain est de cent vingt-deux ans.

Qu'est-ce qui détermine ces frontières ? Comment se sont-elles établies au cours de l'évolution du vivant ? Sont-elles infranchissables ?

Et les relations anciennes que nos cellules entretiennent avec la mort sont-elles aussi à l'œuvre dans la sculpture de notre longévité ? Le vieillissement, cette ultime frontière entre la santé et la maladie, est-il uniquement dû à une usure inévitable – comme celle d'une falaise ou d'une machine – et à une accumulation progressive d'erreurs au cours du temps ? Ou notre mort, comme la mort des cellules qui nous composent, pourrait-elle pour partie procéder d'une forme d'autodestruction ?

La sélection naturelle et le paradoxe du vieillissement

« La sélection naturelle ne produira jamais dans un être quoi que ce soit qui puisse être nuisible à lui-même », avait écrit Darwin dans le dernier chapitre de *L'Origine des espèces.* Ou plutôt, nuançait-t-il plus loin, « après le passage du temps, si une partie [de l'organisme] devient nuisible [à l'organisme], [cette partie] sera modifiée ; ou, si cela n'est pas le cas, l'organisme lui-même disparaîtra, comme cela a déjà été le cas pour une myriade d'autres ».

Mais qu'en était-il du vieillissement ? Darwin n'en disait rien.

En 1882, l'année de la mort de Darwin, August Weismann publie *À propos de la durée de la vie.* Dans le cadre de la théorie darwinienne qu'il a adoptée, la question, que Darwin n'a pas abordée, est de comprendre comment la sélection naturelle a pu conduire à la propagation d'une propriété apparemment aussi néfaste à l'individu que le vieillissement et la mort de vieillesse. Et Weismann propose l'explication suivante : « Des individus usés sont non seulement sans utilité pour l'espèce, mais ils [lui] sont même nuisibles, car ils prennent la place de ceux qui sont sains. [...] La vie d'un individu [même s'il était à l'origine] théoriquement immortel serait raccourcie, par l'effet de la sélection naturelle, de la durée [de vie] qui est inutile à l'espèce. »

Mais, cette vision est contradictoire avec la théorie darwinienne. Darwin parlait de l'individu. Il postulait que la sélection naturelle opère au niveau de chaque individu et non pas au niveau collectif d'une espèce... Et Weismann ne faisait que reprendre des idées anciennes.

En 1819, quarante ans avant la publication de *L'Origine des espèces*, le philosophe allemand Arthur Schopenhauer avait publié *Le Monde comme volonté et comme représentation.* Comme la plupart de ses contemporains, il croyait à la « permanence de l'espèce ». « Ce n'est pas de l'individu, écrivait-il, mais uniquement de l'espèce que la nature s'occupe. Elle [la nature] fournit à l'espèce, avec une prodigalité sans limite, une profusion incalculable de graines et la grande force de la fructification. Elle est toujours prête à abandonner l'individu une fois qu'il a rempli son rôle de perpétuation de l'espèce. »

Il faudra attendre le milieu du XXe siècle pour qu'apparaisse une explication au vieillissement qui puisse être réconciliée avec la théorie darwinienne de l'évolution du vivant.

En 1951, le biologiste anglais Peter Medawar – qui allait recevoir neuf ans plus tard le prix Nobel pour ses travaux sur le fonctionnement du système immunitaire – propose, dans une conférence dont le titre deviendra célèbre, une solution à « Un problème non résolu en biologie ». Un problème que les évolutionnistes qui poursuivent l'œuvre de

Darwin n'avaient, depuis près d'un siècle, toujours pas réussi à résoudre – la question de l'origine et de l'évolution du vieillissement, et de l'extraordinaire diversité de la longévité maximale des individus dans les différentes espèces...

Medawar débute son raisonnement par une « expérience en pensée ». Il reprend la même hypothèse de départ que Weismann : imaginons, dit-il, qu'il ait pu exister une espèce vivante dont les premiers ancêtres étaient dotés d'une potentielle immortalité, d'une potentielle éternelle jeunesse et d'une potentielle éternelle fécondité – tant qu'aucun désastre ne venait les détruire... À mesure que le temps passait, à mesure qu'ils prenaient de l'âge et qu'ils donnaient naissance à des descendants, la proportion de ces premiers ancêtres dans la population devenait de plus en plus faible, par rapport au nombre de leurs descendants... Et si, à mesure que le temps passait, il leur arrivait – et cela devait obligatoirement se produire – de mourir d'un accident, ou de l'attaque d'un prédateur, ou de faim, ou de froid... cela n'avait que peu d'influence – de moins en moins, à mesure que le nombre de leurs descendants augmentait – sur la taille de la population, et sa capacité à se propager de génération en génération...

En d'autres termes, dit Medawar, le fait que des individus d'une espèce donnée soient potentiellement immortels et éternellement jeunes et féconds – ou au contraire sujets à un vieillissement et à une mort obligatoire une fois passé l'âge auquel ils peuvent donner naissance à des descendants – n'aura aucune conséquence significative sur la capacité de cette espèce à voyager à travers le temps en se propageant de générations en générations...

Quand le paradoxe disparaît

Imaginons maintenant, poursuit Medawar, que la survenue inéluctable du vieillissement et de la mort de vieillesse, une fois passé l'âge de la reproduction, résulte de la nature particulière de certaines mutations génétiques survenues un jour, par hasard, chez des descendants de ces premiers ancêtres imaginaires originellement dotés d'une potentialité d'immortalité et d'éternelle jeunesse. La transmission de tels gènes, de génération en génération, n'aura aucun effet sur la survie et la fécondité des individus, et donc sur ce que l'on appelle le « succès évolutif » de l'espèce – sa capacité à donner naissance à des descendants capables à leur tour de donner naissance à des descendants... – à condition, bien sûr, que le vieillissement et la mort surviennent après la période de reproduction. Le vieillissement et la mort n'ont donc, contrairement à ce que disait Weismann, aucune sorte d'« utilité » ou d'« inutilité » – à condition, bien sûr, que le vieillissement et la mort surviennent après la période de reproduction.

Et Medawar propose une théorie qui réinscrit le « problème » du vieillissement dans le cadre de la théorie darwinienne de l'évolution du vivant. Il développe trois idées principales.

La première est que le vieillissement ne résulte pas simplement d'un effet d'usure, mais est lié à l'hérédité, à la présence et à la transmission de certains gènes – des « gènes de vieillissement ».

La seconde idée est que si de tels gènes sont apparus, un jour, par hasard, et ont été propagés de génération en génération dans toutes les espèces vivantes, ce n'est pas, comme le pensait Weismann, parce qu'ils ont fait l'objet d'une sélection naturelle. Au contraire, dit Medawar, ils ont été propagés en raison même du fait qu'ils ne procuraient, aux descendants qui en héritaient, ni avantage ni désavantage en termes de survie et de reproduction. L'effet de ces gènes du vieillissement a donc été neutre par rapport à la sélection naturelle, « invisible » à la sélection naturelle. Et leur effet a donc échappé aux contraintes de la sélection naturelle. On peut réconcilier l'existence du vieillissement avec la théorie darwinienne de l'évolution, dit Medawar, à condition de ne pas vouloir en faire un produit de la sélection naturelle.

Mais la troisième idée réinscrit l'une des dimensions du vieillissement – son âge de survenue – dans le rayon d'action de la sélection naturelle. Il est évident, poursuit Medawar, que les mutations génétiques qui ont par hasard pour conséquence un déclenchement du vieillissement et de la mort avant l'âge de la reproduction n'ont pas pu être propagées chez l'ensemble des descendants. L'influence de la sélection naturelle s'est exercée dans le domaine temporel, favorisant un décalage entre l'âge de reproduction et l'âge auquel commence le vieillissement.

Darwin avait évoqué, dans le chapitre de *L'Origine des espèces* consacré à la genèse des formes, la question de l'âge auquel une caractéristique héréditaire commence à être traduite dans la réalité des corps : « La question n'est pas à quelle période de la vie une variation se produit, mais à quelle période de la vie elle se manifeste pleinement. »

Quel que soit l'âge où commencent à se mettre en place les premiers mécanismes invisibles – ou peu visibles – qui conduiront plus tard au vieillissement, ce qui importe, c'est l'âge où leurs manifestations deviendront apparentes.

Et Medawar propose que deux phénomènes, non mutuellement exclusifs, de sélection naturelle pourraient avoir été à l'œuvre dans le décalage entre l'âge de reproduction et l'âge où commencent les manifestations de ce que nous appelons le vieillissement. Soit une sélection, de génération en génération, de gènes dont la présence favorise un vieillissement de plus en plus tardif. Soit une sélection conjointe, de génération en génération, à la fois de gènes dont la présence favorise un vieillissement précoce et d'autres gènes dont la présence freine un temps les effets délétères des premiers, retardant le début du vieillissement après le début de la période de reproduction.

La notion de pléiotropie

Enfin, Medawar ne fait que mentionner – « par manque de temps », dit-il – une dernière idée essentielle, qui sera au centre de la théorie que développera six ans plus tard l'évolutionniste américain George Williams. La notion de « pléiotropie », la notion de multifonctionnalité, d'effets multiples, l'idée qu'à partir d'un même « gène de vieillissement » peut être fabriquée une même protéine qui pourrait avoir plusieurs effets différents. Et ces effets pourraient varier en fonction de la période de la vie où le gène est utilisé. L'effet pourrait être bénéfique au début de la vie, favorisant – c'est l'exemple que choisit Medawar – la fécondité, et il pourrait, plus tard, être délétère, favorisant alors le vieillissement et la mort...

Et ainsi, dit-il, il n'y a rien d'étrange, dans le cadre de la théorie darwinienne, à ce que des mutations génétiques délétères pour l'individu aient pu progressivement s'accumuler au hasard, dans chaque espèce, à condition que leurs effets délétères ne commencent à se manifester qu'après le début de l'âge de la reproduction.

L'hypothèse de Medawar faisait une prédiction. Parce que dans chaque espèce vivante, le vieillissement devait être dû à une accumulation au hasard de gènes particuliers, différents – dont la seule caractéristique commune était de ne pas avoir été rendus rares par la sélection naturelle –, ces « gènes de vieillissement », ainsi que les mécanismes qui provoquaient le vieillissement devaient être différents, particuliers, singuliers dans chaque espèce. Dans chacune des innombrables espèces, tous les individus vieillissaient, mais il devait y avoir autant de façons différentes de vieillir qu'il y avait d'espèces vivantes. Mais une quarantaine d'années plus tard, cette prédiction allait, en partie du moins, s'avérer ne pas correspondre à la réalité.

En 1957, l'évolutionniste américain George Williams propose une théorie qui approfondit et complète de manière très originale la théorie de Medawar. Williams est un héritier de la synthèse moderne, pour qui la sélection naturelle et l'adaptation sont les moteurs essentiels de l'évolution du vivant. Et il inscrit, plus encore que ne l'a fait Medawar, le vieillissement au cœur des mécanismes adaptatifs produits par la sélection naturelle.

Tout d'abord, il reprend et développe l'idée que Medawar n'a fait qu'aborder, l'idée de la « pléiotropie », de la multifonctionnalité des « gènes de vieillissement » – l'idée selon laquelle les protéines fabriquées à partir de ces gènes pourraient chacune avoir plus d'un seul effet, et que ces différents effets pourraient être contradictoires en fonction de l'âge de l'individu. Favorisant, au début de la vie, le développement embryonnaire, la croissance et/ou la reproduction, et exerçant ensuite, après l'âge de la reproduction, un effet délétère, en favorisant le vieillissement et la mort.

Williams propose, à titre d'exemple purement théorique, un gène qui serait lié au métabolisme du calcium : sa présence favoriserait, durant l'enfance, la calcification des os, et donc la croissance osseuse, puis, après la puberté, la calcification des artères et les maladies cardiovasculaires. Il ne s'agit pas ici de gènes dont les effets seraient « invisibles » en tant que tels à la sélection naturelle – et vis-à-vis desquels le seul effet de la sélection naturelle serait de régler le moment où leurs effets commenceraient à se manifester. Il s'agit de gènes dont la propagation serait, au contraire, favorisée, dans chaque espèce, par la sélection naturelle. Parce que leur présence a favorisé le développement, la survie et la reproduction des ancêtres, de génération en génération. Parce que c'est ce qui nous permet de nous développer, grandir et avoir des descendants qui nous précipitent dans le vieillissement et la mort.

L'importance de l'environnement

Puis, Williams aborde une autre question, au cœur de la pensée de Darwin et de Wallace : celle des effets que les changements de l'environnement ont pu exercer au niveau des modalités de la sélection naturelle.

L'environnement compte. Dans une espèce dont les individus vivent dans un environnement hospitalier – où la nourriture est abondante, le climat favorable et les prédateurs rares –, le vieillissement aura d'autant moins d'effet sur le nombre de descendants que le début du vieillissement sera tardif par rapport au début de l'âge de reproduction. En revanche, dans une espèce dont les individus vivent dans un environnement inhospitalier et dangereux – la plupart d'entre eux mourant rapidement de causes autres que le vieillissement –, la précocité du début du vieillissement par rapport au début de l'âge de reproduction aura d'autant moins d'effet sur le nombre de descendants que l'environnement est dangereux. Dans de tels environnements, la plupart – la quasi-totalité – des organismes meurent avant d'être devenus vieux, peu, très peu, meurent de vieillesse, peut-être aucun...

Mais si l'on retire ces organismes de leur environnement naturel dangereux, et qu'on les introduit dans un environnement favorable, protégé, le déclenchement précoce du vieillissement et la brièveté de leur durée maximale de vie se révéleront soudain, chez eux, et chez leurs descendants, comme une conséquence inscrite en eux, mais jusque-là inapparente, des modalités particulières de construction et de fonctionnement de leurs corps qui se sont progressivement propagées, en raison des particularités de leur environnement, au long des générations successives de leurs ancêtres.

Effets antagonistes, en fonction de l'âge, des protéines fabriquées à partir des gènes impliqués dans le vieillissement... caractère favorable ou défavorable de l'environnement... la vision de Williams suggère que l'évolution des mécanismes en cause dans le vieillissement résultait d'un équilibre complexe entre un ensemble de contraintes.

Et ainsi, sa théorie avait pour effet de réintégrer pleinement les mécanismes impliqués dans le vieillissement dans la théorie darwinienne de l'évolution du vivant. Les caractères héréditaires qui propageaient le vieillissement étaient un peu particuliers, mais somme toute assez semblables aux autres : c'étaient des caractères qui jouaient un rôle dans la « lutte pour l'existence », et pour la reproduction des individus, sur lesquels s'étaient exercées les variations aléatoires de la « descendance avec modifications » et sur lesquels s'étaient exercés, en fonction de l'environnement, les effets conjugués de la « sélection naturelle » et de la « sélection sexuelle »...

En 1977, il y aura un complément à la théorie de Medawar et à la théorie de Williams. Le statisticien anglais Thomas Kirkwood développe un concept qu'il nomme la théorie du *soma* jetable – la théorie du corps jetable. L'idée est que les ressources énergétiques que peuvent consacrer des organismes à la maintenance et à la réparation de leur corps – et donc à leur longévité – et les ressources énergétiques qu'ils peuvent consacrer à leur reproduction ne sont pas illimitées, et qu'elles entrent en conflit. Elles ont dû faire l'objet, dit-il, dans chaque espèce, d'une forme de compromis qui s'est établi de manière aléatoire, puis s'est propagé, en fonction de l'environnement, de génération en génération, dans chaque espèce. Pour Kirkwood, plus l'investissement dans la reproduction est important et précoce, et moins la longévité sera importante. Et pour lui, comme pour Williams, la nature hospitalière ou inhospitalière de l'environnement a contribué à la manière dont ces compromis se sont établis et se sont propagés.

La particularité de la vision de Kirkwood est d'intégrer pleinement dans le cadre de la théorie darwinienne l'idée de Weismann, celle de la césure radicale, voire de l'antagonisme, entre l'ensemble des cellules qui construisent et maintiennent l'intégrité du corps, et disparaissent avec lui

– le *soma* –, et les seules cellules capables de quitter le corps pour en construire un autre – le *germen*, les cellules germinales, les ovules et les spermatozoïdes –, ces cellules que Weismann considérait, à tort, comme « immortelles », du seul fait qu'elles pouvaient échapper à la disparition inéluctable du corps qui les avait fait naître.

La fontaine de jouvence

À partir du début des années 1990, l'étude des mécanismes et des gènes impliqués dans le vieillissement et de la nature des frontières de la longévité maximale quitte le terrain des théories pour devenir un véritable sujet de recherche expérimentale.

Et si les théories de Medawar et de Williams constituent toujours, un demi-siècle plus tard, un cadre conceptuel qui permet d'intégrer la plupart des résultats de ces recherches, l'une des prédictions importantes, commune à Williams et à Medawar, s'est révélée ne pas correspondre à la réalité. L'idée qu'il puisse y avoir un « tout petit nombre de facteurs physiologiques essentiels [impliqués à la fois dans la croissance, la reproduction et le vieillissement] est une impossibilité logique », écrivait Williams. « Cette conclusion, ajoutait-il, bannit [l'idée de] la "fontaine de jouvence" dans les limbes des impossibilités scientifiques où d'autres aspirations humaines, telles que la machine [capable] de mouvement perpétuel ou le "démon" de Laplace, ont déjà été reléguées pour d'autres raisons théoriques. »

La « fontaine de jouvence » – la fontaine de l'éternelle jeunesse –, dont on dit que Juan Ponce de León l'a cherchée en vain au début du XVIe siècle à l'intérieur des terres de la Floride, demeure, comme l'Arbre de Vie qui poussait dans le jardin perdu, à l'est d'Éden, dans des territoires inaccessibles à la démarche de la science. Mais l'existence d'un « tout petit nombre » de mécanismes essentiels en cause dans la régulation du vieillissement et de la longévité maximale n'était pas, comme le pensait Williams, une « impossibilité logique » incompatible avec sa théorie. Non seulement elle n'était pas impossible, mais elle correspondait, en partie du moins, à la réalité.

Au début des années 1990, sur la côte Ouest des États-Unis. Cynthia Kenyon publie une découverte surprenante : la mutation expérimentale d'un seul gène chez le petit ver transparent *Caenorhabditis elegans* suffit à doubler la durée de vie « naturelle » maximale propre à l'espèce.

Et ce n'est pas la durée de sa période de vieillissement qui a été allongée : c'est la durée de sa période de jeunesse. Le petit animal vit deux fois plus longtemps jeune, puis vieillit et meurt de vieillesse comme un animal « normal ». Et c'est vrai pour la mutation d'autres gènes, appartenant à des familles différentes. Le record aujourd'hui, obtenu pour une mutation expérimentale d'un seul gène, a été de multiplier par six la durée de vie maximale « naturelle » de *Caenorhabditis elegans*.

Certains de ces « mutants » ont une fécondité diminuée et semblent vivre au ralenti. Mais d'autres ont une fécondité « normale » et ne présentent pas de modification d'activité, ni de consommation, ni de dépense d'énergie, durant toute leur existence par rapport aux animaux normaux. Non seulement ils vivent plus longtemps, mais ils sont aussi plus résistants aux agressions de l'environnement – aux rayons ultraviolets, aux changements brutaux de température, aux dérivés toxiques de l'oxygène... Leurs corps, plus robustes, voyagent plus longtemps à travers le temps, et demeurent plus longtemps jeunes...

Les frontières si longtemps considérées comme infranchissables de la longévité naturelle maximale ont commencé à révéler, dans trois espèces animales – le petit ver transparent *Caenorhabditis elegans*, la mouche du vinaigre et la souris – leur extraordinaire degré de mobilité.

De manière remarquable, dans ces espèces si différentes, dont les derniers ancêtres communs remontent à près de sept cents millions d'années, et dont la longévité maximale varie d'un facteur cinquante – de deux semaines pour le petit ver, à deux ans pour la souris –, ces frontières maximales peuvent être déplacées d'au moins 30 % (un tiers de durée de vie en plus, correspondant à un tiers de durée de jeunesse en plus) par des modifications expérimentales de gènes qui, contrairement à ce que pensaient Medawar et Williams, appartiennent à des familles de gènes qui ont été, pour certaines d'entre elles au moins, hautement conservées au cours de l'évolution du vivant.

C'est le cas notamment pour une famille de gènes dont les modalités d'utilisation déterminent la manière dont les corps stockent et utilisent l'énergie qu'ils tirent de l'alimentation – une famille de gènes qui permettent aux cellules de fabriquer une famille d'hormones apparentées à l'insuline, les structures cellulaires sur lesquelles se fixent ces hormones, et les enzymes qui, à l'intérieur des cellules, entrent en activité en réponse à cette fixation. Et chez le petit ver transparent, la mouche du vinaigre et la souris, des modifications expérimentales d'un seul de ces gènes suffisent à augmenter la durée maximale naturelle de vie d'au moins un tiers.

Pour la plupart de ces gènes, les mutations qui ont pour effet de rallonger la durée de vie ont pour conséquence soit une réduction de la quantité de protéine fabriquée à partir de ce gène, soit à une diminution de l'activité de la protéine fabriquée. Il s'agit donc de gènes dont la séquence habituelle, non modifiée – présente chez les animaux trouvés dans la nature –, a pour effet d'abréger prématurément la durée de jeunesse et la durée de vie : il suffit d'en atténuer les effets pour augmenter la longévité.

Mais dans la plupart des cas, si l'on retire ou détruit complètement le gène, le rendant inutilisable, le développement embryonnaire s'interrompt : la présence de ces gènes est devenue indispensable à la construction du corps.

Comme le postulait Williams, les produits de ces gènes participent tout d'abord à des processus de construction du corps, et plus tard, à des processus qui précipitent la déconstruction du corps. Les produits de la plupart de ces gènes connus à ce jour agissent tout d'abord comme des « bâtisseurs » puis, plus tard au cours de l'existence, comme des « exécuteurs ».

Et ce que révélaient les modifications expérimentales de ces gènes, c'est qu'au cours de l'évolution l'équilibre s'est fixé, de manière aléatoire, de génération en génération, du côté d'un excès d'effet « bâtisseur » – plus qu'il n'est nécessaire, en tout cas dans un environnement protégé, pour permettre au descendant de se développer et de se reproduire – qui a pour prix de raccourcir sa durée maximale de vie.

Un exemple extrême de l'existence des conflits que peuvent se livrer, à l'intérieur même d'un corps, des processus qui favorisent la durée de vie de l'organisme et des processus qui favorisent sa fécondité – sa capacité à donner naissance à des descendants – a été mis en évidence chez les petits vers transparents. Si l'on détruit leurs cellules germinales – leurs spermatozoïdes ou leurs ovules –, les animaux vivent deux fois plus longtemps...

Mais que se passerait-il si l'on essayait de remettre dans la nature les mutants génétiques artificiels dont la longévité a dépassé les frontières « normales », mutants que l'on ne trouve pas dans la nature, et qui vivent isolés dans l'environnement protégé des laboratoires ? Subiraient-ils le même destin que ces animaux domestiques dont Wallace disait qu'ils « n'auraient jamais pu apparaître dans un état de nature [...] car ils n'auraient pas pu entrer en compétition avec leurs parents sauvages [...]. Si l'on replace les animaux domestiques dans la nature, ils doivent revenir à quelque chose de semblable à leurs ancêtres sauvages originels, ou *s'éteindre* » ?

Cynthia Kenyon a mis certains des petits vers mutants à longue durée de vie non pas dans la « nature », mais tout simplement dans l'environnement artificiel du laboratoire, en présence de leurs parents « naturels » non modifiés. Au bout de quelques générations, le nombre de leurs descendants diminue, puis il n'y en a plus. Ils sont incapables de se propager durablement, de génération en génération, en présence de leurs parents « naturels ». On ne sait pas encore pourquoi. Mais c'est probablement la raison pour laquelle on n'a pas trouvé de tels mutants dans la nature.

L'environnement compte. On ne peut savoir à l'avance quel pourrait être le prix à payer, dans un autre environnement, pour une modification génétique qui, dans un environnement donné, apparaît a priori « bénéfique » aux êtres vivants qui les possèdent...

Depuis plus de quinze ans, l'ensemble de ces recherches a confirmé, comme le postulait Williams, qu'il existe des gènes impliqués d'abord dans des processus « bâtisseurs », puis dans des processus « exécuteurs ». Et ces recherches ont confirmé, comme le postulait Medawar, qu'il y a aussi des gènes impliqués dans des processus « protecteurs », qui ont pour effet de retarder, un temps, jusque après l'âge de la reproduction, le déclenchement des effets « exécuteurs » des premiers.

L'existence de ces « protecteurs » a été révélée par des expériences dans lesquelles la destruction d'un gène a pour effet de précipiter, parfois dès l'enfance, avant même le début de la période de reproduction, le vieillissement et la mort. Et lorsqu'on rajoute à l'animal un exemplaire supplémentaire de l'un de ces gènes protecteurs « normaux », son vieillissement est retardé et la durée de son existence peut franchir les frontières de la longévité « naturelle » maximale.

Il y a donc au moins deux manières différentes de prolonger la durée de la jeunesse et de la vie d'un animal. Diminuer l'activité des mécanismes « bâtisseurs/exécuteurs », ou augmenter l'activité des mécanismes « protecteurs ».

Sur quoi agissent ces mécanismes « bâtisseurs/exécuteurs » et ces mécanismes « protecteurs » dans le contexte du vieillissement ? Ils exercent un effet modulateur sur une série de processus vitaux, pour la plupart hautement conservés au cours de l'évolution : le stockage et l'utilisation d'énergie, la réparation de l'ADN, la neutralisation des dérivés toxiques de l'oxygène, la fabrication et la libération d'hormones impliquées dans le développement embryonnaire et la fécondité...

Quand je publiai, en 1996, l'« hypothèse du péché originel » comme explication à l'émergence et à l'évolution de la « mort cellulaire programmée », je ne connaissais pas la théorie de la « pléiotropie » que Williams avait développée près de quarante ans plus tôt, comme explication au vieillissement des corps. Et, sous des formes différentes, et dans des contextes différents, il y avait une résonance.

Pourtant, personne ne remarqua l'existence de cette résonance – les mondes de la recherche sur la mort cellulaire et de la recherche sur le vieillissement des corps étaient trop distants et ne dialoguaient pas. Plus tard, quand je commençai à m'intéresser aux origines du vieillissement, et aux liens qui pourraient exister, dans l'univers des organismes unicellulaires, entre les origines du vieillissement et les origines de l'autodestruction, je découvris la théorie de Williams avec un étrange sentiment de déjà-vu, comme si le passé me renvoyait un écho lointain de ce que je connaissais déjà.

Étirements et contractions du temps

Les frontières de la longévité « naturelle » maximale semblent avoir été sculptées de manière contingente par les confrontations successives, de génération en génération, entre les individus et leur environnement. Elles apparaissent comme des points d'équilibre, des formes de compromis entre des conflits que se livrent, à l'intérieur même des corps, des phénomènes « protecteurs » qui favorisent la pérennité des individus, et des phénomènes « exécuteurs » qui abrègent leur durée de vie, mais favorisent leur développement et leur capacité à engendrer une descendance.

Et comme le proposait Williams, le caractère hostile ou favorable d'un environnement a probablement joué un rôle important dans l'état contingent d'équilibre où se sont fixés un temps et propagés ces compromis.

Chez les insectes sociaux – les abeilles, les fourmis, les termites –, les reines, qui résident dans un environnement social complexe et protégé, peuvent vivre en moyenne dix ans – les reines de termites jusqu'à trente ans... Dans les nombreuses espèces d'insectes apparentées qui vivent de manière solitaire, exposées en permanence aux agressions de l'environnement, la longévité moyenne est d'environ un mois, c'est-à-dire cent fois plus brève.

Mais rien n'est simple ni univoque dans ce domaine. En 2008 étaient publiés les résultats d'une étude concernant deux variétés de poissons appartenant à une même espèce. Elles vivent très proches l'une de l'autre. Mais l'une est exposée à des prédateurs, alors que l'autre est isolée des prédateurs. Et c'est la population exposée aux prédateurs qui a, paradoxalement, la longévité maximale la plus importante, et cette augmentation de la longévité est due à un allongement de leur période de fécondité...

L'évolution du vivant a réalisé d'innombrables variations sur la croissance, la reproduction, le vieillissement et la longévité. Dans certaines espèces – les saumons, les papillons, ou des plantes telles que le blé ou les agaves –, la reproduction précède de peu le déclenchement d'un vieillissement extrêmement rapide et la mort. Dans d'autres espèces – certains primates, les éléphants, les perroquets, et, dans le royaume des plantes, les chênes et les séquoias –, la vie se prolonge longtemps après le début de la période de reproduction, que la fécondité persiste ou disparaisse. Et les rapports entre la durée du développement de l'embryon et la durée de vie de l'adulte ont grandement varié.

Une souris naît une vingtaine de jours après sa conception. Et sa longévité maximale est de deux ans – trente-cinq fois plus longue que sa période de développement embryonnaire, dans un environnement maternel... En 2008, un article décrit le cycle de vie d'un petit caméléon de Madagascar. Il passe les huit premiers mois de son existence en tant qu'embryon à l'intérieur de l'œuf qu'a pondu sa mère, puis il éclôt à la saison des pluies, et durant les quatre mois qui suivent, il grandit, devient adulte, se reproduit, vieillit et meurt. Sa longévité maximale, à partir de sa conception, est d'un an ; mais sa durée de vie hors de l'environnement construit par sa mère – en dehors de l'œuf – ne représente, au plus, qu'un tiers de la durée de sa vie... Une proportion cent fois plus petite que chez la souris... Étirement ou contraction des périodes de la vie...

Pour certaines espèces animales à longue durée de vie adulte, chez lesquelles l'existence se prolonge longtemps après le début de l'âge de la reproduction, un « effet grand-mère » a été proposé comme facteur de sélection naturelle de la longévité. Ainsi, dans les troupeaux d'éléphants, la présence d'une femelle âgée, qui possède la mémoire et l'expérience des problèmes anciens, exerce un effet de cohésion et évite les crises d'anxiété et de stress aigu que provoquent chez les plus jeunes les situations nouvelles et inattendues. L'environnement – la façon dont se construit l'environnement social – compte.

Et l'environnement peut compter autant que les gènes.

Dans les trois espèces les plus étudiées – le petit ver transparent, la mouche du vinaigre et la souris –, la longévité naturelle maximale des individus peut être augmentée (d'au moins un tiers) soit par la modification d'un gène, soit par une modification de l'environnement – par exemple, par une réduction de la richesse calorique de la nourriture disponible. Un gène « anormal » dans un environnement « normal » peut avoir les mêmes conséquences qu'un gène « normal » dans un environnement « anormal ».

L'intérieur compte autant que l'extérieur.

Les changements de l'environnement, et les changements de mode de vie qui peuvent en résulter, ont souvent pour effet de moduler la durée de la jeunesse et le début et la rapidité du vieillissement. Abrégeant ou allongeant la durée maximale de l'existence.

Mais les changements de l'environnement peuvent aussi donner naissance à des périodes de vie suspendue. Entre la vie et la mort. Le flux de la vie, le mouvement de la vie, se ralentit ou s'arrête. Et le temps ne se mesure plus alors au rythme des modifications de l'organisme, mais au rythme des heures, des jours, des saisons ou des années, au rythme des modifications de son environnement extérieur.

Lorsque la nourriture est peu abondante, ou que ses congénères sont très nombreux, les embryons – les premiers stades larvaires – du petit ver transparent *Caenorhabditis elegans* interrompent presque totalement leur développement. Ils se mettent à vivre au ralenti, arrêtent de se nourrir, de se déplacer. Cet état de développement interrompu a reçu le nom de *Dauer* – littéralement (en allemand) : « durée ». Ils ne font plus que durer. Si, un jour, l'environnement devient plus favorable, leur développement reprendra. Ils grandiront, deviendront adultes, se reproduiront, vieilliront et mourront...

Dans certaines espèces de mammifères, qui vivent depuis longtemps sur les hauteurs des montagnes, le développement de l'embryon s'interrompt pendant quelques semaines. Puis il reprend, et l'enfant naîtra après la fonte des neiges de l'hiver, plus tardive que dans les vallées où habitaient ses ancêtres.

De tels phénomènes sont extrêmement fréquents chez les plantes. Les graines fécondées peuvent durer longtemps sans production ni dépense d'énergie. Plusieurs années ou dizaines d'années chez certaines plantes, comme celles qui commencent à se développer après un incendie de forêt. Vie suspendue. Interrompue. Prête à naître...

Comme des spores bactériennes. Dans de nombreuses espèces bactériennes, lorsque l'environnement devient défavorable, une partie de la colonie se transforme en spores – l'équivalent de graines –, protégées par une paroi épaisse... Vies suspendues, prêtes à renaître des années plus tard, des centaines d'années plus tard, peut-être des centaines de millions d'années plus tard, comme ces spores découvertes dans l'ambre, et que des chercheurs, après les avoir plongées dans un environnement favorable, ont rapporté avoir tirées de leur long sommeil, leur permettant de reprendre le cours de leur vie...

Mais il y a plus surprenant encore dans ces jeux complexes dans lesquels les bactéries se sont depuis si longtemps engagées au-delà des frontières habituelles qui séparent la vie et la mort.

En 1956, une publication identifie des bactéries qui survivent à des irradiations radioactives cent fois plus importantes que celles qui tuent toutes les bactéries alors connues. *Deinococcus radiodurans* – littéralement : « qui dure après les rayonnements radioactifs » – fait partie des nombreuses espèces de bactéries qui vivent dans les sols des déserts. Elles n'ont pas la capacité de se transformer en spores. Mais elles ont d'autres moyens de survivre à un environnement défavorable. Leur extraordinaire résistance à des doses de radioactivité de très loin supérieures à celles qui surviennent aujourd'hui naturellement sur la Terre ne fait que traduire une extraordinaire résistance aux agressions provoquées par les périodes de sécheresse.

Comme les rayonnements radioactifs, la déshydratation et le dessèchement provoquent des cassures de l'ADN. Et pendant les périodes de sécheresse, l'ADN de ces bactéries, le support de leurs gènes, se casse parfois en plus de mille petits morceaux. Tout semble indiquer que les bactéries sont mortes. Que leur possibilité de vivre, de revivre a disparu.

Et pourtant... Et pourtant il ne s'agit que de vie suspendue. Lorsque l'eau revient, les enzymes qui sont restées présentes dans chacune de ces bactéries, les enzymes qu'elles avaient fabriquées avant leur « mort », redeviennent actives et joignent bout à bout les segments disparates d'ADN...

En 2006, un demi-siècle après l'identification de cette bactérie, Miroslav Radman et son équipe, à l'Institut Necker à Paris, identifient la façon dont l'ADN est entièrement reconstruit à l'identique de ce qu'il était avant sa brisure soudaine en plusieurs centaines de petits morceaux.

La bactérie reprend vie, comme le phœnix renaissant de ses cendres. L'article de Radman évoque une « résurrection ». La bactérie recommence à utiliser ses gènes, et donne naissance à de nouvelles bactéries... jusqu'à la nouvelle période de sécheresse... jusqu'à ce que l'ADN se brise à nouveau en morceaux... et jusqu'à ce que l'eau, plus tard encore, revienne et que les enzymes reprennent leur activité...

Les enzymes qui persistent, intactes, pendant la sécheresse sont les gardiens et les acteurs de cette renaissance à venir. Et en 2004, une publication par une autre équipe de chercheurs suggérait que la résistance de ces enzymes aux dégâts provoqués par le dessèchement dépend pour partie de la nature et des concentrations respectives de certains minéraux – manganèse, fer... – que la bactérie a stockés en elle avant sa « mort ».

Mais qu'en est-il du vieillissement ? Du vieillissement obligatoire, qui survient à chaque génération, chez les animaux et les plantes ? Quelle a pu être son origine au cours de la longue évolution du vivant ? Scande-t-il aussi les générations des organismes unicellulaires qui nous entourent, et qui nous ont, pendant si longtemps, précédés ? Où sont-ils dotés, tant qu'ils réussissent à survivre, d'une potentialité d'éternelle jeunesse ?

Pendant longtemps, l'existence d'un processus de vieillissement inéluctable – que ce soit au niveau des corps ou des cellules qui les composent – a été considérée comme un prix payé par le vivant, il y a un, voire peut-être deux milliards d'années, à l'émergence de la complexité – l'apparition des premiers corps multicellulaires des animaux et des plantes.

C'est August Weismann qui, à la fin du XIXe siècle, a proposé cette idée : le vieillissement serait dû à la séparation des cellules, dans les corps des animaux et des plantes, en cellules « somatiques » qui partagent le destin du corps, vieillissant et disparaissant avec eux, et en cellules « germinales » potentiellement « immortelles », les spermatozoïdes et les ovules, qui permettent la construction d'un nouvel individu.

Pour Weismann, « les organismes unicellulaires », qui se reproduisent « en se divisant en deux moitiés identiques [et] dont aucune ne peut être considérée comme plus jeune ou plus âgée que l'autre », sont potentiellement immortels, éternellement jeunes et féconds : « Si un heureux hasard les protège d'une mort violente, ils continuent toujours à vivre... »

Cette vision, qui a profondément influencé la biologie pendant près d'un siècle, évoque, là encore, les mythes anciens d'un « âge d'or originel » au cœur du vivant : au début, pendant les trois premiers milliards d'années de la vie, durant lesquelles le vivant s'était uniquement propagé sous la forme d'organismes unicellulaires, régnait la promesse d'immortalité, d'éternelle jeunesse et d'éternelle fécondité.

Puis apparut la complexité des corps.

Alors le vieillissement obligatoire et la mort inéluctable furent le prix que payèrent les cellules en passant de la simplicité originelle à la complexité.

Mais cette vision, si longtemps considérée comme une évidence, correspond en fait à une illusion. Nous savons aujourd'hui qu'une forme obligatoire de vieillissement est à l'œuvre dans des organismes unicellulaires ancestraux – les levures, et au moins deux espèces différentes de bactéries. Et l'origine du vieillissement cellulaire est peut-être aussi ancienne que celle de l'autodestruction cellulaire.

Dans certaines espèces de levures, où la cellule mère est aisément distinguable par sa taille de la cellule fille en train de naître, chaque cellule donne naissance à un nombre limité de cellules filles, puis vieillit, devient stérile et disparaît. Ainsi, la capacité potentiellement illimitée d'une colonie de levures à se reproduire ne tient pas à une éternelle jeunesse de chacune des cellules qui la composent, mais aux enfantements successifs de cellules éphémères. Et chaque cellule de levure naît, croît, enfante, vieillit et meurt, comme un animal, comme une plante.

À mesure que chaque cellule donne naissance à une cellule nouvelle, elle ne répartit pas de manière égale et symétrique la moitié de ses constituants dans la cellule fille : en particulier, elle retient en elle-même certains constituants, des équivalents d'« exécuteurs », dont l'accumulation progressive provoque le déclenchement de son vieillissement, de sa stérilité puis de sa mort. Et dans un tel contexte, les notions de vieillissement cellulaire et d'autodestruction cellulaire semblent se rejoindre.

L'important est de réaliser que la disparition prématurée d'une des deux cellules, la cellule mère, est probablement l'un des mécanismes fondamentaux de rupture de symétrie – de brisure de symétrie – qui a permis un jour, par hasard, et continue de permettre, l'émergence de ce phénomène moléculaire paradoxal et encore mystérieux que nous appelons la jeunesse. Phénomène qui permet à chaque cellule fille qui naît toujours plus vieille que sa mère, au long d'une généalogie de plusieurs centaines de millions ou de plusieurs milliards d'années, de débuter son existence avec la même espérance de vie et la même fécondité que chacun de ses ancêtres, disparu depuis longtemps.

Et il y a peut-être là comme une résonance avec l'une des lois de la physique selon laquelle toute augmentation locale du degré d'organisation et de complexité de la matière – toute diminution locale d'entropie – ne pourrait émerger que dans le cadre, ailleurs, d'une diminution du degré d'organisation et de complexité – d'une augmentation d'entropie. Le retour à la poussière comme seul moyen qu'a pu trouver, un jour, par hasard, le vivant de donner naissance à la jeunesse... et qui s'est propagé à travers le temps ?

Le vieillissement progressif d'une cellule, à mesure qu'elle enfante des cellules un temps plus jeunes et plus fécondes ; l'autodestruction brutale d'une partie des cellules aboutissant à la survie du reste de la collectivité ; le vieillissement d'un corps capable d'engendrer des corps nouveaux, un temps plus jeunes et plus féconds, toutes ces fins de monde donnant naissance à des mondes nouveaux avant de disparaître, ressemblent à autant de variations sur un même thème.

Pouvons-nous essayer de comprendre le comportement de nos cellules et de nos corps, et tenter de les modifier, si nous ne réalisons pas que ce qui nous fait vieillir et disparaître est peut-être ce qui, en d'autres, avant nous, nous a permis de naître ?

Chapitre 25

L'intérieur et l'extérieur

L'intérieur et l'extérieur s'interpénètrent, et un être vivant est à la fois le produit et le lieu de cette interaction.

Richard Lewontin,
La Triple Hélice :
les gènes, l'organisme, l'environnement

Les modifications de l'environnement extérieur, et les changements de mode de vie qu'ils entraînent, peuvent permettre à un organisme de dépasser les frontières de la longévité « naturelle » maximale de l'espèce à laquelle il appartient... En modifiant la façon dont ses cellules et son corps utilisent ses gènes.

Mais de telles modifications dans la façon d'utiliser les gènes pourraient-elles, en l'absence de toute modification dans la séquence de l'ADN, être héritables ? Les changements de l'environnement et du mode de vie d'un organisme pourraient-ils imprimer une marque dans l'hérédité ? Une telle question s'inscrivait dans un débat très ancien. Le débat sur la possibilité d'une « hérédité des caractères acquis ». Cette forme d'hérédité dont Lamarck avait postulé l'existence et à laquelle il avait attaché une telle importance faisait-elle partie des possibles ou correspondait-elle à une illusion ?

Pour Darwin, la majeure partie des variations de la « descendance avec modifications » sur laquelle la sélection naturelle exerçait ses effets était le bruit de fond permanent des variations aléatoires de l'hérédité, qui n'avait pas de rapport avec les particularités du mode de vie de l'individu.

Mais il pensait que l'environnement et le mode de vie pouvaient jouer un rôle additionnel dans l'hérédité. Les « changements des conditions extérieures », les modifications de l'environnement ont probablement, « par un effet sur le système reproducteur », pour conséquence d'augmenter la fréquence ou l'amplitude des variations héréditaires sur lesquelles va opérer la sélection naturelle. Les modifications de l'environnement, dit-il, peuvent jouer un rôle direct dans l'émergence de la nouveauté.

Et il pense aussi, comme Lamarck, que des changements d'habitudes de vie, de modes de vie – une augmentation ou une diminution de l'« usage » de certains organes ou de certaines parties du corps durant l'existence – peuvent avoir pour conséquence, au cours des générations, un développement ou au contraire une régression de ces organes ou parties du corps, qui se transmet de manière héréditaire. « Je pense, écrit-il dans *De l'origine des espèces*, qu'il y a peu de doute que, chez nos animaux domestiques, l'usage [l'utilisation] de certaines parties de leur corps a pour effet de les renforcer et de les agrandir, et que l'absence d'utilisation [de ces parties du corps] a pour effet de les amoindrir ; et que de telles modifications sont héritées. » Il en est de même pour les animaux sauvages : « Je crois que les oiseaux presque dépourvus d'ailes qui habitent de nombreuses îles océanes [...] [ont perdu leurs ailes] du fait qu'ils ont cessé de les utiliser. »

Pour Wallace, au contraire, la variation aléatoire de l'hérédité – la génération de la diversité – est entièrement indépendante de toute variation de l'environnement extérieur. L'environnement extérieur opère comme un simple filtre, triant parmi les descendants ceux qui sont, par hasard, capables, dans cet environnement donné, de survivre et de se reproduire.

Et c'est cette vision de Wallace que les auteurs de la synthèse moderne vont adopter et défendre. Toute notion d'hérédité des caractères acquis apparaît rétrospectivement, après la découverte des gènes, comme une « erreur de Darwin ». Les défenseurs de Darwin considéreront le combat contre cette erreur comme essentiel à la défense même de la validité de sa théorie. Et toute suggestion en faveur de l'existence d'un effet direct de l'environnement sur l'hérédité sera rejetée comme une hérésie scientifique.

Mais il y aura aussi, au-delà de leur dimension purement scientifique, une série d'instrumentalisations tragiques de ces débats dans des combats idéologiques et politiques meurtriers.

Des enjeux scientifiques aux guerres idéologiques...

Aux États-Unis, puis en Europe, les héritiers de Galton avaient ancré dans le socle de l'hérédité génétique leurs visions eugénistes, racistes et sexistes, une « science » du mépris dont les développements allaient progressivement s'enfoncer dans un abîme.

Mais ailleurs, il y aurait d'autres combats d'une autre nature.

En 1909, en Russie. Huit ans avant la révolution d'Octobre, Nikolai Vavilov publie *Principes de l'hérédité mendélienne.* Il a travaillé à Cambridge avec William Bateson. Vingt ans après sa publication, il est l'un des plus grands généticiens et agronomes russes, et dirige l'Institut de génétique de l'Académie des sciences de l'URSS.

Trofim Lysenko ne croit pas à la génétique. Il défend l'idée d'une hérédité des caractères acquis. Il rapporte qu'il peut changer les caractéristiques héréditaires du blé en modifiant l'environnement dans lequel sont conservées les graines, multiplier ainsi les récoltes et mettre un terme aux famines qui ravagent la Russie.

En 1936, il engage le combat contre les « défenseurs de Mendel ». Le Parti communiste et Staline le soutiennent, lui qui propose non seulement des résultats concrets en termes de récoltes, mais aussi une vision de l'hérédité plus conforme, d'un point de vue idéologique, à la vision marxiste que celle que propose la génétique.

En 1939, le comité central du Parti communiste organise une conférence sur la génétique qui consacre le triomphe des idées de Lysenko. Il est membre du Soviet suprême, président de l'Académie Lénine des sciences agricoles, membre de l'Académie des sciences, et a remplacé Vavilov à la tête de l'Institut de génétique. Il sera décoré deux fois de l'ordre de Lénine.

En 1940, Vavilov est arrêté et condamné à mort. Sa peine est commuée en emprisonnement à vie. Il mourra en prison trois ans plus tard, quelques semaines avant la bataille de Stalingrad.

C'est la plupart des généticiens de sa génération – la première génération de généticiens russes – qui seront exclus, emprisonnés, assassinés, disparaissant, avec tant d'autres, pour d'autres raisons, dans le gouffre de la terreur stalinienne.

Et les travaux de Lysenko ne changeront rien aux récoltes de blé, ni aux famines.

Mais par-delà ces dérives meurtrières, par-delà ces désastres causés par les héritiers de Galton – partisans du « tout-génétique » – et les partisans de Lysenko – partisans du « tout-environnement » –, qu'en était-il réellement de la part des gènes et de l'environnement ?

Entre gènes et environnements

À partir du milieu du XXe siècle, la découverte de la nature matérielle des gènes – la découverte de l'ADN – et de l'universalité du code génétique, puis l'essor de la génétique moléculaire et la création d'organismes génétiquement modifiés, changent radicalement la compréhension et la manipulation du vivant.

Et ces découvertes renforcent l'idée selon laquelle l'identité et le devenir de tout être vivant – notre identité et notre avenir, ce que nous sommes et ce que nous allons devenir – seraient pour l'essentiel inscrits, dès notre conception, dans la séquence de nos gènes.

En 1976, Richard Dawkins popularise, à l'aide de formules saisissantes, cette vision du déterminisme génétique en proposant, dans un livre du même titre, la métaphore du « gène égoïste ». « Les gènes sont à l'abri à l'intérieur de gigantesques robots, écrit-il, manipulant le monde en le contrôlant à distance. Les gènes sont en vous et moi ; ils nous ont créés, corps et esprit ; et leur préservation est l'ultime raison de notre existence. »

Des travaux suggérant que la criminalité, la violence, la fidélité amoureuse, l'homosexualité, la foi religieuse... seraient liées à des séquences particulières d'un gène connaissent, jusqu'à aujourd'hui, un grand succès, même si l'annonce de leurs découvertes est à chaque fois suivie, quelque temps plus tard, d'une remise en question de leur signification.

Et ainsi, la longue aventure de la *mal-mesure de l'homme* poursuit ses métamorphoses, de la mesure du volume et des bosses des crânes à la mesure du poids des cerveaux, de la mesure des physionomies à la mesure des quotients intellectuels, puis à l'analyse de la séquence des gènes...

Bien sûr, une grande partie de nos caractéristiques – nos groupes sanguins, par exemple – sont directement liées à la séquence de nos gènes. Mais l'aboutissement en 2003 de la grande aventure technologique qu'a représenté le premier séquençage d'un génome humain ne permettait pas, contrairement aux annonces de certains de ses promoteurs, de révéler, enfin, les secrets de ce qui constituait la « nature humaine ». Ce séquençage révélait que nous n'avons pas plus de gènes que la souris, pas beaucoup plus que la mouche du vinaigre, et beaucoup moins que le riz... Et que nos gènes partagent beaucoup de séquences avec les gènes de la souris... En 2005, le séquençage du génome d'un chimpanzé – notre plus proche parent non humain, avec les bonobos – indiquait que nous partageons avec lui plus de 98 % de la séquence de nos gènes, et ne révélait pas non plus, par comparaison, ce qui faisait la spécificité de notre « nature humaine ».

Ces résultats ont contribué à une réévaluation de la notion de déterminisme génétique. S'il existe, à l'évidence, une relation étroite entre les gènes et de nombreuses caractéristiques essentielles des êtres vivants, la nature de cette relation est dans la plupart des cas loin d'être aussi simple, unidirectionnelle et rigide qu'on a l'habitude de l'imaginer.

Aujourd'hui a débuté, selon les mots d'Henri Atlan, « la fin du tout-génétique ». L'idée d'un déterminisme génétique absolu, d'une frontière absolue entre gènes et environnements – entre inné et acquis – a commencé à s'estomper. Elle a cédé la place à une notion plus riche et plus ouverte : celle d'une interaction permanente entre les gènes et leurs multiples niveaux d'environnements.

Pour comprendre, il faut réaliser que la notion même d'environnement est une notion floue : l'environnement est un continuum, et à chaque fois que l'on définit arbitrairement une entité comme étant l'« environnement », en fonction de ce que l'on souhaite étudier, on déplace les frontières entre extérieur et intérieur.

Pour une espèce donnée, l'environnement inclut les autres espèces, et les reliefs géographiques et le climat... Pour un individu donné, l'environnement inclut d'autres individus de la même espèce et d'espèces différentes, et les reliefs géographiques et le climat.... Pour une cellule d'un corps, l'environnement inclut toutes les autres cellules du même corps, plus une partie de l'environnement extérieur au corps... Pour les gènes, l'environnement inclut la cellule dans laquelle ils sont plongés. Pour un gène, l'environnement inclut les autres gènes de la cellule et l'ensemble de la molécule d'ADN dont les gènes ne représentent qu'environ 2 à 5 %...

À tous ces niveaux, à travers toutes ces frontières, extérieur et intérieur s'influencent réciproquement.

Et l'on ne peut pas réduire la complexité du vivant à cette idée selon laquelle les gènes « manipulent le monde » et « nous ont créés corps et esprit »...

Choses à la fois causantes et causées

Non seulement les gènes n'ont pas d'intention, mais ils ne sont pas non plus des acteurs. Contrairement à un grand nombre de protéines que les cellules fabriquent à partir de leurs gènes – protéines, dont les enzymes, qui sont capables d'exercer des activités, de réaliser des transformations chimiques dans un tube à essai –, les gènes n'exercent pas par eux-mêmes d'activité. « Il n'y a rien de plus inerte qu'un gène », disait le généticien Richard Lewontin. Les gènes sont utilisés par les cellules à la fabrication de protéines. Mais contrairement aux termes si souvent employés, les gènes ne « font » pas telle chose, les gènes n'« exercent pas telle action »... –, ils constituent, pour les cellules qui les contiennent, un répertoire de possibilités et de contraintes. Et leur utilisation varie en fonction des circonstances.

Par exemple, à partir d'un même gène, une cellule peut généralement, en fonction du contexte, fabriquer plusieurs protéines différentes. Et ce sont des protéines – que la cellule a fabriquées à partir de certains gènes – qui, en se fixant aux « interrupteurs », aux régions régulatrices de l'ADN, permettent ou non à la cellule de fabriquer d'autres protéines à partir d'autres gènes...

Mais les « activités » des réseaux que constituent nos protéines sont liées à la nature de leurs partenaires et à leur forme tridimensionnelle. Et cette structure dans l'espace ne découle pas seulement de la séquence du gène à partir duquel elles ont été fabriquées, mais aussi de la nature de leur environnement et des activités d'autres protéines, avec lesquelles elles interagissent – notamment une famille de protéines appelées « chaperons », qui se fixent aux protéines au moment où elles viennent d'être fabriquées, leur faisant adopter, parmi toutes les formes possibles, une forme particulière dans l'espace. Et certaines protéines ne garderont la forme qu'elles ont initialement adoptée que tant qu'elles resteront accompagnées par leurs « chaperons »...

Il n'y a donc pas le plus souvent de chaîne de causalité simple et unidirectionnelle qui mène d'un gène à une protéine, d'un gène à une « fonction », ni à plus forte raison d'un gène au comportement d'une cellule, d'un organe, d'un organisme vivant... ou d'une personne...

Et la notion populaire, mais réductrice, de « programme génétique » est pour cette raison une notion profondément ambiguë. Ambiguïté que soulignait, il y a près de trente ans, Henri Atlan, en rappelant qu'il s'agit d'un « programme » « qui a besoin des produits de sa lecture et de son exécution pour pouvoir être lu et exécuté ».

Ce qui est « programmé » – littéralement : « pré-écrit » – dans nos gènes, si tant est que l'emploi de tels mots ait un sens, ce n'est pas notre identité ni notre avenir, c'est un ensemble de possibilités et de contraintes dont l'actualisation dépend en permanence de notre histoire et de notre environnement.

Ainsi, la cartographie précise du million de milliards de connexions nerveuses dans notre cerveau n'est pas « pré-écrite » dans nos gènes, mais émerge progressivement des interactions entre nos neurones, interactions dont vont dépendre leurs activités, mais aussi leur survie ou leur mort. Et ce réseau, différent, même chez des jumeaux vrais, se modifiera au cours de notre existence en fonction de notre histoire et de notre environnement.

Réseaux de gènes, de protéines, de cellules, d'organes, d'individus, d'espèces, réseaux écologiques... à chacun de ces niveaux, où émergent des formes d'interactions nouvelles, la plupart des éléments se révèlent, selon les mots de Pascal, « choses à la fois causantes et causées ». Les chaînes de causalité sont multidirectionnelles, avec des effets de rétroaction, d'amplification ou d'inhibition, et des relations de causalité que l'on appelle aujourd'hui, en biologie, « en spirale ». Le plus souvent, l'extérieur compte autant que l'intérieur, l'environnement autant que les gènes, l'acquis autant que l'inné, et, dans l'espèce humaine et dans certaines espèces animales, la culture autant que la nature.

Pourtant la notion d'un déterminisme génétique fort, voire absolu, est toujours répandue. Elle est souvent liée à une généralisation excessive des connaissances acquises sur les maladies génétiques héréditaires.

Une métaphore sur les contraintes

Nous possédons environ vingt mille gènes, chacun en double exemplaire – l'un hérité de notre mère, l'autre de notre père –, chaque exemplaire le plus souvent légèrement différent de l'autre, deux parmi les nombreuses variations de chaque gène qui sont apparues et continuent d'apparaître dans l'humanité et que la reproduction sexuée brasse, mélange et diversifie en permanence.

De nombreuses maladies héréditaires, qui atteignent, chacune, le plus souvent une faible proportion de personnes, sont liées à la transmission héréditaire d'une séquence particulière d'un gène ou à l'émergence spontanée d'une modification d'un gène chez l'embryon. Le développement de certaines maladies est lié à la présence de la séquence particulière sur les deux exemplaires d'un même gêne, dans d'autres, un seul exemplaire suffit à provoquer la maladie. Si la séquence particulière d'un ou de deux exemplaires seulement d'un seul gène suffit à prédire avec une très forte probabilité la survenue d'une maladie, cela signifie-t-il que le pouvoir prédictif de chacun de nos vingt mille gènes est aussi puissant, et que si nous pouvions interpréter leurs séquences, nous saurions chacun – presque – tout de notre identité et de notre avenir ?

Lorsque, en 1986, la navette spatiale Challenger explosa peu après son décollage, une institutrice était à bord, et la catastrophe provoqua dans le pays un choc considérable et une profonde émotion. Le grand physicien Richard Feynman faisait partie de la commission d'enquête mise en place par le Congrès pour essayer de déterminer la cause de l'accident, dont les travaux étaient retransmis par la télévision. Feynman provoqua une grande surprise lorsqu'il démontra la cause de l'explosion en trempant un joint de la navette spatiale dans un verre d'eau froide : le joint ne se déformait pas correctement en réponse aux changements brusques de température. Ainsi, la nature particulière d'un seul joint permettait de prédire avec une très forte probabilité – une certitude ? – que la navette spatiale, faite de dizaines de milliers de composants différents, exploserait après son décollage. L'étude de ce composant particulier permettait de révéler l'existence d'une contrainte importante qui mettait en péril l'intégrité de l'ensemble. Mais l'étude minutieuse de chacun des composants d'une navette spatiale ne permet pas à elle seule de prédire la durée, la direction, la destination de son voyage...

Il s'agit bien sûr d'une métaphore mécanique. Il ne s'agit ni d'un être vivant, ni d'un être humain. Mais les visions du déterminisme génétique, dans leurs formes les plus extrêmes, ont souvent une dimension de réification. Et pour cette raison, il peut être intéressant de faire par moments un détour sur le même terrain.

En d'autres termes, et en revenant au vivant, le fait que des séquences particulières de certains gènes permettent de prédire la survenue très probable d'une maladie ne signifie pas que la séquence de nos gènes permette, en tant que telle, de prédire l'avenir. La présence de certaines séquences d'un gène peut avoir pour conséquence tragique de contraindre le fonctionnement du corps au point de réduire ses possibilités d'arpenter le champ des possibles et de provoquer une catastrophe. Mais c'est vrai aussi de certains facteurs de l'environnement.

Dans leur immense majorité, les maladies graves les plus fréquentes dans nos pays – cancers, maladies cardiovasculaires, maladies neurodégénératives... – sont davantage liées à nos environnements et à nos modes de vie qu'à la séquence de nos gènes. Et lorsque la séquence de certains gènes permet de prédire un risque de développer l'une de ces maladies, c'est en général en termes de probabilités au niveau d'une population, et non pas au niveau d'une personne donnée.

Mais il ne s'agit pas de simplement séparer les effets des gènes de ceux des environnements, de faire la part des effets des gènes et des environnements : l'environnement – les différents niveaux d'environnement – influent sur la manière dont nous utilisons nos gènes. Et l'exploration de la complexité de ces interactions entre gènes et environnement constitue un domaine de recherche actuellement en pleine expansion : l'épigénétique.

L'empreinte de l'environnement sur les corps

Dans chaque espèce vivante, diverses composantes de l'environnement se réimpriment à chaque génération, influençant la façon dont les corps se construisent.

Chez certaines tortues et chez les crocodiles, le sexe n'est pas déterminé par des gènes de « masculinité » ou de « féminité », mais par l'un des éléments de l'environnement de l'œuf – la température extérieure. Et les cerveaux de deux embryons génétiquement identiques répondront à différentes températures – qui varient en fonction des saisons, et durant les saisons – par la production de différentes hormones sexuelles, qui détermineront la construction d'un corps mâle ou femelle.

Dans d'autres espèces, le développement d'un organisme dépend d'une interaction étroite – d'une forme de symbiose – avec des êtres vivants d'une autre espèce. Et la maturation de notre système immunitaire – notre organe de défense contre les microbes – dépend de la colonisation de notre tube digestif, à la naissance, par des bactéries...

Mais dans de nombreuses espèces, c'est la nature de l'environnement social, les modalités d'interactions avec d'autres membres de la même espèce, qui influera sur les modalités de construction du corps.

Chez certains poissons, leur environnement social peut, à l'âge adulte, entraîner un changement de sexe.

Chez les insectes sociaux, comme les abeilles, deux cellules œuf génétiquement identiques peuvent se développer selon deux modalités radicalement différentes en fonction de leur environnement extérieur – la nature de la nourriture fournie par les ouvrières. Et l'embryon se développera soit en une petite ouvrière, stérile, qui vivra deux mois, soit en une reine de grande taille, féconde, qui pondra d'innombrables œufs et vivra jusqu'à dix ans – c'est-à-dire soixante fois plus longtemps que l'abeille ouvrière. Et il y a ainsi, pour les abeilles, au moins deux façons radicalement différentes d'utiliser les mêmes gènes, qui aboutissent à la construction de corps aux potentialités radicalement différentes... Ces deux modalités de construction du corps dépendent du type de nourriture reçue dès le début de la vie : c'est la « gelée royale » qui permet le développement d'une reine. L'ouvrière et la reine ne diffèrent pas seulement par la forme de leur corps, leur stérilité ou fertilité, leur espérance maximale de vie, mais aussi par leur comportement. Et des travaux publiés en 2010 ont révélé qu'à ces comportements très différents correspondaient des façons très différentes, dans leurs cerveaux, d'utiliser leurs mêmes gènes : près de six cents gènes sont utilisés de manière différente par les cellules du cerveau des abeilles ouvrières et des abeilles reines.

En dehors des études réalisées chez les insectes sociaux, l'une des illustrations les plus frappantes de ces interactions complexes entre gènes et environnements a été apportée par l'exploration des mécanismes qui influent sur la durée de la jeunesse, le début et les modalités du vieillissement et la longévité maximale. Dans de nombreuses espèces, une modification d'un seul gène chez un animal vivant dans un environnement donné, ou, en l'absence de toute modification génétique, la modification après sa naissance d'une seule composante de l'environnement dans lequel vit cet organisme, peuvent avoir exactement le même effet : accélérer ou retarder le vieillissement, et réduire ou allonger la longévité maximale.

Mais d'autres résultats spectaculaires concernant l'influence de l'environnement sur le vieillissement ont été obtenus chez des souris depuis 2000. Ces résultats concernent les modalités d'évolution des maladies neurodégénératives – l'équivalent de la maladie de Parkinson ou de la maladie d'Alzheimer... – dont la probabilité de survenue augmente au cours du vieillissement. Ces maladies sont provoquées expérimentalement, chez des souris génétiquement identiques, soit en modifiant l'un de leurs gènes, soit en leur injectant des substances toxiques pour leurs cellules nerveuses, soit en introduisant dans leur ADN une séquence particulière d'un gène humain.

Lorsque ces souris vivent dans l'environnement habituel d'une animalerie, la maladie et la mort surviennent rapidement, à peu près au même moment chez toutes les souris. En revanche, lorsqu'on enrichit leur environnement extérieur, en introduisant dans leur cage de nombreux objets qu'on change souvent de place, une roue qui leur permet d'avoir une activité physique, et parfois aussi en déposant leur nourriture dans un labyrinthe, ce qui mobilise chaque jour leur mémoire, les maladies surviennent beaucoup plus tard ou ne surviennent pas.

La source de la maladie et de la mort a été introduite à l'intérieur du corps, à l'intérieur du cerveau, ou à l'intérieur des gènes. Mais les modalités de développement ou de non-développement de la maladie dépendent de l'environnement extérieur et de la manière dont le corps interagit avec cet environnement.

Et en l'absence de toute induction de lésions, lorsqu'on place des souris déjà âgées dans un tel environnement enrichi, elles peuvent récupérer des capacités de mémorisation semblables à celles de souris plus jeunes.

L'environnement influe sur le mode de vie, et le mode de vie influe sur la manière dont les cellules et le corps utilisent leurs gènes. Et dans la plupart des cas, la manière dont un organisme utilise les gènes dont il a hérité a probablement au moins autant d'importance sur sa santé et sa longévité que la séquence particulière des gènes dont il a hérité.

L'EMPREINTE DE L'ENVIRONNEMENT SUR LES CELLULES

Au début de notre existence. À partir de la cellule œuf fécondée naissent les premières cellules souches embryonnaires qui se transformeront progressivement, au contact les unes des autres, dans les deux cents familles différentes de cellules qui composent notre corps. Et en se transformant, elles perdront leur capacité première à construire un corps – à redonner naissance à la totalité des différentes familles des autres cellules du corps...

Une cellule du foie est différente d'une cellule du cœur... La différence entre ces cellules génétiquement identiques résulte de ce qu'elles ne fabriquent pas les mêmes protéines – de ce qu'elles n'utilisent pas les mêmes gènes.

Au cours de notre développement, certaines cellules, à mesure qu'elles commencent à utiliser certains de leurs gènes – certains de nos gènes – et à fabriquer certaines protéines, empêchent par là même d'autres cellules d'utiliser les mêmes gènes. Des réactions enzymatiques, en fonction de l'environnement, de l'histoire, puis de la généalogie de chaque cellule, rendent inaccessibles la plupart de ses gènes. L'environnement nouveau qui émerge de la construction de notre corps restreint peu à peu les potentialités de chacune des cellules qui le construisent et le composent.

La complexité naît d'un vaste processus de soustraction différentielle dans les possibilités d'utiliser les mêmes gènes – une mosaïque de plus de deux cents modalités différentes de soustraction donnera naissance à plus de deux cents configurations cellulaires, la diversité des plus de deux cents familles de cellules de notre corps...

Et ces modifications épigénétiques qui s'impriment progressivement, si elles permettent le voyage de notre corps vers la complexité, empêchent aussi tout retour en arrière : d'une cellule de foie naîtra une autre cellule de foie, et non pas, pour autant que nous puissions savoir, une cellule souche embryonnaire, ni a fortiori un nouvel embryon...

Certaines cellules souches adultes gardent, durant toute notre existence, la capacité de donner naissance à la jeunesse et à un certain degré de diversité. Mais elles ont perdu le pouvoir des premières cellules souches embryonnaires. Certains des gènes qui étaient originellement accessibles dans ces premières cellules sont devenus inaccessibles.

Et pourtant.

En 1996, un chercheur anglais, Ian Wilmut, annonce qu'il a obtenu la naissance de la brebis Dolly, le premier mammifère né d'un clonage. Puis le clonage aboutit à la naissance de chevaux, de chats, des souris...

L'introduction du noyau (c'est-à-dire de l'ensemble des chromosomes, de l'ADN et des gènes qu'il contient) d'une cellule de la peau dans un ovule dont on a retiré le noyau permet le développement d'un embryon. Et ainsi, il apparaît qu'il suffit d'un environnement particulier pour que des gènes qui étaient devenus inaccessibles dans une cellule de la peau redeviennent accessibles et soient soudain utilisés à la construction d'un embryon quand ils sont introduits dans un ovule...

La façon d'utiliser les gènes dépend de l'environnement le plus élémentaire dans lequel ils sont plongés : le corps – le cytoplasme – de la cellule dans laquelle ils résident. Il y a, dans la composition particulière, ou dans la structure tridimensionnelle d'un ovule, dans la manière dont l'ovule s'est construit – à partir de la façon particulière dont il a utilisé ses gènes et s'est construit à partir d'une cellule souche embryonnaire –, quelque chose d'encore mystérieux qui permet d'utiliser les gènes à la construction d'un nouvel embryon...

Et ainsi, en prenant le noyau d'une cellule différenciée d'un corps adulte, on peut, dans un ovule, refaire naître la nouveauté et la diversité, et obtenir dans un tube à essai un petit embryon d'une centaine de cellules souches. Et chacune de ces cellules souches embryonnaires est capable, dans un tube à essai – à condition d'introduire les molécules qui constituent un environnement approprié –, de redonner naissance à chacune des diverses familles de cellules du corps... les cellules nerveuses étoilées de notre cerveau ; les cellules battantes de notre cœur, qui se contractent et se détendent ; les ostéoblastes qui construisent nos os, et les ostéoclastes qui les détruisent ; les globules rouges qui ont perdu leur noyau et leurs gènes et circulent dans notre sang pendant plusieurs mois, apportant dans tous les territoires de notre corps l'oxygène que nous inspirons, et emportant vers nos poumons le gaz carbonique que nous expirons ; les cellules souches de notre peau, qui donnent naissance aux cellules qui migrent progressivement vers la surface de notre épiderme, se rigidifient en s'emplissant de kératine, et meurent, remplacées par des cellules nouvelles...

Le « clonage », qu'il soit « à visée reproductive » ou « à visée scientifique » – appelé à tort, en l'absence de tout résultat en ce sens, « clonage thérapeutique » –, permet de refaire de manière artificielle et initialement imprévue un voyage à travers le temps, en réempruntant en cours de route le chemin que suit la nature, le chemin qui mène de l'ovule à l'embryon.

Mais il y aura beaucoup plus surprenant encore.

En 2006, Shinya Yamanaka, qui travaille à l'université de Kyoto, publie un article annonçant qu'il suffit de forcer artificiellement une cellule de la peau d'une souris à utiliser quatre de ses gènes pour qu'elle s'engage sur le chemin qui la transforme en une cellule souche de type embryonnaire, refaisant, d'une autre manière, sans passer par l'étape de formation d'un embryon, un voyage vers son passé le plus lointain, et pouvant alors se transformer, en fonction de l'environnement extérieur qu'on lui fournit, dans la plupart si ce n'est la totalité des deux cents familles différentes de cellules qui peuplent notre corps. Et deux ans plus tard, en 2008, plusieurs groupes de recherche aux États-Unis confirment la validité de ces résultats à partir de cellules humaines – même lorsqu'il s'agit de cellules de la peau de personnes âgées de plus de quatre-vingts ans.

Ce que l'environnement a contraint d'une manière qui nous paraît a priori irréversible dans une direction particulière, un changement d'environnement peut le modifier.

Ce n'est pas le temps qui s'efface alors – si la séquence des gènes de la cellule a été modifiée au cours du temps, ils en garderont la trace. Ce qui se révèle, c'est l'extraordinaire capacité des modifications de l'environnement à moduler, empêcher ou permettre de nouveaux départs, de nouveaux voyages, de nouvelles métamorphoses...

Et la richesse de ces mécanismes épigénétiques ne se limite pas au contrôle de l'utilisation des gènes. L'ensemble de nos gènes et de leurs régions régulatrices ne constitue qu'environ 30 % de notre ADN. Et le reste, longtemps considéré comme inutile, avait été nommé « ADN poubelle ». Mais une partie importante de cet ADN, considéré à tort comme inutilisable, permet aux cellules de fabriquer d'innombrables micro-ARN, qui modifient à leur tour la capacité des cellules à utiliser certains de leurs gènes. Et la découverte de ces mécanismes épigénétiques radicalement nouveaux a été distinguée en 2006 par le prix Nobel de physiologie et de médecine.

Ainsi, connaître la séquence particulière d'un gène ne suffit généralement pas à prédire si – ni comment – il sera utilisé par telle ou telle cellule, ni a fortiori par l'organisme.

Et des travaux récents indiquent que deux personnes génétiquement identiques – des jumeaux vrais – acquièrent, progressivement, au cours de leur vie, des modalités de plus en plus différentes d'utilisation de leurs mêmes gènes, différences qui participent ainsi à la construction de leur singularité biologique. Et d'autres études réalisées chez des jumeaux vrais suggèrent que la séquence particulière de leurs gènes interviendrait pour environ 25 % dans la durée de vie en bonne santé, alors que les interactions avec l'environnement interviendraient pour 75 %.

Aucun être n'est identique à un autre. Chaque être vivant, chaque être humain est unique, singulier, à nul autre pareil, quelle que soit la nature de ses gènes. Et la ressemblance n'est pas l'identité.

Mais qu'en est-il de l'héritabilité des empreintes que laissent dans le corps les rencontres avec l'environnement ? Qu'en est-il de l'héritabilité des modifications épigénétiques survenues durant l'existence ?

L'EMPREINTE PARENTALE

L'une des premières formes d'hérédité épigénétique, identifiée durant les années 1990, est liée au sexe. Nous possédons chacun deux exemplaires de chaque gène, l'un hérité de notre mère, et l'autre de notre père. Et en ce qui concerne la plupart de nos gènes, lorsqu'ils leur sont accessibles, nos cellules utilisent chacun des deux exemplaires, fabriquant deux protéines le plus souvent légèrement différentes l'une de l'autre.

Mais durant notre développement embryonnaire, il y a une centaine, ou peut-être plusieurs centaines – on ne sait pas précisément combien – de nos gènes, dont nos cellules ne peuvent utiliser qu'un seul des deux exemplaires, soit, suivant le gène, l'exemplaire que nous avons hérité de notre mère, soit l'exemplaire que nous avons hérité de notre père. L'autre est inaccessible depuis notre conception.

Cet exemplaire inaccessible du gène a reçu, dans le corps de notre mère, ou dans le corps de notre père, une « empreinte parentale » dont nous avons hérité, et qui signe à la fois son origine maternelle ou paternelle, et son inaccessibilité. Et c'est dans le corps de notre mère, dans chacun de ses ovules – et dans le corps de notre père, dans chacun de ses spermatozoïdes –, que ce gène a reçu une empreinte qui l'a rendu inutilisable. L'empreinte de l'environnement masculin ou féminin, l'empreinte de la nature de la cellule germinale dans lequel il résidait avant notre conception.

Pour une grande partie de ces gènes soumis à « empreinte parentale », l'« empreinte paternelle » a pour effet de favoriser la croissance de l'embryon, alors que l'« empreinte maternelle » a pour effet de freiner sa croissance. Et ainsi, au cœur même de l'embryon en train de se construire se déroule une forme de « conflit parental » décalé dans l'espace et le temps, dont la résultante est le rythme et l'intensité de la croissance du descendant dans le corps de sa mère.

L'une des explications qui a été proposée à ce phénomène est la suivante : chez les mammifères, les pères dont les enfants exploitent, avant et après la naissance, lors de l'allaitement, les ressources énergétiques de la mère, aux dépens mêmes de la santé de la mère, ont probablement eu des enfants vigoureux. Et ces enfants vigoureux, s'ils sont de sexe masculin, ont eux-mêmes eu une grande probabilité d'avoir de nombreux enfants vigoureux, propageant ainsi ces phénomènes d'empreinte paternelle des gènes dont l'utilisation par l'embryon a tendance à favoriser sa croissance.

Inversement, les mères dont les enfants se développent avant et après la naissance sans mettre en péril leur santé ou leur vie ont eu une plus grande probabilité d'avoir de nombreux enfants. Et ces enfants, s'ils sont de sexe féminin, ont eu une grande probabilité d'avoir de nombreux enfants, propageant ainsi ces phénomènes d'empreinte maternelle des gènes dont l'utilisation par l'embryon a tendance à freiner sa croissance.

Et dans les espèces où la part maternelle à la survie de l'enfant dépassait la période de développement embryonnaire et une brève période d'allaitement, et se traduisait par une période plus longue de soin, de relation, et de protection maternelle, la santé de la mère après la naissance devenait un déterminant de la probabilité des enfants de survivre et d'avoir eux-mêmes des descendants.

Ainsi, la théorie du « conflit parental » postule que cette forme d'hérédité épigénétique qui se reconstitue à chaque génération en fonction du sexe de l'individu a évolué au rythme d'une longue « course de la Reine rouge », faite d'une succession d'attaques paternelles et de défenses maternelles, de nouvelles contre-attaques et de nouvelles défenses dont l'issue s'est rejouée, à chaque génération, dans le corps de l'enfant et le corps de la mère.

Et des phénomènes semblables d'« empreinte parentale » ont été identifiés chez les plantes à fleur, et, dans des configurations un peu différentes, chez les insectes.

Mais quelle est l'origine de ces phénomènes ? Certains pensent qu'il ne s'agit que de l'une des innombrables variations réalisées sur le thème d'une « course de la Reine rouge » beaucoup plus ancienne, une course contre les parasites – les éléments génétiques mobiles – qui envahissent l'ADN de toutes les espèces vivantes : un mécanisme ancestral de défense contre les transposons. Les réactions enzymatiques qui rendent certains gènes inaccessibles ont pour effet de figer la propagation des transposons dans l'ADN. Et l'idée est qu'au cours de ces luttes, de génération en génération, l'« empreinte parentale » a émergé comme l'une des conséquences inattendues de ces luttes toujours inachevées et toujours recommencées que se livraient, dans le corps de nos lointains ancêtres, les cellules germinales et les transposons. Et une fois que le « conflit parental » a, un jour, par hasard, débuté, la succession d'attaques et de défenses n'a pu que se développer et se propager.

Cette forme d'hérédité épigénétique, qui réimprime sa marque de génération en génération, et dépend des hasards de la fécondation, a un caractère stéréotypé qui ne dépend que d'un paramètre constant – le sexe de l'individu – et non des contingences de son existence. Et cette forme d'hérédité épigénétique est elle-même étroitement liée aux gènes de l'individu – chez les mammifères, à la combinaison XX ou XY de ses chromosomes sexuels qui détermine le sexe féminin ou masculin.

Mais qu'en est-il de la notion ancienne, et plus large, d'une « hérédité des caractères acquis » ? Certaines modifications épigénétiques survenues au cours de l'existence pourraient-elles être propagées à travers les générations, indépendamment de toute particularité ou modification dans la séquence des gènes ?

Une hérédité des caractères acquis ?

Différentes modalités d'« hérédité épigénétique » ont été identifiées depuis la fin des années 1990.

L'une de ces formes d'hérédité épigénétique se transmet, de même que l'hérédité génétique, des parents aux descendants par l'intermédiaire des cellules germinales – spermatozoïdes ou ovules. Mais contrairement à l'hérédité génétique, elle n'est pas liée à la transmission des gènes. Elle n'est pas liée à la transmission de l'ADN... Découverte d'abord chez les plantes, elle a été identifiée en 2006 chez la souris.

Les cellules d'un parent fabriquent des micro-ARN à partir d'une séquence de leur ADN qui ne contient pas de gène. Une fois que ces micro-ARN sont fabriqués, un mécanisme d'auto-amplification peut se mettre en place : des enzymes refabriquent continuellement de nouveaux micro-ARN à partir de ceux qui ont déjà été fabriqués, en l'absence de toute utilisation nouvelle de l'ADN. Ces micro-ARN sont présents dans toutes les cellules du parent, y compris ses cellules germinales. Et ainsi, même si le parent n'a pas transmis sa molécule d'ADN qui contient cette séquence – même s'il a transmis à l'embryon son autre molécule d'ADN, qui ne contient pas cette séquence –, les micro-ARN continueront d'être fabriqués dans toutes les cellules du descendant, y compris ses propres cellules germinales... qui donneront naissance à leur tour à ses descendants.

Ces micro-ARN ont pour effet de rendre un gène donné inaccessible, ils empêchent la souris de fabriquer une protéine à partir de ce gène. Et ainsi, de génération en génération, sera transmis ce qui équivaudrait, en termes d'hérédité génétique, à la destruction, la disparition d'un gène...

Mais le gène est toujours là. Ce qui est transmis, c'est une impossibilité de l'utiliser.

Comme une empreinte, une mémoire ancienne de la présence, dans le passé, chez l'un des ancêtres, d'une séquence d'ADN qui n'a pas été transmise, mais qui continue, à travers les générations, d'exercer indirectement son effet. Comme la lumière, qui nous parvient à travers l'espace, d'une étoile aujourd'hui disparue.

Des recherches publiées en 2010 indiquent que, chez les rats et les souris, le régime alimentaire d'un père peut exercer une influence sur la façon dont ses descendants vont utiliser un grand nombre de leurs gènes dans des organes participant au stockage et à la consommation d'énergie – dans les cellules du pancréas, qui produisent l'insuline, ou dans le foie.

Ainsi, un régime très riche en graisses du futur père, se traduisant par une obésité et une forme de diabète, conduira à une obésité et une forme de diabète chez un grand nombre de ses filles. Et un régime pauvre en protéines du futur père conduira à des modifications de fonctionnement du foie chez ses fils et ses filles. Ces résultats suggèrent que le régime alimentaire du père exerce une influence, au niveau de ses spermatozoïdes, qui modifie la façon dont l'embryon utilisera certains de ses gènes – une forme d'empreinte parentale paternelle liée au mode de vie du père. On ne sait pas pour le moment si ces effets pourraient aussi se propager au-delà de la première génération de descendants.

La lumière des mères et l'hérédité des caractères acquis

Mais il y a une forme entièrement différente d'« hérédité épigénétique », dans laquelle la propagation « héréditaire » ne résulte pas d'une transmission, de parents à descendants, d'un constituant biologique par les cellules germinales. Elle résulte d'une « ré-initiation » par un même environnement, de génération en génération, d'une même modification épigénétique initiée par un environnement semblable chez les ancêtres.

Certains aliments peuvent avoir cet effet : leur absorption par le jeune enfant peut avoir pour conséquence une façon particulière d'utiliser certains gènes. Tant que ces aliments seront présents dans l'environnement, et seront ingérés, cette empreinte se réinscrira dans les corps de génération en génération.

Il est d'autres circonstances plus fascinantes, où c'est la collectivité elle-même qui réinscrit, à chaque génération, chez les descendants, l'empreinte qu'elle a elle-même reçue de ses ancêtres. Dans ces cas-là, l'environnement extérieur qui imprime sa trace, de génération en génération, ce sont les parents... Et la lumière des étoiles disparues depuis longtemps brille de mère en mère, à travers le temps.

La manière dont on aborde une question détermine le champ des réponses possibles. Il existe des lignées de souris et de rats, créées en laboratoires, dont tous les individus sont génétiquement identiques. Ces différentes lignées se distinguent souvent par des différences dans la façon de se comporter ou de réagir à leur environnement. Par exemple, à l'âge adulte, un degré d'anxiété plus ou moins important – une façon différente de ressentir son environnement et d'y répondre – et une capacité différente de mémorisation – une façon différente d'enregistrer la nouveauté, et de mobiliser cette empreinte.

Parce que l'idée prédominante était que ces différences héréditaires ne pouvaient être dues qu'aux différences génétiques entre ces lignées, les recherches visaient à identifier les gènes particuliers, ou les séquences d'ADN particulières, qui déterminent, chez ces animaux, leur caractère « plus calme » ou « plus anxieux », telle ou telle capacité de mémorisation, et telle ou telle modalité de construction du cerveau.

En 1999, une équipe de chercheurs animée par Michael Meaney à l'université Mc Gill, à Montréal, a commencé à aborder la question d'une façon radicalement différente. Ils se sont focalisés sur l'étude de deux lignées, l'une calme, l'autre plus anxieuse, avec des capacités de mémorisation différentes. Ces différences de comportement sont associées, à un niveau biologique, à des différences, dans certaines régions du cerveau, dans la quantité de récepteurs pour certaines hormones – les hormones dites de stress, les hormones glucocorticoïdes –, c'est-à-dire à des différences dans les modalités de réponse de ces régions du cerveau à une même quantité de ces hormones fabriquées par le corps. Les chercheurs se sont demandé ce qui se produirait s'ils confiaient un nouveau-né de la lignée génétique à comportement calme à une mère adoptive de la lignée génétiquement différente à comportement anxieux – ou l'inverse.

Et la réponse a été la suivante : le nouveau-né manifeste, à l'âge adulte, un comportement et, dans son cerveau, des degrés d'expression de récepteurs hormonaux identiques à ceux de sa mère d'adoption, et non pas de ses parents génétiques.

Mais plus étonnant encore : si le nouveau-né confié à une mère de substitution était une femelle, elle allait donner elle-même naissance à des descendants qui, à l'âge adulte, auraient les comportements et les caractéristiques cérébrales de leur grand-mère d'adoption, et non pas ceux de leurs grands-parents génétiques.

Ainsi, il existait bien une « hérédité des caractères acquis ». Mais quel pouvait en être le mécanisme ?

En 2004, une explication claire était apportée à ces résultats.

Dans les lignées d'animaux à comportement anxieux, la manière dont la mère interagit avec un nouveau-né pendant les quelques jours qui suivent sa naissance a des conséquences sur la manière dont le nouveau-né va utiliser ses gènes : dans les cellules de certaines régions de son cerveau, un gène – et d'autres peut-être, non encore identifiés – qui permet la fabrication d'un récepteur pour les hormones glucocorticoïdes sera rendu inaccessible. Si, par des moyens artificiels, on empêche les cellules du cerveau du nouveau-né de rendre ce gène inaccessible, cette « empreinte » de sa mère d'adoption ne s'inscrira pas en lui. Et le nouveau-né n'aura pas, à l'âge adulte, ces caractéristiques du comportement et cette particularité du cerveau de sa mère d'adoption.

En revanche, la manière dont une mère à comportement calme interagit avec un nouveau-né pendant les quelques jours qui suivent sa naissance a pour effet un maintien de l'accessibilité dans certaines régions de son cerveau du gène qui permet la fabrication d'un récepteur pour les hormones glucocorticoïdes. Et le nouveau-né adoptera à l'âge adulte le comportement caractéristique de sa mère d'adoption.

Ainsi, indépendamment des différences génétiques réelles qui existent entre ces deux lignées, les caractéristiques particulières de comportement qui distinguent de manière si nette les individus appartenant à ces deux lignées différentes, et qui se transmettent de génération en génération, ne dépendent pas de leurs différences génétiques, mais simplement de certaines caractéristiques du comportement de la mère au cours des jours qui suivent la naissance de l'enfant.

Et si cette notion d'« hérédité des caractères acquis » entre en résonance avec les idées anciennes de Lamarck et de Darwin, elle procède de mécanismes plus ouverts, moins figés que ceux qu'ils imaginaient. Il ne s'agit pas, comme le pensait Darwin, d'« un effet sur le système reproducteur » des « changements des conditions extérieures » ou de l'« usage », durant l'existence, de certaines parties du corps, de leur utilisation croissante ou de leur absence d'utilisation...

Il s'agit, plus simplement, d'une réinitiation chez le nouveau-né, à chaque génération, par un individu adulte – dans le cas présent, sa mère, qu'elle soit biologique ou d'adoption –, d'une manière particulière de se construire. Par-delà la nature particulière des gènes et de l'ADN dont un enfant hérite de ses parents, l'environnement extérieur et des « caractères acquis » par les parents au cours de leur existence font aussi partie de ce que l'on nomme de manière ambiguë l'hérédité. L'apprentissage fait partie de l'« hérédité ». Et cette hérédité, ces multiples empreintes d'origine si diverses ne seront pas obligatoirement figées une fois pour toutes : elles peuvent, dans certaines circonstances, être à nouveau modifiées par l'environnement. Et à partir de ce moment, cesser de se transmettre de génération en génération. Et de nouvelles variations sur la nouveauté apparaîtront au cours de l'existence, et seront peut-être transmises, réinitiées, ou peut-être pas, par les descendants, chacun construisant dans sa singularité ce qui deviendra, un jour, un nouvel environnement de départ pour d'autres nouveau-nés.

Dans certaines lignées de souris, les effets épigénétiques exercés par l'environnement maternel débutent avant même la naissance.

Des travaux publiés en 2003 rapportent que dans certaines lignées de souris, des nouveau-nés manifesteront à l'âge adulte certains comportements de leur mère d'adoption, et non pas ceux de leur mère génétique, à condition non seulement qu'ils aient été élevés durant les jours qui suivent leur naissance par leurs mères d'adoption, mais qu'ils aient aussi auparavant été implantés, sous forme d'embryons, dans l'utérus de ces mères d'adoption – qui sont dans ce cas à la fois ce qu'on appelle des « mères porteuses » et des mères d'adoption.

Ainsi, l'idée répandue qu'une « mère porteuse » serait un simple véhicule pour l'embryon et n'exercerait aucune influence sur son développement, l'idée que seuls compteraient les gènes dont a hérité l'embryon, et l'environnement qui sera le sien après la naissance, correspond, au moins chez la souris, à une illusion.

Dans des conditions expérimentales où l'environnement est maintenu constant, les conséquences de la différence de la séquence de l'ADN peuvent devenir manifestes chez les descendants. Mais les expériences consistant à faire varier l'environnement – certaines des innombrables dimensions de l'environnement – révèlent, à ADN identique, les conséquences que ces modifications de l'environnement produisent chez les descendants.

La démarche réductionniste est essentielle pour essayer de mettre en évidence certaines relations de causalité. Elle peut en revanche être extrêmement trompeuse si elle conduit à considérer que les relations de causalité révélées dans certaines conditions particulières résument, à elles seules, l'ensemble des relations de causalité qui peuvent être mises en jeu chez des individus complexes et singuliers, plongés dans des environnements changeants.

Les variations aléatoires de l'ADN ne sont pas la seule source d'émergence de la nouveauté...

L'ENVIRONNEMENT EXTÉRIEUR ET L'ÉVOLUTION DU VIVANT

Les effets des modifications de l'environnement peuvent être de nature encore plus complexe et intriquée qu'il n'avait été imaginé.

Elles peuvent avoir pour effet non pas simplement la propagation, au sein d'une espèce donnée, de nouveaux « caractères acquis » par des individus au cours de leur existence. Mais, au cœur de l'évolution du vivant, l'émergence d'une plus radicale nouveauté.

La plupart des bactéries contiennent des gènes qui leur permettent de fabriquer des enzymes qui ont pour effet de découper l'ensemble de leur ADN et de réarranger au hasard les morceaux dans un ordre différent...

Dans des conditions d'environnement favorables, la bactérie ne fabrique pas l'ensemble de ces enzymes.

Mais elle les fabrique et les utilise en réponse à une modification défavorable de son environnement extérieur, dans le cadre d'une réponse qui a été appelée « réponse SOS ». À la transformation dangereuse de son environnement extérieur la bactérie répond en plongeant dans une radicale transformation intérieure. Elle remanie profondément son ADN, ces remaniements pouvant faire, par hasard, émerger de nouveaux gènes. Si la bactérie survit à ces bouleversements aléatoires de son ADN, elle peut alors fabriquer de nouvelles protéines et devenir autre. Et cette transformation peut permettre, par hasard, à certaines de ces bactéries, devenues nouvelles, de survivre dans cet environnement nouveau qui lui était soudain devenu inhospitalier.

La réponse SOS est une réponse épigénétique qui, en fonction de l'environnement, modifie la façon dont la bactérie utilise ses gènes. Mais cette modification épigénétique va elle-même provoquer des modifications dans la séquence des gènes. Et ces modifications génétiques, si elles permettent par hasard aux bactéries de mieux survivre dans ce nouvel environnement, seront transmises à leurs descendants.

Ainsi, le rythme d'émergence de nouveautés génétiques héritables à travers les générations dépend en partie, chez les bactéries, du rythme des changements de l'environnement. Et sur le bruit de fond des variations aléatoires que réalisent de manière incessante à chaque génération les mutations génétiques minimes et dont les variations aléatoires de l'environnement vont amplifier ou au contraire freiner la propagation – sur ce processus « graduel » d'émergence de la nouveauté par accumulation de « pas infimes » –, vont se surimposer, sur un rythme plus lent, des « sauts » dans la nouveauté génétique des discontinuités, scandés par les changements brutaux de l'environnement extérieur...

De tels phénomènes étaient-ils particuliers à l'univers ancestral des bactéries, ou pouvaient-ils aussi survenir dans l'univers des animaux ou des plantes ?

Susan Lindquist travaille à l'université de Chicago.

En 1998, elle publie des résultats surprenants.

Ils concernent la mouche du vinaigre. Ils suggèrent l'existence d'un mécanisme nouveau d'évolution du vivant. Une influence directe des changements brusques de l'environnement extérieur sur l'émergence d'espèces nouvelles.

Et l'existence d'un tel mécanisme avait été proposée, pour la première fois, un demi-siècle plus tôt.

Conrad Waddington travaille au Collège du Christ, à l'université de Cambridge, où Darwin avait suivi un siècle plus tôt ses études de théologie.

Waddington est embryologiste. Il a le premier proposé le concept et le terme d'« épigénétique ». En 1942, il décrit un phénomène étrange d'hérédité des caractères acquis. Dans certaines espèces animales, le « stress » causé par des modifications brutales de l'environnement provoque, dit-il, des modifications parfois considérables de l'organisme, résultant de changements dans les modalités de développement des embryons exposés à ce stress. Puis, après plusieurs générations successives d'exposition des embryons à ce stress, puis de croisement des adultes « anormaux » entre eux, les modifications de leur corps seront transmises à leurs descendants, de génération en génération, même après que l'événement stressant extérieur aura disparu.

L'explication proposée par Waddington était la suivante. Une grande partie des variations génétiques minimes qui s'accumulent de génération en génération demeureraient « silencieuses », en raison d'un mécanisme qui « tamponnerait », réprimerait, « canaliserait » leur effet durant le développement embryonnaire, les rendant « invisibles » à la sélection naturelle. Lorsque survient une perturbation importante de l'environnement extérieur, ces mécanismes de canalisation seraient soudain débordés, et ces « nouveautés » génétiques jusque-là réprimées seraient utilisées à la construction de formes nouvelles. Et si ces perturbations de l'environnement se poursuivaient au long d'un nombre suffisant de générations, et que les adultes devenus différents se reproduisaient entre eux, la sélection naturelle pourrait favoriser la propagation de nouvelles variations et combinaisons de ces gènes dont l'effet était soudain devenu visible, jusqu'au moment où ces variations et combinaisons génétiques ne sont plus canalisables, et qu'en l'absence même de toute perturbation importante de l'environnement extérieur, elles puissent être utilisées par les embryons à la construction de corps nouveaux.

Pendant un demi-siècle, l'existence de tels phénomènes et l'existence de tels mécanismes de « canalisations » seront l'objet de débats.

En 1998, Susan Lindquist rapporte les résultats qu'elle a obtenus en exposant des embryons de mouche du vinaigre à des changements brusques et importants de la température extérieure. Ces stress provoquent des modifications majeures dans la construction du corps – des changements dans la forme ou le nombre des pattes, des ailes... qui varient d'un embryon à l'autre. Comme l'avait postulé Waddington, ces modifications sont dues au démasquage d'une diversité génétique préexistante – de minimes différences dans la séquence de certains gènes utilisés à la fabrication de protéines participant au développement de l'embryon et qui, jusque-là, de génération en génération, gardaient une même activité malgré les légères différences qu'elles présentaient. Ces protéines conservaient une même activité parce qu'elles adoptaient dans l'espace une même forme tridimensionnelle. Et elles adoptaient cette même forme parce qu'elles partageaient toutes une caractéristique commune : elles étaient, en permanence, dès leur fabrication, accompagnées par des protéines « chaperons » appartenant à une famille particulière, les protéines de choc thermique HSP 90. Et c'étaient ces « chaperons » qui correspondent au facteur de canalisation de Waddington. Lorsque la température variait brutalement, les « chaperons » HSP 90 quittaient leurs partenaires habituels pour aller se fixer sur d'autres protéines que la température avait déformées : leurs partenaires adoptaient alors des conformations nouvelles, qui se traduisent par des activités nouvelles, entraînant des modifications dans la construction des corps des embryons. Devenues adultes – et pour la plupart fécondes –, ces mouches aux formes nouvelles donneront naissance, si la température continue de varier brusquement, à d'autres embryons qui leur ressembleront.

Et lorsque Susan Lindquist a croisé ces mouches entre elles, au bout de plusieurs générations, même si la température se stabilise, et que les « chaperons » HSP 90 reprennent leurs activités habituelles, les mutants continueront de donner naissance à des mouches nouvelles qui leur ressemblent.

S'agit-il d'une sélection naturelle de nouvelles modifications génétiques, devenues héritables, comme le pensait Waddington ? Ou s'agit-il d'une forme d'hérédité épigénétique, d'une transmission héréditaire d'une nouvelle façon d'utiliser les mêmes gènes ?

On n'en sait rien encore. Il s'agit aujourd'hui de sujets de questionnements, de sujets de recherches....

Mais il semble que les intuitions de Waddington correspondent, au moins pour partie, à la réalité.

Et en 2002, Susan Lindquist et son équipe découvrent que les mêmes phénomènes d'émergence brusque de nouveauté en réponse aux changements de l'environnement – et le même rôle des « chaperons » HSP 90 – existent aussi chez les plantes.

Ces découvertes sont en train de changer les données de l'affrontement ancien entre les théories gradualistes de l'évolution du vivant, plus fidèles à la théorie darwinienne, défendues par les auteurs et les héritiers de la synthèse moderne, qui considèrent que la nouveauté ne peut émerger que petit à petit de l'accumulation graduelle de petites modifications génétiques, et les théories saltationnistes, comme la théorie des équilibres ponctués de Gould et Eldredge, qui postulent que l'évolution procède par bonds dans la nouveauté. Mais ces découvertes sont aussi en train de changer les termes de l'affrontement ancien qui oppose les auteurs et héritiers de la synthèse moderne, qui, comme Wallace et contrairement à Darwin, considéraient que l'environnement ne pouvait avoir aucun rôle direct sur l'émergence de la nouveauté, et les héritiers de Lamarck, Darwin et Waddington, qui considéraient que les modifications de l'environnement pouvaient directement participer à l'évolution du vivant.

Ces oppositions n'avaient probablement pas lieu d'être. L'accumulation des modifications génétiques a probablement été le plus souvent graduelle. Mais cette accumulation graduelle peut être compatible avec une apparition soudaine de nouveauté, parce que des modifications brutales de l'environnement ont le pouvoir de révéler soudain, dans un embryon en train de se construire, une réserve – une source préexistante – de nouveauté qui s'est progressivement accumulée au cours des précédentes générations sous forme de discrètes mutations génétiques. L'effet de ces mutations, jusque-là continuellement réprimé par des mécanismes épigénétiques, peut alors se manifester pour la première fois.

Ainsi se construit continuellement un réservoir de capacité à évoluer – une évolutivité – que l'environnement peut un jour démasquer.

Empreintes de l'environnement permettant le démasquage soudain d'un réservoir, présent depuis longtemps, de capacité à évoluer... Empreintes de l'environnement participant à l'émergence soudaine, puis à la transmission, de génération en génération, de formes et d'espèces nouvelles...

Et, à un niveau plus discret, à l'intérieur d'une même espèce, empreintes de l'environnement social participant à l'émergence et à la transmission, de génération en génération, de la singularité de comportements individuels nouveaux...

Et il y avait une autre question encore. Celle du passage des empreintes de l'environnement social à l'apprentissage...

Cette dimension qui fonde l'évolution humaine...

La question de la transmission culturelle, la question de l'émergence des cultures...

Chapitre 26

Des tambours dans le lointain

Déterminer pour quelle part un trait [une caractéristique] est produit par les gènes ou par l'environnement est aussi inutile que de demander si les sons du tambour que nous entendons au loin sont produits par le percussionniste ou par son instrument. En revanche, si nous remarquons un son de tambour différent, *nous pouvons légitimement nous demander si la différence est due à un autre joueur ou à un autre tambour. [...] « Y a-t-il de la culture dans la nature et y a-t-il de la nature dans la culture ? » C'est une question à laquelle nous ne pouvons pas répondre sans réfléchir à notre propre place dans la nature, une place qui est définie par notre culture.*

Frans de Waal,
Le Singe et le Maître de sushi

« [L'existence d'une] culture, poursuit le primatologue de Waal, signifie simplement que des connaissances et des habitudes sont acquises à partir d'autres [individus] [...], ce qui explique que deux groupes appartenant à la même espèce peuvent se comporter différemment. Parce que la culture implique d'avoir appris des autres, il nous faut exclure [la possibilité] que chaque individu ait acquis une caractéristique particulière de lui-même avant de la nommer culturelle. »

Il y a, dans l'hérédité épigénétique de certains comportements – la réinitiation, à chaque génération, de ces comportements au contact des autres –, quelque chose qui évoque et préfigure de très loin cette notion de culture : un comportement « acquis à partir d'autres » sans support biologique héréditaire à cette transmission autre que la capacité à acquérir ce comportement au contact des autres... Et qui fait que « deux groupes appartenant à la même espèce peuvent se comporter différemment ». Mais il ne s'agit pas de « connaissances ». Ni même d'« habitudes ».

Il y a dans ces formes d'hérédité épigénétique de certains comportements quelque chose qui évoque, et préfigure de manière très lointaine, ce que nous appelons l'apprentissage. Mais il ne s'agit pas de connaissance, ni d'apprentissage au sens conscient, intentionnel du terme : il s'agit d'une empreinte quasiment automatique au contact des autres. Et « la culture, continue de Waal, implique d'avoir appris des autres ».

La notion de culture implique un certain degré d'appropriation consciente du comportement acquis et transmis. Et quoi de plus difficile que d'essayer d'explorer et d'imaginer l'expérience intérieure de celui ou de celle qui apprend et qui transmet.

Mais avant d'aborder la notion de transmission culturelle, il faut revenir à une série d'interactions complexes entre gènes, organismes et environnements, et entre différents organismes, qui ont probablement joué un rôle dans l'émergence et l'évolution de formes sophistiquées de coopération entre les individus. Dans l'évolution d'une capacité des parents à subvenir aux besoins de nouveau-nés fragiles, incapables de survivre seuls. Et dans l'évolution d'une capacité à imiter, à interpréter et à s'approprier de manière plus ou moins consciente le comportement des autres.

L'empreinte parentale, l'établissement à la naissance d'un lien affectif avec la mère est un phénomène qui implique, chez certains oiseaux, comme les oies, un attachement immédiat à ce qui est présent à l'endroit et au moment de l'éclosion. Les oies de Konrad Lorenz le suivaient comme s'il était leur mère. La capacité d'attachement est innée. L'objet de l'attachement dépend des hasards de l'environnement : d'habitude, c'est la mère, mais si elle n'est pas là, ce peut être un éthologue ou un jouet... D'une manière infiniment moins sophistiquée, mais semblable à la capacité innée d'un enfant d'apprendre non pas une langue donnée, mais n'importe quelle langue humaine – celle qui sera par hasard celle que lui parlera sa mère, ou la personne qui s'occupe de lui –, les oies ont la capacité innée de suivre et s'attacher à n'importe quelle présence au moment de leur naissance.

Mais d'autres formes d'empreintes peuvent ressembler à des formes d'apprentissage qui rendent plus floue la frontière avec l'apprentissage culturel. L'une de ces formes d'apprentissage concerne la peur du prédateur. La nature du prédateur, source de peur – comme la nature de la mère, source d'attachement –, n'est pas toujours inscrite à l'avance. Elle est transmise de nouveau, à chaque génération, par les adultes, par la mère, aux enfants.

Les singes vervets, qui vivent en Afrique, utilisent différents cris d'alarme suivant le prédateur auquel ils sont confrontés – aigle, léopard, serpent... – qui provoquent des comportements différents – rester immobile s'il s'agit d'un serpent, monter dans un arbre s'il s'agit d'un léopard... La projection simultanée à de très jeunes singes nés en captivité d'images de réactions de la mère à un prédateur donné et d'images du même ou d'un autre prédateur révèle l'existence d'une part importante d'apprentissage dans le couplage entre la nature du même ou d'un autre prédateur, la nature du cri d'alerte, et la réponse appropriée à ce cri.

Le même type d'expérience a été réalisé avec d'autres singes, qui vivent en Asie, les rhésus macaques. De très jeunes singes nés en captivité ne montrent aucun signe de peur devant une image de serpent tant qu'ils n'ont pas vu l'image de la réaction de leur mère, née dans la nature. Si on leur montre l'image d'une fleur en même temps qu'une image de la réaction qu'a eue leur mère à la vue d'un serpent, ils peuvent apprendre à avoir peur d'une fleur... Il y a une part innée dans cet apprentissage : des expériences montrent qu'il leur est beaucoup plus difficile d'apprendre à avoir peur d'une fleur que d'un serpent. Mais l'intrication entre l'inné et l'acquis se révèle dans sa complexité, et l'importance de l'apprentissage apparaît considérable.

Des phénomènes semblables ont été observés dans certaines espèces d'oiseaux. Quelle est la part de l'inné et de l'acquis dans l'identification par ces oiseaux d'un ennemi, le plus souvent un prédateur, sur lequel ils se jettent en groupe après avoir émis des cris d'alerte, en l'attaquant dans une forme de « lynchage » ? La présentation simultanée à de jeunes oiseaux des cris d'attaque de leurs congénères et d'une poupée rudimentaire évoquant vaguement la forme d'un animal conduit à un « lynchage » de la poupée, qui aura lieu à chaque fois que ces oiseaux apercevront une bouteille de ce type. L'image de l'ennemi n'est pas innée. Elle se forge par apprentissage, par confrontation à la réaction des adultes... l'ennemi héréditaire des enfants est celui qui est désigné par les adultes...

La peur et les modalités de réponse que provoque la peur sont une réponse à la confrontation à un danger, réel ou ressenti comme tel. Non pas obligatoirement l'expérience directe – et souvent mortelle – du danger réel, mais l'expérience indirecte du danger dans l'expression et la réponse, dans le regard ou le cri de celui qui y a déjà été confronté dans la réalité, ou qui y a été lui-même confronté dans le regard ou le cri d'un autre... Et la reconnaissance de ce danger résulte d'un phénomène d'apprentissage, de mémorisation, qui souvent implique une dimension sociale, la médiation par un tiers.

Des expériences publiées en 2008 sur les phénomènes de peur conditionnée révèlent, chez la souris, la complexité des mécanismes de mémorisation impliqués. Un stimulus non dangereux (une lumière ou une sonnerie) est présenté associé à un événement dangereux. Au bout de quelques présentations simultanées l'événement non dangereux provoquera la peur. C'est ce qu'on appelle un conditionnement de Pavlov : un phénomène d'apprentissage d'une corrélation, d'un indice, qui serait l'équivalent, pour un oisillon, de constater que la vision d'une bouteille provoque une réaction de peur et d'attaque de la part des oiseaux adultes.

Cet apprentissage s'accompagne chez la souris d'une activation sélective de certaines cellules nerveuses. Et si le stimulus non dangereux en tant que tel est présenté de nombreuses fois en l'absence du contexte de danger, l'animal « désapprend » à avoir peur.

Mais il ne s'agit pas vraiment d'oubli : il s'agit d'une répression active de la mémorisation de la peur. Lors de la vision du stimulus non dangereux, d'autres cellules nerveuses s'activent, qui répriment l'activation des cellules nerveuses impliquées dans la réaction de peur. La mémoire qui résulte de cette série d'apprentissages antagonistes est une mémoire qui intègre et préserve les traces de ces deux apprentissages.

La peur est toujours près de renaître si elle cesse d'être inhibée. Et c'est ce qui se produit si le stimulus non dangereux réapparaît durant, ou peu après, un événement dangereux d'une autre nature que celui qui, à l'origine, a permis l'apprentissage de la peur. Le nouveau conditionnement, le nouvel apprentissage sera beaucoup plus rapide que le premier – immédiat.

Et si ces apprentissages s'ancrent plus facilement et plus profondément durant l'enfance de ces animaux, ils peuvent continuer à s'ancrer tout au long de la vie, adaptant l'individu à la richesse et à la singularité de son environnement local, et être transmis à la génération suivante avec les variations que le hasard peut faire naître dans l'identification de la nature précise des dangers, et les modalités particulières de réponse.

Et dans ce contexte très simple se dessine comme une esquisse de la dimension « culturelle » que peut avoir la désignation de l'ennemi. Comme une préfiguration lointaine des mécanismes de transmission qui, dans les cultures humaines, s'ancrent dans la mémoire et dans la raison, de génération en génération – vendettas, xénophobie, racisme, sexisme...

Un autre domaine où l'apprentissage auprès des adultes joue un rôle essentiel est le choix de l'alimentation. « Les singes évitent [...] les nombreux fruits des tropiques qui les empoisonneraient », notait Darwin dans *La Généalogie de l'homme*. Et il ajoutait : « Nous ne pouvons être certains que les singes n'apprennent pas de leur propre expérience ou de celle de leurs parents quels fruits il faut sélectionner. »

Un siècle plus tard, des études chez les grands singes, les oiseaux et les rongeurs ont montré que le choix de certains aliments (dont, chez certains grands singes, des plantes aux vertus médicinales) et l'évitement d'autres aliments (dont, chez certains rongeurs, ceux qui ont été intentionnellement empoisonnés par l'homme) font l'objet d'un apprentissage d'individu à individu qui se transmet de génération en génération, et qui peut varier entre les groupes à l'intérieur d'une même espèce. Ces phénomènes d'apprentissage par les enfants, qui les transmettront à leur tour à leurs enfants, de comportements particuliers des adultes ne sont pas restreints au petit univers constitué par les parents et leurs descendants. En 1953, des chercheurs japonais déposent sur l'île de Koshima des patates, pour faire sortir de leurs cachettes les singes rhésus macaques qui vivent sur cette île, et pouvoir les observer. Une jeune femelle âgée de dix-huit mois, que les chercheurs nommeront Imo (« Patate », en japonais) se met un jour à laver les patates, qui sont recouvertes de terre, dans une rivière, avant de les manger. Sa mère l'imite. Une innovation peut se transmettre non seulement des adultes à des jeunes, mais aussi de la nouvelle génération à la génération précédente. Puis, rapidement, toute la colonie lave les patates dans l'eau de la rivière avant de les manger. Plus tard, les patates que les chercheurs déposent sur l'île sont propres : les patates vendues au Japon sont lavées, débarrassées de la terre. Et Imo fait alors une autre innovation. Elle cesse de laver les patates dans la rivière et se met à les laver dans la mer. Est-ce pour leur donner un goût salé ? Bientôt, toute la colonie lave les patates dans la mer avant de les manger. Et depuis plusieurs dizaines d'années, sur l'Île de Koshima, la colonie de rhésus macaques a adopté et transmis, de génération en génération, cette innovation.

Dans de nombreuses espèces, l'apprentissage opère au niveau du groupe entier. Et ces relations sociales sont au cœur de phénomènes de coopération qui ont joué un rôle essentiel dans l'évolution du vivant.

L'aide mutuelle

Darwin a emprunté à Malthus la notion de « lutte pour l'existence ». « Du point de vue du moraliste, écrivait Thomas Henry Huxley en 1888 dans *La Lutte pour l'existence dans les sociétés humaines*, le monde animal est à peu près au niveau d'un spectacle de gladiateurs. [...] Le spectateur n'a pas besoin de faire un signe avec son pouce tourné vers le bas, car il n'y a pas [la nature ne fait pas] de quartier. »

Et plus d'un siècle avant la publication de *L'Origine des espèces*, était déjà présente l'image de « la nature, rouge [de sang] en dents et en griffes » d'Alfred Tennyson, et l'idée d'un « état de nature », qui, pour le philosophe Thomas Hobbes, était « la guerre de tous contre tous ». La phrase que Darwin reprendra, en l'attribuant au botaniste suisse Alphonse de Candolle, avait une origine plus ancienne, dans son propre pays.

Pourtant, dans *L'Origine des espèces*, Darwin avait prévenu le lecteur qu'il n'entendait pas donner à l'expression « lutte pour l'existence » un sens strict, mais qu'il l'employait en tant que métaphore.

« J'utilise ce terme dans un sens large et métaphorique, incluant [la notion de] dépendance d'un être par rapport à un autre, et incluant (ce qui est plus important) non seulement la vie de l'individu, mais son succès dans [sa capacité à] assurer une descendance. Deux animaux carnivores, en une période [de menace] de mort, peuvent être vraiment considérés comme luttant l'un contre l'autre pour la nourriture et la vie. Mais une plante au bord d'un désert apparaît comme en lutte pour la vie contre la sécheresse. [...] Parce que le gui est disséminé par les oiseaux, son existence dépend des oiseaux ; et l'on pourrait dire métaphoriquement qu'il lutte avec d'autres plantes à fruit, en incitant les oiseaux à dévorer, et donc à disséminer ses graines, plutôt que les graines des autres plantes. Dans ces diverses significations, qui se fondent les unes dans les autres, j'utilise par commodité le terme général de lutte pour l'existence. »

L'essentiel n'était pas dans ces exemples particuliers, mais dans la notion de « sens large et métaphorique » qu'il propose, « incluant [la notion de] dépendance d'un être par rapport à un autre, et incluant (ce qui est plus important) non seulement la vie de l'individu, mais son succès dans [sa capacité à] assurer une descendance ».

Car la « dépendance » – l'interdépendance – peut conduire aussi bien au combat qu'à la coopération. Et tant que l'une ou l'autre de ces modalités d'interaction auront favorisé – ou n'auront pas empêché – la capacité des individus de l'espèce (ou de certains d'entre eux) à « assurer une descendance », ces modalités d'interaction, si elles sont transmises de génération en génération, se pérenniseront.

En 1862, le prince Piotr Kropotkine a vingt ans. Officier dans un corps prestigieux de l'armée du tsar, il est envoyé pour cinq ans en poste en Sibérie. Il s'intéresse à la géographie, à la géologie et à la zoologie. Il a lu Darwin et est passionné par la théorie de l'évolution.

Quarante ans plus tard, le prince est devenu l'un des dirigeants du mouvement anarchiste international. En exil en Angleterre après avoir été emprisonné en France, il publie un livre, *L'Aide mutuelle : un facteur de l'évolution.*

« Deux aspects de la vie animale m'ont le plus impressionné durant les voyages que je fis dans ma jeunesse en Sibérie de l'Est et en Mandchourie du Nord. L'un d'entre eux était l'extrême sévérité de la lutte pour l'existence que la plupart des espèces animales ont à mener contre une nature inclémente ; l'énorme destruction de vie qui résulte périodiquement des effets naturels ; et en conséquence la rareté de la vie sur les vastes territoires qui se révélaient à mon observation. Et l'autre [aspect de la vie] était que même dans le peu d'endroits où la vie animale semblait en abondance, j'échouais à trouver – alors que je le cherchai avec ardeur – cette lutte amère pour les moyens d'existence entre les animaux appartenant à la même espèce, qui était considérée par la plupart des darwiniens (quoique pas toujours par Darwin lui-même) comme la caractéristique dominante de la lutte pour l'existence, et comme le facteur principal de l'évolution. »

Si nous demandons à la nature, poursuit-il, « "qui sont les plus aptes : ceux qui sont continuellement en guerre les uns contre les autres ou ceux qui s'aident les uns les autres ?", nous voyons d'emblée que les animaux qui acquièrent des habitudes d'aide mutuelle sont sans aucun doute les plus aptes. Ils ont plus de probabilités de survivre, et ils atteignent, dans leurs classes respectives, le plus haut développement d'intelligence et d'organisation corporelle ».

Et en conclusion, il ajoute : « Dans le monde animal, nous avons vu que la vaste majorité des espèces vivent en société et qu'elles trouvent dans la coopération leurs meilleures armes dans la lutte pour l'existence : [lutte pour l'existence] entendue, bien sûr, dans son sens darwinien large – non pas comme une lutte [entre les animaux d'une même espèce] pour les moyens d'existence, mais comme une lutte contre toutes les conditions naturelles défavorables à l'espèce. Les espèces animales dans lesquelles la lutte individuelle a été réduite à ses limites les plus minimes, et où la pratique de l'aide mutuelle a atteint le plus grand développement, sont invariablement les plus peuplées, les plus prospères, et les plus ouvertes à des progrès ultérieurs. La protection mutuelle qui est obtenue dans ce cas, la possibilité d'atteindre un âge avancé et d'accumuler les expériences, un développement intellectuel plus élevé, et le développement d'habitudes sociales assurent le maintien de l'espèce, son extension et son évolution progressive ultérieure. Les espèces non sociables, au contraire, sont vouées au déclin. »

La plupart des membres de l'école évolutionniste russe allaient refuser la notion malthusienne de combats entre les individus, et la notion de sélection naturelle, pour lui préférer l'évolution de différentes formes de coopérations, comme l'illustrera en 1909 – à un autre niveau – la « théorie de symbiogenèse » proposée par le botaniste Konstantin Mereschkowsky.

Mais il y a dans le livre de Kropotkine, au-delà de cette vision de la nature, un engagement idéologique, un combat politique, une vision de l'avenir de l'humanité. Son livre aborde – et défend – la notion de l'« aide mutuelle » dans des contextes très différents : d'abord chez les animaux, puis dans les sociétés humaines...

Kropotkine propose non seulement une vision de l'évolution du vivant radicalement différente de celle défendue par la plupart des successeurs anglais, européens ou américains de Darwin, mais aussi des implications humaines qui s'opposent, sur les plans politique, social et moral, à celles qui sont propagées par les premiers « darwinistes sociaux ».

Cela fait vingt ans que Darwin est mort et que Galton a proposé la notion d'eugénisme.

Toute réflexion sur « notre propre place dans la nature, dit de Waal, est influencée par notre culture ». Mais toute réflexion sur la nature elle-même est aussi, le plus souvent, influencée par notre culture. Tant est grande la tentation de lire, dans ce que nous y découvrons, la réponse à la question de la manière dont nous devrions choisir de nous comporter.

Et pourtant. « [Darwin et Freud] nous demandent finalement, écrira à la fin du XXe siècle le psychologue anglais Adam Phillips, de nous imaginer nous-mêmes, de nous décrire nous-mêmes du point de vue de la nature, mais avec la pleine connaissance du fait que la nature, par [leur] définition, n'en a aucun [point de vue]. » Il ajoutera : « À partir du moment où le bonheur entre en ligne de compte, de soi-disant questions biologiques deviennent des questions morales. »

Mais par-delà ces arrière-plans idéologiques qui ne cessent d'apparaître, et où la nature est sommée, comme un oracle, de parler de l'avenir humain, les deux visions apparemment antagonistes de la « lutte pour l'existence » dans la nature – les innombrables formes de guerre et les innombrables formes de coopération – se révéleront profondément complémentaires. Tissant la trame indéfiniment recommencée des relations sociales qui parcourent tous les niveaux d'organisation du vivant.

Une différence de degré et non de nature

Dans *La Généalogie de l'homme*, Darwin insistait sur l'existence, dans de nombreuses espèces animales, de phénomènes de coopération entre les individus d'une même espèce, qu'il appelait la sociabilité.

« Les animaux de différentes sortes sont sociaux. » Ils s'avertissent des dangers ; certains se prodiguent les uns les autres des soins ; d'autres chassent ou pêchent en groupe ; d'autres se défendent mutuellement, ou défendent ensemble les femelles et les enfants ; et l'« affection maternelle » est une constante chez tous les mammifères et les oiseaux...

« Il est certain, ajoute-t-il – et il précise qu'il ne parle pas ici des insectes sociaux, mais des mammifères et des oiseaux –, « que les animaux [sociaux] ont un sentiment d'amour les uns pour les autres, qui n'est pas ressenti par les animaux adultes non sociaux. » Et : « Beaucoup d'animaux [...] éprouvent certainement de la sympathie pour la détresse ou le danger [que ressent] l'autre. »

Même s'il l'exprime en d'autres termes, Darwin, trente ans avant la publication de *L'Aide mutuelle*, attachait, dans *La Généalogie de l'homme*, une extrême importance à l'émergence et à l'évolution de phénomènes de sociabilité, de coopération et de « sympathie » chez les animaux. Et s'il semble ainsi s'éloigner de l'insistance qu'il avait mise, dans *L'Origine des espèces*, sur les « guerres » entre chaque organisme, c'est parce que la question qu'il est maintenant – enfin – en train d'aborder publiquement est la question de savoir « si l'homme, comme toutes les autres espèces, est le descendant d'une forme préexistante ». Ou plutôt – car pour lui, depuis près de trente-cinq ans, la réponse ne fait pas de doute – comment cette transformation a pu s'opérer.

Et parce que Wallace avait conclu que l'esprit humain n'avait pu émerger spontanément, comme le reste des attributs du vivant, mais devait être le fruit d'une action spécifique d'un « pouvoir supérieur » – parce que Wallace était revenu, en ce qui concerne l'homme, à la vision de la Théologie naturelle – Darwin commencera par montrer dans les deux premiers chapitres à quel point « l'homme porte dans sa structure corporelle des traces évidentes de sa généalogie à partir d'une forme moins évoluée ».

Puis il consacre les deux chapitres suivants, intitulés « Une comparaison des capacités mentales de l'homme et des animaux inférieurs », au développement de l'idée dont l'objet est de montrer que « la différence en ce qui concerne l'esprit entre l'homme et les animaux supérieurs, aussi grande soit-elle, est certainement [une différence] de degré et non de nature », et que « les instincts sociaux [...] [ont] sans aucun doute été acquis par l'homme comme par les animaux inférieurs pour le bien de la communauté ». Ce qu'il appelle « le bien de la communauté », chez les animaux inférieurs, c'est une capacité du groupe d'« élever le plus grand nombre d'individus en pleine vigueur et santé, avec toutes leurs facultés parfaites, dans l'environnement qui est le leur ».

Et ainsi, entre *L'Origine des espèces* et *La Généalogie de l'homme*, la focale se déplace insensiblement de l'individu vers le groupe, et de la guerre permanente vers la sociabilité et la coopération.

Le premier chapitre, intitulé « Une comparaison des capacités mentales de l'homme et des animaux inférieurs », aborde, dans cet ordre, en sous-chapitres distincts, les émotions « simples » – le plaisir, la douleur, la joie, la détresse, la terreur, l'affection maternelle, le courage, la fureur – et les émotions « complexes » comme l'amour, l'émerveillement et la curiosité ; l'imitation ; la mémoire ; l'imagination et le rêve ; la capacité de raisonner ; l'utilisation d'outils ; l'abstraction, la conscience de soi ; le langage ; le sens de la beauté, qui a joué pour lui un rôle essentiel dans la sélection sexuelle... Puis le second chapitre, sous-titré « Le sens moral », est centré sur l'étude de la sociabilité chez les animaux, et se termine par un sous-chapitre intitulé « L'homme en tant qu'animal social »...

Bien sûr, Darwin reconnaît que la difficulté principale est liée à l'« impossibilité de déterminer ce qui se produit à l'intérieur de l'esprit d'un animal ».

Mais de manière saisissante, après avoir commencé la plupart des sous-chapitres par une phrase du type : « cette faculté a été à juste titre considérée comme l'une des principales distinctions entre l'homme et les autres animaux », Darwin explique en quoi cette idée d'un « propre de l'homme » correspond à une illusion. C'est, dit-il à chaque fois, « une différence de degré et non de nature ».

« Pourquoi notre méchanceté serait-elle l'héritage de notre passé de singe, et notre gentillesse uniquement humaine ? demandait Gould à la fin du XXe siècle. Pourquoi ne devrions-nous pas aussi rechercher une continuité avec les animaux en ce qui concerne nos caractéristiques "nobles" ? »

Et en 1739, Dans *Un traité sur la nature humaine*, le philosophe David Hume écrivait : « C'est de la ressemblance entre les actions [visibles] des animaux et celles que nous faisons nous-mêmes que nous considérons que [ce qui se produit en eux] ressemble à ce qui se produit en nous ; et le même principe de raisonnement, mené un pas plus loin, nous fera conclure que, puisque nos actions internes se ressemblent, leurs causes doivent aussi se ressembler. Quand une hypothèse est avancée pour expliquer une opération mentale qui est commune aux hommes et aux bêtes, nous devons appliquer la même hypothèse aux deux. »

Cette idée est fondée sur une approche de parcimonie. Mais, formulée plus d'un demi-siècle avant que Lamarck propose la première théorie de l'évolution du vivant, et plus d'un siècle avant que Darwin publie *De l'origine des espèces*, elle méconnaît un phénomène important : l'évolution convergente, l'émergence indépendante, à partir de mécanismes très différents, de phénomènes qui partagent certaines ressemblances. Plus la parenté entre les animaux et l'homme est grande, plus les derniers ancêtres communs sont proches, et moins l'hypothèse d'une évolution convergente est probable, et plus l'hypothèse d'une évolution à partir de mécanismes communs est probable.

L'idée sur laquelle Darwin insiste dans *La Généalogie de l'homme*, c'est l'importance de la sociabilité.

« La proposition suivante me semble avoir un haut degré de probabilité – à savoir que n'importe quel animal, doté d'instincts sociaux prononcés, l'affection parentale et filiale étant ici incluse, acquerrait inévitablement un sens moral ou une conscience, dès que ses capacités intellectuelles seraient devenues aussi développées, ou à peu près aussi développées, que chez l'homme. » Et il précise que cela n'implique pas qu'il s'agirait du « même sens moral que le nôtre [...], ils auraient un sens [particulier] du bien et du mal, qui pourrait les conduire à suivre des lignes de conduite extrêmement différentes ».

C'est dans « le degré » qu'a atteint le sens moral chez l'homme, dit-il, qu'il lui est devenu propre : il « constitue peut-être la meilleure et plus haute distinction entre l'homme et les animaux inférieurs. [...] Un être moral est un [être] capable de comparer ses actions ou motifs passés et futurs, et de les approuver ou de les désapprouver. Nous n'avons pas de raison de supposer qu'aucun des animaux inférieurs n'a cette capacité ».

« Si quelqu'un me demandait si je considère personnellement que les autres animaux ressemblent plus aux êtres humains que la plupart des gens ne le supposent, écrit, au début du XXIe siècle la philosophe Christine Korsgaard, qui étudie ces questions à Harvard, ou [au contraire] si je crois qu'il y a une forme de discontinuité profonde entre les hommes et les autres animaux, je devrais répondre oui aux deux. »

Ressentir

Pour Darwin, la « nouveauté » essentielle dont l'émergence, il y a longtemps, a permis l'évolution très progressive vers l'humanité n'est pas l'intelligence, mais l'existence d'une capacité d'attention à l'autre. Cette capacité qui a conduit chez l'homme à ce qu'il appelle « la part la plus noble de notre nature » – « la règle d'or, "ce que tu voudrais que les hommes fassent pour toi, fais-le pour eux" » –, « l'aide que nous nous sentons obligés d'apporter aux [personnes les] plus faibles » et qui est « essentiellement une conséquence indirecte de l'instinct de sympathie qui a émergé originellement parmi les instincts sociaux ».

L'instinct de sympathie... Darwin fait référence à Adam Smith, l'auteur d'*Une théorie des sentiments moraux*, publiée en 1759, avant *Une recherche sur la nature et les causes de la richesse des nations.* « Aussi égoïste que l'on considère l'homme, avait écrit Adam Smith, il y a à l'évidence des principes dans sa nature qui le conduisent à s'intéresser au devenir des autres, et qui lui rendent leur bonheur nécessaire, bien qu'il n'en dérive rien, excepté le plaisir de voir [le bonheur des autres]. »

En 1908, le Suédois Edward Westermarck publie *L'Origine et le développement des idées morales*. Dans une perspective darwinienne, il discute de l'existence chez l'animal de comportements de consolation, de partage, d'altruisme réciproque, de sanctions, de « pardon »...

« Pouvons-nous changer quoi que ce soit au fait de ressentir la douleur quand le feu nous brûle ? » demande Westermarck. Et : « Pouvons-nous changer quoi que ce soit au fait de ressentir de la sympathie pour nos amis ? »

Et avant la sympathie, il y a probablement eu l'empathie.

En 2006, Frans de Waal publie un livre de dialogue avec des philosophes, *Primates et philosophes. Comment la morale a évolué.* « Au lieu que l'empathie soit un point d'arrivée [au cours de l'évolution], écrit-il, elle a probablement été le point de départ [...] de l'émergence du langage et de la culture dans notre espèce. [...] Une fois que des processus d'un niveau supérieur d'organisation émergent, ils modifient les processus de base. [...] De la même façon, la culture et le langage [humains] modifient les [modalités d']expression de l'empathie. [...] L'empathie est la forme originelle, pré-linguistique, de lien interindividuel qui n'est entré que secondairement sous l'influence du langage et de la culture. »

Mais qu'est-ce que l'empathie ?

Le terme « empathie » – littéralement : ressentir en soi la souffrance [de l'autre] – émerge dans la langue moderne en

1909. Il est choisi par le psychologue américain Edward Titchener pour traduire un mot de la langue allemande, *Einfühlung* – littéralement : sentir à l'intérieur, ressentir. Ce mot a été utilisé un quart de siècle plus tôt par Robert Vischer dans un article concernant l'esthétique, pour décrire le processus par lequel la vision d'une œuvre d'art provoque à la fois la projection sur l'œuvre, et l'intériorisation par le spectateur, d'un contenu, d'une signification émotionnelle – le fait de prêter à l'œuvre les émotions que l'on ressent à son contact, d'entrer en résonance avec elle.

En 1903, Theodor Lipps reprend le terme dans un article intitulé « Ressentir, mimétisme intérieur et sensations organiques », puis, quatre ans plus tard, dans un autre article intitulé « La connaissance du moi étranger ». La connaissance du moi de l'autre.

« Rien ne devient jamais réel tant qu'on ne l'a pas ressenti », disait le poète John Keats.

Ressentir, c'est tenter de faire entrer la vie intérieure de l'autre dans la réalité, dans notre réalité. Ce qu'explore et décrit Lipps, c'est cette étrange capacité que nous avons de vivre en nous et de ressentir les émotions de l'autre à la vue de ce qu'il exprime. En les mimant en nous, dit Lipps.

En 1905, Freud utilise le terme *Einfühlung* dans *Le Mot d'esprit*. « Si maintenant je perçois chez une autre personne un geste, [...] le moyen le plus sûr d'accéder à la compréhension [de ce geste] va être pour moi de l'accomplir en l'imitant. [...] Une telle impulsion à l'imitation apparaît à coup sûr lorsqu'on perçoit des gestes. Mais en réalité, je n'effectue pas l'imitation. [...] À l'imitation du geste, je substitue l'acte de me le représenter par le moyen des traces mnésiques que j'ai [de ce qui est survenu en moi par le passé] lors de gestes similaires. »

Et c'est le mot « empathie » que choisira Titchener lorsqu'il traduit en anglais l'article de Lipps.

« Les plaintes de la souffrance sont à l'origine du langage », disait Raymond Queneau. C'est un langage d'avant les langues humaines. Et dont l'écho persiste aux marges des mots, dans l'ébauche d'un geste, dans l'effroi d'un regard, dans le cri et les pleurs d'une bête blessée et ceux d'un enfant qui ne sait pas encore parler. Quelque chose d'ancien et d'originel. Quelque chose qui nous bouleverse.

La « théorie de l'esprit » et les « neurones miroirs »

À la fin des années 1970, des philosophes ont nommé « théorie de l'esprit » cette capacité que nous avons d'intérioriser les intentions et les émotions de l'autre, de nous approprier, en le vivant, en le ressentant dans le langage de nos émotions et de notre raison, ce qu'il y a de plus intime, de plus singulier, et *a priori* de plus incommunicable : sa vie intérieure. De ressentir ses émotions. De deviner ses intentions. Et cette « théorie de l'esprit » a été décrite comme étant le propre de l'homme.

En 1998, les neurosciences ont commencé d'identifier l'un des supports biologiques de cette théorie de l'esprit. Et ce support biologique, nous l'avons en commun avec des primates non humains qui sont plus éloignés de nous que les chimpanzés et les bonobos : les rhésus macaques. Et ces supports biologiques nous permettent de mimer, de vivre, en nous, ce dont nous ne percevons chez l'autre que le reflet. Des réseaux de cellules nerveuses, les *neurones miroirs*, qui sont activés en nous à la fois lorsque nous effectuons un geste et lorsque nous voyons un autre faire le même geste.

Comme le pensaient Lipps et Freud, mais d'une façon qu'ils ne pouvaient imaginer, les influx nerveux qui parcourent notre cerveau – et le cerveau des primates non humains – permettent de se mettre à la place de l'autre. Ces réseaux ne permettent pas seulement de mimer en soi-même les gestes. Mais aussi les expressions faciales, qui traduisent les émotions et les intentions. Et ce que Darwin explorait minutieusement dans le texte qu'il avait d'abord voulu inclure comme un chapitre de plus dans *La Généalogie de l'homme*, et qu'il publia un an plus tard sous forme d'un livre, *De l'expression des émotions chez l'animal et l'homme*.

Réseaux de neurones miroirs dont Giacomo Rizzolatti, l'un des neurobiologistes italiens qui les ont découverts, dit qu'ils révèlent « à quel point est profondément ancré en nous le lien qui nous rattache aux autres, ou, en d'autres termes, à quel point serait étrange l'idée d'un *Je* qui existerait en l'absence d'un *Nous* ».

Ce *Nous* qui est à la base de ce que Darwin appelait les « instincts sociaux ». Pour nous, et pour beaucoup d'animaux.

Et qui chez nos plus proches parents, les chimpanzés et les bonobos, se traduisent de manières apparemment si différentes.

À LA DÉCOUVERTE DES CULTURES

À partir de leurs derniers ancêtres primates communs, les généalogies de l'homme et des chimpanzés se sont séparées il y a sept à dix millions d'années. Notre propre généalogie s'est ensuite arborisée en une série de branches *Hominidés*, puis de branches *Humains*, dont toutes, sauf celle qui nous a donné naissance, ont disparu. L'une des dernières disparitions a été, il y a environ trente mille ans, celle des hommes de Néandertal, dont la divergence avec les hommes de Cro-Magnon avait commencé il y a quatre cent mille à deux cent cinquante mille ans, et qui ont longtemps vécu très près les uns des autres, au Moyen-Orient, puis en Europe, développant une culture semblable. Les résultats de l'analyse de l'ADN des mitochondries de Néandertal, publiés en 2008, suggéraient que cette proximité n'avait pas conduit à des descendants communs, tout du moins à des descendants de femmes de Néandertal – les mitochondries étant essentiellement transmises par les mères – dans la population humaine actuelle. Mais la taille de l'ADN contenu dans les mitochondries est extrêmement réduite par rapport à celle qui est contenue dans les chromosomes, dans le noyau des cellules. En 2010, une grande partie de l'ADN du noyau des cellules était séquencée à partir des os d'une femme de Néandertal ayant vécu il y a environ quarante mille ans. Les résultats ont révélé que nous partageons plus de 99,8 % de la séquence de nos gènes avec Néandertal. Mais il existe de petites différences – des mutations ponctuelles – dans de nombreux gènes. Et cette étude suggère qu'une grande partie de la population humaine actuelle a hérité d'une toute petite proportion – 1 à 4 % – des gènes de Néandertal. Ainsi, à mesure que se développe la recherche, se modifie progressivement le regard que nous portons sur nos ancêtres, sur notre généalogie. Et dans ce domaine, comme dans ceux qui concernent notre passé le plus lointain, « on ne sait jamais de quoi hier sera fait ».

Chez la branche de nos parents non humains qui allait donner naissance aux chimpanzés, il y a aussi eu des arborisations, et notamment une séparation entre les ancêtres des chimpanzés et des bonobos. Aujourd'hui, les chimpanzés et les bonobos sont les deux espèces de primates qui sont, dans le monde vivant, les plus proches de nous.

Les chimpanzés et les bonobos ne sont pas nos ancêtres, mais nos contemporains. Ils ont évolué durant les millions d'années qui les séparent, et qui nous séparent, de nos derniers ancêtres communs. Et ils ont évolué non seulement d'une manière distincte de la nôtre, mais aussi d'une manière distincte entre eux. La structure sociale de leurs communautés et beaucoup de leurs comportements sont très différents. Les communautés de chimpanzés sont des sociétés patriarcales structurées autour de mâles dominants, où la violence se traduit par des combats et des systèmes d'alliance complexes entre les mâles, et par des phénomènes organisés de combats entre les groupes, que Jane Goodall a décrits pour la première fois il y a plus de quarante ans.

Les bonobos ont été découverts beaucoup plus tard que les chimpanzés, en 1929. Et ce n'est que récemment qu'on a commencé à les étudier. Leurs sociétés sont matriarcales, avec des femelles dominantes, un partage de la nourriture, une activité sexuelle débordante, où les contacts sexuels les plus variés tiennent lieu de lien social et de modalité de résolution des conflits.

Mais quelles que soient la nature des espèces animales où elle est apparue et la nature des relations sociales dans lesquelles elle s'est intégrée, l'empathie – cette capacité d'imiter, d'anticiper, de partager avec l'autre fondée sur un mimétisme intérieur – a probablement joué un rôle essentiel dans les processus d'apprentissage, et dans la transmission de ces apprentissages. Et dans la transmission, de génération en génération, des variations aléatoires ou intentionnelles qui ont pu être réalisées sur ces apprentissages.

Apprentissage de l'utilisation d'outils chez les chimpanzés – deux grosses pierres très lourdes pour casser des noix extrêmement dures, pierres soigneusement conservées dans des sites, tiges effeuillées avant d'être plongées dans les termitières pour manger les termites qui grimpent au long de la branche, grandes feuilles d'arbres posées sur le sol avant de s'asseoir – et variations locales, transmises de génération en génération, dans les modalités de fabrication et d'utilisation de ces outils.

Darwin avait rapporté les premières descriptions d'utilisation d'outils par les chimpanzés et d'autres grands singes. Mais il faudra attendre plus d'un siècle avant que cette notion ne commence véritablement à être acceptée par la communauté scientifique. En 1964, Jane Goodall publie un article dans lequel elle décrit la fabrication et l'utilisation d'outils par les chimpanzés dont elle observe la vie dans la nature dans la région de Gombe, en Tanzanie.

Quand elle raconte sa découverte, avant la publication, à son mentor, l'archéologue et paléoanthropologue Louis Leakey, il lui répond qu'il faudra désormais redéfinir le sens du mot « outil » ou du mot « humain », ou accepter l'idée que les chimpanzés sont des êtres humains... Plus tard, certains proposeront, lorsqu'on parle d'animaux, de remplacer le mot « culture » par le mot « tradition », le mot « langage » par le mot « communication »...

Toujours le même problème de décider comment intégrer ressemblance *et* différence. Continuité *et* discontinuité. Évolution graduelle *et* évolution par sauts...

En juin 1999, un grand article paraît dans la revue *Nature*, synthétisant une quantité considérable d'observations de chimpanzés réalisées par plusieurs équipes de recherche sur sept sites naturels en Afrique. Il décrit près de quarante modalités différentes de comportements acquis, variables selon les groupes, et apparemment transmis de génération en génération.

Il est intitulé « Des cultures chez les chimpanzés ».

À LA DÉCOUVERTE DES LANGAGES

Qu'en est-il du langage, cette caractéristique culturelle qui, plus encore que l'utilisation d'outils, est considérée comme le véritable « propre de l'homme » ?

Chez les singes, les vervets ne sont pas, de loin, les seuls à pousser différents cris d'alarme en fonction de la catégorie de prédateurs auxquels ils sont confrontés. Chez les vervets, trois cris d'alarme ont été identifiés, qui provoquent dans le groupe des comportements différents. Des travaux publiés en 2009 indiquent que d'autres singes d'Afrique, les mones de Campbell, possèdent un répertoire d'au moins six cris d'alarme différents : *krak, krakou, hok, hokou, whakou, boum.*

Certains de ces cris pourraient correspondre à des onomatopées, qui reproduisent l'un des sons émis pas le prédateur :

krak est le cri d'alarme poussé en présence d'un léopard – on peut imaginer le bruit d'une branche qui « craque » sous ses pas… *hok* – qui évoque le cri d'un aigle – est le cri d'alarme poussé en présence d'un aigle.

L'une des caractéristiques fascinantes est le fait que certains de ces cris changent de sens avec l'addition d'un suffixe – *ou*. L'ajout de ce suffixe, à la fin du « mot », élargit le sens du mot. *Krak* désigne un léopard – *krakou*, c'est un prédateur au sol. *Hok* désigne un aigle – *hokou*, la présence d'un animal, prédateur ou non, dans la cime des arbres, dans la canopée.

Mais ce n'est pas uniquement l'ajout d'un suffixe qui permet de changer la signification du cri d'alarme, c'est aussi la combinaison, et l'ordre des combinaisons, des différents « mots ». La présence d'un animal dans la canopée se dit *hokou* ou *wakou*. La présence d'un aigle se dit *hok*. Mais la présence d'un aigle dans la canopée peut se dire : *krakou* (prédateur)/*wakou* (dans la canopée). Cette combinaison de deux mots indique la nature de l'animal (un prédateur) et sa localisation (dans la canopée). Mais une dimension temporelle peut aussi être ajoutée : la séquence des cris *krakou-wakou-hok* – un prédateur/dans la canopée/aigle – semble signifier « un aigle est en train d'attaquer ». Et il n'y a pas que l'ajout d'un suffixe, ou la combinaison, et l'ordre de combinaison des mots qui enrichissent le sens, modifiant la réponse du groupe à ces cris d'alarme. Le nombre de répétitions de chaque mot isolé, ou inclus dans une séquence de mots différents, semble aussi transmettre une information additionnelle – ou, en tout cas, être induit par des situations différentes. Ainsi, par exemple, le nombre de mots *krak* utilisé dans un cri d'alarme dépendra du mode de reconnaissance du léopard. Si le léopard a été vu par celui qui pousse le cri, le mot sera répété un grand nombre de fois. Si le léopard a été seulement entendu par celui qui pousse le cri, ou que celui qui pousse le cri a entendu un cri d'alarme poussé par un singe d'une autre espèce, le mot ne sera pas répété, ou sera répété un petit nombre de fois.

Il y a parmi les mots utilisés par les mones de Campbell un mot – *boum* – qui ne correspond pas à la présence d'un prédateur. *Boum* est un ordre de regroupement, ou d'arrêt durant un déplacement du groupe. Et le fait qu'une « phrase » commence par le mot *boum* indique que, quel que soit le mot suivant – quel que soit le danger signalé – il ne s'agit pas d'un prédateur. La séquence *boum-krakou* (prédateur) répond au danger dû à la chute d'une branche ou d'un arbre.

Ainsi, un jeu de variations dans les combinaisons, les associations et les répétitions à partir d'un répertoire élémentaire de six cris – en fait, de quatre cris dont deux ont été modifiés par l'ajout d'un suffixe – constitue un mécanisme remarquable d'évolution de significations et de réponses possibles, qui correspond à l'émergence d'une protolangue et d'une protosyntaxe. Quelle est la rapidité d'apparition possible – la capacité d'innovation possible – d'un tel langage ? Chez des mones de Campbell vivant en captivité, les chercheurs ont identifié un « mot » nouveau, qu'ils n'ont jamais entendu chez ces singes en liberté : ce mot est crié lorsqu'un être humain inconnu s'approche du groupe en captivité. Ainsi, à mesure que les chercheurs deviennent de plus en plus attentifs aux modes de communication de nos lointains parents, les frontières du « propre de l'homme » apparaissent, comme le disait Darwin, « des différences de degré et non de nature ».

Les oiseaux et le « propre de l'homme »

« Théorie de l'esprit », empathie, « neurones miroirs », apprentissage, utilisation d'outils, prémices du langage, transmission culturelle des innovations individuelles… les études des primates non humains ont été riches de surprises et d'enseignements.

Et chaque fois que l'une de nos capacités était postulée comme exclusivement humaine, des recherches ont suggéré, comme le pensait Darwin il y a près de cent quarante ans, qu'elles étaient présentes, à des degrés très divers, dans différentes espèces du monde animal.

Les frontières du royaume du « propre de l'homme » sont devenues des frontières floues. Qui s'étendent au-delà du monde des primates non humains.

Il y a, chez les oiseaux, une capacité d'apprentissage… Apprentissage des chants dans de nombreuses espèces, chants dont Darwin notait qu'ils ne sont « pas plus innés que le langage ne l'est chez l'homme », et dont les variations locales sont transmises de génération en génération, comme des « dialectes provinciaux ».

Mais depuis le début des années 2000, il y a des propriétés plus proches du « propre de l'homme » qui ont été décrites chez des oiseaux appartenant à la famille des corvidés – les geais, les pies voleuses, les corbeaux et les corneilles...

Les corneilles et les corbeaux sont capables, comme les chimpanzés, de fabriquer et d'utiliser des outils pour se saisir de leur nourriture quand ils ne peuvent pas y parvenir sans outil.

Mais il n'y a pas que la fabrication et l'utilisation d'outils. Il y a aussi la « théorie de l'esprit ».

Avoir une « théorie de l'esprit » implique la capacité d'un individu à prêter des intentions à un autre, non pas seulement à partir de l'observation du comportement de l'autre, mais à partir d'une projection sur l'autre de ses propres intentions. En d'autres termes, l'individu s'attend à ce que l'autre fasse ce que lui-même a envie de faire.

Les geais constituent des réserves de nourriture. Ils cachent leur nourriture en l'enfouissant dans différents endroits. Ils ont l'habitude, lorsqu'un autre geai les observe, de recacher ailleurs la nourriture dès que l'observateur est parti.

En 2001, des travaux sont publiés qui indiquent que ce comportement n'apparaît pas dès la naissance. Il apparaît au cours de l'existence. Comment est-il acquis ?

Avoir l'occasion d'observer un geai qui vole la nourriture dans une cache d'un voisin ne déclenche pas, chez un jeune geai, un comportement soupçonneux. En revanche, dès que les chercheurs permettaient à un jeune geai de découvrir, par hasard, une cache de nourriture qu'il ne connaissait pas, le simple fait de voler la nourriture d'un autre le rendait soudain soupçonneux. Et à partir de ce moment-là, si jamais il est observé par un autre au moment où il cache sa nourriture, il ira la recacher ailleurs dès que l'observateur sera parti.

Ce n'est pas en observant un vol de nourriture que les jeunes geais commencent à se méfier des autres. C'est à partir du moment où ils ont eux-mêmes, par hasard, eu un comportement de voleur – à partir du moment où ils se sont transformés en voleurs – qu'ils commencent à se comporter comme s'ils prêtaient à leurs voisins des intentions de voleurs. Par une forme complexe d'empathie faite d'allers-retours entre soi et les autres, ayant ressenti, en devenant voleur, ce que c'est qu'être voleur et ce que c'est qu'être volé, ils semblent apprendre à se prémunir, eux-mêmes, contre les voleurs.

Et ainsi, des oiseaux – les geais – semblent avoir une « théorie de l'esprit ».

La capacité d'un animal à se reconnaître dans un miroir est explorée depuis 1970 à l'aide d'un test dit « test du miroir », auquel des animaux appartenant à plusieurs centaines d'espèces différentes ont échoué depuis près de quarante ans. La capacité de se reconnaître dans un miroir est partagée par certains au moins des grands singes : les chimpanzés, les bonobos et les orangs-outans.

Mais depuis le début des années 2000, elle a aussi été décrite chez d'autres grands mammifères dont nous sommes plus éloignés : les dauphins et les éléphants d'Asie. Le test consiste à placer sur une partie de son corps que l'animal ne peut voir de lui-même une marque de couleur, et à observer si l'animal se comporte, mais uniquement devant son reflet dans son miroir, d'une façon qui suggère qu'il réalise que la marque est présente sur lui – si l'animal essaye de détecter la marque, de la toucher, de la frotter...

Et des marques de couleur, invisibles dans le miroir parce que les couleurs sont les mêmes que celles de l'endroit du corps où elles sont placées, servent de contrôle additionnel pour tout autre moyen que la vision que pourrait avoir l'animal de détecter ces marques.

En 2008, une équipe de chercheurs publie des résultats inattendus indiquant qu'un oiseau appartenant à la famille des corvidés venait de passer avec succès le « test du miroir » : la pie voleuse. L'oiseau qui aime et vole tout ce qui brille... L'article était intitulé : « Comportement induit par le miroir chez la pie voleuse : une preuve de reconnaissance de soi ».

La pie voleuse, quand elle distingue une tache de couleur dans le reflet de son corps dans le miroir, se secoue et se gratte à l'endroit où est la tache jusqu'à la faire disparaître.

De la vie intérieure des autres

Bien sûr, la « théorie de l'esprit », la « reconnaissance de soi », la « conscience de soi » d'un oiseau... – la nature de la vie intérieure d'animaux avec lesquels nous ne partageons pas un langage commun nous permettant d'échanger et de comparer des sensations et des expériences communes – nous sont, pour l'instant tout du moins, étrangères. Nous ne pouvons savoir ce qui se passe dans l'esprit de ces oiseaux. Nous ne pouvons qu'inférer indirectement leurs états et degrés de conscience à partir de leurs comportements.

Les tentatives d'essayer d'imaginer de l'intérieur ce que ressent un animal – les tentatives d'empathie à son égard, dont Darwin disait qu'elles étaient la forme la plus récente, la plus complète et la plus « civilisée » de l'instinct de sympathie humain – sont souvent rejetées d'un simple mot, comme une erreur dont le tort serait d'être « anthropomorphiques ». L'animal se comporterait « comme si » il ressentait des émotions, imaginait, souffrait, ressentait de la joie, réfléchissait, se souvenait... Et sous prétexte que sa vie intérieure nous est cachée, elle devrait être considérée comme inexistante.

Ce type de critique avait été faite par certains à Darwin lors de la parution de *La Généalogie de l'homme*. Pourquoi – lui reprochait-on – parlez-vous de plaisir, de douleur, de joie, de détresse, de terreur, d'affection maternelle, de courage, de fureur, de mémoire, d'imagination, de capacité à rêver et à raisonner et de sens de la beauté et de sympathie... quand il s'agit d'animaux ? Pourquoi ne postulez-vous pas tout simplement que les animaux n'ont pas plus d'idée de ce qu'ils font que les abeilles n'ont de connaissance des règles de la géométrie lorsqu'elles construisent les alvéoles en hexagone dans la cire ?

Mais il n'en est pas de même des comportements.

Certains comportements qui ont été décrits comme le « propre de l'homme » – en raison même du fait qu'on pensait qu'ils ne pouvaient résulter que d'états de conscience qui étaient le propre de l'homme – sont partagés par certains de nos lointains parents.

Et la question de savoir s'il faut à ces effets une même cause intérieure, ou si de nombreuses façons différentes de ressentir et de vivre le monde peuvent se traduire par des comportements semblables dans des situations semblables est une source fascinante de recherches et d'interrogations.

Les derniers ancêtres communs aux mammifères et aux oiseaux vivaient il y a environ trois cents millions d'années. Et depuis, le développement du cerveau a évolué de manière différente chez les oiseaux et les mammifères, et la structuration du cerveau des oiseaux diffère de celle que nous partageons avec les primates et les grands mammifères.

Ainsi, la réalisation de certains comportements qui ressemblent aux nôtres ne nécessite apparemment pas de posséder un cerveau construit de la même façon que le nôtre. Une forme d'évolution convergente a pu faire émerger des capacités semblables dans des espèces par ailleurs de plus en plus divergentes. Mais il n'est pas impossible qu'une forme d'évolution parallèle ait pu avoir lieu à partir de mécanismes cérébraux communs dont la nature et l'importance nous sont cachées aujourd'hui par la fascination qu'exercent sur nous les spécificités des modalités de structuration particulières du cerveau humain.

Le degré de raffinement, dans des espèces très différentes, des capacités d'apprentissage, de réponse aux autres, d'anticipation des actions des autres, et des interactions avec les autres – qu'elles soient impliquées dans des relations d'aide, de partage, de coopération ou au contraire de tromperie, de vol, de combat – suggère la richesse et la diversité des capacités mentales qui ont pu émerger au long de l'évolution du vivant.

Et entre les certitudes qu'apporte une vision purement anthropomorphique de l'animal et les certitudes qu'apporte une vision d'un vide intérieur, d'une absence complète à soi de tout animal, Darwin avait fait, ici comme ailleurs, le pari de l'émergence. Entre les absolus antagonistes du tout et du rien, il avait choisi le chemin de l'évolution. La voie de la parenté.

L'évolution des arborescences de la diversité et de la richesse des formes de vies intérieures, et de la capacité à intérioriser la vie intérieure des autres, à partir des reflets qui pouvaient en être perçus. Et l'évolution des « instincts sociaux ».

L'affection parentale et filiale

L'origine chez l'animal de ces « instincts sociaux », écrit Darwin, est dans l'« affection parentale et filiale ». « On peut considérer que l'empathie a évolué dans le contexte du soin parental », poursuivra de Waal cent trente ans plus tard.

Dans toutes les espèces, l'embryon est un être fragile. La toute première période de l'existence est une période de très grande vulnérabilité. Dans d'innombrables espèces, les cellules-œuf – riches en réserves nutritives apportées par la mère, parfois entourées d'une enveloppe protectrice, une coque ou une coquille – sont abandonnées à elles-mêmes. Et la plupart des embryons disparaissent prématurément.

Puis, au cours de l'évolution des espèces animales, la contribution des parents, le plus souvent de la mère, à la survie de l'embryon prend progressivement la forme d'un comportement : le comportement parental. Dans sa forme la plus simple, la contribution maternelle à la survie de ses descendants se limite à une stratégie de ponte, au choix d'un abri plus ou moins favorable, d'un environnement protecteur, où les cellules œuf sont abandonnées. Elles peuvent être enfouies dans le sol, dans le corps d'une plante ou d'un animal, qui fournira aux nouveau-nés des ressources nutritives et protectrices. La répartition des cellules œuf à différents endroits est un autre comportement qui a eu pour effet de diminuer la probabilité d'une disparition globale et simultanée de l'ensemble des descendants.

Puis, dans de très nombreuses espèces très divergentes, la période de développement embryonnaire devient l'objet de soins. Les oiseaux couvent leurs œufs. Et dans de nombreuses espèces de petits insectes, la mère ou le père veillent, transportent, protègent, parfois au péril de leur vie, les embryons jusqu'à l'éclosion des nouveau-nés, lorsqu'ils sont capables de subvenir à leurs besoins.

Dans de très nombreuses espèces, le soin parental est devenu indispensable à la survie des enfants après la naissance. L'évolution des comportements parentaux a sans doute permis à des formes de développement embryonnaire émergées par hasard, et donnant naissance à des enfants fragiles et complexes, de se propager de génération en génération. Et ces modalités de construction des corps ont alors ancré les adultes et leurs descendants dans des relations d'interdépendance absolue, fondées sur une capacité à percevoir et à répondre à l'expression de leurs besoins.

L'émergence et l'évolution de ces relations sociales entre les adultes et les jeunes enfants n'ont pas eu pour seul effet de permettre aux enfants de survivre, elles ont aussi dégagé pour eux un espace nouveau d'exploration du champ des possibles, découplée de leur traduction immédiate en termes de vie ou de mort : l'espace de l'apprentissage et du jeu.

S'engage alors l'une des étapes les plus riches de l'évolution qui un jour nous ont donné naissance : la dissociation de plus en plus importante entre la rigidité des contraintes du développement embryonnaire et la richesse du répertoire des potentialités à partir desquelles chaque enfant sculpte sa singularité dans la simulation et le lien avec les autres. Explorant, mémorisant, se projetant sans risque dans l'avenir. Apprenant à s'exprimer et à communiquer. Et, dans de nombreuses espèces, inséré dans la vie sociale du groupe.

Les corneilles et les geais, les dauphins, les baleines, les orques, les éléphants, les primates non humains... ont des modalités de communication, d'apprentissage et d'interactions sociales d'une très grande richesse et d'une très grande diversité.

Et c'est chez certains primates, et chez l'être humain en particulier, que le degré d'immaturité des nouveau-nés s'est le plus accentué, et que la durée de dépendance qui lie l'enfant aux adultes est la plus prolongée.

Ainsi, ce que nous considérons comme la forme la plus extrême de liberté – la capacité d'un individu à forger sa singularité en arpentant le chemin des possibles – a sans doute eu pour origine l'apparition aléatoire de formes de développement embryonnaire et de comportements adultes conduisant à l'évolution de périodes d'interdépendance absolue entre les enfants et les adultes.

Favorisant le développement d'interactions de plus en plus sophistiquées, fondées sur l'empathie et le partage des émotions.

Il y a eu, propose Darwin, un autre facteur, complémentaire, en amont du comportement parental, au développement de ces « instincts sociaux » : la « sélection sexuelle ».

Il évoque l'évolution de la « capacité esthétique des femelles » que traduisent les raffinements de leurs préférences pour certaines formes de beauté des mâles. Il est remarquable, dit-il, « que le système nerveux ne régule pas seulement la plupart des fonctions du corps, mais a aussi exercé une influence indirecte sur le développement de nombreuses structures du corps et certaines qualités mentales [impliquées dans le choix d'un partenaire sexuel] ».

Et, bouclant la boucle en revenant à l'évolution du système nerveux, il poursuit en remarquant que toute une série de caractéristiques physiques et mentales ont « été acquises indirectement par l'un ou l'autre des sexes à partir du choix, de l'influence de l'amour et de la jalousie, et l'appréciation de la beauté des sons, des couleurs et des formes, et ces pouvoirs de l'esprit ont manifestement dépendu du développement du cerveau ».

Plus de cent vingt ans plus tard. Les années 1990.

Depuis plusieurs dizaines d'années, les oiseaux sont devenus un champ d'élection pour les chercheurs qui explorent le déterminisme génétique. Pourquoi ? Parce que lors de la parade nuptiale, la femelle choisit un mâle selon certains critères, tels que la couleur de son plumage, et lorsqu'une femelle s'accouple avec un mâle qui a des caractéristiques qui font qu'il a été choisi aux dépens des autres, l'œuf qu'elle pond est en général plus gros, l'enfant est plus robuste et sa durée de vie à l'âge adulte sera plus longue. Quels sont les gènes que transmet le mâle et qui font que lorsqu'il a un beau plumage, l'enfant sera plus robuste ?

Puis, des chercheurs s'aperçoivent, par hasard, que, chez des pinsons, lorsqu'on mettait des bagues de couleur rouge ou verte aux pattes des mâles, la bague prenait le pas sur la couleur du plumage. Indépendamment des autres caractéristiques des mâles, les femelles choisissaient ceux qui portaient une bague rouge aux dépens de ceux qui portaient une bague verte.

Soudain, pour la première fois, il devenait possible de poser une question entièrement nouvelle : indépendamment des gènes que possède le mâle, est-ce que le simple fait que la femelle le choisisse pourrait avoir une incidence sur le devenir de l'enfant ? Lorsqu'une femelle choisit un mâle parce qu'il porte une bague rouge, l'œuf qu'elle pond est plus gros, ce qui suggère que l'enfant sera plus robuste. Quelle en est l'explication ?

L'émotion que ressent la femelle au moment du choix et de l'accouplement va provoquer en elle une sécrétion d'hormones qui influencent les modalités de construction de l'œuf. Et ainsi, la manière dont un être vivant conscient vit ses interactions avec son environnement, et avec ses proches, exerce une influence sur son comportement, et peut exercer une influence sur l'hérédité, au moins au niveau d'une génération.

Séduction sexuelle ; comportement parental ; « réciprocité pour la parenté » puis, plus largement, coopération dans le groupe ; « altruisme réciproque » ; « contagion émotionnelle » ; empathie ; « réciprocité indirecte », correspondant non pas à une interaction directe mais à une « réputation » dans une communauté...

« Les émotions sont notre boussole », dira de Waal. Et il n'y a pas de véritable choix rationnel sans participation des émotions, a dit, avant lui, Antonio Damasio.

Il est probable, comme le pensait, longtemps auparavant, Darwin, que l'évolution d'une part de l'« affection parentale et filiale » et d'autre part d'une « capacité esthétique » a joué dans de nombreuses espèces animales un rôle important dans le développement de ces « instincts sociaux ».

Émotions et empathie, capacité d'exprimer et de partager, de deviner et d'anticiper la vie intérieure ont pu être essentielles à la fois au développement des modalités de coopération et d'altruisme et au développement des stratégies de simulation, de tromperie, d'exploitation et de combats dont les enchevêtrements et les raffinements tissent la complexité des sociétés.

Si tant est qu'ils soient jamais résolus

Mais « [la question de savoir] de quelle manière les capacités mentales se sont développées à l'origine dans les organismes les plus simples est une interrogation aussi vaine que de se demander comment la vie elle-même est apparue à l'origine, écrivait Darwin dans *La Généalogie de l'homme*. Ce sont là des problèmes pour le futur distant, si tant est qu'ils soient jamais résolus par l'homme ».

Près d'un siècle et demi plus tard, ces problèmes sont devenus des sujets de recherche. Comment la vie a-t-elle pu – peut-elle – émerger de la matière ? Comment la conscience, les émotions, et l'intersubjectivité ont-elles pu – peuvent-elles – émerger à partir de réseaux de cellules nerveuses qui se construisent dans un corps plongé dans son environnement ? Et pourraient-elles émerger d'ailleurs que d'un corps ? D'une machine ?

Aujourd'hui, ce n'est plus « l'origine des espèces » qui est « le mystère des mystères » pour les chercheurs des sciences du vivant. C'est l'origine de la vie. Et l'origine des émotions et de la conscience.

Et ces « mystères » font aujourd'hui l'objet d'approches théoriques et expérimentales, multidisciplinaires, dépassant le simple cadre de la biologie.

Le premier mystère, l'origine de la vie, implique des physiciens, des chimistes, des mathématiciens... Le second, l'origine des capacités mentales, implique des mathématiciens, des informaticiens, des psychologues, des anthropologues...

Et ces questions ancestrales sont revisitées en termes nouveaux. Jusque dans leurs limites, aussi fascinantes que les questions elles-mêmes.

Comment reconnaître la vie si elle émergeait dans un laboratoire, ou si nous la rencontrions sur une lointaine planète ? Nous savons la forme qu'a pris ce que nous appelons la vie sur notre planète, mais nous ne savons pas ce qu'est la vie – les formes qu'elle pourrait prendre, et les seuils à partir desquels elle pourrait émerger...

Comment reconnaître l'émergence d'une vie intérieure, d'une conscience, d'émotions, si le seul moyen que nous avons de la vivre en nous, de la partager est fondé sur la manière dont nous en déchiffrons l'expression chez l'autre ? Nous savons la forme qu'a prise en nous ce que nous appelons la conscience, mais nous ne savons pas quelles formes elle pourrait prendre et que nous ne saurions pas déchiffrer.

Mais la théorie darwinienne de l'évolution n'a pas seulement imprégné notre façon d'appréhender la nature, et de nous interroger sur notre nature biologique.

Elle a aussi profondément imprégné notre culture. L'étude de l'évolution des langues, de l'évolution des données et des choix économiques, de l'évolution des réseaux de communication. Les stratégies de développement de nouveaux médicaments fondées sur la génération aléatoire de diversité, de compétition et de sélection des interactions recherchées à partir de grands nombres, le développement de nouvelles générations de machines capables d'évoluer et de s'adapter, le rêve des nanotechnologies de faire émerger de minuscules usines capables de s'assembler, d'évoluer et de se reproduire... Toute notre culture a commencé à intégrer – ou croit avoir intégré – la richesse des concepts de variation non dirigée, de lutte pour l'existence et de sélection naturelle.

Bâtie en dehors de tout projet sur la variation et le changement, faite de déconstruction et de reconstruction permanente, tissant la trame de la continuité à partir d'innombrables discontinuités, et fondée sur l'interdépendance et la précarité, l'évolution du vivant, depuis quatre milliards d'années, constitue un merveilleux modèle d'émergence de la nouveauté, de la diversité et de la complexité.

Mais elle nous dévoile aussi le prix de sa splendide efficacité : une indifférence aveugle et absolue au devenir, à la liberté et à la souffrance de chaque être vivant. Et c'est dans la tentation de prendre exemple, dans la recherche fascinée d'une forme de « loi naturelle » propre à fonder ou à justifier le fonctionnement de nos sociétés, que sont nés les dérives, les pièges et les tragédies du « darwinisme social ».

« Peu d'injustices sont plus profondes, écrivait Gould, que de réduire à néant les occasions de se développer, ou même d'espérer, à cause de limites imposées de l'extérieur par d'autres, mais dont on pense qu'elles viennent de soi. »

Entre la tentation d'animer le monde et la tentation de réifier le vivant et l'humain, entre la tentation de naturaliser la culture et la tentation de détacher la culture de la nature, entre la tentation d'effacer toute frontière et la tentation de ne voir dans les frontières que ce qui sépare et distingue et non ce qui joint et réunit, demeure la nécessité d'une humilité, d'un respect.

D'un émerveillement.

« Nous sommes cette étoffe sur laquelle naissent les rêves », écrivait Shakespeare.

« Nous sommes un mélange d'acides nucléiques et de rêves, de protéines et de souvenirs », poursuivait François Jacob.

Quelle est cette *étoffe* qui pense, rêve, s'émeut, comprend, communique, invente, et se souvient ? Quelle est la nature de ce *moi*, en nous, qui dit *je* et se recompose en permanence, se transformant à travers le temps, tout en maintenant, en nous, le sentiment de notre identité, faisant émerger notre pensée, notre mémoire et nos rêves, nos plaisirs et nos douleurs, nos bonheurs et nos malheurs, nos regrets et nos espérances ?

TOUTE RELATION EST RÉCIPROCITÉ

Quel est notre rapport au monde ? Comment recomposons-nous dans la pénombre de notre crâne les images lumineuses dont nos yeux impriment le reflet, les transformant en impulsions électriques qui se propagent au long de nos fibres nerveuses, et aboutissent, à leur extrémité, à la libération de molécules chimiques ? Comment devinons-nous, à partir de la vision d'un instant, l'histoire dans laquelle s'inscrit ce moment ? Les intentions que traduit l'ébauche d'un geste ? Les émotions qu'expriment un regard, un sourire, une attitude du corps ? Comment inscrivons-nous ces fragments dans une trame temporelle qui leur donne sens ? Comment entrons-nous en relation avec ce que nous savons n'être que des représentations ? Qu'est-ce que ressentir ? Qu'est-ce que comprendre ?

Combien de manières différentes y a-t-il d'aller à la rencontre de la réalité ?

« Je considère un arbre, écrit Martin Buber dans *Je et Tu.*

Je peux le percevoir en tant qu'image : pilier rigide sous l'assaut de la lumière, ou verdure jaillissante inondée de douceur. [...] Je peux le sentir comme un mouvement : réseau gonflé des vaisseaux, [...] succion des racines, respiration des feuilles, échange sans fin de la terre et du ciel – et cette obscure croissance elle-même. [...] Je peux le ranger dans une espèce, voir en lui un exemplaire sur lequel j'étudierais la structure et les modes de la vie. Je peux annihiler si durement son existence temporelle et formelle que je ne voie plus en lui que l'expression d'une loi. [...] Je peux le volatiliser et l'éterniser en le réduisant à un nombre, à un pur rapport numérique. L'arbre n'a pas cessé d'être, il a gardé sa place dans l'espace et le temps, sa nature et sa façon d'être. [...] La puissance de ce qu'il a d'unique m'a saisi. [...] Il n'est rien dont je doive faire abstraction pour le voir, rien que je doive oublier, au contraire ; l'image et le mouvement, l'espèce et l'exemplaire, la loi et le nombre, tout a place dans cette relation, tout y est indissolublement uni. [...] Ce n'est pas une impression que cet arbre, ni un jeu de ma représentation, ni une valeur émotive : il dresse en face de moi sa réalité corporelle, il a affaire à moi comme j'ai affaire à lui, mais d'une autre manière. » Et encore : « Ne cherchez pas à affaiblir le sens de cette relation : toute relation est réciprocité. »

François Cheng, dans ses *Cinq méditations sur la beauté*, évoque des artistes qui ont entretenu la même relation avec la nature. « Nous nous regardons sans nous lasser », dit le poète Li Bo parlant du mont Jingting. « Nos tête-à-tête n'ont pas de fin », dit le peintre Shitao parlant du mont Huang. Et le peintre André Marchand : « J'ai senti certains jours que c'étaient les arbres qui me regardaient. »

« La beauté du monde est un appel, poursuit Cheng. Tout se passe comme si l'univers [...] attendait l'homme pour être dit. » Tout se passe comme si l'univers rêvait l'homme qui le rêve.

Tout vrai regard que nous portons sur le monde est un échange, un partage, un dialogue. Parce qu'il nous transforme. Tout vrai regard que nous portons sur le monde est un départ. Parce qu'il est changement de perspective. Parce qu'il est attente, exploration, émerveillement, incertitude, invention. Parce qu'au-delà de l'horizon se devine, invisible, un nouvel horizon. Parce que, dans l'ombre des territoires révélés en pleine lumière, se dessinent les frontières de terres encore inconnues et les contours des interrogations à venir.

Nous sommes dans un voyage sans retour à travers un univers qui nous a fait naître, qui se transforme, et que nous n'aurons jamais fini d'explorer. À la découverte d'une réalité toujours plus riche et mystérieuse que nous ne pourrons jamais la percevoir. À la rencontre de la manière sans cesse renouvelée dont nous nous déchiffrons et rêvons le monde pour nous y réinscrire.

Un voyage à la rencontre de nous-mêmes, de « nous-mêmes, derrière nous-mêmes, cachés », que cherchait la poétesse Emily Dickinson, ce *nous-mêmes* qui chaque jour nous surprend, nous inquiète ou nous émerveille – toujours inachevé, toujours à découvrir, toujours en train de naître.

Nous-mêmes – avant nous, à l'intérieur de nous, autour de nous, chez les autres, et dans le regard des autres. *Nous-mêmes* – dans les innombrables variations de nos cultures, dans les vestiges et les récits de nos origines, dans les territoires mystérieux de nos corps, et les splendeurs visibles et invisibles de la nature. En relation, en empathie, avec ce qu'il y a d'unique, de singulier dans chaque homme, dans chaque femme, dans chaque enfant qui naît. *Nous-mêmes*, prenant notre place dans le monde, parmi les autres, à la recherche de notre commune humanité.

Nous ne sommes jamais seul à inventer notre chemin. Une femme et un homme nous ont fait naître, et d'autres, avant, les ont fait naître. Des visages se penchent sur nous dans notre enfance. Nous recherchons la présence des autres, la chaleur de l'amitié, le vertige et la tendresse de l'amour. Les langues que nous parlons, les villes et les villages que nous habitons, l'écriture, ce que nous savons de la vie et du monde, de la musique, du théâtre, et de la beauté, nos croyances, nos rites, et jusqu'à la manière dont nous nous séparons des morts, tout – presque tout – de ce que nous pensons nôtre, faisons nôtre en nous l'appropriant, nous est transmis, légué, à travers l'espace et le temps. Nous sommes faits de la mémoire des autres. Proches ou lointains, présents ou absents, vivants ou morts. Et nous transformons cette mémoire. Nous la réinventons.

Et il nous faut entrer en relation, en empathie, avec ce qu'il y a d'unique, de singulier, de merveilleux, de fragile et de menacé dans chaque être humain, et dans la nature qui nous entoure. Et nous demander ce que nous pourrions faire pour protéger, préserver, réparer, soigner, et empêcher de disparaître.

Plonger dans le récit tumultueux de nos origines, non pour nous y enfermer, nous appauvrir et nous dessécher, mais pour essayer de ressentir à quel point nous sommes faits d'absence. De la présence de l'absence. De l'empreinte, en nous, de ce qui a disparu, de ceux qui ont disparu. Et tenter, chaque jour, de reconstruire notre commune humanité. Dans le respect de l'extraordinaire vulnérabilité de ceux qui nous ont fait naître, de ceux qui nous entourent, et de ceux qui nous survivront.

Car que valent les merveilles de la science si elles mènent à l'indifférence, au malheur, à la souffrance, au mépris et à l'oubli ?

Penser le manque

Penser, c'est toujours apprendre à penser le manque qu'est aussi la pensée, et parlant, à préserver ce manque en l'amenant à la parole.

Maurice Blanchot,
Le Livre à venir

Une loi, une loi de la nature, qui rend compte de la lente émergence de la splendeur du vivant, qui rend compte de notre émergence. Qui permet, depuis cent cinquante ans, de comprendre, d'expliquer, de reconstruire. Une loi d'une très grande simplicité, publiée il y a cent cinquante ans, sans avoir eu besoin de faire appel à un pan inconnu de la réalité. Simplement en recombinant entre elles, de manière radicalement nouvelle, des notions connues depuis longtemps. Une loi dont l'émergence même entrait en résonance avec les mystères qu'elle proposait d'expliquer – comment la variation et la recombinaison à partir de thèmes anciens permettaient de faire naître en permanence la nouveauté.

Une loi... Une loi désincarnée – comme la loi de la gravitation qui rendait compte des mouvements des astres dans le ciel – qui révélait les forces aveugles à l'œuvre dans la nature, taillant dans le vivant, lui permettant de survivre, de s'adapter et de se propager à l'ombre de la disparition continuelle de tant de ceux qui l'entourent, qui l'ont précédé et qui lui succéderont.

Une loi qui permettait de rendre compte de l'émergence de la beauté et de la bonté, du sentiment de beauté et de bonté, de la vie intérieure, des espoirs et des rêves, de la mémoire des jours anciens, du partage...

Une loi qui permettait de dire « cela est ainsi ». Et de comprendre comment il se faisait que « cela est ainsi ». Mais une loi qui nous disait que la seule permanence est le changement, l'émergence, le devenir.

Mais si les lois permettent de comprendre, d'expliquer, de manipuler et, pour partie, d'anticiper, c'est la contingence, l'histoire, ce qui émerge continuellement de la rencontre entre ces lois et les configurations existantes de la matière et du vivant qui constituent la véritable splendeur éphémère de notre monde. Les méandres de nos fleuves, les reliefs de nos campagnes, le chant des oiseaux, la couleur des feuilles des arbres, le parfum des fleurs, le regard d'un chien, le sourire d'un enfant. Et combien de façons différentes de voir et de vivre ce monde. Et combien de façons disparues. Et combien encore à venir.

Comprendre et ressentir. Il y a de la grandeur dans les régularités qui structurent le monde, par-delà ce que nous disent nos sens. Mais la véritable splendeur n'est pas tant dans les lois qui régissent le monde, que dans le monde. Et les lois elles-mêmes n'ont pas d'existence. Elles sont le nom que nous donnons aux forces qui contraignent et modèlent les interactions entre les différents niveaux de configuration de la matière. Elles sont ce qui nous permet de penser le monde et de le manipuler. Mais le monde est plus riche, plus beau et plus grand encore que ce que nous pouvons en appréhender.

« La science efface l'ignorance d'hier et révèle l'ignorance de demain », disait le physicien David Gross.

La science d'hier était riche du manque de la science d'aujourd'hui. La connaissance d'aujourd'hui est riche du manque de la recherche à venir. Et tout espoir que la science fera demain de grandes découvertes est d'abord affirmation de la certitude de ce qui manque. « On mesure l'importance d'une découverte, disait François Jacob, à la surprise qu'elle cause. » À son caractère profondément inattendu. À ce qui nous manquait pour simplement nous y attendre.

« La principale découverte apportée par ce siècle de recherches et de science, poursuivait François Jacob, cent quarante ans après la publication de *L'Origine des espèces*, c'est probablement la profondeur de notre ignorance de la nature. »

« Pour la première fois, nous pouvons contempler notre ignorance en face. »

Un jour peut-être, un jour probablement – si la science progresse suffisamment, quand la science aura suffisamment avancé –, la grandeur et la richesse de la théorie que Darwin et Wallace ont tous deux élaborée nous apparaîtront comme le début d'une histoire, et non comme sa fin. Comme ce fut le cas de Newton auprès de qui Darwin repose. « Nous sommes des nains sur les épaules des géants », disait Newton. Des géants sur les épaules des géants. Et sur les épaules de Newton, longtemps après, d'autres géants ont, à leur tour, métamorphosé les grilles de lecture qui permettaient de déchiffrer les régularités de l'univers. Révélant, « à la fois dans l'espace et le temps », des continents et des âges inconnus. Des émergences, des tumultes, des régularités, et des incertitudes jusque-là impensés. Loin dans l'invisible de l'infiniment petit et de l'infiniment grand. Vers le mouvement et le rythme qui battent au cœur de la matière et du vide.

« La réalité n'est pas simplement plus étrange que nous ne le pensons, disait Haldane, elle est plus étrange que nous ne pouvons l'imaginer. »

Dans l'ombre des territoires révélés en pleine lumière dorment des configurations encore impensables de la réalité.

Mais le jour peut-être où la théorie darwinienne de l'évolution du vivant ne nous apparaîtra plus que comme une composante partielle d'une explication plus générale et plus large de l'émergence et des métamorphoses du vivant, ce jour ne signifiera en rien une victoire de ceux qui aujourd'hui remettent en cause la validité de la théorie au nom d'une lecture littérale des textes religieux ou du postulat d'un « dessein intelligent », ou encore de l'existence d'une cause finale qui ferait depuis l'origine tendre l'univers tout entier vers la naissance de l'homme, comme le postule le « principe anthropique » défendu par certains physiciens.

Tout simplement parce que ces visions alternatives ne sont pas du domaine de la science.

Et la théorie du big bang, la théorie de la relativité, la mécanique quantique, si elles ont fait apparaître comme partielles les explications de Galilée et de Newton, n'ont rien retiré à leur validité, dans le domaine devenu plus restreint qui était le leur, et n'ont en rien constitué une justification rétrospective, sur un plan scientifique, aux condamnations, pour des raisons théologiques, de l'œuvre de Galilée par les Églises de son temps.

La démarche scientifique est toujours plus que la somme des connaissances qu'elle permet à un moment donné d'apporter sur les relations de causalité qui opèrent dans le monde. Elle est la démarche, la méthode, qui permet de remettre en question et de tester la validité de ces connaissances en explorant l'inconnu, à la recherche de connaissances un temps plus valables, et dont la validité ne dépend que de sa capacité à interpréter, à anticiper et à modifier les dimensions, toujours plus riches, de la réalité qui nous deviennent perceptibles. Elle ne peut avoir d'autre objet. Ni proposer la sagesse. Ni proposer le bonheur. Ni, comme le disait Gould, « un réconfort ou une consolation ». Sa seule certitude, son seul postulat, c'est que toute connaissance sur le monde perceptible doit être remise en question et confrontée en permanence à la réalité. Et il y a dans ce postulat l'humilité de l'affirmation d'un manque.

La science efface des frontières. Elle les rend floues. Frontières entre la matière et le vivant... entre l'animal et l'humain... entre le corps et l'esprit... Elle transforme ces frontières en seuils, en transitions... Frontières anciennes, qui séparaient. Frontières nouvelles, lieux de passage, d'émergence, de transformation, de métamorphoses...

Mais dans ces transmutations, dans ces métamorphoses, le vivant est toujours autre que la matière qui le compose, l'humain est toujours autre que le vivant dont il émerge, et la vie intérieure, la conscience la mémoire et les rêves vivent de leur propre existence dans et hors de ce corps qui les a fait naître et qu'ils animent.

Nous sommes faits de poussière d'étoiles, mais ce qui brille en nous est d'une autre nature que ce qui brille dans les étoiles.

Et comme les étoiles, « nous ne traversons ce monde qu'une fois », disait Gould. À notre manière unique et singulière. Vivante et humaine.

Chacun de nous est plus que ce que nous pouvons en mesurer, quelle que soit l'époque où nous naissons et quels que soient les instruments que nous utilisons pour mesurer, expliquer ou prédire.

Et chaque époque nouvelle révèle la vanité, la puérilité de certaines des connaissances et des préjugés que l'époque précédente tenait pour définitif et la cruauté avec laquelle ces connaissances et ces préjugés avaient si souvent été mis en œuvre aux dépens de tant de personnes.

Depuis la nuit des temps, la démarche religieuse a posé que l'être humain est plus que ce qu'on en pourra jamais connaître. Et cette affirmation est fondée sur une forme de connaissance, donnée a priori de ce qui ne peut être mesuré : la part de divin, de sacré, la part de l'âme que chacun porte en soi. Et quand les religions ne cèdent pas à la tendance si fréquente, comme en science, de classer, de hiérarchiser entre ceux qui possèderaient cette part de sacré et les autres, tant que les religions ne creusent pas le fossé entre « nous » et « les autres », se plongeant dans la lumière et rejetant « les autres » dans l'ombre et la nuit, elles proclament une forme d'égalité, par-delà les innombrables différences, entre les êtres humains, égalité dans et par ce qui dépasse de loin ces différences que l'on peut percevoir et mesurer.

Et il y a là une résonance avec une autre démarche, agnostique, fondée sur le respect des droits de l'homme et de la dignité humaine, qui pose aussi comme première la certitude qu'il y a chez chacun, sans aucune exclusive d'aucune sorte, une part qui dépasse tout ce que l'on peut percevoir, analyser, mesurer, et qui fonde l'égalité de tous et la liberté de chacun, et qui appelle à la fraternité. Mais à la différence des religions, qui voient en pleine lumière cette part en chacun de nous qui le dépasse – le sacré –, la démarche éthique agnostique moderne pose cette part comme ce qui manque et manquera toujours à la connaissance. Elle la pose comme un manque, comme une ombre.

Et la part la plus lumineuse de chacun d'entre nous est dans l'ombre de ce qui ne peut être qu'accueilli, écouté, recherché – cette lumière à jamais invisible de la vie intérieure à l'ombre de ce que nous percevons et apprenons du corps qui la fait naître et qu'elle anime.

La lumière de la connaissance, la lumière de la science est d'une extraordinaire beauté.

Elle éclaire le monde et nous éclaire.

Mais elle ne doit jamais, nous ne devons jamais la laisser noyer cette flamme à jamais inconnue qui brûle en chacun de nous et dont nous ne percevons que des reflets.

Et quand la lumière commence à effacer les ombres, quand la lumière commence à aveugler au lieu de simplement éclairer, la nuit tombe. En plein jour, comme elle est si souvent tombée.

La science nous raconte sur nous-même et le monde un merveilleux récit, toujours plus riche, toujours plus mystérieux, mais ce récit nous parle de nous et des autres à la troisième personne. Et nous vivons chacun notre vie à la première personne du singulier. Nous disons *Je*, écrivait

Martin Buber, et la science dit *Il* ou *Elle*. Il nous faut à chaque fois réapprendre, poursuivait Buber, à dire *Tu* à celui et à celle dont je sais qu'il ou elle se pense comme un *Je* dont j'attends qu'il me dise *Tu*.

Et il nous faut sans cesse faire en sorte que le langage de la science, le merveilleux récit de la science, ne nous rende pas étranger à nous-même et aux autres.

Concilier ces deux récits, ces deux visions, en faisant en sorte que la science et la connaissance, et la recherche continuelle de connaissances nouvelles, soient au service de l'être humain, de chacun d'entre nous, et qu'elle ne devienne pas une entreprise qui met à son service des êtres humains, certains d'entre nous, ceux que nous appelons alors si souvent « les autres ».

Il faut sans cesse se penser « soi-même comme un autre », disait Paul Ricœur. Voir en « l'Autre, nous-même comme l'Étranger », disait Ben Okri.

« On entre en éthique, disait Ricœur, quand, à l'affirmation par soi de sa liberté, on ajoute l'affirmation de la volonté que la liberté de l'autre soit. Je veux que ta liberté soit. »

J'ai écrit ce livre avec l'intime conviction que la recherche scientifique peut contribuer à notre liberté. Qu'elle peut nous libérer des contraintes, des peurs, de la servitude de l'ignorance et des superstitions.

Mais à la condition que nous veillions toujours à ne pas tomber dans le piège absurde d'en devenir prisonniers, et d'en faire d'autres prisonniers.

À la condition de résister à cette pente si ancienne qui consiste à la mettre au service du mépris, de l'exclusion, de la déshumanisation.

« Le cœur battant de la science se trouve non pas tant dans les découvertes déjà réalisées que dans les régions incertaines où nous avançons si souvent dans un curieux désaccord », disait le physicien Brian Greene. Et Richard Feynman, un autre physicien : « Ce qui n'est pas entouré d'incertitude ne peut être la vérité. »

C'est dans l'ombre de cette incertitude que peuvent se côtoyer sans s'effacer et avancer ensemble la lumière que projette la connaissance et la lumière que projette ce qui nous fait humain. À la découverte sans cesse nouvelle de ce que nous sommes et qui nous a fait naître.

C'est dans l'ombre de cette incertitude que peut persister la sensation d'un manque sans lequel il n'est pas d'émerveillement. Pas de questionnement. Pas de véritable découverte. Pas de première fois.

« La fin est l'endroit d'où nous partons, disait T.S. Eliot.
Et la fin de toutes nos explorations
Sera d'arriver à l'endroit d'où nous sommes partis
Et de connaître le lieu pour la première fois. »

Ce lieu, avant d'être un lieu, a toujours été une autre, un autre.

Où nous étions sans savoir que nous étions.

Puis une naissance. Un passage de l'ombre à la lumière.

La lumière des autres.

Une main qui se tend. Une voix. Un sourire. Un regard.

Bibliographie

I. Sites internet

L'œuvre de Charles Darwin, y compris ses « Carnets secrets », ses œuvres publiées à titre posthume, son autobiographie et une très grande partie de sa correspondance, est accessible en ligne, notamment sur les sites suivants :

The Complete Work of Charles Darwin Online : http://darwin-online. org.uk/

Works by Charles Darwin at Project Gutenberg : http://www.gutenberg. org/browse/authors/d#a485

Darwin Correspondence Project : http://www.darwinproject.ac.uk/

The Darwin Digital Library of Evolution : http://darwinlibrary.amnh.org/

Une partie de l'œuvre d'Alfred Russel Wallace, dont les deux articles de 1855 et de 1858, est disponible en ligne à l'adresse suivante : http://www.wku.edu/~smithch/index1.htm

Parmi les autres ouvrages dont je présente des extraits :

Huxley, Thomas (1893), *Evolution and Ethics and Other Essays, New York, D. Appleton and Company* : http://aleph0.clarku.edu/huxley/CE9/ index.html

Huxley, Thomas (1863), *Six Lectures to Working Men "On Our Knowledge of the Causes of the Phenomena of Organic*

Nature" (Republished in Volume II of his Collected Essays, Darwiniana),
http://aleph0.clarku. edu/huxley/CE2/Phen.html

Malthus, Thomas Robert (1826), *An Essay on the Principle of Population : A View of its Past and Present Effects on Human Happiness ; with an Inquiry into Our Prospects Respecting the Future Removal or Mitigation of the Evils which It Occasions* (Sixth ed.), John Murray :
http://www.econlib.org/library/Malthus/malPlong.html

Paley, W. (1809), *Natural Theology : or, Evidences of the Existence and Attributes of the Deity*. 12th edition London : Printed for J. Faulder, est disponible sur le lien :
http://darwin-online.org.uk/Freeman_intro. html

Darwin, Erasmus. *Zoonomia, or the Laws of Organic Life* Vol I. : http://www.gutenberg.org/etext/15707

Kropotkin, Petr Alekseevich, *Mutual Aid ; a factor of evolution (1902)* : http://www.gutenberg.org/browse/authors/k#a1453

Hume, David. *Dialogues Concerning Natural Religion* (1779) :
http://www.gutenberg.org/dirs/etext03/dlgnr10.txt

Smith, Adam. *An Inquiry into the nature and causes of the wealth of nations* (1776) : http://www.gutenberg.org/dirs/etext02/wltnt10.txt

Galton, Francis (1869), *Hereditary genius : an inquiry into its laws and consequences*, Macmillan :
http://www.mugu.com/galton/books/ hereditary-genius/

Galton, Francis (1883), *Inquiries into human faculty and its development,* Macmillan : http://www.mugu.com/galton/books/human-faculty/

Dobzhansky, Theodosius (March 1973). Nothing in biology makes sense except in the light of evolution, *The American Biology Teacher* 35 : 125-129 : http://www.2think.org/dobzhansky.shtml

L'œuvre de Lamarck est disponible sur le site suivant :
http://www.lamarck.cnrs.fr/

Diderot, Denis. *Pensées sur l'interprétation de la nature* :
http://www.diogene.ch/article.php3?id_article=273

Parmi les très nombreux ouvrages de la fin du XIXe siècle présentant une vision occidentale de divers peuples du monde, on peut lire avec intérêt (fac-similé de l'édition originale) l'un des livres de l'explorateur écossais John Howison, *European colonies, in various parts of the world, viewed in their social, moral and physical condition*, publié en 1834, pendant que Darwin parcourait le monde sur le *Beagle*, accessible par le lien suivant : http://openlibrary.org/a/OL2059115A

Enfin, en ce qui concerne le développement de l'eugénisme et du « darwinisme social » aux États-Unis durant la première moitié du XXe siècle, il existe de nombreux sites très complets.

Tous les passages des textes de langue anglaise, consultables sur ces sites et cités dans ce livre, ont été traduits par moi. C'est aussi le cas des passages des livres de langue anglaise ou allemande qui sont mentionnés ci-dessous, à l'exception de ceux dont les titres sont indiqués en français.

II. Quelques livres qui m'ont beaucoup apporté

Partie I. L'Aube

Eldredge, Niles. *Darwin. Discovering the tree of life*. New York. WW Norton, 2006 (1ère publication 2005)

Gould, Stephen Jay. *The Structure of Evolutionary theory*. Cambridge Mass., London. The Belknap Press of Harvard University Press, 2002.

Gouyon Pierre-Henri, Henry Jean-Pierre, Arnould Jacques. *Les Avatars du gène*. Paris. Belin, 1997

Larson, Edward J. *Evolution. The remarkable history of a scientific theory*. New York. The modern Library, 2004

Phillips, Adam. *Darwin's Worms*. London. Faber and Faber, 1999

Quammen, David. *The reluctant Mr. Darwin. An intimate portrait of Charles Darwin and the making of his theory of evolution*. New York, London. Atlas Books, WW Norton, 2006

Ridley, Mark. *Evolution*. New York. Oxford University Press, 2004 (1ère édition 1997)

Et aussi :

Dawkins, Richard. *The God delusion*. London. Black Swan, 2007. (1ère publication 2006)

Goethe. *La métamorphose des plantes et autres écrits botaniques*. Introduction et notes de R. Steiner. Textes choisis et présentés par P.-H. Bideau. Paris. Triades, 1999

Gould, Stephen Jay. *The Richness of life*. The essential Stephen Jay Gould with an introduction of Steven Rose. London. Vintage Books, 2007

Gould, Stephen Jay. *Rocks of ages. Science and religion in the fullness of life*. London. Vintage Books, 2002 (1ère publication 2001)

Hoquet, Thierry. *Buffon/Linné. Eternels rivaux de la biologie*. Paris. Dunod, 2007

Neve, M. « Introduction » *in* : Darwin, C. R. *Autobiographies*. Edited by M. Neve and S. Messenger. London. Penguin Classics, 2004.

Quammen, David. « Introduction » *in* : Darwin, C. R, *The Voyage of the Beagle*. Washington DC. National Geographics Adventure Classics, 2004.

Ridley, Mark. *How to read Darwin*. London. Granta Books, 2005

Tort, Patrick. *Darwin et la science de l'évolution*. Paris. Gallimard, 2000

Wallace, J. « Introduction » *in* : Darwin, C. R, *The origin of species*. Wordsworth Editions Limited, 1998

Partie II. La Nuit

Arae, Jonathan. *Afterword* in : Beecher-Stowe, H, *Uncle Tom's Cabin*. New York. Signet Classics, 2008

Gould, Stephen Jay. *The Richness of life* (op. cit.). En particulier les chapitres *Measuring heads*, *Carrie Buck's daughter*, *The most unkindest cut of all*, *Ontogeny and phylogeny*, extraits notamment de : Gould, Stephen Jay. *Dinosaur in a Haystack : Reflections in natural history.* New York, Ballantine Books, 1995 ; *The Flamingo's smile : Reflections in natural history.* London, Penguin Books, 1987, revised 1995 ; et *The Mismeasure of man.* London, Penguin Books, 1984 (1ère édition 1981)

Gould, Stephen Jay. *La Mal-mesure de l'homme*. Paris. Ramsay, 1983

Gouyon Pierre-Henri, Henry Jean-Pierre, Arnould Jacques. *Les Avatars du gène* (op. cit.).

Hatzfeld, Jean. *Dans le nu de la vie. Récits des marais rwandais*. Paris. Points Seuil, 2007 (1ère éd. 2001)

Howison, John. *European colonies, in various parts of the world, viewed in their social, moral and physical condition*, 1834 (op. cit.).

Lanzmann, Claude. *Shoah.* Paris. Folio, 2001

Lanzmann, Claude. *Un vivant qui passe. Auschwitz 1943, Theresienstadt 1944*. Paris. Mille et une Nuits/Arte Éditions, 1997

Larson, Edward J. *Evolution. The remarkable history of a scientific theory*. (op. cit.).

Lindqvist, Sven. *Exterminez toutes ces brutes !* Paris. Les Arènes, 2007. (*Utrota varenda jävel.* 1992)

Moore James, Desmond Adrian. « Introduction » *in* : Darwin, C. R, *The descent of man, and selection in relation to sex.* Penguin Classics, 2004.

Et aussi :

Achebe, Chinua. *Hopes and impediments : selected essays*. New York, Anchor Books, Random House. 1990 (1ère publication 1988)

Banks, Russell. *Cloudsplitter*. New York. Harper Perennial, Harper Collins Publishers, 1998

Banks, Russell. *The Darling*. New York. Harper Perennial, Harper Collins Publishers, 2004

Beecher-Stowe, Harriet. *Uncle Tom's Cabin*, New York. Signet Classics, 2008 (1ère publication 1852)

Conrad, Joseph. *Heart of darkness.* London, Penguin Books, 1994 (First published 1902).

Okri, Ben. *Infinite riches.* Orion, 1999 (1ère publication 1998)

Princeney, Darryl. « Introduction » *in* : Beecher-Stowe, H, *Uncle Tom's Cabin*. New York. Signet Classics, 2008

Styron, William. *Afterword* to The confessions of Nat Turner. New York. Vintage Books, 1993

Thoreau, Henry David. *Civil disobedience and other essays*. London. Dover Publications, 1993 (1ères publications 1849, 54, 60, 62, 63)

Thoreau, Henry David. *Walden and civil disobedience*. London. Penguin classics, 1986 (1ère publication 1854)

Tort, Patrick. *Darwin et le darwinisme*. Paris. PUF 2007, 2ème éd.

Partie III. Dans un futur distant

Alberts Bruce, Johnson Alexander, Lewis Julian, Raff Martin, Roberts Keith, Peter Walter. *Molecular Biology of the Cell*. New York, Garland Science, 2007.

Ameisen, Jean Claude. *La Sculpture du vivant. Le suicide cellulaire ou la mort créatrice.* Paris. Points Seuil, 2007 (1ère éd. 1999)

Atlan, Henri. *La fin du « tout génétique » ? Vers de nouveaux paradigmes en biologie*. INRA, « Sciences en questions », 1998.

Carroll, Sean B. *Endless Forms Most Beautiful : The New Science of Evo Devo*. New York. W. W. Norton, 2005.

Dawkins, Richard. *The extended phenotype*. Oxford, New York. Oxford University Press, 1989 (1ère publication 1982)

Dawkins, Richard. *The blind watchmaker*. London. Penguin Books, 1991 (1ère publication 1986)

Dawkins, Richard. *The ancestor's tale. A pilgrimage to the dawn of life*. London. Weidenfeld and Nicolson, 2004
Dubois, Jacques et Chaline, Jean. *La géométrie cachée de la nature. Le monde des fractales.* Paris. Ellipses, 2006
Fox-Keller, Evelyn. *Making sense of life. Explaining biological development with models, metaphors and machines*, Harvard University Press, 2002
Gilbert, Scott. *Developmental Biology*. Massachusetts. Sindauer Associates, Inc, 2006
Gould, Stephen Jay. *Full House : The spread of excellence from Plato to Darwin.* New York. Ballantine Books, 1996.
Gould, Stephen Jay. *The Structure of Evolutionary theory* (op. cit.), et notamment pour sa longue et riche discussion des idées de D'Arcy Thompson.
Gould, Stephen Jay. *The Richness of life*. (op. cit.).
Jablonka Eva, Lamb Marion. *Evolution in four dimensions. Genetic, epigenetic, behavioral, and symbolic variation in the history of life.* Cambridge Mass., London. Bradford Book, MIT Press, 2005
Kauffman, Stuart. *The Origins of order. Self-organization and selection in evolution*. New York. Oxford University Press, 1993
Kauffman, Stuart. *Investigations.* New York. Oxford University Press, 2000
Lewin, Benjamin. *Genes IX.* Boston, Jones and Bartlett Publishers, 2007.
Lewontin Richard. *The triple helix. Gene, organism and environment*. Harvard University Press, 2000
Margulis Lynn, Sagan Dorion. *Microcosmos : Four Billion Years of Evolution from Our Microbial Ancestors*, Berkeley. University of California Press, 1997.
Maynard Smith J, Szathmary E. *The major transitions in evolution.* New York. Oxford University Press, 1997 (1ère publication 1995)
Ridley, Mark. *Evolution*. (op. cit.).
Ridley, Matt. *Nature via nurture. Genes, experience and what makes us human.* London. Fourth Estate, 2003, 2005

Thompson, D'Arcy Wentworth. *On Growth and Form.* Cambridge University Press, 1992 (édition révisée de 1942, 1ère édition 1917).

Waal, Frans de. *The ape and the sushi master.* London. Penguin Book, 2002

Waal Frans de, Wright Robert, Korsgaard Christine, Kitcher Philips, Singer Peter. Edited by Macedo S. and Ober J. *Primates and philosophers. How morality evolved.* Princeton University Press, 2006

Williams, George C. *Plan and purpose in nature.* London. Phoenix, 1997

Wolfram, Stephen. *A new kind of science.* Wolfram Media, Inc, 2002.

III. Quelques articles scientifiques récents mentionnés dans la troisième partie « Dans un futur distant »

Chapitre 18. Un principe transformant

– Les transposons :

Wessler S. Transposable elements and the evolution of eukaryotic genomes. Special Feature : Eukaryotic Transposable Elements and Genome Evolution. *Proc Natl Acad Sci USA*, 103 (47) : 17600-17601 ; puis 17601-17649 (Nov 21, 2006)

Chapitre 19. La course de la Reine rouge

– Extinction des félins sabres :

Christiansen P. Evolution of skull and mandible shape in cats (*Carnivora : Felidae*). *PloS ONE.* 3 (7) : e2807 (2008)

– Modifications de leurs hôtes par des parasites qui voyagent d'une espèce à une autre :

Yanoviak S, Kaspari M, Dudley R, Poinar G Jr. Parasite-induced fruit mimicry in a tropical canopy ant. *Am Nat.* 171 : 536-44 (2008)

– Coévolution entre les plantes à fleur, leurs pollinisateurs et leurs prédateurs :

Kessler D, Gase K, Baldwin I. Field experiments with transformed plants reveal the sense of floral scents. *Science* 321 : 1200-2 (2008)

A. C. Gaskett A, Winnick C, Herberstein M. Orchid sexual deceit provokes ejaculation. *Am Nat.* 171 : E206-12 (2008)

– Passage de virus dans des espèces nouvelles :

Kobasa D, Takada A, Shinya K *et coll.* Enhanced virulence of influenza A viruses with the haemagglutinin of the 1918 pandemic virus. *Nature* 431 : 703-7 (2004)

Schindler M, Münch J, Kutsch O *et coll.* Nef-mediated suppression of T cell activation was lost in a lentiviral lineage that gave rise to HIV-1. *Cell* 125 : 1055-67 (2006)

– Un exemple de très longue mémoire immunitaire à une infection :

Yu X, Tsibane T, McGraw P *et coll.* Neutralizing antibodies derived from the B cells of 1918 influenza pandemic survivors. *Nature* (published online, August 17, 2008)

– Quand les lions commencent à mourir :

Munson L, Terio KA, Kock R, Mlengeya T, Roelke ME, Dubovi E, Summers B, Sinclair AR, Packer C. Climate extremes promote fatal co-infections during canine distemper epidemics in African lions. *PLoS ONE.* 3(6) :e2545 (2008)

– Les modifications climatiques d'origine humaine, la sixième extinction et la biodiversité :

Ehrlich PR, Pringle RM. Where does biodiversity go from here ? A grim business-as-usual forecast and a hopeful portfolio of partial solutions. *Proc Natl Acad Sci USA.* 105 suppl. 1 : 11579-86 (2008)

Chapitre 21. Les chimères

– Symbioses chez les bactéries et évolution de l'autodestruction :

Ameisen JC. Looking for death at the core of life in the light of evolution. *Cell Death Differ*. 11 :4-10 (2004).

– Symbiose entre calmars et bactéries luminescentes :

Chun C, Troll J, Koroleva I, Brown B, Manzella L, Snir E, Almabrazi H, Scheetz T, de Fatima Bonaldo M, Casavant T, Bento Soares M, Ruby E, McFall-Ngai M. Effects of colonization, luminescence, and autoinducer on host transcription during development of the squid-vibrio association. *Proc Natl Acad Sci USA*. 105 : 11323-8 (2008)

– Symbiose entre les bactéries du tube digestif des mammifères, et influence sur la santé et les maladies :

Mazmanian S K, Round J, Kasper D. A microbial symbiosis factor prevents intestinal inflammatory disease. *Nature* 453 : 620-5 (2008)

Mullard A. Microbiology : the inside story. *Nature* 453 : 578-80 (2008)

Chapitre 22. La genèse des formes

– Évolution et développement embryonnaire :

Raff RA. Evo-devo : the evolution of a new discipline. *Nature Reviews Genetics* 1 : 74-9 (2000)

Carroll SB. Evo-devo and an expanding evolutionary synthesis : a genetic theory of morphological evolution. *Cell* 134 : 25-36 (2008)

Chapitre 23. On y voit la vie et la mort

– L'héritage de Metchnikoff :

Kaufmann SH. Immunology's foundation : the 100-year anniversary of the Nobel Prize to Paul Ehrlich and Elie Metchnikoff. *Nat Immunol*. 9(7) :705-12 (2008)

– La mort cellulaire programmée :

Ameisen JC. On the origin, evolution and nature of programmed cell death: a timeline of 4 billion years. *Cell Death Differ.* 9 : 367-93 (2002)

De nombreuses références à des articles scientifiques récents sont citées dans la 29ème Conférence Marc Bloch (Paris, EHESS, 12 juin 2007) :

Ameisen JC. « Nous vivons dans l'oubli de nos métamorphoses... ». La mort et la sculpture du vivant. *Annales Histoire, Sciences Sociales* (Éditions de L'École des Hautes Études En Sciences Sociales) 6 : 1253-83 (novembre-décembre 2007). Accessible en ligne : http://cmb.ehess.fr/document233.html.

Chapitre 24. Un problème non résolu en biologie

– Diversité et modulation des frontières de la longévité maximale et du vieillissement des animaux :

Aging Research. Special issue. *Cell* 120 : 435-567 (2005)

Kurosu H, Yamamoto M, Clark J, Pastor J, Nandi A, Gurnani P, McGuinness O, Hirotaka Chikuda, Yamaguchi M, Kawaguchi H, Shimomura I, Takayama Y, Herz J, Kahn C, Rosenblatt K, Kuroo M. Suppression of Aging in Mice by the Hormone Klotho. *Science* 309 :1829-1833 (2005)

Russell S, Kahn C. Focus on Ageing. Endocrine regulation of ageing. *Nature Reviews Mol Cell Biol.* 8 : 681-691 (2007)

– Diversité des durées respectives de vie embryonnaire et adulte :

Karsten K, Andriamandimbiarisoa L, Fox S, Raxworthy C. A unique life history among tetrapods : An annual chameleon living mostly as an egg. *Proc Natl Acad Sci U S A* 105 : 8980-4 (2008)

– « Résurrection » d'une bactérie après cassure de son ADN en centaines de morceaux :

Daly MJ, Gaidamakova EK, Matrosova VY *et al.* Accumulation of Mn(II) in *Deinococcus radiodurans* facilitates gamma-radiation resistance. *Science*. 306 : 1025-8 (2004)

Zahradka K, Slade D, Bailone A, Sommer S, Averbeck D, Petranovic M, Lindner AB, Radman M. Reassembly of shattered chromosomes in Deinococcus radiodurans. *Nature*. 443 : 569-73 (2006)

– Brisure de symétrie, vieillissement et mort obligatoire dans des organismes unicellulaires :

Ameisen JC. Looking for death at the core of life in the light of evolution. *Cell Death Differ* : 11 : 4-10 (2004)

Shcheprova Z, Baldi S, Buvelot Frei S, Gonnet G, and Barral Y. A mechanism for asymmetric segregation of age during yeast budding. *Nature* 454 : 728-34 (2008)

Kaeberlein M. Cell biology : A molecular age barrier. *Nature* 454 : 709-10 (2008)

Lindner AB, Madden R, Demarez A, Stewart EJ, Taddei F. Asymmetric segregation of protein aggregates is associated with cellular aging and rejuvenation. *Proc Natl Acad Sci U S A*. 105 : 3076-81 (2008)

Chapitre 25. L'intérieur et l'extérieur

– Épigénétique, environnement, et modifications dans la façon d'utiliser les gènes :

Fraga MF *et coll.* Epigenetic differences arise during the lifetime of monozygotic twins. *Proc Natl Acad Sci U S A*. 102 : 10604-9 (2005)

Feinberg A. Phenotypic plasticity and the epigenetics of human disease. *Nature* Insight : Epigenetics. *Nature Supplement.* 447 : 396-40 (2007)

– Effets d'un environnement « enrichi » sur le développement de maladies neurodégénératives chez l'animal :

Nithianantharajah J, Hannan A. Enriched environments, experience-dependent plasticity and disorders of the nervous system. *Nature Reviews Neuroscience* 7 : 697-709 (2006)

– Différentes formes d'hérédité épigénétique des « caractères acquis » chez l'animal :

Rassoulzadegan M, Grandjean V, Gounon P, Vincent S, Gillot I, Cuzin F. RNA-mediated non-mendelian inheritance of an epigenetic change in the mouse. *Nature* 441 : 469-74 (2006)

Rando O, Verstrepen J. Timescales of Genetic and Epigenetic Inheritance. *Cell* 128 : 655-68 (2007)

Wagner KD, Wagner N, Ghanbarian H, Grandjean V, Gounon P, Cuzin F, Rassoulzadegan M. RNA induction and inheritance of epigenetic cardiac hypertrophy in the mouse. *Dev Cell* 14 : 962-9 (2008)

– Influence de l'environnement à la naissance sur l'« hérédité » épigénétique chez l'animal par un toxique présent dans l'environnement :

Anway MD, Cupp AS, Uzumcu M, Skinner MK. Epigenetic transgenerational actions of endocrine disruptors and male fertility. *Science* 308 : 1466-9 (2005).

– Influence de l'environnement à la naissance sur l'« hérédité » épigénétique chez l'animal par les modalités d'interactions entre la mère et le nouveau-né :

Francis DD, Szegda K, Campbell G, Martin WD, Insel TR. Epigenetic sources of behavioral differences in mice. *Nat Neurosci*. May ; 6(5) : 445-6 (2003)

Meaney M, and Szyf M. Maternal care as a model for experience-dependent chromatin plasticity ? *Trends in Neurosciences*. 28 : 456-463 (2005)

Cameron N, Del Corpo A, Diorio J, McAllister K, Sharma S, Meaney MJ. Maternal programming of sexual behavior and hypothalamic-pituitary-gonadal function in the female rat. *PLoS ONE*. 3(5) :e2210 (Published online May 21, 2008)

McGowan PO, Meaney MJ, Szyf M. Diet and the epigenetic (re)programming of phenotypic differences in behavior. *Brain Res.* (Published online, July 29, 2008)

– « L'évolutivité » ou les effets des modifications de l'environnement sur l'émergence de la nouveauté :

Sangster TA, Salathia N, Undurraga S, Milo R, Schellenberg K, Lindquist S, Queitsch C. HSP90 affects the expression of genetic variation and developmental stability in quantitative traits. *PNAS.* 105 : 2963-2968 (2008).

Sangster TA, Salathia N, Lee HN, Watanabe E, Schellenberg K, Morneau K, Wang H, Undurraga S, Queitsch C, Lindquist S. HSP90-buffered genetic variation is common in Arabidopsis thaliana. *PNAS.*105 : 2969-74 (2008)

Chapitre 26. Des tambours dans le lointain

– Mémorisation et « oubli » de la peur par apprentissage :

Herry C, Ciocchi S, Senn V, Demmou L, Müller C, Lüthi A. Switching on and off fear by distinct neuronal circuits. *Nature.* 454 : 600-606 (2008)

– Séquençage du génome mitochondrial d'un homme de Néandertal :

Green R, Malaspinas A S, Krause J *et al.* A complete Neandertal mitochondrial genome sequence determined by high-throughput sequencing. *Cell.* 134,416-426 (2008)

– Des animaux qui se reconnaissent dans le miroir :

Prior H, Schwarz A, and Güntürkün O. Mirror induced behavior in the magpie (Pica pica) : Evidence of self-recognition. *PLoS Biol.* 6 : e202, 1642-1650 (2008)

de Waal F. The Thief in the Mirror. *PLoS Biol.* 6 : e201, 1621-1622 (2008)

IV. Citations

En dehors des citations de Charles Darwin, Alfred Russel Wallace, Thomas Henry Huxley, Thomas Malthus, Adam Smith, Thomas Paley, Theodosius Dobzhansky, John Howison, Lamarck, Denis Diderot... disponibles sur des sites internet (voir plus haut), des citations ont été extraites des livres suivants :

Appelfeld, Aharon. *L'Héritage nu.* Paris, Éditions de l'Olivier, 2006.

Aragon. *Chanson pour oublier Dachau. Le nouveau Crève-cœur.* Œuvres Poétiques complètes, vol.1. Paris, Gallimard, La Pléiade, 2007.

Atlan, Henri. *L'organisation biologique et la théorie de l'information.* Paris, Seuil, 2006 (1ère édition, Hermann, 1972).

Atlan, Henri. *Entre le cristal et la fumée. Essai sur l'organisation du vivant.* Paris, Seuil, 1979.

Baudelaire, Charles. *Correspondances* in *Les Fleurs du mal* (1ère édition 1857).

Blanchot, Maurice. *Le livre à venir.* Paris. Gallimard. 1959.

Borges, Jorge Luis. *A new refutation of time (*in *Otras inquisiciones)* in *Selected Non-Fictions, Jorge Luis Borges.* Edited by Eliot Weinberger. Penguin Books, 2000 (1ère publication en espagnol, 1947).

Borges, Jorge Luis. *The Simurgh and the eagle* in *Nine Dantesque Essays* (op. cit.).

Carroll, Lewis. *Through the Looking-Glass, and What Alice Found There* (1871) : http://www.gutenberg.org/files/12/12.txt

Cheng, François. *Cinq méditations sur la beauté*. Paris. Albin Michel, 2006

Dawkins, Richard. *The selfish gene*. Oxford, New York. Oxford University Press. 1989 (1ère publication 1976)

Dickinson, Emily. *Complete Poems of Emily Dickinson.* Buccaneer Books Inc, 2007.

Einstein, Albert. *The World as I see it* in *Living Philosophies.* New York. Simon and Schuster, 1931.

Gould, Stephen Jay. *La Mal-mesure de l'homme.* Paris. Ramsay, 1983 (*The Mismeasure of man.* London, Penguin Books, 1984, 1ère édition 1981)

Hugo, Victor. Lettre *Aux membres du Congrès de la Paix, à Lugano.* Hauteville-House, 20 septembre 1872.

Jacob, François. *La souris, la mouche et l'homme.* Poches Odile Jacob, 2000.

Kauffman, Stuart. *The Origins of order. Self-organization and selection in evolution.* New York. Oxford University Press, 1993

Lewontin Richard. *The triple helix. Gene, organism and environment.* Harvard University Press, 2000

Lorca, Federico Garcia. *J'aimerais laisser dans ce livre. Œuvres complètes, I.* Paris. Gallimard, Pléiade, 1981.

Margulis Lynn, Sagan Dorion. *Microcosmos : Four billion years of evolution from our microbial ancestors*, Berkeley. University of California Press, 1997.

Modiano, Patrick. Dora Bruder. Paris, Gallimard, 1997.

Poe, Edgar Allan. *The purnoiled letter* in *The fall of the house of Usher and other writings.* London, Penguin Classics, 2003.

Quignard, Pascal. Le passé et le jadis. *Le Monde.* 21.11.2002.

Roth, Philipp. *I married a communist.* New York. Vintage books, Random House. 1998.

Segalen, Victor. *Les Immémoriaux.* Paris. Livre de Poche. 2001

Semprun, Jorge. *L'écriture ou la vie.* Paris. Gallimard, 1994.

Les citations de plus longs passages sont extraites des livres suivants :

Banks, Russell. *Cloudsplitter.* New York. Harper Perennial, Harper Collins Publishers, 1998

Banks, Russell. *The Darling*. New York. Harper Perennial, Harper Collins Publishers, 2004

Beecher-Stowe, Harriet. *Uncle Tom's Cabin*, New York. Signet Classics, 2008 (1ère publication 1852)

Buber, Martin. *Je et Tu.* Traduction G. Bianquis. Éditions Aubier, 1969.

Camus, Albert. *Le mythe de Sisyphe. Essais*, Paris, Gallimard, La Pléiade, 1965.

Celan, Paul. *Gesammelte Werke in sieben Bänden.* Suhrkamp, 2003.

Césaire, Aimé. *Afrique* in : *Ferrements*, Paris, Seuil, 1994.

Conrad, Joseph. *Heart of darkness.* London, Penguin Books, 1994 (First published 1902).

Eliot TS. *Collected poems* 1909-1962 London. Faber and Faber, 2002.

Gould, Stephen Jay. *The Structure of Evolutionary theory*. Cambridge Mass, London. The Belknap Press of Harvard University Press, 2002, notamment pour des citations d'Etienne Geoffroy Saint-Hilaire.

Gould, Stephen Jay. *The Richness of life*. The essential Stephen Jay Gould with an introduction of Steven Rose. London. Vintage Books, 2007, pour les citations de Paul Broca, Harry Laughlin, Gustave Le Bon, Carl Vogt, la citation du Protocole de la conférence de Wannsee, et certaines des citations de *Mein Kampf.*

Hatzfeld, Jean. *Dans le nu de la vie. Récits des marais rwandais*. Paris. Points Seuil, 2007 (1ère éd. 2001)

Hugo, Victor. Lettre « Aux États Unis d'Amérique ». 2 décembre 1859. *Actes et paroles – Pendant l'exil.*

Lanzmann, Claude. *Shoah.* Paris. Folio, 2001

Lindqvist, Sven. *Exterminez toutes ces brutes !* Paris. Les Arènes, 2007. (*Utrota varenda jävel.* 1992), et pour les citations de Robert Knox, Friedrich Ratzel, et William Reade.

Lucrèce. *De Natura Rerum. De la Nature.* Traduction H. Clouard. Paris. Garnier-Flammarion, 1954.

Okri, Ben. *Infinite riches.* Orion, 1999 (1ère publication 1998)

Ridley, Mark. *Evolution*. New York. Oxford University Press, 2004 (1ère édition 1997) pour les citations de Peter Medawar, *An unsolved problem in biology*, 1951.

Rilke, Rainer Maria. *Les carnets de Malte Laurids Brigge*. Paris. Gallimard 1993 (1ère édition 1910).

Shelley, Mary. *Frankenstein*. London. Penguin Popular Classics, 1994 (1ère publication 1818)

Styron, William. *Afterword* to The confessions of Nat Turner. New York. Vintage Books, 1993

Thoreau, Henry David. *Walden and civil disobedience*. London. Penguin classics, 1986 (1ère publication 1854)

Waal, Frans de. *The ape and the sushi master*. London. Penguin Books, 2002

Waal Frans de, Wright Robert, Korsgaard Christine, Kitcher Philips, Singer Peter. Edited by Macedo Stephen and Ober Josiah *Primates and philosophers. How morality evolved*. Princeton University Press, 2006

Yourcenar, Marguerite. *L'œuvre au noir. (Et les carnets de notes de l'œuvre au noir)*. Paris. Gallimard, Folio, 1976.

V. Quelques-unes des œuvres de Charles Darwin dont j'ai cité des passages dans ce livre, et qui sont consultables sur les sites internet indiqués plus haut

On the formation of mould. [Read November 1, 1837] *Proceedings of the Geological Society of London*, 1838 2 : 574-576.

Journal of Researches into the Geology and Natural History of the Various Countries by H.M.S. Beagle, Londres, Henry Colburn, 1839, 614 pp. [2e édition : 1845]

The Structure and Distribution of Coral Reefs. Being the First of the Geology of the Voyage of the Beagle, under the Command of Capt. Fitzroy, during the Years 1832 to 1836, Londres, Smith, Elder and Co., 1842.

On the origin of mould. *Gardeners' Chronicle and Agricultural Gazette*, 1844, no. 14 (6 April) : 218.

On the Tendency of Species to Form Varieties, and on the Perpetuation of Varieties by Natural Means of Selection (Charles Darwin and A.R. Wallace) [Read July 1, 1858] *Journal of Proceedings of the Linnean Society of London (Zoology)*, 1858, vol. III, n° 9, pp. 1-62.

On the Origin of Species by Means of Natural Selection, or the Preservation of Favoured Races in the Struggle for Life, Londres, John Murray, (24 novembre) 1859. [2e éd. : 7 janvier 1860 ; 3 éd. : avril 1861 ; 4e éd. : juin 1866 ; 5e éd. : 1869 ; 6e éd. : février 1872]

The Variation of Animals and Plants under Domestication, Londres, John Murray, 2 volumes, 1868.

The Descent of man, and selection in relation to sex. Londres, John Murray, 2 volumes, 1871. [2e éd. : 1874 avec une note additionnelle de Th. Huxley]

The Expression of the emotions in man and animals. Londres, John Murray, 1872. [2e éd. : (par Francis Darwin) en 1890].

« A Biographical Sketch of an Infant », Mind, vol. 2, juillet 1877, pp. 285-294.

The Formation of Vegetable Mould, through the Action of Worms, with Observations on their Habits, Londres, John Murray, (10 octobre) 1881.

Et parmi les œuvres publiées après sa mort :

Francis Darwin (éd.), *The Life and letters of Charles Darwin, including an autobiographical chapter*. Londres, John Murray, 2 volumes, 1887.

More Letters of Charles Darwin, Londres, John Murray, 1903, 2 volumes.

F. Darwin et A.C. Seward (éds.), *Emma Darwin, Wife of Charles Darwin. A Century of Family Letters*, Cambridge University Press, 1904.

The Foundations of the 'Origin of Species'. Two Essays written in 1842 and 1844, Cambridge University Press, 1909.

'Beagle' Diary : Charles Darwin's Diary of the Voyage of H.M.S. Beagle, ed. by Nora Barlow, Cambridge University Press, 1933.

The Autobiography of Charles Darwin, with Original Omissions Restored, ed. by Nora Barlow, Londres, Collins, 1958.

Darwin's Journal, ed. by Sir Gavin De Beer, Bulletin of the British Museum, 1959, 2, pp. 1-21.

Charles Darwin's Notebooks, 1836-1844. Geology, transmutation of species, metaphysical enquiries, British Museum of Natural History, Cambridge University Press, 1987.

Comme des carnets de voyage

La nécessité même de maintenir la recherche ouverte, dans ce lieu où trouver, c'est montrer des traces et non inventer des preuves.

Maurice Blanchot.
Le Livre à venir

J'écrivais un livre. Un autre livre. Et j'ai soudain voulu partager ce que je ressentais en essayant de remonter le temps au long de ces fleuves qui se croisent, s'éloignent et se croisent à nouveau.

J'ai voulu partager ces carnets de voyage où persistent encore la passion, les raccourcis, les émotions, les intuitions qui un jour peut-être seront abandonnées, la naïveté de ce qui n'a pas encore été entièrement passé au tamis de la raison et du temps, devant ce qui surgit quand on passe sans cesse dans la lumière et les ombres. Des incomplétudes, des imprécisions, des erreurs, des contre-sens, aussi, probablement – nécessairement.

Ce livre n'est pas un traité. Il est le récit provisoire, un temps figé, d'un voyage personnel, en devenir, entrepris il y a longtemps, mais toujours en cours, inachevé.

Un voyage à travers le temps, à travers des travaux scientifiques, des livres, dans des champs pour beaucoup a priori très éloignés les uns des autres.

La recherche contemporaine en biologie, dans laquelle j'ai commencé à m'aventurer il y a près de trente ans, dans des domaines qui ont progressivement rejoint certaines des questions au cœur de l'évolution du vivant. Mais les rivages de la biologie que j'aborde dans ce livre sont pour certains éloignés, « à la fois dans l'espace [des concepts] et dans le temps [de l'histoire] » de ceux qui me sont les plus familiers.

Et puis il y a l'histoire, avec ses dimensions sociale, politique, économique, anthropologique, culturelle au sens le plus large du terme, l'histoire depuis les deux siècles qui ont suivi la naissance de Darwin, et l'histoire d'avant, l'histoire des pays lointains, et l'histoire des débuts de la révolution industrielle, de la pauvreté et de la naissance de l'économie libérale moderne dans l'Angleterre de la fin du XVIIIe siècle, l'histoire des sciences et des philosophies de la nature dans laquelle Darwin se plongera, et les tragédies de l'esclavage, du racisme et de la colonisation dans laquelle il fondera ses révoltes, et les tragédies de l'eugénisme, des nouvelles formes de racisme et de « darwinisme social » qui suivront sa disparition.

J'ai progressivement découvert à quel point l'histoire des idées scientifiques était liée à notre histoire, et, s'en échappant, la modifiait en retour.

Et j'ai découvert à quel point se croisaient parfois aussi en moi les échos des fracas de cette histoire et mon implication dans la recherche.

« Les pèlerins partent à la recherche d'un but inconnu ; ce but, qui ne sera révélé qu'à la fin », dit Borges dans ses *Neuf essais sur Dante*. Et au bout de la route... « les chercheurs sont ce qu'ils cherchent ».

J'ai vécu ce livre comme un début, comme un voyage toujours recommencé à la recherche des origines, et c'est cette sensation d'approcher un « premier matin du monde » qui n'en finit pas de surgir et de disparaître que j'ai voulu faire ressentir et partager.

Parmi tous ceux qu'il me faudrait nommer, parmi tous ceux qui ont stimulé et enrichi ma réflexion, il y a Pierre Sonigo et Henri Atlan, et nos discussions anciennes sur l'évolution du vivant. Il y a Françoise Russo-Marie, Doug Green, Matthew Albert, puis Pierre-Henri Gouyon et Hervé Le Guyader.

Et Henri Atlan encore, et Didier Sicard et Chantal Deschamps, pour ce qu'ils m'ont apporté, et m'apportent toujours dans nos interrogations et nos révoltes devant les drames humains. Et il y a les membres du Comité d'éthique de l'Inserm et du Comité Consultatif National d'Éthique auprès desquels j'ai tant appris, et j'apprends toujours tant.

Il y a tous ceux que j'ai pu entendre et que j'ai pu lire, que j'ai pu rencontrer, à qui j'ai pu parler, avec qui j'ai pu travailler, vous tous que j'ai pu découvrir.

Et parmi ceux que j'ai eu la chance de connaître il y a maintenant longtemps, qui m'ont tant marqué et qui ont aujourd'hui disparu, je pense à Charles Janeway, au cours de ces années à Yale, pour l'aride et splendide rigueur de sa pensée scientifique, et Jean Bernard, longtemps avant, à Paris, dans mon enfance, pour la générosité de sa vision de l'humain.

Merci à Henri Trubert, pour sa passion, son intelligence, son enthousiasme, son soutien, sa confiance sans faille, sa présence et nos discussions. Et toute mon amitié.

Merci à Camille Marchaut pour sa lecture attentive, sa gentillesse et sa patience.

Merci à Eva Ameisen-Barruel et à François Barruel de s'être plongés dans ce livre en évolution, et pour leurs remarques clairvoyantes et leurs encouragements.

Merci à David pour ses questions et son intelligente clarté.

Enfin rien de tout cela ne serait. Ni ce livre, ni tant d'autres choses, sans toi, Fabienne, tes idées, tes conseils, ta tendresse, ta lecture, tes critiques, ta confiance, tes questions, ta présence. Ta lumière.

À toi ce livre.

À tous ceux qui nous entourent.

Et à là d'où nous venons. À tous ceux, tellement présents, qui ne sont plus.

Table

I. L'aube

II. La nuit

III. Dans le futur distant

RÉALISATION : NORD COMPO À VILLENEUVE-D'ASCQ
NORMANDIE ROTO IMPRESSION S.A.S À LONRAI
DÉPÔT LÉGAL : MARS 2011. N° 104519 (110676)
Imprimé en France